高职教育新形态教材建设工程系列教材

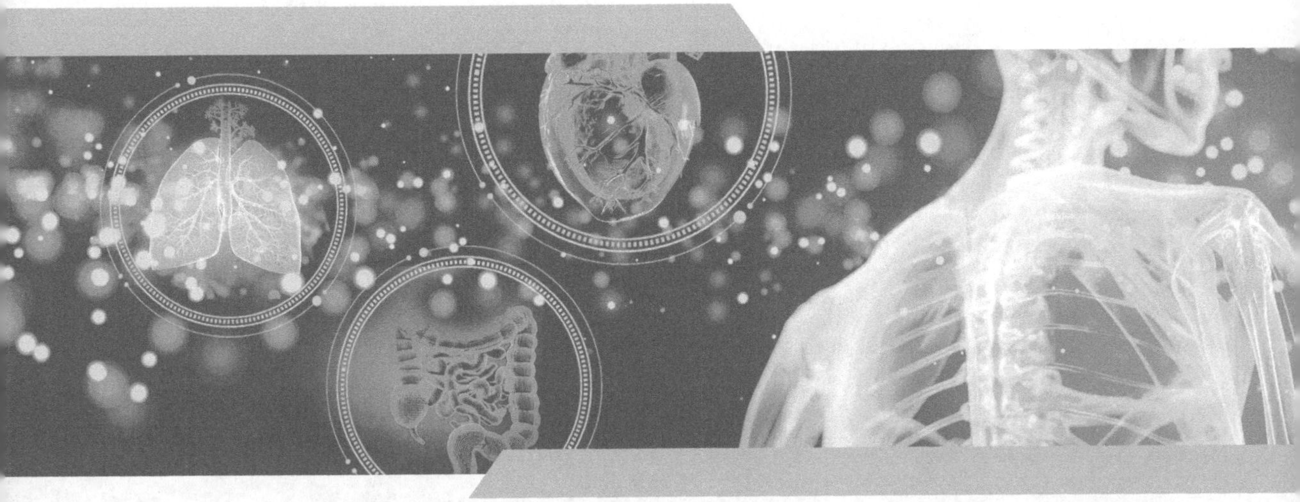

ZHENGCHANG RENTI JIEGOU

正常人体结构

万爱军　禹　玲　主编

江苏大学出版社
JIANGSU UNIVERSITY PRESS
镇　江

图书在版编目（CIP）数据

正常人体结构 / 万爱军，禹玲主编. -- 镇江 ：江苏大学出版社，2025. 8. -- ISBN 978-7-5684-2546-9

Ⅰ. Q983

中国国家版本馆 CIP 数据核字第 2025JE9432 号

正常人体结构

Zhengchang Renti Jiegou

主　　编/万爱军　禹　玲

责任编辑/李菊萍

出版发行/江苏大学出版社

地　　址/江苏省镇江市京口区学府路 301 号（邮编：212013）

电　　话/0511-84446464（传真）

网　　址/http://press.ujs.edu.cn

排　　版/镇江文苑制版印刷有限责任公司

印　　刷/苏州市古得堡数码印刷有限公司

开　　本/787 mm×1 092 mm　1/16

印　　张/18

字　　数/438 千字

版　　次/2025 年 8 月第 1 版

印　　次/2025 年 8 月第 1 次印刷

书　　号/ISBN 978-7-5684-2546-9

定　　价/54.00 元

《正常人体结构》编委会

主　编　万爱军　禹　玲

副主编　吕丁丁　王　超　张　艳

编　者（按姓氏笔画排序）

于　婷（镇江市高等专科学校）

万爱军（镇江市高等专科学校）

王　亚（镇江市高等专科学校）

王　超（镇江市高等专科学校）

卢秀真（镇江市高等专科学校）

吕丁丁（镇江市高等专科学校）

刘竞择（镇江市高等专科学校）

张　艳（镇江市高等专科学校）

单延凤（镇江市高等专科学校）

禹　玲（江苏省人民医院）

前言

PREFACE

党的二十届三中全会通过了《中共中央关于进一步全面深化改革 推进中国式现代化的决定》，提出“教育、科技、人才是中国式现代化的基础性、战略性支撑”，“着力培养造就卓越工程师、大国工匠、高技能人才，提高各类人才素质”。教材是教学内容的重要载体，是教学的重要依据、培养人才的重要保障。为了贯彻党的二十大和二十届三中全会精神，贯彻党的教育方针，进一步落实《国家职业教育改革实施方案》《关于推动现代职业教育高质量发展的意见》《职业院校教材管理办法》等文件精神，我们依据教育部2025年修订的《护理专业教学标准（高等职业教育专科）》以及“人体解剖学与组织胚胎学”课程标准编写了本教材。

本教材主要有以下特点：

1. 落实立德树人根本任务。教材深度挖掘提炼专业知识体系中所蕴含的思想价值和精神内涵，深入挖掘课程思政元素，围绕护理专业培养目标，培养能够践行社会主义核心价值观，传承技能文明，德智体美劳全面发展，具有良好的人文素养、科学素养、数字素养、职业道德、创新意识，以及敬佑生命、救死扶伤、甘于奉献、大爱无疆的职业精神，具备职业综合素质和行动能力的高技能人才。

2. 凸显职业教育特色，对接岗位能力需求。教材由职业学校一线教师和护理临床一线专家共同编写，遵循职业教育教学规律、技能人才成长规律和教材编写规律，顺应医疗卫生行业数字化、网络化、智能化发展趋势，对接新领域、新业态、新模式下临床护理、社区护理、老年护理等岗位（群）的新要求，将人体解剖学、组织学、胚胎学等内容有机融合，设置“案例”“链接”等模块，注重吸收护理行业发展的新知识、新技术、新工艺、新方法，让学生尽早了解护理工作内容，培养学生的学习兴趣和岗位适应能力，不断满足医疗卫生事业和健康服务行业高质量发展对高素质技能人才的需求。

3. 新形态教材建设。本教材以纸质内容为核心，将数字资源有机融入，读者借助手机或其他移动设备扫描下方二维码，登录江苏大学出版社“云赏书”数字出版服务平台，不仅可以获得解剖图片、视频、音频、课件等数字化资源，还能实现在线答题，智能批改，可有效提高学习的效率与效果。

本教材既可供高等职业教育专科护理专业等医学相关专业学生使用，也可供从事临床工作的医生、护士，以及从事医学检验、康复治疗等方面工作的人员参考。

在教材编写过程中，我们参阅了众多书籍及文献，力求精益求精，但由于编者水平有限，难免存在不妥之处，敬请广大读者批评指正。

编　者

2025 年 8 月

本书配套资源下载网址和联系方式

网址：www.jsdxbook.com

电话：0511-84440892

本书资源

目录

CONTENTS

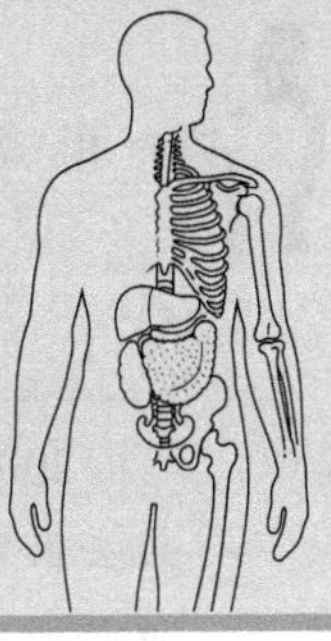

第一章

绪 论

学习目标

1. 知识目标

（1）掌握：解剖学姿势和方位术语。

（2）熟悉：细胞、组织、器官、系统和内脏的概念；人体的轴和面。

（3）了解：正常人体结构的概念、发展历程；研究正常人体结构的常用技术和方法；学习正常人体结构的基本观点和方法。

2. 能力目标

（1）能正确演示解剖学姿势。

（2）能结合标本或模型使用方位术语描述人体结构的位置及相互关系。

3. 素质目标

（1）感悟大体老师的奉献精神，树立辩证唯物主义世界观，培养探究生命科学的兴趣。

（2）正确认识正常人体结构在医学科学中的地位，强化护士职业认同感与使命感，践行“健康所系 生命相托”“爱岗敬业”“无私奉献”“医者仁心”等职业理想、职业道德和职业素养。

（3）了解我国传统医学中有关解剖学的成果，领悟中华优秀传统文化的博大精深，增强中国特色社会主义文化自信，厚植爱国情感和民族自豪感。

案例1

2006年，她在家人的陪同下完成了遗体捐献的报名公证。2021年，她的儿女们在她去世后强忍悲痛，完成了她身故后捐献遗体的心愿。生时，她用自己精湛的护理技术帮助患者摆脱病痛的困扰，让温暖的烛火照亮人间；故后，她又捐献遗体，让博爱之音久久传颂！她尽力诠释"敬佑生命、救死扶伤、甘于奉献、大爱无疆"的职业精神和"人道、博爱、奉献"的红十字精神。她就是遗体捐献者、第36届南丁格尔奖章获得者关小瑛。

成千上万的遗体捐献者，他们是医学生的"大体老师"，他们的善举为人类医学事业的发展做出了重要的贡献。

问题：1. 遗体捐献对临床医疗、护理以及科研教学有何意义？

2. 为表达对"大体老师"的崇高敬意，医学生应该如何做？

一、正常人体结构的概念及其在医学科学中的地位

正常人体结构（normal human body structure）是研究正常人体形态结构及其发生发育规律的科学，属于生物科学中形态学范畴，其研究内容主要包括人体解剖学、组织学和人体胚胎学等。人体解剖学（human anatomy）是用手术器械解剖和肉眼观察的方法，研究正常人体形态结构的科学，通常可分为系统解剖学和局部解剖学。系统解剖学（systematic anatomy）是按人体的器官功能系统阐述正常人体器官的形态结构及其生长发育规律的科学；局部解剖学（regional anatomy）是按照人体的局部分区来研究人体的结构层次、器官配布、毗邻关系等的科学。随着科学技术的发展及解剖学应用研究的深入，人体解剖学逐渐细分为表面解剖学、断层解剖学、外科解剖学、护理应用解剖学、微创解剖学、虚拟解剖学、数字解剖学等门类。其中，护理应用解剖学（nursing applied anatomy）是从护理临床应用的角度出发，研究与护理应用密切联系的人体形态结构的科学，是将系统解剖学、组织学和人体胚胎学的基础知识与护理临床应用有机整合的科学。组织学（histology）是借助切片技术和显微镜观察的方法，研究正常人体细胞、组织和器官的微细结构及其相关功能的科学。人体胚胎学（human embryology）是研究从受精卵发育为新生个体的过程及其机制的科学，研究内容包括受精、胚胎发育、胚胎与母体的关系、先天畸形等。

正常人体结构是一门重要的基础医学课程。肌内注射、胃置管术、导尿术、静脉穿刺术等护理操作技术有相当一部分与正常人体结构密切相关。只有掌握了正常人体结构，才能更好地完成护理操作技术项目。只有掌握了正常人体结构，才能正确判断人体的正常与异常，才能正确理解人体的生理功能与病理变化，从而对疾病进行正确的诊断、治疗、护理及预防。只有掌握了正常人体结构，才能为学习后续的基础医学课程和临床护理课程奠定基础，才能成为一名合格的从事护理及预防保健等工作的高素质技术技能人才，才能胜任新产业、新业态、新模式下临床护理、社区护理、老年护理等岗位。因此，每一位医学生都必须学好正常人体结构这门课程。

链 接

医学生誓言

健康所系，性命相托。

当我步入神圣医学学府的时刻，谨庄严宣誓：

我志愿献身医学，热爱祖国，忠于人民，恪守医德，尊师守纪，刻苦钻研，孜孜不倦，精益求精，全面发展。

我决心竭尽全力除人类之病痛，助健康之完美，维护医术的圣洁和荣誉。救死扶伤，不辞艰辛，执著追求，为祖国医药卫生事业的发展和人类身心健康奋斗终生。

资料来源：中华人民共和国国家教育委员会（今中华人民共和国教育部）高教司［1991］106 号附件四

二、正常人体结构的发展历程

医学是在漫长的生产生活、医疗实践中发展起来的。随着科学技术的进步、研究方法的更新、相关学科发展的推进等，正常人体结构作为一门重要的医学课程，其研究范围和内容不断扩展与深入。其发展经历了大体结构、显微结构、超微结构 3 个阶段，并逐渐分化形成许多新的分支学科。

国外医学对解剖学的相关记载是从古希腊名医希波克拉底（Hippocrates，前 460—前 370 年）开始的，他认为心有两个心房和两个心室，并在自己的医学著作中对头骨进行了正确的描述。现代解剖学的奠基人是比利时名医、解剖学家安德烈·维萨里（Andreas Vesalius，1514—1564 年），他亲自从事人的尸体解剖，并细致地观察，于 1543 年出版了解剖学巨著《人体构造》，书中系统地记述了人体器官、系统的形态与构造，奠定了人体解剖学的科学基础。

1665 年，英国物理学家罗伯特·虎克（Robert Hooke，1635—1703 年）用显微镜观察软木塞薄片，首先描述了细胞壁构成的小室，称之为“cell”。1677 年，荷兰科学家安东尼·范·列文虎克（Antonie van Leeuwenhoek，1632—1723 年）用自制的高倍显微镜发现了精子、红细胞、肌细胞和神经细胞等。德国学者马蒂亚斯·雅各布·施莱登（Matthias Jacob Schleiden，1804—1881 年）和西奥多·施万（Theodor Schwann，1810—1882 年）分别于 1838 年和 1839 年指出细胞是一切植物和动物结构与功能的基本单位，创立了细胞学说，这在组织学等生命科学发展史上具有十分重要的意义。19 世纪中期以后，光学显微镜、切片技术及染色方法的不断改进与充实，推进了组织学的发展。20 世纪，相差显微镜、荧光显微镜等特殊显微镜陆续运用于组织学的研究。后随着电子显微镜的问世，以及组织化学技术、放射自显影技术等的应用，形态科学研究达到细胞和亚细胞水平并发展到分子水平。

希波克拉底首次观察并描述了鸡蛋在孵化成鸡全过程中的形态变化。1855 年，德国学者罗伯特·雷马克（Robert Remark，1815—1865 年）提出胚胎发育的三胚层学说。19 世纪末，德国学者汉斯·斯佩曼（Hans Spemann，1869—1941 年）应用显微操作技术对两栖动物的胚胎进行了分离、切割、移植、重组等实验，奠定了实验胚胎学基础，这在胚胎学发展史上具有重要意义。20 世纪 50 年代，随着 DNA 结构的阐明和中心法则的确立，诞生了分子生物学。人们开始用分子生物学的观点和方法研究胚胎发生过程中遗传基因表达的时空顺序和调控机制，形成了分子胚胎学。

中华民族在世界上创造了璀璨的古代文明，在与自然和疾病作斗争的过程中不断积累经验，形成具有独特理论风格和丰富诊疗经验的中国传统医学体系。中国传统医学中的“解剖学”起源很早。《黄帝内经》是我国早期的、由战国（前 476—前 221 年）至秦汉时期众多医家在其他更古老的医学文献基础上整理撰写的，全面总结秦汉以前医学成就并确立中医学理论体系的一部医学总集。通常认为，我国最早有文字记载的解剖学资料源自《黄帝内经》，其有关人体形态的描述是“若夫八尺之士，皮肉在此，外可度量切循而得之，其死可解剖而视之。其脏之坚脆，腑之大小，谷之多少，脉之长短，……皆有大数。”这是对“解剖”一词最早的记载。

《胎产书》是我国迄今发现最早的、大约成书于秦末汉初的妇产科著作。书中有养胎、埋胞、转胞、求子、产后处理及胎教等内容，它详细记录了胎儿在母体中的发育情况，对十月怀胎不同阶段的胎儿形态变化进行了描述。

链接

西汉经穴漆人

经穴漆人，以木胎制成，高约 14 厘米，是一具完整的人体经穴髹漆人像，出土于我国四川省成都市天回镇老官山西汉（前 202—8 年）古墓。经穴漆人，裸身直立，手臂垂直置于身体两侧，手五指并齐，掌心向前，双足呈一字站立，光头，眉、眼、鼻、口、耳清晰，体形匀称，体现了我国工匠对人体姿态的精确把握和较高的艺术再现能力。经穴漆人，通体髹黑漆，身上的经脉线条和穴点清晰可见，还可见“心”“肺”“肾”“盆”等字，我国是迄今发现的最早、最完整的经穴人体医学模型，也是我国古代经络学说和针灸实践高度发达的实物见证，反映了我国古代人民对生命健康的高度重视和对人体生命科学的深刻理解。

新莽天凤三年（16 年），王莽令太医尚方与巧屠一起解剖被处死刑者王孙庆的尸体，不仅度量其五脏，而且“以竹筳导其脉，知所终始……”这是我国古代对人体解剖的描述。

两宋时代，有人体解剖的记载和《五脏六腑》《存真图》的绘制。南宋宋慈（1186—1249）所著《洗冤集录》（1247 年），系统地总结了尸检经验，其中，对人体骨骼和胚胎的记载尤为详细，并附有检骨图。

清代名医王清任（1768—1831 年）主张“业医诊病，当先明脏腑”，他强调“治病不明脏腑，何异于盲子夜行？”他亲自解剖观察 30 余具尸体，后编著《医林改错》

(1830年)，描述了人体各器官系统的形态结构，对骨骼和内脏的记载尤为详细，并纠正了古医书中的错误。该书对脑的认识，如“灵机记性不在心在脑”“所听之声归于脑”“两目即脑汁所生，两目系如线，长于脑，所见之物归于脑”等论述，都与现代医学的认识相近。

我国对正常人体结构的研究，虽然在古代已有很大成就，但发展缓慢，始终融合在传统医学之中，没有自成体系，到19世纪才逐步发展起来。中华人民共和国成立后，马文昭（1886—1965年）、童第周（1902—1979年）、钟世镇（1925— ）等学者，在组织学、胚胎学、解剖学等学科建设与科学研究领域，以及人才教育、社会服务等方面取得了令世人瞩目的成就。

三、人体的组成和分部

（一）人体的组成

细胞（cell）是人体结构、功能和生长发育的基本单位。许多形态相似、功能相近的细胞借细胞外基质（extracellular matrix）结合在一起，构成组织（tissue）。人体的基本组织包括上皮组织、结缔组织、肌组织和神经组织。几种不同的组织有机地组合，构成具有一定形态、能完成特定功能的结构，称器官（organ），如心、肝、脾、肺、肾、脑等。若干个功能相关的器官组合起来，共同实现某方面的功能，形成系统（system）。人体有运动系统、消化系统、呼吸系统、泌尿系统、生殖系统、内分泌系统、脉管系统、感觉器和神经系统等。解剖学上，将位于胸腔、腹腔和盆腔内的消化、呼吸、泌尿、生殖系统的器官，称为内脏（viscera）。医学研究表明，免疫系统在维持人体内环境稳态方面具有举足轻重的作用，神经-内分泌-免疫调节网络（neural-endocrine-immune regulatory network）在全面调节人体各种功能活动中发挥调控作用，将人体各器官系统有机整合起来，组成一个整体，进行正常的生命活动。

（二）人体的分部

通常把人体分为头、颈、躯干和四肢四个部分。头的前部称面。颈的后部称项。躯干包括背部、胸部、腹部、盆部与会阴。四肢包括上肢和下肢，上肢分为肩、臂、前臂和手；下肢分为臀、大腿、小腿和足。

四、正常人体结构的常用术语

（一）解剖学姿势

解剖学姿势（anatomical position）指身体直立，面向前方，两眼平视正前方，双上肢下垂于躯干的两侧，掌心向前，两足并拢，足尖向前的姿势（图1-1）。在描述人体各部结构的相互位置关系时，不管被描述的对象处于俯卧位、仰卧位、横位还是倒置位，或只是描述身体的一个局部，仍应按人体的解剖学姿势进行描述。

（二）轴

轴是假想的线。根据解剖学姿势，人体可设置互相垂直的三种轴（图1-1）。

1. 冠状轴　为左右方向的轴，又称额状轴，与地平面平行且与人体的长轴垂直。

2. 矢状轴　为前后方向的轴，与地平面平行且与人体的长轴垂直。

3. 垂直轴　为上下方向的轴，与地平面垂直且与人体的长轴平行。

（三）面

根据解剖学姿势，人体可设置互相垂直的三种切面（图 1-1）。

1. 冠状面　是沿左右方向将人体垂直纵切为前、后两部分的切面，又称额状面。

2. 矢状面　是沿前后方向将人体垂直纵切为左、右两部分的切面。经过人体正中的矢状面，称正中矢状面。

3. 水平面　是沿水平方向将人体横切为上、下两部的切面，又称横切面。

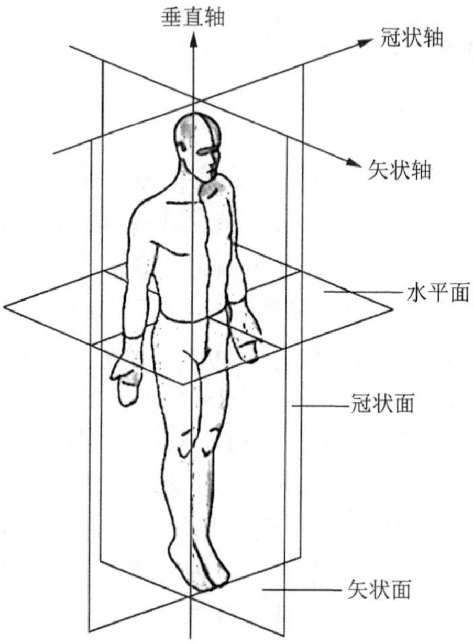

图 1-1　解剖学姿势以及人体的轴和面

在描述器官的切面时，通常以器官自身的长轴为标准，与其长轴平行的切面称纵切面，与其长轴垂直的切面称横切面。

（四）方位术语

方位术语是按解剖学姿势来描述人体结构之间位置关系的用语，常用方位术语如下。

1. 前和后　近腹面者为前，近背面者为后。前、后也可分别称腹侧和背侧。

2. 上和下　近头顶者为上，近足底者为下。

3. 浅和深　以体表或器官表面为准，距其近者为浅，距其远者为深。

4. 内和外　描述与空腔器官的相互位置关系时，在腔内或近腔者为内，在腔外或远离腔者为外。

5. 内侧和外侧　描述人体各部位与正中矢状面相对位置关系时，以正中矢状面为准，距其近者为内侧，距其远者为外侧。在前臂，常将内侧称为尺侧，外侧称为桡侧。

在小腿，常将内侧称为胫侧，外侧称为腓侧。

6. 近侧和远侧　在四肢，以躯体附着点为准，距其近者为近侧，距其远者为远侧。

五、研究正常人体结构的常用技术和方法

随着社会的进步和科学技术的发展，许多新技术、新方法被广泛应用到正常人体结构的研究中来，拓展了正常人体结构的研究内容，提高了正常人体结构的研究水平。从用刀剪直接剖割尸体，到研究普通标本、铸型标本、透明标本、塑化标本，从用肉眼观察到用光学显微镜、电子显微镜观察，从影像技术、内窥技术到显微外科技术，从免疫细胞化学技术、原位杂交技术到图像分析技术，从细胞培养技术、组织工程技术、组织芯片技术到类器官技术，从试管婴儿技术到体细胞克隆猴技术，从数字可视人（人体形态结构的可视化）到数字物理人（在“数字可视人”的基础上增强了对骨骼、肌肉、关节运动等物理特性的模拟）、数字生理人（在“数字物理人”的基础上增加了对人体血液循环、呼吸、消化等生理功能的模拟）、数字智能人（可模拟人类的思维、情感与行为，实现与人类的自然交互）的研究与展望，正常人体结构的研究日新月异。下面简单介绍常用研究技术和方法。

（一）人体解剖学常用研究技术和方法

1. 尸体研究　① 解剖法：用刀剪剖割，肉眼观察。② 腐蚀法：在标本内注入塑料、乳胶或易熔金属，再用强酸腐蚀掉软组织，保留铸型以显示形态和结构。③ 透明法：以有色凝固性物质注入血管、淋巴管等使腔内充盈，再用药物使周围的组织脱色透明。④ 生物塑化法：采用液态高分子多聚化合物作为生物塑化剂，移除细胞内的水分和脂质，经过聚合硬化，使其成为具有一定硬度和弹性、表面保持原有状态的塑化标本。⑤ 冷冻切片法：通过连续的冷冻切片，研究不同平面的组织、器官的形态结构和毗邻关系。

2. 活体研究　① 活体测量法：研究人体身高、体重和体表面积等体格特征。② 仪器测量法：利用 X 线、超声波、同位素扫描、计算机断层扫描、磁共振成像等技术和方法，观察并测量人体器官的位置、形态结构和毗邻关系。

（二）组织胚胎学常用研究技术和方法

1. 普通光学显微镜技术　普通光学显微镜，简称光镜。光镜以可见光为照明光源，利用光学原理，把人眼所不能分辨的显微结构放大成像，便于观察。光镜下显示的结构称为显微结构或光镜结构。通常人眼的分辨率为 0.2 mm，光镜的分辨率为 0.2 μm。

通过光镜观察显微结构，必须先把所观察的标本材料制作成组织切片。根据观察要求和标本材料性状等因素，可制作石蜡切片、冷冻切片、涂片、铺片、磨片等。石蜡切片是通过取材、固定、脱水、石蜡包埋、切片、脱蜡、染色、封固等步骤制成的。组织学中最常用的染色是苏木精-伊红染色，简称 HE 染色。苏木精为碱性染料，能将细胞核染成蓝紫色；伊红为酸性染料，能将细胞质染成红色。对碱性染料亲和力强者称嗜碱性，对酸性染料亲和力强者称嗜酸性，对碱性染料和酸性染料的亲和力均不强者称中性。

2. 电子显微镜技术 电子显微镜，简称电镜。与光镜相比，电镜用电子发射器代替光源，用电子束代替可见光，用电磁透镜代替光学透镜，让肉眼不可见的电子束投射到荧光屏上成像，便于观察。电镜下显示的结构称为超微结构（超出光学显微镜分辨水平的结构）或电镜结构。常用的电镜有透射电镜和扫描电镜。透射电镜主要用于观察细胞内部和细胞外基质的超微结构，其分辨率可达 0.2 nm；扫描电镜主要用于观察组织表面的立体结构，其分辨率为 2 nm。

六、学习正常人体结构的基本观点和方法

（一）进化发展与环境相统一的观点

人类是由灵长类古猿经过长期进化发展而来的，在形态结构上还保留着灵长类哺乳动物的结构特点，如身体两侧对称，体腔被分成胸腔和腹腔等。

一切生命有机体的生命活动，都离不开特定的生存环境。生命有机体与生存环境之间相互作用和协调统一是自然界的基本法则。人生活在自然和社会的大环境中，从外界环境中摄取营养物质，将代谢产物排至环境，不可避免地受到自然环境和社会环境的影响；同时，人也通过自身的言行影响自然环境和社会环境。人体通过神经-体液-免疫调节网络，不断地调节各部分功能活动，以适应周围的自然环境和社会环境。同时，人们愈来愈认识到保护自然环境、高质量发展，以及全方位全周期健康服务与健康促进的重要性，只有敬畏自然、敬畏生命，建设健康环境，实施健康优先发展战略，倡导文明健康生活方式，才能不断提高健康水平。

（二）形态结构与功能相联系的观点

细胞、组织和器官的形态结构是功能的基础，功能的变化又影响其形态结构。如骨骼肌细胞呈细长圆柱形，胞质内的粗、细肌丝沿着细胞长轴平行排列并能相互滑行，使细胞收缩和舒张，因而以骨骼肌细胞为主构成的骨骼肌能够成为人体运动的动力器官。功能的改变，也可影响形态结构的变化，如加强体育锻炼，可使骨骼肌变粗、发达；长期卧床，可导致骨骼肌细弱、萎缩。可见，人体的形态结构与功能相互联系、相互制约。

（三）局部和整体相统一的观点

人体是一个不可分割的整体，为便于学习和研究，将人体分为若干系统或局部。在学习时，一般是从个别组织、器官等局部入手，但各个局部不能离开整体而独立存在，各个器官、系统之间存在着密切而复杂的联系。因此，要善于归纳、综合，逐步建立从组织、器官到系统，从局部到整体的概念，还要努力将人体外形与内部结构相联系、平面结构与立体形象相联系（图 1-2）、静态结构与动态演变相联系，全面、科学地认识并理解人体的形态结构。

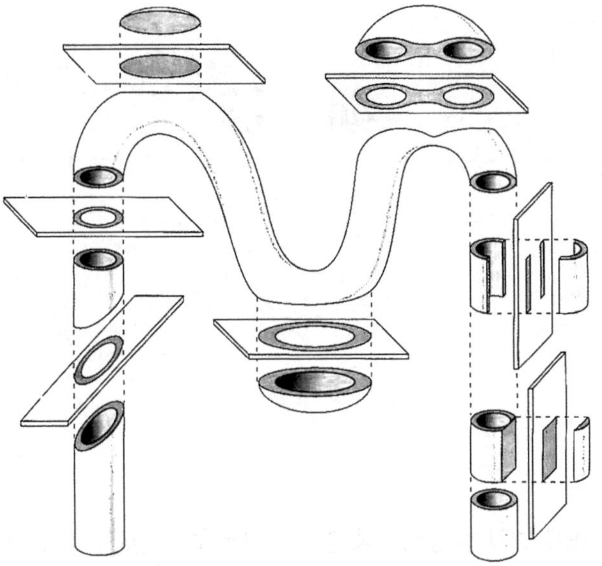

图 1-2　弯管不同切面模式图

（四）理论联系实际等学习方法

正常人体结构是一门实践性很强的形态学科。在学习中要注重理论联系实际，有效利用解剖模型、标本、尸体、活体（自身或他人）、组织切片等，动眼观察，动口请教，动脑思考，动手操作（多摸、多画、多写），联系临床护理应用，加深对理论知识的理解和记忆。在学习中应遵循记忆规律，可采用组块法、对比法、口诀法、迁移法等多种记忆方法促进记忆；根据记忆遗忘曲线“先快后慢”的特点及解剖课程特点，进行形象记忆，及时记忆，反复记忆，增强记忆效果，提高学习效率。在移动互联网时代，还要充分利用网络资源进行个性化学习，要充分利用解剖图片、课件、视频等数字化学习资源，养成独立思考、勤奋钻研、主动涉猎知识的良好习惯，参与合作学习和研究性学习，能利用所学正常人体结构的知识解释生活现象和临床护理问题，实现学以致用，为今后顺利走上工作岗位打下坚实的基础。

检测题

一、名词解释

1. 组织　2. 内脏　3. 解剖学姿势　4. 正中矢状面

二、简答题

1. 简述正常人体结构常用的方位术语。
2. 简述学习正常人体结构的基本观点和方法。

（万爱军）

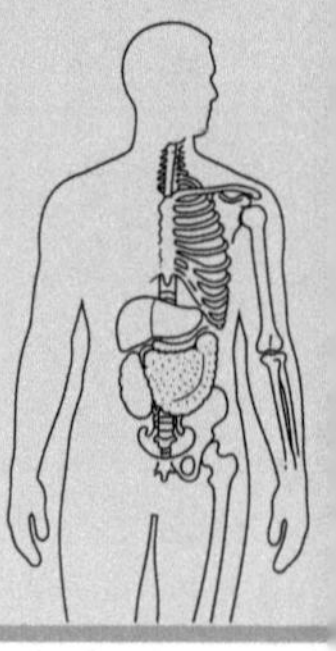

第二章 细胞

学习目标

1. 知识目标

（1）掌握：细胞的基本结构；染色质与染色体、细胞周期、细胞衰老的概念。

（2）熟悉：细胞膜的组成；各细胞器的功能；单位膜、有丝分裂的概念。

（3）了解：细胞的形态；细胞凋亡、细胞焦亡的概念。

2. 能力目标

（1）能在细胞模型和图片上辨认各细胞器。

（2）会正确使用光学显微镜观察细胞的结构。

3. 素质目标

（1）学习“细胞结构”“细胞分裂”“细胞周期”等知识，感悟生命的奥妙，培养探究生命科学的浓厚兴趣。

（2）学习“细胞衰老”“衰老”等知识，树立关爱老年人的意识，践行尊老敬老爱老，弘扬中华民族传统美德。

案例2

2025年3月7日，在海南省海口市人民医院造血干细胞采集室内，历经数小时的采集，南部战区海军某部现役军人小勇（化名）成功捐献243 mL造血干细胞混悬液，为一名血液病患者带去生的希望，成为全国第19544位造血干细胞捐献者。

捐献身体里充满活力、可再生的一部分——造血干细胞，能为另一个生命“续航”！

问题： 1. 根据细胞增殖有关知识，造血干细胞是属于“增殖细胞、暂不增殖细胞、不增殖细胞”3种细胞类型中的哪一类？

2. 在光学显微镜下观察，人体的细胞结构通常分为哪3个部分？

细胞（cell）是人体的形态结构、生理功能和生长发育的基本单位。人体一切生理活动以及各种生命现象都是以细胞为单位体现的。细胞是生命的载体，是生命活动的基本单位。没有细胞就没有完整的生命。即使是病毒以及类病毒、朊粒等前细胞形态存在的“生命”类型，也必须借助于其宿主细胞，才能进行它们的“生命”活动，完成它们的生命周期。

链接

病毒与亚病毒因子

病毒是一种形体微小、结构简单的非细胞形态的生命体，仅由一种核酸分子（DNA或RNA）与蛋白质组成。含有DNA的病毒称DNA病毒，含有RNA的病毒称RNA病毒。病毒不能独立完成生命活动过程，由于它们依赖活细胞才能完成基本生命活动，故被视为“不完全”的生命体。进入活细胞内的病毒核酸利用宿主细胞的全套代谢系统，以病毒核酸为模板，进行病毒核酸的复制、转录并翻译形成病毒蛋白，然后装配成新一代的病毒粒子，最后从宿主细胞释放出来，再感染其他细胞，进入下一轮病毒增殖周期。病毒在自然界分布非常广泛，可在细菌、古菌、真菌、植物、动物和人体中寄生并引起感染。病毒离开活细胞后，无法增殖、扩增。

国际病毒分类委员会将类病毒（仅由RNA组成）和朊粒（仅由蛋白质组成）等比常规病毒更小的传染因子统称为亚病毒因子。朊粒虽不属于病毒，但其传播方式和致病性与病毒感染性疾病相似。亚病毒因子不是严格意义上的病毒分类学名称。

第一节　细胞的形态与结构

一、细胞的形态

人体的细胞，种类繁多，功能各异，大小不一，形态多样（图 2-1）。游离的细胞大多呈球形或椭圆形，如白细胞、卵细胞。神经细胞直径约 100 μm，而轴突可长达数厘米甚至 100 cm，这与神经细胞的传导功能相适应。组织细胞受相邻细胞的制约，常呈多角形、扁平形、长梭形、星形、立方形、圆柱形等。

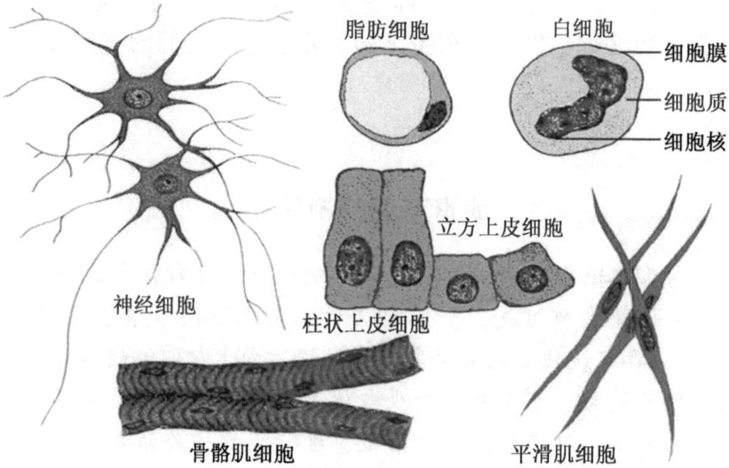

图 2-1　细胞的形态结构

二、细胞的结构

在光学显微镜下观察，人体的细胞结构通常可分为细胞膜、细胞质和细胞核三部分。在电子显微镜下观察，人体的细胞结构可分为膜相结构和非膜相结构。非膜相结构有核糖体、中心体、细胞质基质、核仁、染色质（染色体）、核基质和细胞骨架等；膜相结构有细胞膜、线粒体、内质网、高尔基体、溶酶体、过氧化物酶体、分泌小泡和核膜等。膜相结构中的膜结构在电镜下呈现为“暗—明—暗”三层式结构。具有“两暗夹一明”形态结构的膜，称单位膜（unit membrane）。

（一）细胞膜

细胞膜（cell membrane）是包围在细胞质表面的一层薄膜，又称质膜。细胞膜将细胞中的物质与外界环境隔开，为细胞的生命活动提供了稳定的内环境。

1. 细胞膜的结构　细胞膜主要由脂质、蛋白质和糖类组成。目前通常用液态镶嵌模型学说来阐述细胞膜的结构（图 2-2）。该学说认为，液态脂质双层构成细胞膜的基架，不同结构和功能的蛋白质镶嵌其中，糖类分子与脂质、蛋白质结合后附在质膜的外表面。

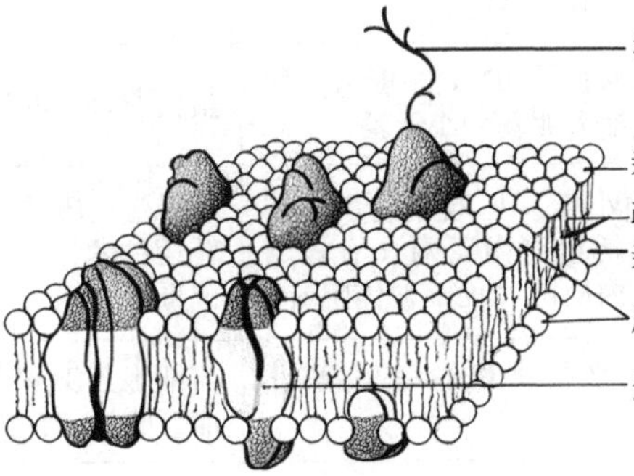

图 2-2　细胞膜液态镶嵌模型

2. 细胞膜的功能　细胞膜具有维持细胞形态、保护细胞内容物、物质运输、信号转导、细胞间通信等功能。

（二）细胞质

细胞质（cytoplasm）是细胞膜与细胞核之间的部分，内有细胞器、细胞质基质和内含物（图 2-3）。

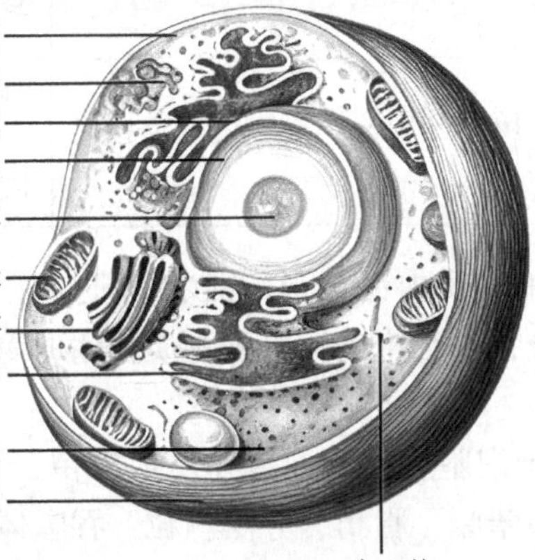

图 2-3　细胞结构模式图

1. 细胞器　细胞质内具有一定形态和生理功能的结构，包括线粒体、核糖体、内质网、高尔基体、溶酶体、过氧化物酶体、中心体、细胞骨架等（表 2-1）。

表 2-1 细胞器的形态结构和主要功能

细胞器	形态结构	主要功能
线粒体	呈粒状、杆状或线状，电镜下为两层单位膜套叠而成的囊状结构，外层光滑，内层折叠成嵴，含有多种酶	细胞进行氧化磷酸化并产生 ATP 的主要场所，被称为细胞的“动力工厂”
核糖体	非膜相结构，由核糖体 RNA（rRNA）和蛋白质构成，包括大亚基和小亚基	蛋白质合成的场所
内质网	由单位膜围成的小管、小泡或扁囊，彼此互相连通，包括粗面内质网（有核糖体附着）和滑面内质网（无核糖体附着）	进行蛋白质的合成、加工修饰、分选及转运；参与脂质物质合成、糖原代谢、解毒等
高尔基体	由单位膜围成的平行排列的扁平膜囊、液泡和小泡构成	与细胞分泌和蛋白质分选等功能有关，能够收集和排出内质网所合成的物质
溶酶体	由单位膜围成的含多种酸性水解酶的囊球状结构小体	细胞内大分子降解的主要场所，有“细胞内消化器”之称，能分解细胞内的外来物质以及清除衰老、残损的细胞器等功能
过氧化物酶体	由单位膜围成的膜性球囊状小体，内含氧化酶、过氧化氢酶和过氧化物酶等	能有效地清除细胞代谢过程中产生的过氧化氢及其他毒性物质，能避免细胞遭受高浓度氧的损害，对细胞起保护作用
中心体	由一对相互垂直的中心粒和中心粒周围物质组成	参与细胞的分裂活动
细胞骨架	由微管、微丝和中间丝等组成的蛋白质纤维网架体系	对维持细胞的形态，以及细胞的运动、细胞的分裂、细胞内物质运输、细胞内信号传导等具有重要作用

2. 细胞质基质　细胞质内无定形的胶状物质，主要含有水、蛋白质等。细胞质基质是细胞内的液体部分，是细胞进行多种物质代谢的重要场所，能为细胞器的功能活动提供适宜的环境。

3. 内含物　散在于细胞质中的异体物质或滞留于细胞质内具有一定形态的代谢产物、储存物的总称，如糖原、脂滴、分泌颗粒、吞噬体等。

（三）细胞核

细胞核（nucleus）由核膜、染色质（染色体）、核仁和核基质组成（图 2-3）。细胞核是细胞内遗传信息贮存、复制和转录的场所，是细胞代谢、生长、增殖、分化的控制中心。细胞核的形态多为球形，但也有长形、扁平和不规则的形态。通常一个细胞只有一个核，也有少数细胞具有双核或多核，但成熟的红细胞没有细胞核。

1. 核膜　包围细胞核的双层膜结构，是细胞核与细胞质之间的界膜。外层膜表面有核糖体附着，并与内质网膜相延续。核膜上有许多小孔，称核孔，是细胞核和细胞质之间进行大分子物质交换的通道。

2. 染色质与染色体　在细胞分裂间期，细胞核内易于被碱性染料染色的物质称染色质（chromatin）。在细胞分裂期，染色质因高度螺旋、折叠而缩短变粗，凝集形成条状结构，称染色体（chromosome）。染色质与染色体是同一种物质在细胞不同时期的不同表现形式。染色质（染色体）的化学成分主要是DNA和组蛋白。DNA是遗传信息的载体。

人的体细胞有46条（23对）染色体，其中44条（22对）为常染色体，2条（1对）为性染色体（男性为XY，女性为XX）。

3. 核仁 细胞分裂间期出现的结构，而在细胞分裂期表现出周期性的消失和重建。核仁是由核仁组织区脱氧核糖核酸（DNA）、核糖核酸（RNA）和蛋白质等成分组成的球形致密结构，外无被膜。核仁是核糖体合成的场所。

4. 核基质 通常所说的核基质是细胞核内除核仁和染色质以外的物质，包括核骨架和核液。核骨架为蛋白质纤维网架结构，主要与染色质的复制、转录和RNA加工有关。核液是指细胞核内的液体部分，为细胞核的功能活动提供适宜环境。

第二节 细胞增殖

细胞增殖（cell proliferation）是通过细胞分裂增加细胞数量的过程。细胞增殖是机体生长和发育的基础，是机体维持正常生命活动的必要方式之一。在机体的生命活动过程中，不断有细胞衰老和死亡，需要通过细胞增殖不断地产生新的细胞，以补充、更新衰老和死亡的细胞。细胞增殖是机体损伤修复的基础，在机体意外损伤、手术治疗、器官移植等过程中，创面的修复、组织的再生必须由细胞增殖产生新的细胞来满足机体的需要。

一、细胞分裂

细胞分裂（cell division）是细胞生命活动的重要特征之一，指一个亲代细胞形成两个子代细胞的过程。通过细胞分裂，亲代细胞的遗传物质和某些细胞组分可以相对均等地分配到两个子代细胞中，这有效地保证了生物遗传的稳定性。细胞分裂的方式主要包括无丝分裂、有丝分裂和减数分裂3种。人体的体细胞以有丝分裂为主要增殖方式。

有丝分裂（mitosis）是细胞核的染色质凝集成染色体、复制的姐妹染色单体在纺锤丝的牵拉下分向两极，从而产生两个染色体数目相同的子细胞核的一种细胞分裂类型。染色体分配过程中有纺锤丝出现，故称有丝分裂。根据细胞分裂过程中细胞核的形态变化，有丝分裂通常划分为前期、中期、后期和末期4个阶段（图2-4）。

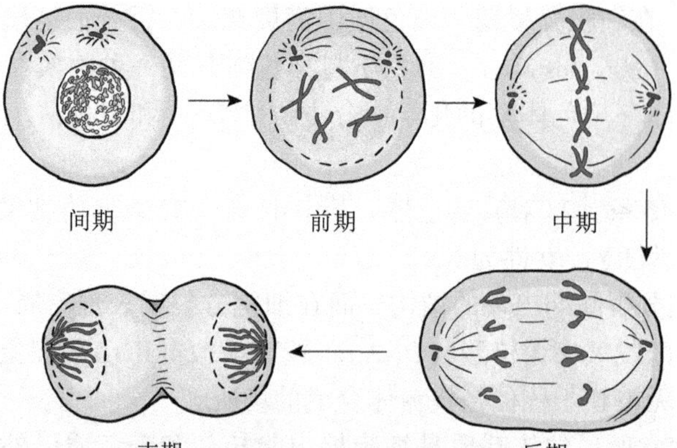

图 2-4 细胞有丝分裂

1. 前期 有丝分裂的第一个阶段，是从染色质开始凝集到核膜破裂为止的时期。此期染色质凝集，缩短变粗，形成具有明显形态结构的染色体，每条染色体由一对姐妹染色单体组成；复制好的两对中心粒向细胞两极移动，中间连以纺锤丝，形成梭形的纺锤体；至该期末，细胞核膨大，核膜崩解，核仁消失。

2. 中期 该期染色体最大程度地压缩凝集，每条染色体的一对姐妹染色单体借着丝粒相连；中心粒已到达细胞两极，纺锤丝与每条染色体的着丝粒相连，在纺锤丝的牵引下，所有染色体排列在细胞中部赤道面上，形成赤道板，呈现出典型的中期染色体形态。

3. 后期 从着丝粒分离至染色单体分别到达两极的时期。每条染色体的着丝粒分裂，两条姐妹染色单体分开，各成为一条独立的染色体。随后两条染色体分别移向细胞两极，靠近中心粒，最终移到两极的所有染色体各自合并成团。

4. 末期 从染色体到达两极开始，至形成两个子细胞的时期。染色体到达两极后解螺旋逐渐恢复为染色质，纺锤丝消失，核仁与核膜出现，形成两个新的细胞核；在中部细胞膜的深面出现了环状结构，即收缩环，细胞膜在中部向内凹陷，形成与原来纺锤体方向垂直的分裂沟，分裂沟逐渐加深，并最终断裂，将细胞质均分为两份，两个子细胞形成。

二、细胞周期

（一）细胞周期的概念

细胞周期（cell cycle），又称细胞增殖周期（cell generation cycle），通常指连续分裂的细胞从一次有丝分裂结束到下一次有丝分裂结束所经历的全过程。细胞周期分为分裂间期和有丝分裂期两个阶段（图 2-5）。有丝分裂期又称 M 期，分裂间期又分为 DNA 合成前期（G_1 期）、DNA 合成期（S 期）、DNA 合成后期（G_2 期）3 个阶段。

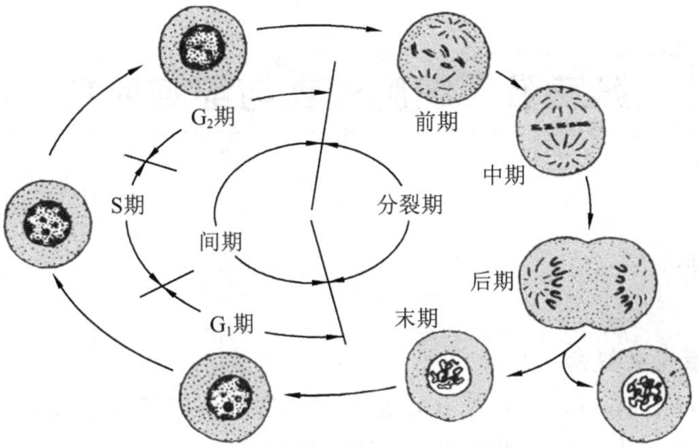

图 2-5 细胞周期

根据细胞增殖状态，可将进入 G_1 期的细胞分为 3 种类型。① 增殖细胞：也称周期细胞，此类细胞能及时从 G_1 期进入 S 期，保持旺盛的分裂增殖活性，连续进行增殖，如造血干细胞、上皮基底细胞等。② 暂不增殖细胞：也称 G_0 期细胞或静止细胞，此类细胞进入 G_1 期后不立即转入 S 期，较长时间地停留在 G_1 期，处于细胞增殖的静止状态，在适宜的条件下可被激活进入增殖状态，如肝细胞。③ 不增殖细胞：也称终末分化细胞，此类细胞进入 G_1 期后，失去分裂能力，终生处于 G_1 期，结构和功能发生高度分化，直至衰老死亡，如肌细胞。

（二）细胞周期各期的主要特点

1. DNA 合成前期（G_1 期） 从上一次细胞分裂完成到 DNA 合成期开始前的时期。此期是 DNA 复制的准备期，是细胞生长的主要阶段。此期细胞体积显著增大，物质代谢活跃，产生大量 RNA 和蛋白质，为下阶段 DNA 的复制做好物质准备。

2. DNA 合成期（S 期） 此期是 DNA 复制期，主要是进行 DNA 的复制，合成组蛋白及非组蛋白等染色质蛋白。DNA 的复制是细胞增殖的关键，一旦 DNA 开始复制，细胞增殖就会进行下去，直至完成细胞分裂。

3. DNA 合成后期（G_2 期） 从 DNA 合成结束到分裂期开始前的时期。此期是细胞分裂的准备期，主要为进入 M 期做准备，合成少量 RNA 和与有丝分裂有关的特殊蛋白质等。

4. 有丝分裂期（M 期） 此期细胞进行有丝分裂。细胞通过有丝分裂将染色体遗传物质平均分配给两个子细胞，细胞在此期有丰富而显著的形态学变化，包括染色体形成、姐妹染色单体分离，核膜、核仁崩解后再重建，纺锤体形成与消失，收缩环出现与胞质分裂等。

第三节　细胞衰老与细胞死亡

一、细胞衰老

（一）细胞衰老的概念

细胞衰老（cell senescence）指在正常环境条件下，细胞生理功能和增殖能力减弱，细胞形态发生改变，并趋向于死亡的不可逆的现象。

（二）细胞衰老的形态改变

1. 细胞膜改变　衰老细胞的细胞膜流动性减弱，细胞连接明显减少，在机械性刺激或压迫等条件下，膜出现裂隙，造成细胞膜选择通透性降低，细胞信号转导、物质转运及膜的修复均发生障碍。

2. 细胞质改变　细胞内水分减少，致使原生质脱水与变性，色素积累。内质网弥散性地分散于核周胞质中，内质网的数量减少。线粒体的数量减少、体积增大，线粒体嵴排列紊乱。高尔基体崩解。

3. 细胞核改变　细胞核体积不断增大、内褶增多、核结构不清、染色质凝缩、常染色质减少、端粒缩短、核小体 DNA 变短、核破碎，甚至出现异常多倍体等现象。

（三）衰老的概念

在生命过程中，机体生长发育达到成熟期以后，随着年龄的增长，在形态结构和生理功能等方面出现一系列慢性、进行性、退化性的变化，导致机体适应能力、储备能力日趋下降的过程，称衰老（senescence）。衰老是一种生理过程，包含随着年龄增加的“老”和功能减弱的“衰”。机体的自然衰老并不是疾病，但它与许多老年性疾病紧密关联。

（四）细胞衰老与衰老的关系

细胞衰老与衰老是两个不同的概念。在机体发育的不同阶段，机体内总是有细胞在不断衰老死亡，这些衰老死亡的细胞通常被免疫细胞所吞噬；同时机体内又有细胞不断增殖，形成新的细胞。个别细胞，甚至机体局部许多细胞的衰老死亡并不影响机体的寿命，同样，机体的衰老并不代表所有细胞的衰老。机体的衰老是建立在总体细胞衰老的基础上的，机体各种衰老都有其细胞学基础，如老年人运动功能衰退与其体内的运动神经元的衰老密切相关。细胞是机体形态结构和功能的基本单位，也是机体衰老的基本单位。机体的衰老是以细胞总体的衰老为基础的，即细胞总体的衰老反映了机体的衰老。衰老与死亡是不可避免的生命规律，但随着衰老机制的阐明，人们有望延缓衰老，并且在揭示老年性疾病的发生机制和防治退行性疾病方面取得重要进展。

二、细胞死亡

细胞死亡（cell death）是细胞因生理或病理原因失去功能并不可逆地终止其生命活动的过程。机体死亡时，并非机体的所有细胞都立即停止生命活动。在剧烈的因素作用下细胞可迅速死亡，细胞死亡的进程可以很快；在非剧烈因素作用时，细胞死亡有一定的自然过程。

细胞死亡既可发生于生理条件下的个体发育过程，也可在机体的某些病理因素条件下发生。根据细胞死亡过程是否可控，将其分为意外性细胞死亡和调控性细胞死亡两大类。意外性细胞死亡是指外环境剧烈的物理性、化学性或生物性损伤而导致的迅速、不可控的细胞死亡。细胞坏死属于意外性细胞死亡。调控性细胞死亡是指受精细的机制调控，发生于生理过程中或由温和的细胞内、外损伤引发的细胞死亡，通过基因性的操作或药物的干预可以加速或延缓其进程。细胞凋亡、细胞焦亡、坏死性凋亡、自噬性细胞死亡、铁死亡等属于调控性细胞死亡。下面简单介绍细胞坏死、细胞凋亡和细胞焦亡。

（一）细胞坏死

细胞坏死（cell necrosis）是指在致病因子的作用下，细胞生命活动被强行终止所致的病理性、被动性、非程序性的死亡过程。细胞坏死主要发生于病理情况下（如创伤、缺血、缺氧等）。温度、射线、渗透压、化学试剂、病原生物感染等环境因素的影响可导致细胞坏死。细胞坏死时其细胞膜通透性增加，细胞外形变得不规则，细胞质、细胞核及线粒体肿胀，内质网扩张，溶酶体破裂，最终细胞膜破裂，细胞解体，内容物外溢，引起周围组织发生炎症反应。

（二）细胞凋亡

细胞凋亡（apoptosis）是指在特定信号诱导下，细胞内由基因调控的死亡程序被触发所致的生理性或病理性、主动性、程序性的死亡过程。细胞凋亡时，凋亡细胞呈现皱缩样改变。凋亡早期细胞核内染色质固缩凝集，并聚集在核膜周围，后期细胞核和细胞质内容物片段化断裂，并由膜结构包裹，形成多个球形小体，即凋亡小体。凋亡小体可被周围吞噬细胞吞噬，不引起炎症反应。

细胞凋亡是细胞生理性死亡的普遍形式，是多细胞生物体个体发育、成体组织更新不可缺少的部分。例如人体内每天有 5×1011 个血细胞通过细胞凋亡被清除，同时有新的血细胞产生，实现更新。在个体发育过程中，细胞按时空程序发生死亡，例如在蝌蚪变态发育过程中尾部细胞的凋亡、脊椎动物神经元发育过程的凋亡及哺乳动物指（趾）发育时指（趾）间细胞的凋亡。细胞凋亡也是疾病发生的基础。某些致病因子可使细胞凋亡的基因调控失常，致使细胞凋亡减少或增多，从而破坏了机体细胞的稳态，导致疾病的发生。

（三）细胞焦亡

细胞焦亡（pyroptosis）是一种伴随炎症反应出现的细胞程序性死亡过程。细胞焦亡表现为细胞不断胀大直至细胞膜破裂，导致细胞内容物释放进而激活强烈的炎症反应，细胞的染色质表现为轻度凝集，染色质 DNA 有少量的断裂，但无 DNA 的完全片段化，细胞核也保持完整。

细胞焦亡是机体一种重要的天然免疫反应，是机体在病原微生物感染后启动的免疫防御反应，在拮抗和清除病原体感染以及识别内源性危险信号中发挥重要的作用。相比于细胞凋亡，细胞焦亡发生得更快，并会伴随大量促炎性细胞因子的释放。

检测题

一、名词解释

1. 染色体 2. 有丝分裂 3. 细胞增殖 4. 细胞衰老

二、简答题

1. 简述细胞内各细胞器的名称及主要功能。

2. 简述细胞周期各期的主要特点。

（王亚）

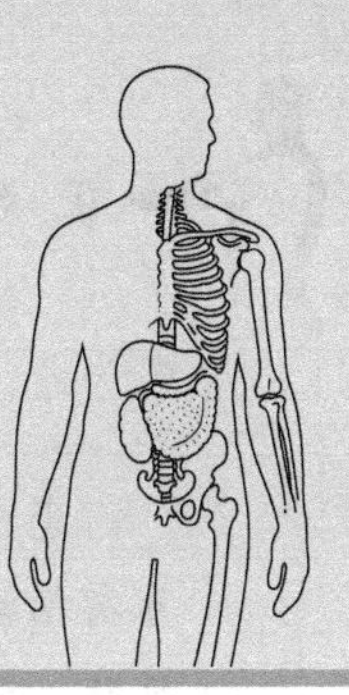

第三章

基本组织

学习目标

1. 知识目标

（1）掌握：上皮组织的一般特点，各类型被覆上皮的结构特点、分布；疏松结缔组织中主要细胞、纤维及其功能；血液的组成，血细胞的分类、正常值、结构特点及功能；肌组织的分类、结构和功能特点；神经元的结构特点及分类，化学突触的结构。

（2）熟悉：上皮组织的特殊结构，腺上皮及腺的概念；疏松结缔组织基质的组成和功能；软骨的分类；骨组织的结构；神经纤维的结构与分类，神经末梢的概念与分类。

（3）了解：致密结缔组织、脂肪组织和网状组织的特点与分布；软骨组织的结构；神经胶质细胞的形态、分类和功能。

2. 能力目标

（1）能在模型和图片上辨认被覆上皮、疏松结缔组织、血细胞、软骨、骨骼肌、心肌、神经元等形态结构。

（2）能运用光学显微镜辨认单层柱状上皮、疏松结缔组织、血细胞、骨骼肌、神经元等切片的主要结构。

（3）能理解血液的组成及功能，能结合无偿献血等科普知识、“世界献血者日”等进行健康知识的宣传教育。

3. 素质目标

（1）发现微观世界之美，培养科学的思维能力及探究生命科学的兴趣。

（2）学习“中性粒细胞”等血液知识，结合无偿捐献造血干细胞等科普知识，树立团队合作、勇于担当、乐于奉献等意识。

案例3

患者，男，13岁。因“呼吸困难1小时”就诊。患者1小时前在参加学校组织的春游活动时，先出现鼻、眼睑发痒，流清涕，打喷嚏，后出现气喘、胸闷、烦躁不安等症状。查体：双肺可闻及广泛哮鸣音，呼气末更明显。血常规检查：嗜酸性粒细胞比例增高（0.12）。诊断：支气管哮喘。

任务：1. 简述支气管黏膜上皮的类型及特点。

2. 简述血细胞的分类及计数的正常值。

第一节　上皮组织

上皮组织（epithelial tissue）由大量形态规则、排列紧密的上皮细胞和极少量的细胞外基质构成。上皮细胞具有明显的极性，一面朝向体腔、有腔器官的腔面或人体表面，称为游离面，与其相对的另一面朝向深部组织，称为基底面。上皮基底面附着于基膜上，并借此与结缔组织相连。上皮组织内一般没有血管，但常有丰富的感觉神经末梢。

根据结构和功能的不同，上皮组织通常分为被覆上皮和腺上皮两类。被覆上皮具有保护、吸收、分泌和排泄等功能，腺上皮具有分泌功能。此外，体内还有少量特化的上皮，如具有收缩能力的肌上皮、能感受特定理化刺激的感觉上皮等。一般所说的上皮，通常是指被覆上皮。

一、被覆上皮

被覆上皮（covering epithelium）呈薄膜状分布，覆盖于人体表面或衬贴于体腔、有腔器官腔面。根据细胞排列层次和形态特点不同，被覆上皮的分类见表3-1。

表3-1　被覆上皮的分类及主要分布

上皮类型		主要分布
单层上皮	单层扁平上皮	内皮：心、血管、淋巴管的腔面
		间皮：胸膜、腹膜、心包膜的表面
		其他：肺泡、肾小囊壁层等
	单层立方上皮	肾小管等
	单层柱状上皮	胃、小肠、大肠、胆囊、输卵管、子宫等的腔面
	假复层纤毛柱状上皮	气管、支气管等的腔面
复层上皮	复层扁平上皮	未角化的：口腔、食管、阴道等
		角化的：皮肤表皮
	变移上皮	肾小盏、肾大盏、肾盂、输尿管、膀胱等的腔面

（一）单层上皮

单层上皮是仅由一层细胞构成的上皮，所有细胞的基底面都附着在基膜上。

1. 单层扁平上皮（simple squamous epithelium） 由一层扁平细胞紧密排列组成（图 3-1）。从表面观察，细胞呈不规则多边形，边缘呈锯齿状或波浪状，相互嵌合，细胞核呈扁圆形，位于细胞中央；在垂直切面上，细胞核呈扁椭圆形，居中，胞质很薄，仅含核部分略厚。分布于心、血管和淋巴管内表面的单层扁平上皮称为内皮，内皮游离面光滑，有利于血液、淋巴液的流动和细胞内外物质的交换。分布于心包膜、胸膜、腹膜等处表面的单层扁平上皮称为间皮，间皮湿润光滑，能减少器官间的摩擦，有利于器官的活动。单层扁平上皮在肺泡、肾小囊壁层也有分布。

2. 单层立方上皮（simple cuboidal epithelium） 由一层立方形的细胞紧密排列组成（图 3-2）。从表面观察，细胞呈六角形或多边形；在垂直切面上，细胞近似正方形。细胞核圆，位于细胞中央。单层立方上皮主要分布于肾小管等处，具有吸收和分泌等功能。

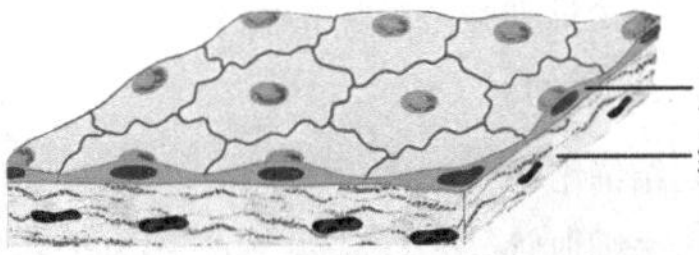

图 3-1 单层扁平上皮立体模式图

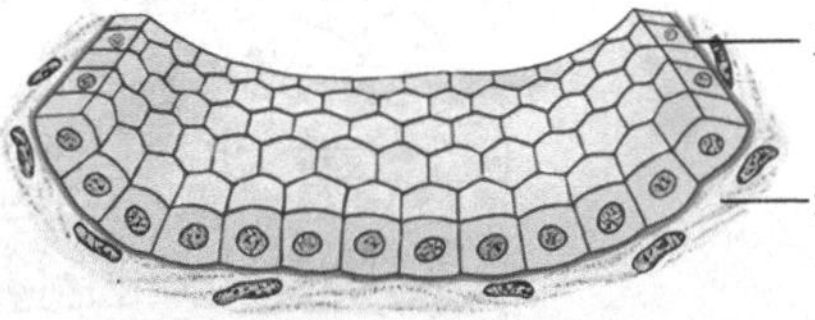

图 3-2 单层立方上皮立体模式图

3. 单层柱状上皮（simple columnar epithelium） 由一层高棱柱状细胞紧密排列组成（图 3-3）。从表面观察，细胞呈六角形或多边形；在垂直切面上，细胞呈长方形。细胞核呈椭圆形，靠近细胞基底部，核长轴与细胞长轴相一致。有些单层柱状上皮还夹杂有形似高脚杯的杯状细胞，能分泌黏液，从而起润滑、保护作用。单层柱状上皮主要分布于胆囊、胃、小肠、大肠、输卵管、子宫等器官的腔面，具有保护、吸收和分泌功能。

4. 假复层纤毛柱状上皮（pseudostratified ciliated columnar epithelium） 由一层高矮不等、形态不同的细胞紧密排列组成（图 3-4）。其中，柱状细胞最多，夹杂有锥形细胞、梭形细胞、杯状细胞。从侧面看，细胞核高低错落，貌似多层，但所有细胞的基底面都附着于基膜，实为一层，而上皮顶部的柱状细胞游离面有纤毛，故称假复层纤毛柱状上皮。该上皮主要分布于气管、支气管等呼吸道表面，具有保护功能。

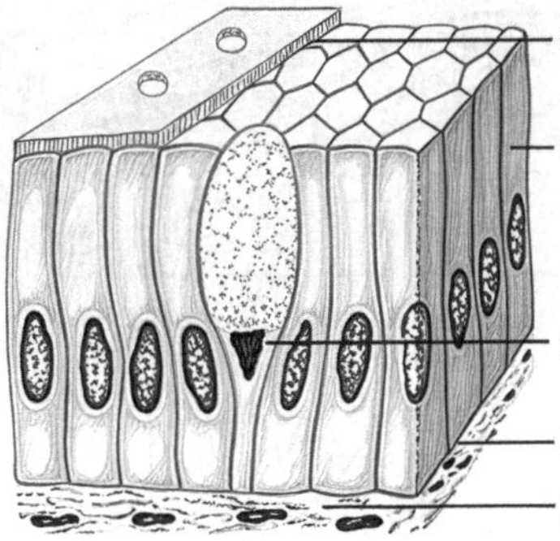

图 3-3 单层柱状上皮立体模式图

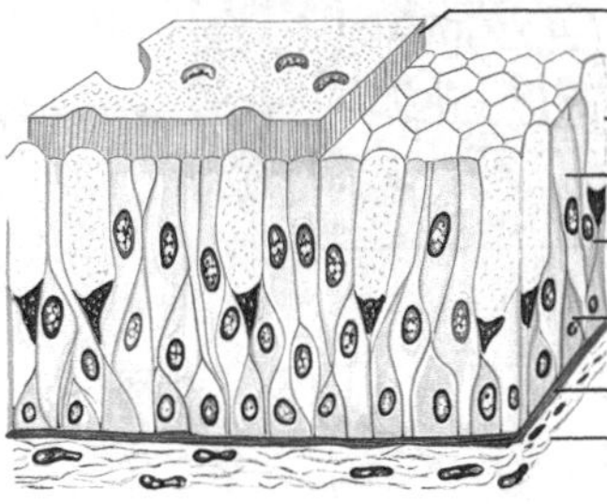

图 3-4 假复层纤毛柱状上皮立体模式图

（二）复层上皮

复层上皮是由多层细胞构成的上皮，各层细胞形态与功能各异，只有最深层的细胞基底面附着于基膜，其他细胞依次层叠排列。

1. 复层扁平上皮（stratified squamous epithelium） 由多层细胞紧密排列而成，从垂直切面看，其浅部的数层细胞呈扁平形，中间部为几层多边形细胞，紧靠基膜的一层基底细胞为矮柱状（图3-5）。复层扁平上皮浅层细胞不断退化、脱落，而基底细胞分裂增殖能力强，新生细胞逐渐向浅层移动，以补充浅层脱落的细胞。位于皮肤表皮的复层扁平上皮，浅层细胞的细胞核消失，细胞质内充满角蛋白，称角化的复层扁平上皮；位于口腔、食管、阴道等处腔面的复层扁平上皮，浅层细胞内有细胞核，细胞质内角蛋白少，称未角化的复层扁平上皮。复层扁平上皮具有耐摩擦和阻止异物侵入等作用，受损伤后有很强的再生修复能力。

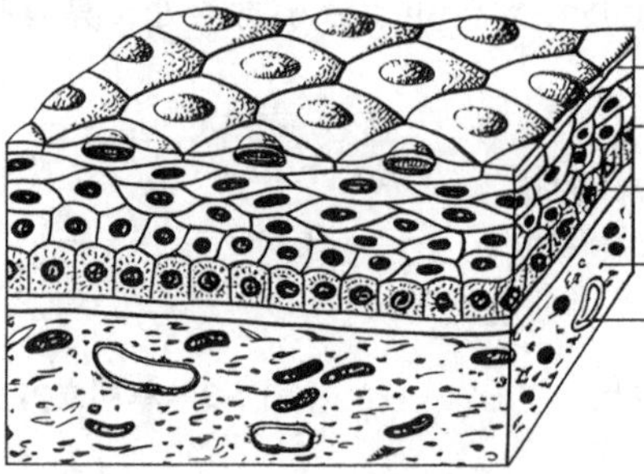

图3-5 复层扁平上皮模式图

2. 变移上皮（transitional epithelium） 由多层细胞组成，主要分布于肾小盏、肾大盏、肾盂、输尿管、膀胱等处。变移上皮的特点是细胞大小、形态及层次会随所在器官的舒缩状态而发生明显改变。当器官空虚收缩时，细胞体积较大，形态饱满，层数较多，上皮较厚（图3-6）；当器官充盈扩张时，细胞体积较小，表层细胞形态趋于扁平，层数较少，上皮较薄。

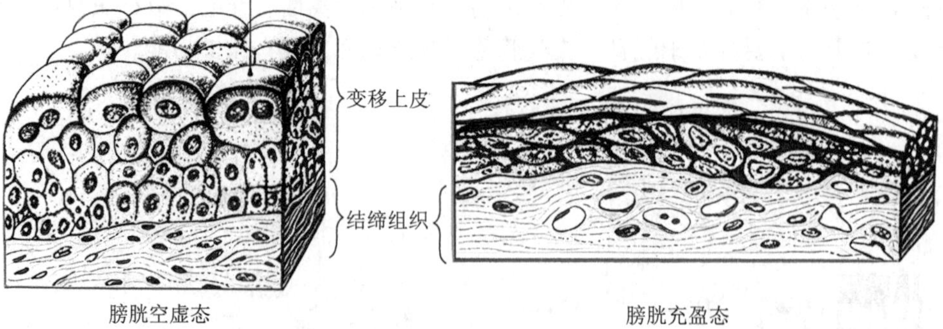

图3-6 变移上皮模式图

二、腺上皮和腺

腺上皮（glandular epithelium）是由腺细胞组成的以分泌功能为主的上皮。腺（gland）是以腺上皮为主要成分的器官或结构。根据有无导管及分泌物输出途径，腺可分为内分泌腺（endocrine gland）和外分泌腺（exocrine gland）。内分泌腺无导管，其分泌物称激素，一般经血液运输到达靶器官而发挥效应，如肾上腺、甲状腺等（详见内分泌系统）。外分泌腺通过导管与上皮表面相连，分泌物经导管排到体表或器官腔内，如唾液腺、汗腺等。外分泌腺一般由分泌部和导管两部分组成。根据分泌部的形状，外分泌腺可分为管状腺、泡状腺和管泡状腺；根据分泌物的性质，外分泌腺可分为浆液性腺、黏液性腺和混合性腺。

三、上皮细胞的特化结构

上皮细胞形态各异，都是为适应其所在部位的功能需求，加之上皮细胞具有明显极性，其两极往往处在不同环境中，故有些上皮细胞，为进一步适应功能的需要，在游离面、侧面、基底面形成一些特化结构（图 3-7）。

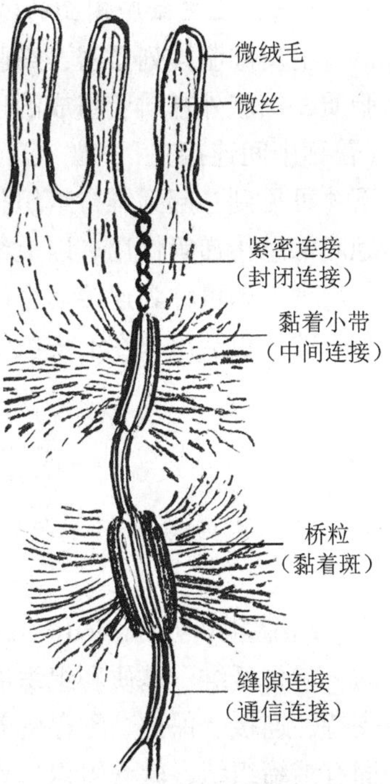

图 3-7　上皮细胞特化结构模式图

（一）上皮细胞游离面的特化结构

1. 微绒毛（microvillus）　细胞向游离面伸出的微细指状突起（图 3-7）。电镜下方能辨认其结构，外为细胞膜，内为细胞质，含微丝。微绒毛扩大了细胞游离面的表面积，有利于吸收。吸收功能越活跃的细胞，微绒毛越发达。整齐排列的微绒毛在高倍光镜下显现为纵纹状的细胞边缘，称为纹状缘或刷状缘。

2. 纤毛（cilium）　细胞向游离面伸出的较粗长的突起。虽与微绒毛状结构相似，纤毛外为细胞膜，内为细胞质，但它比微绒毛粗长，且内含微管。纤毛有节律性定向摆动的能力，可协助上皮表面某些物质的输送。如输卵管上皮的纤毛摆动可协助卵巢排出的卵子向子宫腔方向移动；呼吸道黏膜表面的纤毛摆动可把被吸入的灰尘颗粒、细菌等排出。

（二）上皮细胞基底面的特化结构

1. 基膜（basement membrane）　上皮细胞基底面与深部结缔组织之间的一层薄膜（图 3-4）。不同上皮的基膜厚薄不一，假复层纤毛柱状上皮和复层扁平上皮的基膜稍厚，其他上皮的基膜较薄。基膜除具有连接、支持、固着等作用外，还是一种半透膜，有利于上皮细胞与深层结缔组织之间进行物质交换。

2. 质膜内褶（plasma membrane infolding） 上皮细胞基底面的细胞膜向细胞内陷折叠而成的皱褶（图 3-8）。质膜内褶有效扩大了细胞基底面的表面积，有利于水、电解质等物质的转运。在质膜内褶附近的细胞质中，常含有许多线粒体，可为物质转运提供能量。

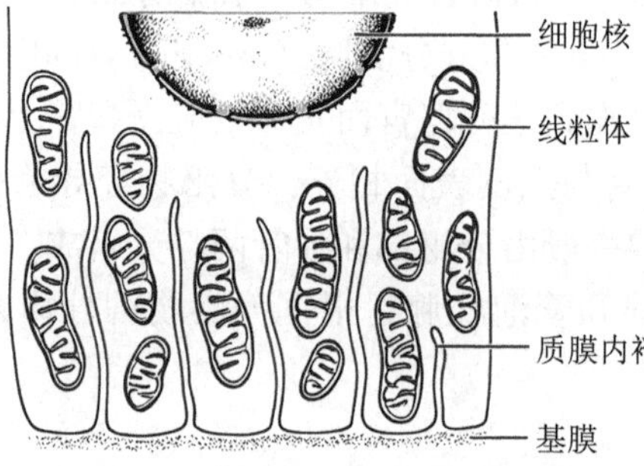

图 3-8 质膜内褶超微结构模式图

（三）上皮细胞侧面的特化结构

上皮细胞排列紧密，细胞间隙狭窄，相邻细胞侧面局部常特化出一些由细胞膜、细胞质、细胞外基质所组成的连接结构，主要包括紧密连接（又称封闭连接）、黏着小带（曾称中间连接）、桥粒（又称黏着斑）、缝隙连接（又称通信连接）。这些结构在电镜下才可见到，起到维持组织整体性和协调性、封闭细胞间隙、加强细胞间联系、参与细胞间信息传递等作用。以上细胞连接并不是同时存在的，一般来说，只要有两种以上同时出现，即可称为连接复合体（junctional complex）。此外，这些细胞连接不是上皮组织独有的，也会出现在上皮组织以外的其他组织细胞之间。

第二节 结缔组织

结缔组织（connective tissue）由细胞和细胞外基质构成。细胞外基质又称细胞间质，包含纤维、基质和组织液。细胞散在分布于细胞外基质内，无极性。结缔组织具有支持、连接、保护、贮存营养、物质运输等功能。结缔组织分布广泛，形态多样，包括固有结缔组织、软骨组织、骨组织和血液等。一般所讲的结缔组织是指固有结缔组织。

一、固有结缔组织

固有结缔组织（connective tissue proper）包括疏松结缔组织、致密结缔组织、脂肪组织、网状组织等。

（一）疏松结缔组织

疏松结缔组织（loose connective tissue）又称蜂窝组织（图 3-9），组织内细胞种类较多而数量少，纤维数量较少且排列稀疏，富含血管及神经（末梢），其广泛分布于器官与器官之间、组织与组织之间，具有连接、支持、营养、防御、修复等功能。

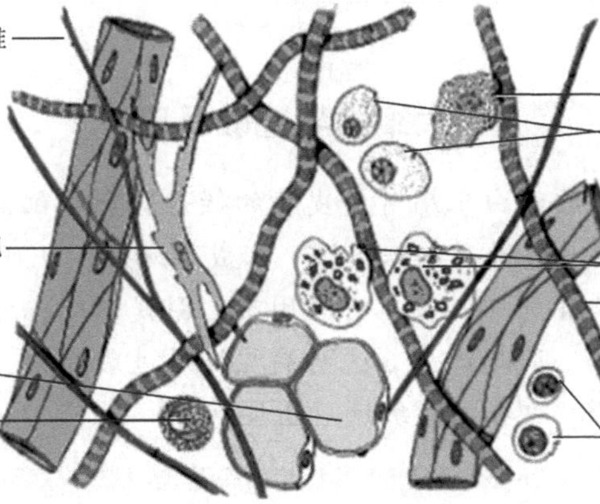

图 3-9　疏松结缔组织模式图

1. 细胞

（1）成纤维细胞（fibroblast）　疏松结缔组织中数目最多、最主要的细胞，常附着在胶原纤维上。成纤维细胞较大，多突起，细胞核大，呈卵圆形，细胞质呈弱嗜碱性，电镜下可见丰富的粗面内质网和发达的高尔基复合体。成纤维细胞能合成、分泌胶原蛋白和弹性蛋白，能形成无定形基质，还可分泌多种生长因子，调节各种细胞的增殖与功能。成纤维细胞处于功能静止状态时，细胞变形为长梭状，细胞核缩小，染色深，此时称纤维细胞。

（2）巨噬细胞（macrophage）　形态随功能状态而改变，通常呈圆形或椭圆形，有钝圆突起，功能活跃时会伸出较长伪足而使形态不规则。巨噬细胞的核较小，卵圆形或肾形，着色深，胞质丰富，多呈嗜酸性，胞质内含大量溶酶体、吞噬体和吞饮小泡等结构。巨噬细胞来源于血液中的单核细胞，具有趋化性和变形运动的能力，可吞噬清除外来异物和衰老的自体细胞，此外还参与免疫应答等功能。

（3）肥大细胞（mast cell）　常分布在小血管和淋巴管周围，在皮肤真皮、呼吸道和消化管的黏膜结缔组织内较多。肥大细胞体积较大，呈圆形或卵圆形；细胞核小而圆，居中；细胞质内充满粗大的嗜碱性分泌颗粒。颗粒内含肝素，肝素具有抗凝血作用。颗粒内还含有组胺、白三烯、中性粒细胞趋化因子及嗜酸性粒细胞趋化因子等物质，可启动针对病原体的炎症反应，参与过敏反应等。

（4）浆细胞（plasma cell）　又称效应 B 淋巴细胞，由 B 淋巴细胞在抗原刺激下转化而来，可合成和分泌免疫球蛋白（抗体），参与体液免疫。浆细胞主要分布于脾、淋巴结以及消化管、呼吸道黏膜的结缔组织或淋巴组织内。浆细胞呈卵圆形或圆形，细胞质呈嗜碱性，细胞核呈圆形或卵圆形，多偏于细胞一侧，核内异染色质常呈粗条块状，从核中心向核膜呈辐射状分布。

（5）脂肪细胞（fat cell）　体积较大，常呈球形或多边形，单个或成群分布。细胞质内含一个大脂滴，将细胞质的其他部分和细胞核挤到细胞周缘，细胞核被挤压成弯月形，位于细胞一侧。在 HE 染色标本中，脂滴被溶解，细胞呈空泡状。脂肪细胞可合成、贮存脂肪，参与脂类代谢。

链接

肥大细胞与过敏反应

肥大细胞释放的组胺和白三烯可使皮肤的微静脉和毛细血管扩张，通透性增加，血浆蛋白和液体溢出，导致组织水肿，形成荨麻疹；也可使支气管黏膜水肿、平滑肌痉挛，导致支气管通气不畅，呼吸困难，引发哮喘；还可使全身小动脉扩张，导致血压急剧下降，引起休克。这些病症均属过敏反应，凡可致肥大细胞脱颗粒的物质都是过敏原，即引发过敏反应的抗原。

2. 细胞外基质

疏松结缔组织细胞外基质多，包括纤维、基质和不断更新的组织液。

（1）纤维　有弹性纤维、胶原纤维和网状纤维 3 种。

① 弹性纤维（elastic fiber）：数量较胶原纤维少，但分布很广，新鲜时呈黄色，又称黄纤维。在 HE 染色切片中，弹性纤维着色淡红，不易与胶原纤维区分。弹性纤维较细，可有分支，交织成网。其化学成分主要为弹性蛋白，富有弹性。随着年龄的增长，人体内弹性纤维的弹性会逐渐减弱。

② 胶原纤维（collagenous fiber）：在 3 种纤维中，胶原纤维数量最多，新鲜时呈白色，又称白纤维。在 HE 染色切片中，胶原纤维呈淡红色，粗细不等，呈波浪形，有分支并交织成网。胶原纤维常成束存在，其化学成分为 I 型胶原蛋白。胶原纤维韧性大，抗拉力强。

③ 网状纤维（reticular fiber）：纤维细且分支多，交织成网。网状纤维主要由Ⅲ型胶原蛋白构成，表面被覆糖蛋白。在 HE 染色切片中，网状纤维与胶原纤维一样呈淡红色，难以分辨，若用银染法处理则呈黑色，又称嗜银纤维。网状纤维主要分布于网状组织，也可分布于基膜、腺泡、毛细血管周围等处。

（2）基质（ground substance）　由蛋白聚糖、纤维粘连蛋白等生物大分子构成的无定形胶状物，无色透明，填充于细胞与纤维之间。蛋白聚糖（也称蛋白多糖）为基质的主要成分，是由糖胺聚糖（又称氨基聚糖或黏多糖）与蛋白质以共价键结合而成的聚合体。透明质酸、硫酸软骨素等都属于糖胺聚糖。大量蛋白聚糖聚合体形成有许多微孔的大分子结构，称分子筛。分子筛允许水和营养物、代谢产物、激素、气体分子等通过；而大于孔隙的大分子物质、细菌等则被阻挡，使基质成为限制细菌等有害物扩散的防御屏障。溶血性链球菌、癌细胞、蛇毒等可产生透明质酸酶，破坏基质结构，导致其扩散或转移。

（3）组织液（tissue fluid）　血液中小分子血浆成分从毛细血管动脉端渗入基质内的液体，称组织液。在毛细血管静脉端，组织液大部分又回流到血液中，小部分进入毛细淋巴管成为淋巴，最后也回流到血液中。因此组织液是动态更新的，有利于血液与组织细胞进行物质交换，构成细胞赖以生存的内环境。在病理情况下，基质中的组织液增多或减少，可导致组织水肿或脱水。

（二）致密结缔组织

致密结缔组织（dense connective tissue）是一种由大量胶原纤维组成的固有结缔组织。其特点是纤维粗大，排列致密而纤维间的细胞和基质较少。胶原纤维排列较规则者，见于肌腱和韧带。胶原纤维排列不规则，互相交织而致密者，见于皮肤的真皮及器官的被膜等。

（三）脂肪组织

脂肪组织（adipose tissue）是由大量群集的脂肪细胞组成的结缔组织，脂肪细胞之间会有少量疏松结缔组织存在，将其分隔为若干脂肪小叶。脂肪组织分布于皮下、肠系膜、网膜及某些内脏器官周围，主要起保温、缓冲机械性冲击、充填支持、储存脂肪等作用。脂肪组织是人体重要的能量库。

（四）网状组织

网状组织（reticular tissue）由网状细胞、网状纤维和基质组成。网状细胞呈星形，有突起，其突起相互连接成网（图 3-10）。网状细胞可产生网状纤维，网状纤维相互交织，并深陷于网状细胞的胞体和突起内，构成其依附的支架。网状组织通常作为造血组织和淋巴组织的基本架构而存在，为血细胞和淋巴细胞的发生、发育提供适宜的微环境。

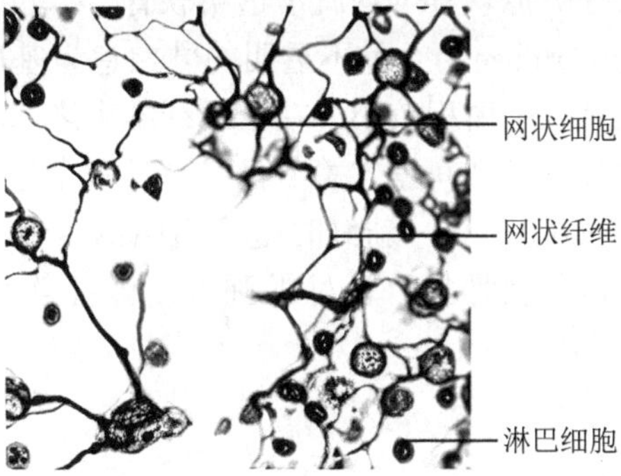

图 3-10　网状组织模式图

二、软骨组织与软骨

软骨（cartilage）由软骨组织及其周围的软骨膜构成。软骨组织（cartilage tissue）由软骨细胞和软骨基质构成。软骨膜（perichondrium）由薄层致密结缔组织构成，内有血管、神经、淋巴管以及成软骨细胞等。

（一）软骨组织的一般结构

1. 软骨细胞　包埋在软骨基质中，所在的腔隙称软骨陷窝。分布于软骨膜附近的软骨细胞为幼稚软骨细胞，体积较小，呈扁圆形，单独占据一个软骨陷窝；越靠近软骨中央区域的软骨细胞越成熟，体积渐大，呈圆形或椭圆形，常 2~8 个聚集在一个软骨陷窝中，它们由同一个软骨细胞增殖而来，称同源细胞群。

2. 软骨基质　即软骨组织的细胞外基质，由基质和纤维组成。基质呈凝胶状，主要成分是蛋白聚糖和水，大量蛋白聚糖聚合体也可形成有许多微孔的分子筛。纤维成分包埋于基质中，其种类和数量的不同使软骨组织具有不同的特性，同时也决定了软骨的类型。

（二）软骨的类型

根据细胞外基质中纤维种类和数量的不同，软骨可分为透明软骨、纤维软骨、弹性软骨3种（图3-11）。

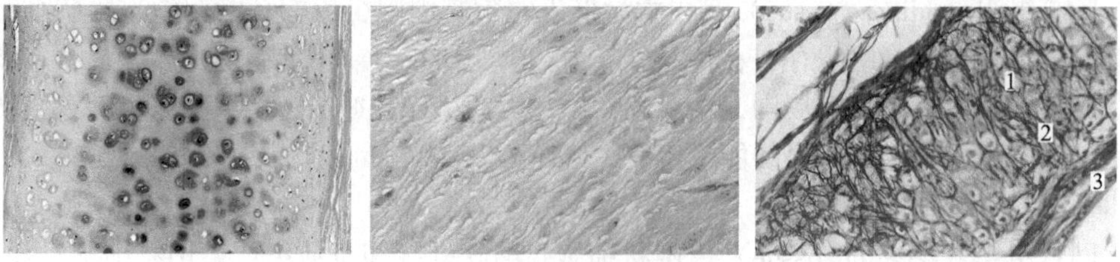

(a) 透明软骨　　(b) 纤维软骨　　(c) 弹性软骨

图3-11　软骨的类型

1. 透明软骨（hyaline cartilage）　新鲜时呈半透明状。基质中包埋有胶原原纤维，胶原原纤维细小，其折光性又与基质的折光性相近，因此在HE染色的切片上难以分辨。关节软骨、肋软骨、呼吸道软骨等均属于透明软骨。

2. 纤维软骨（fibrous cartilage）　呈不透明的乳白色。基质中包埋有大量平行或交织排列的胶原纤维束，软骨细胞体积较小，在胶原纤维束之间单个或成串分布。纤维软骨具有很强的韧性，主要分布于椎间盘、关节盘及耻骨联合等处。

3. 弹性软骨（elastic cartilage）　新鲜时呈不透明的黄色。基质中包埋有大量弹性纤维，纤维交错排列，使这种软骨具有良好的弹性。弹性软骨主要分布于耳郭、会厌等处。

三、骨组织与骨

骨（bone）是由骨组织、骨膜和骨髓等构成的坚硬器官。骨组织（osseous tissue）主要由骨细胞和骨基质构成，是骨的结构主体。

（一）骨组织的一般结构

1. 骨基质　简称骨质，即骨组织中钙化的细胞外基质，由有机成分与无机成分构成。有机成分主要为大量胶原纤维和少量无定形基质，使骨具有韧性。无机成分又称骨盐，主要是羟基磷灰石结晶，使骨坚硬。骨盐沉积于呈板层状排列的胶原纤维上，构成既坚硬又有韧性的板状结构，称骨板（图3-12、图3-13）。同一骨板内的胶原纤维互相平行，相邻骨板内的胶原纤维则互相垂直，这种排列方式如同多层木质胶合板，可有效增大骨的强度。骨板间和骨板内有许多小腔，称骨陷窝（图3-12、图3-13）。骨陷窝周围呈放射状分布的小管称骨小管。相邻骨陷窝之间的骨小管可以相通。

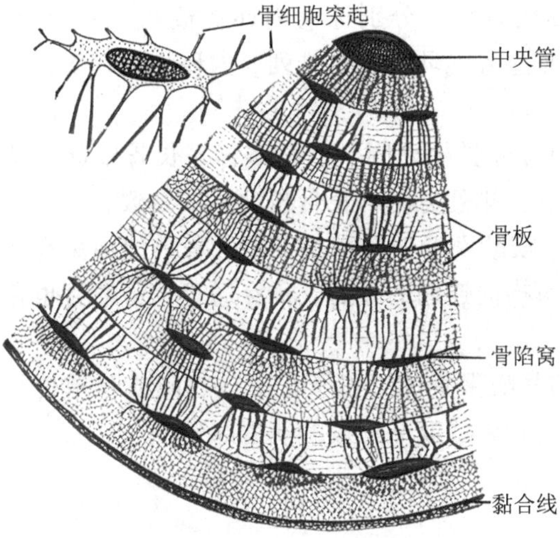

图 3-12　骨细胞与骨板结构模式图

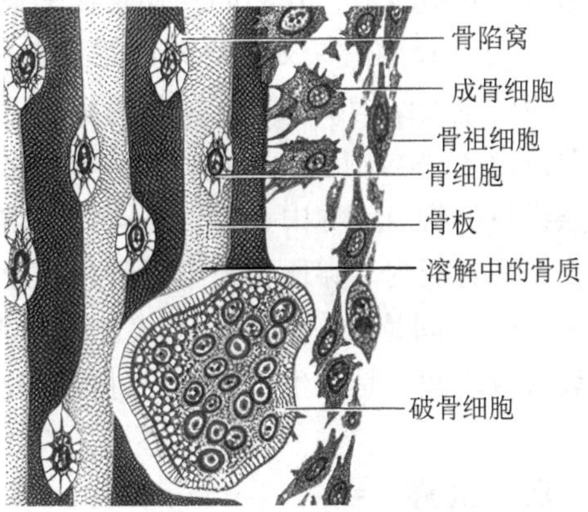

图 3-13　骨组织的骨板和各种细胞结构模式图

2. 骨组织的细胞　有 4 种，即骨祖细胞、成骨细胞、骨细胞和破骨细胞（图 3-13）。骨细胞数量多，位于骨组织内部，其余 3 种细胞数量少，位于骨组织表面。骨细胞胞体位于骨陷窝内，骨细胞的多个细长突起，伸入骨小管中。骨细胞参与调节钙、磷平衡。

（二）骨松质与骨密质的结构

骨松质与骨密质是骨组织的两种结构形式。骨松质配布于骨的内部，如长骨两端的骨骺和骨干的内侧面。骨密质分布于骨的表面，如长骨骨干和骨骺的外侧面。

1. 骨松质　由大量片状或针状的骨小梁排列而成。骨小梁由数层排列不甚规则的骨板构成。骨小梁相互交织，形成肉眼可见的多孔隙网架结构，网眼中充填红骨髓。

2. 骨密质　主要由排列有序、结合紧密的骨板构成，肉眼下难见明显的孔隙。按骨板排列方式可分为环骨板、骨单位和间骨板 3 类（图 3-14）。

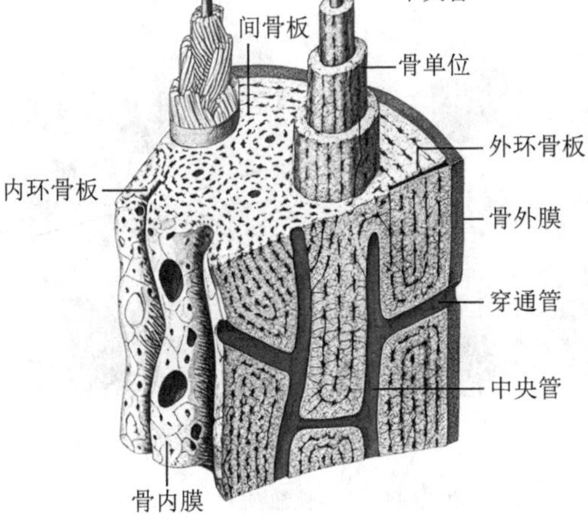

图 3-14　长骨骨干结构模式图

（1）环骨板　环绕长骨骨干内、外表面的骨板，分别称为内环骨板和外环骨板。外环骨板较厚，由数层或十多层骨板组成，较整齐地环绕骨干排列。内环骨板较薄，仅由数层骨板组成，且不如外环骨板平整。

（2）骨单位　又称哈弗斯系统，位于内外环骨板之间，数量多，是长骨中起支持作用的主要结构。骨单位呈长筒状，可有分支，排列方向与长骨长轴基本一致。每个骨单位由4~20层呈同心圆状排列的骨板构成，横断面形似树木的年轮。骨单位中央有一条纵行的管道，称中央管；不同骨单位之间有横向连通的管道，称穿通管，穿通管也存在于环骨板内。穿通管与中央管相互通连。

（3）间骨板　大小、形状皆不甚规则的骨板聚集体，位于骨单位之间或骨单位与环骨板之间，是骨生长和改建过程中较早期的骨单位或环骨板的残留部分。

四、血液

血液（blood）循环流动于心血管内，由血浆和血细胞组成。正常成人的血液总量相当于体重的7%~8%，即每千克体重有70~80 mL血液。因此，体重为60 kg的人，血量为4.2~4.8 L。

（一）血浆

血浆（plasma）相当于细胞外基质，主要成分是水，占90%，其余为血浆蛋白（白蛋白、球蛋白、纤维蛋白原等）、酶、激素、糖、脂质、维生素、无机盐、代谢产物等。血液凝固后析出的淡黄色透亮液体称为血清（serum）。

（二）血细胞

血细胞（blood cell）包括红细胞、白细胞和血小板（图3-15）。血细胞的分类和计数的正常值见表3-2。

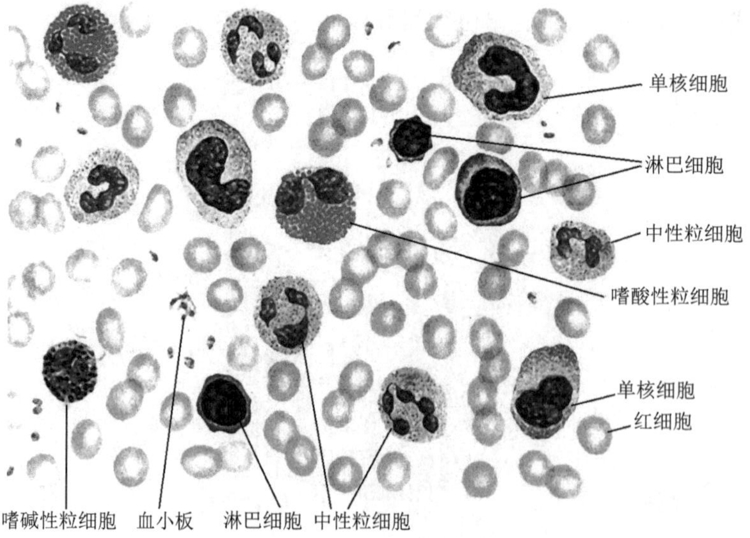

图3-15　血细胞仿真图

表 3-2 血细胞的分类和正常值

分类	正常值
红细胞	男：(4.3~5.8) × 10^{12}/L；女：(3.8~5.1) × 10^{12}/L
白细胞	(3.5~9.5) × 10^{9}/L
中性粒细胞	50%~70%
嗜酸性粒细胞	0.5%~5%
嗜碱性粒细胞	0%~1%
单核细胞	3%~8%
淋巴细胞	20%~40%
血小板	(100~300) × 10^{9}/L

1. 红细胞（red blood cell） 数量最多的血细胞，在扫描电镜下呈双凹面圆盘状，直径约 7.5 μm，中央较薄，周缘较厚。成熟红细胞无细胞核，无细胞器，胞质内充满了血红蛋白（Hb），使红细胞呈红色。正常成人血液中血红蛋白的含量，男性为 130~175 g/L，女性为 115~150 g/L。血红蛋白是一种含铁的蛋白质，具有结合、运输 O_2 和 CO_2 的功能。

正常人的外周血液中还含有少量的未完全成熟的红细胞，称为网织红细胞。其胞质内残留部分未完全退化的核糖体。网织红细胞占红细胞总数的比值为 0.5%~1.5%。网织红细胞的比值可在一定意义上反映骨髓造血能力的强弱。

2. 白细胞（white blood cell） 有核的球形细胞，体积通常比红细胞大，可通过变形运动的方式穿过血管壁进入组织中发挥防御和免疫功能。白细胞数量比红细胞少，但种类较多（图 3-15）。根据胞质中是否含有特殊颗粒，可将其分为有粒白细胞（常简称为粒细胞）和无粒白细胞两类。有粒白细胞又可按特殊颗粒的嗜色性不同分为中性粒细胞、嗜酸性粒细胞、嗜碱性粒细胞 3 种；无粒白细胞又包括单核细胞和淋巴细胞 2 种。

（1）中性粒细胞（neutrophil），是白细胞中数量最多的一种细胞，直径 10~12 μm，细胞核呈杆状或分叶状，分叶核一般为 2~5 叶，叶间有细丝相连。核分叶数目越多的中性粒细胞离开骨髓的时间越久。其细胞质呈极浅的粉红色，内含许多细小的颗粒，包括嗜天青颗粒和特殊颗粒 2 种，嗜天青颗粒是一种溶酶体，而特殊颗粒中含有溶菌酶和吞噬素。中性粒细胞具有吞噬和杀灭细菌的能力，在其吞噬细菌后，自身也死亡成为脓细胞，与坏死组织一起液化成为脓液。

（2）嗜酸性粒细胞（eosinophil），直径 10~15 μm，细胞核常分两叶，呈“八”字形分布，其间以细柄相连。细胞质中含有粗大而分布均匀的嗜酸性颗粒，颗粒呈橘红色，内含多种酸性水解酶，且含有组胺酶、芳基硫酸酯酶等。嗜酸性粒细胞具有减轻过敏反应及杀灭寄生虫的作用。

（3）嗜碱性粒细胞（basophil），在白细胞中数量最少，直径 10~12 μm，细胞核呈 S 形或不规则形，染色浅。细胞质内含有大小不等、分布不均的嗜碱性颗粒，染成蓝紫色后可掩盖细胞核，颗粒内含肝素、组胺、中性粒细胞趋化因子、嗜酸性粒细胞趋化因子等。嗜碱性粒细胞与肥大细胞功能相似。

（4）单核细胞（monocyte），在白细胞中体积最大，直径 14～20 μm，细胞核呈肾形、马蹄形或扭曲折叠的不规则形。细胞质丰富，呈弱嗜碱性，可染成灰蓝色，内含细小的嗜天青颗粒，即溶酶体。单核细胞具有变形运动和吞噬能力，它在血液中停留一定时间后离开血管进入结缔组织或其他组织中，转化为巨噬细胞或其他具有吞噬功能的细胞。

（5）淋巴细胞（lymphocyte），体积差异较悬殊，直径 6～20 μm，可分小、中、大 3 种，但循环血中主要为 6～8 μm 的小淋巴细胞，少部分为直径 8～12 μm 的中淋巴细胞。其细胞核多为圆形，一侧常有凹痕，染色深，占细胞体积的比例很大；细胞质少，嗜碱性，可染成蔚蓝色。

淋巴细胞产生于骨髓。根据其发生来源、表面特征和免疫功能的不同，可分为胸腺依赖性淋巴细胞（简称 T 淋巴细胞）、骨髓依赖性淋巴细胞（简称 B 淋巴细胞）和自然杀伤细胞（简称 NK 细胞）。T 淋巴细胞参与细胞免疫，B 淋巴细胞参与体液免疫，NK 细胞在无需抗体参与的情况下直接杀伤靶细胞。

3. 血小板（blood platelet）　不是严格意义上的细胞，而是骨髓中巨核细胞脱落下来的细胞质碎块。直径 2～4 μm，呈双面略凸的圆盘状，受机械或化学刺激时常伸出伪足，呈不规则形。血小板外有完整的细胞膜包被，无细胞核但有细胞器。在血涂片上，血小板常聚集成群。血小板在止血与凝血过程中有重要作用。

链接

造血器官

血细胞由造血器官生成，在人体发育的不同时期，造血器官是不同的。最早的造血器官是胚胎第 2 周时的卵黄囊，原始的造血干细胞就产生于卵黄囊上的血岛。其后，肝脏、脾脏先后具有造血功能，并维持至出生前。人胚第 4 个月左右，骨髓开始造血。出生后，红骨髓成为最主要的造血器官，并维持终生。

骨髓的造血功能强，造血组织有很强的代偿功能，当抽取部分骨髓后，造血干细胞可很快增殖，在 1～2 周内完全恢复至原来的水平。许多造血干细胞捐献者，发扬人道主义精神，用奉献点燃了患者重生的希望。

第三节　肌组织

肌组织（muscle tissue）主要由肌细胞组成。肌细胞之间有少量结缔组织以及丰富的血管、神经和淋巴管。肌细胞呈细长纤维形，故又称肌纤维，其细胞膜称肌膜，细胞质称肌质，特化的滑面内质网称肌质网。肌质内含大量与肌细胞长轴平行且排列成束的肌丝。肌丝是肌细胞舒缩功能发挥的主要物质基础。

根据形态结构和功能特点的不同，肌组织可分为骨骼肌、心肌、平滑肌 3 种。骨骼肌细胞和心肌细胞表面均有横纹，故又称横纹肌。骨骼肌受躯体神经支配，属随意肌；心肌和平滑肌受内脏神经支配，为不随意肌。

一、骨骼肌

骨骼肌（skeletal muscle）分布于人体的头、颈、躯干和四肢，大多借肌腱附着于骨骼，其收缩迅速有力，主要成分为骨骼肌细胞。整块骨骼肌外包有结缔组织形成的被膜，称肌外膜。肌外膜伸入肌内，分支形成肌束膜分隔包围出大小不等的肌束。每个肌细胞外包绕有少量结缔组织形成的肌内膜。

（一）骨骼肌细胞的光镜结构

骨骼肌细胞呈细长圆柱形（图 3-16），通常无分支，直径 10~100 μm，长短随所在部位差异较大，通常为 1~40 mm，长者可达 100 mm。骨骼肌细胞细胞核呈扁椭圆形，数量多，一个肌细胞可有十几个、几十个甚至上百个核，紧贴于肌膜内侧。

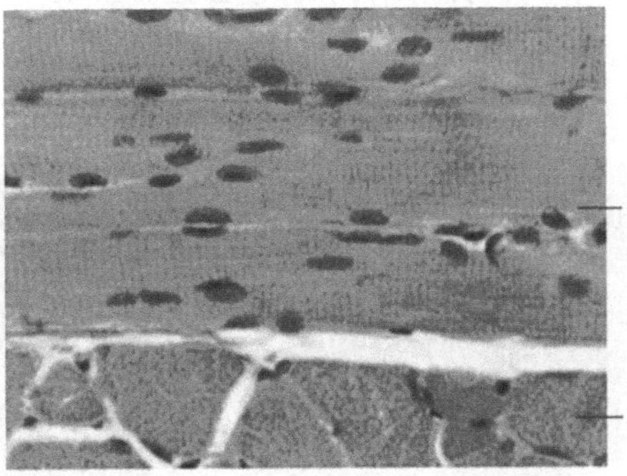

图 3-16　骨骼肌细胞光镜结构

肌质内含有许多与肌细胞长轴相平行的肌原纤维，每条肌原纤维上有许多明暗相间的带。明带也称 I 带，是染色浅的区域，其中央有一条深染的细线，称 Z 线。暗带也称 A 带，是染色深的区域，其中央有一稍浅染的窄带，称 H 带，H 带的中央（也即整个暗带的中央），有一条深染的线，称 M 线。整条肌原纤维由众多明带、暗带交替排列构成。相邻两条 Z 线之间的一段肌原纤维称为肌节（sarcomere），是肌细胞结构和功能的基本单位（图 3-17）。一个完整的肌节包括 1/2 明带+1 个暗带+1/2 明带。由于一个肌细胞内，所有肌原纤维的明带、暗带都是各自对齐排列于同一平面的，所以光镜下肌细胞的表面可见明暗交替的横纹。

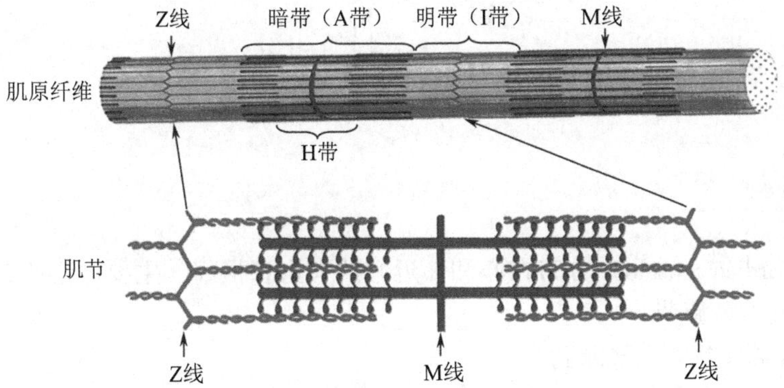

图 3-17　骨骼肌肌原纤维结构模式图

（二）骨骼肌细胞的超微结构

1. 肌原纤维　由大量的粗肌丝和细肌丝有规律地平行排列构成。粗肌丝位于暗带，其中央固定于M线，两端游离；细肌丝则一端固定于Z线，另一端游离，插入粗肌丝之间，终止于H带的边缘（图3-17）。因此，暗带中央的H带是只有粗肌丝的区域；H带两侧的暗带是粗细肌丝重叠的区域；明带则是只有细肌丝的区域。

2. 横小管　由肌膜向肌质内凹陷形成的小管，与肌纤维的长轴相垂直（图3-18）。骨骼肌细胞的横小管位于明带与暗带的交界处。同一平面的横小管彼此分支吻合成网，环绕于每条肌原纤维周围，肌原纤维从其网眼中穿过。横小管的管壁即肌膜向肌质内的延伸，可将肌膜的兴奋迅速传至每个肌节。

3. 肌质网　又称肌浆网，是肌纤维中特化的滑面内质网，位于相邻的横小管之间，包绕于肌原纤维周围。其中部呈纵向排列，称纵小管；两端膨大称终池，内含大量钙离子。每个横小管与两侧的终池组成三联体（图3-18），但三联体内的横小管和终池各自独立，并不相通。

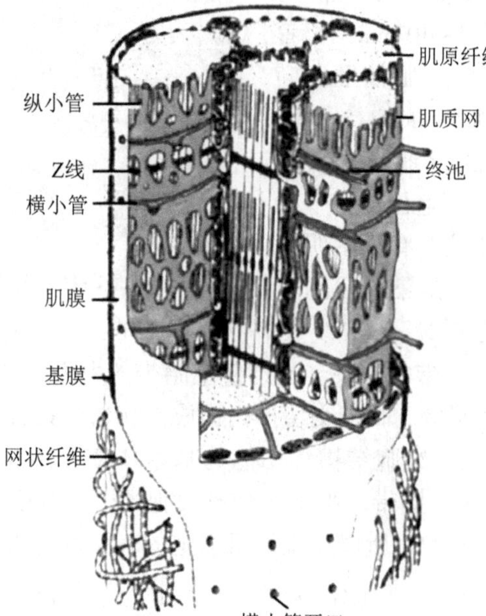

图3-18　骨骼肌细胞结构模式图

二、心肌

心肌（cardiac muscle）分布在心和邻近心的大血管根部，主要由心肌细胞构成。心肌收缩持久且不易疲劳。

（一）心肌细胞的光镜结构

心肌细胞呈不规则的短圆柱形，有分支，分支互相吻合连接成网。心肌细胞一般只有一个细胞核，偶尔有两个核，呈椭圆形，位于细胞中央，染色较浅（图3-19）。心肌细胞表面也有横纹，并可区分出明带、暗带，但横纹不如骨骼肌细胞明显，其肌原纤维也不如骨骼肌细胞发达。在心肌细胞分支连接处染色较深，称闰盘（intercalated disk），光镜下呈染色较深的横形或阶梯形带状纹线。

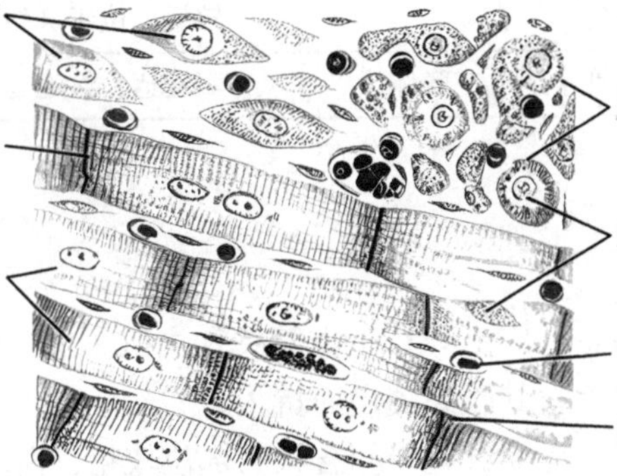

图 3-19　心肌细胞光镜结构

（二）心肌细胞的超微结构

心肌细胞与骨骼肌细胞在超微结构上有许多相似的地方，如心肌细胞也有粗、细两种肌丝；肌丝在肌节内的排列与骨骼肌细胞相同；也有横小管和肌质网等结构。但心肌细胞尚具有一些不同的特点。

1. 肌原纤维　肌原纤维不明显。大量肌丝被稀疏的肌质网和纵列的线粒体分隔成粗细不等的肌丝束而没有形成明显的肌原纤维。

2. 横小管　较粗，位于 Z 线水平（图 3-20）。

3. 肌质网　不发达。纵小管稀疏，终池少而小，多见横小管与一侧的终池紧贴形成二联体。

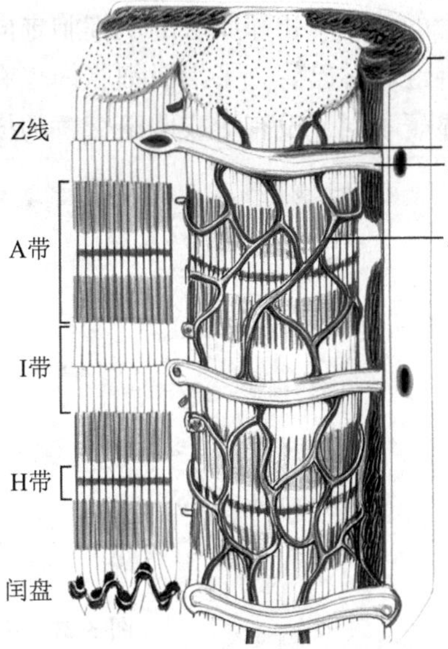

图 3-20　心肌细胞结构模式图

4. 闰盘　闰盘处有黏着小带、桥粒和缝隙连接，这些连接结构分别使心房肌和心室肌整体的收缩和舒张同步化。

骨骼肌细胞与心肌细胞的比较见表 3-3。

表 3-3　骨骼肌细胞与心肌细胞的比较

	骨骼肌细胞	心肌细胞
形态	细长圆柱形，无分支	短圆柱形，有分支，相互连接成网
横纹	有	有，不明显
细胞核	多个，扁椭圆形，紧贴肌膜，位于肌膜下	单个，偶有两个，椭圆形，位于肌细胞中央

续表

	骨骼肌细胞	心肌细胞
闰盘	无	有
横小管	位于明、暗带交界处	较粗，位于Z线水平
肌质网	发达，终池与横小管常形成三联体	不发达，终池扁小，多与横小管形成二联体

三、平滑肌

平滑肌（smooth muscle）广泛分布于血管壁和内脏器官，主要由平滑肌细胞构成。平滑肌细胞有较强的伸展性，其收缩缓慢而持久。

平滑肌细胞呈长梭形，无横纹，中间含核的部位较粗，两端尖细。平滑肌细胞只有一个细胞核，核呈长椭圆形或杆状，位于细胞中央（图3-21）。平滑肌细胞多成层或成束排列，同一层内，肌细胞彼此平行，粗细交替，聚集排列，一条肌细胞中部较粗的部分往往与相邻肌细胞较纤细的部分相嵌合。这种排列形式使肌细胞之间排列紧密且有利于收缩力的传导。相邻肌层的肌细胞走向往往不同。肌层之间有结缔组织分布，其内有血管、神经和淋巴管。平滑肌细胞内也有粗、细肌丝，但其排列形式与骨骼肌细胞和心肌细胞显著不同，没有形成明暗交替的横纹。

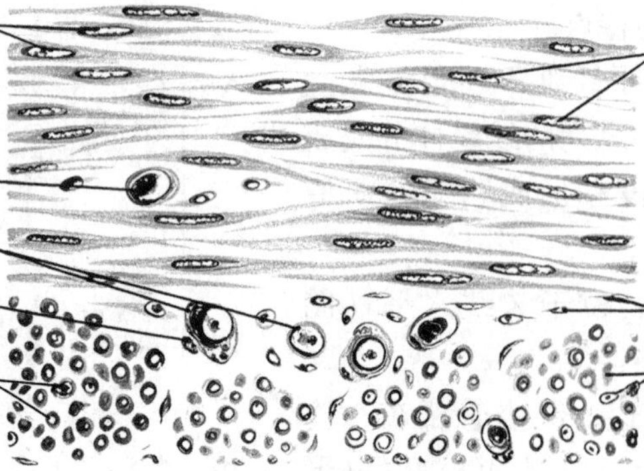

图3-21　平滑肌细胞光镜结构

第四节　神经组织

神经组织（nervous tissue）是神经系统的主要成分，由神经细胞和神经胶质细胞组成。神经细胞又称神经元，是神经系统结构和功能的基本单位，具有接受刺激、整合信息、传导神经冲动的功能。神经胶质细胞简称神经胶质，对神经元起支持、营养、保护和绝缘的作用。

一、神经元

（一）神经元的形态结构

神经元（neuron）形态多样，但有一个共同特征就是均具有突起，因此神经元都可分为胞体和突起两部分（图 3-22）。

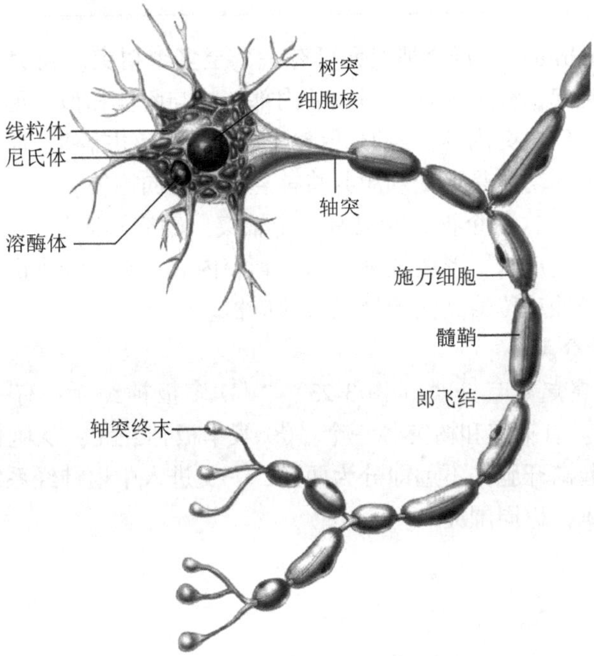

图 3-22　神经元结构模式图

1. 胞体　神经元的胞体是其营养和代谢的中心，通常位于脑皮质、脑干和脊髓的灰质以及神经节内。胞体的大小和形态差异很大，可呈圆形、梭形、梨形、星形等。其结构与一般细胞相似，由细胞膜、细胞质、细胞核构成。细胞膜包被于胞体表面，可接受刺激、传导冲动；细胞核只有一个，居于胞体中央，大而圆，染色浅，但核仁大且染色深；细胞质中含多种细胞器，其中尼氏体和神经原纤维是神经元特有的两种结构。

（1）尼氏体（Nissl body）　光镜下呈嗜碱性颗粒状或小块状结构，又称嗜染质。电镜下可见尼氏体由发达的粗面内质网和游离核糖体构成，主要功能是合成蛋白质和神经递质。

（2）神经原纤维（neurofibril）　在 HE 染色的切片上不着色，用银染法则显现为棕黑色的细丝状结构，相互交织成网，并伸入突起内。电镜下可见神经原纤维由微管和神经丝构成，形成了神经元的骨架，另外它也与神经递质的输送相关。

2. 突起　由神经元的细胞膜与细胞质向胞体表面突起而成，根据形态结构和功能的不同可分为树突和轴突两种（表 3-4）。

表 3-4 树突与轴突的比较

	树突	轴突
数量	一个或多个	只有一个
形态	树枝状分支，分支表面有棘状突起	表面光滑，可有侧支，终末分支呈爪状
结构	与胞体相似，有尼氏体和神经原纤维	只有神经原纤维，没有尼氏体
功能	将神经冲动传向胞体	将神经冲动传离胞体

（1）树突（dendrite） 每个神经元可有一个至多个树突。树突分支呈树枝状，表面粗糙，可见棘状突起，称树突棘。树突的内部结构与胞体相似，尼氏体和神经原纤维在树突内均可见到，但树突内的神经原纤维不像胞体内交织排列，而是顺着突起的走行方向平行排列。树突的功能是接受刺激并将神经冲动传向胞体。

（2）轴突（axon） 每个神经元只有一个轴突。轴突形态细长，表面光滑无突起，可有侧支，末端分支呈爪状，形成轴突终末。轴突内有神经原纤维而无尼氏体。轴突的功能是将胞体的神经冲动传给其他神经元或效应器。

（二）神经元的分类

1. 根据神经元突起数目分类（图 3-23） ① 多极神经元：有一个轴突和多个树突。② 双极神经元：有轴突和树突各一个。③ 假单极神经元：从胞体直接发出的突起只有一个，但该突起离开胞体不远即分为两支，一支进入中枢神经系统，称中枢突，另一支分布到周围组织，称周围突。

(a) 多极神经元

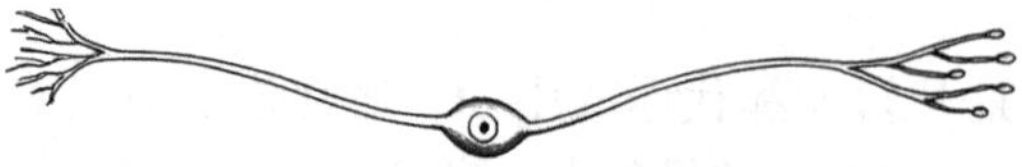

(b) 双极神经元

(c) 假单极神经元

图 3-23 不同形态的神经元

2. 根据神经元功能分类（图 3-24） ① 感觉神经元：又称传入神经元，感受体内外各种刺激，并将信息传向中枢。② 运动神经元：又称传出神经元，将神经冲动传出至肌细胞或腺细胞。③ 中间神经元：又称联络神经元，位于感觉神经元和运动神经元之间，起信息加工、整合和传递作用。

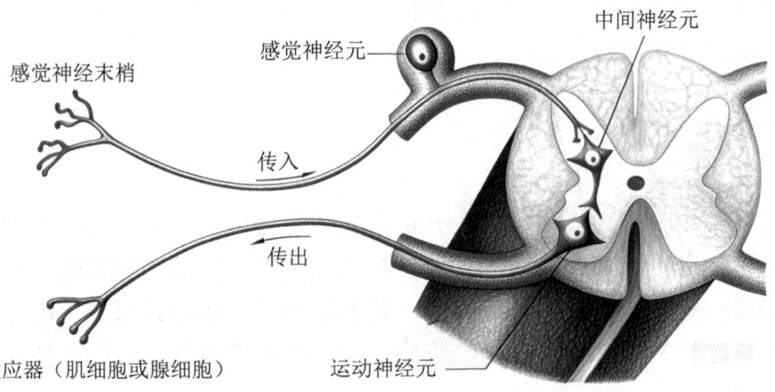

图 3-24　不同功能的神经元

二、突触

突触（synapse）是神经元与神经元之间或神经元与效应细胞之间的一种特化的细胞连接结构，通过它实现细胞与细胞之间的信息传递。突触可分为电突触和化学突触两类。电突触实际是缝隙连接，是以生物电流作为通信媒介的突触。化学突触是以神经递质作为通信媒介的突触。在神经元之间的化学突触中，比较常见的是一个神经元的轴突终末与另一个神经元的胞体、树突或树突棘相连接，分别形成轴-体突触、轴-树突触或轴-棘突触。

人们通常所说的突触是化学突触，在电镜下可见其由突触前成分、突触后成分和突触间隙构成（图 3-25）。突触前、后成分彼此相对的细胞膜，分别称突触前膜和突触后膜，两者之间有 15～30 nm 的突触间隙。突触前成分一般是神经元的轴突终末，呈球状膨大，其内含有许多突触小泡和线粒体等。突触小泡内含神经递质或神经调质。突触后膜中有特异性的神经递质或神经调质的受体及离子通道。

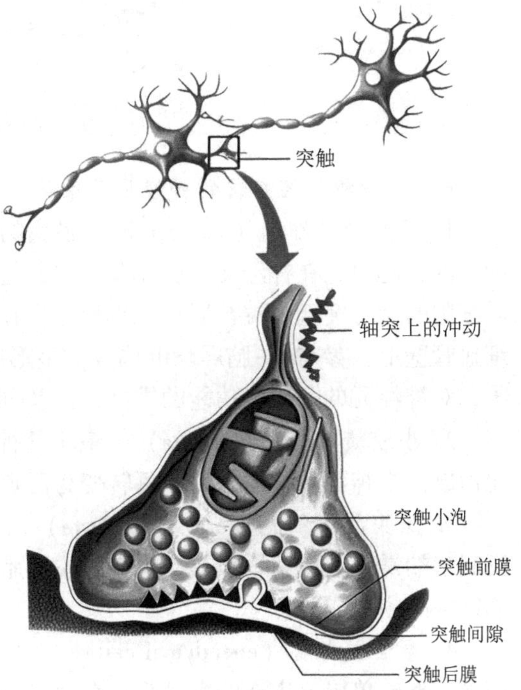

图 3-25　化学突触超微结构模式图

当神经冲动沿轴突传导到突触前成分时，突触前成分内的突触小泡向突触前膜移动，并与突触前膜融合，通过出胞作用将突触小泡的内容物释放入突触间隙，使之与突触后膜上的特异性受体结合，引起突触后膜内离子通道的开放，膜两侧的离子重新分布，引起膜上产生相应电位改变。化学突触的结构基础和传导机制决定了神经冲动的传导只能是由突触前成分向突触后成分单向传导。

三、神经胶质细胞

神经胶质细胞（图 3-26）广泛分布于神经元之间，均有突起，但其突起无树突、轴突之分，不具有传导神经冲动的功能。神经元被神经胶质细胞分隔，只在突触部位接触。神经胶质细胞除对神经元具有支持、营养作用外，还起到保护、绝缘作用，以保证神经冲动传导过程中的专一性。神经胶质细胞在中枢神经系统和周围神经系统中均有分布但种类不同。

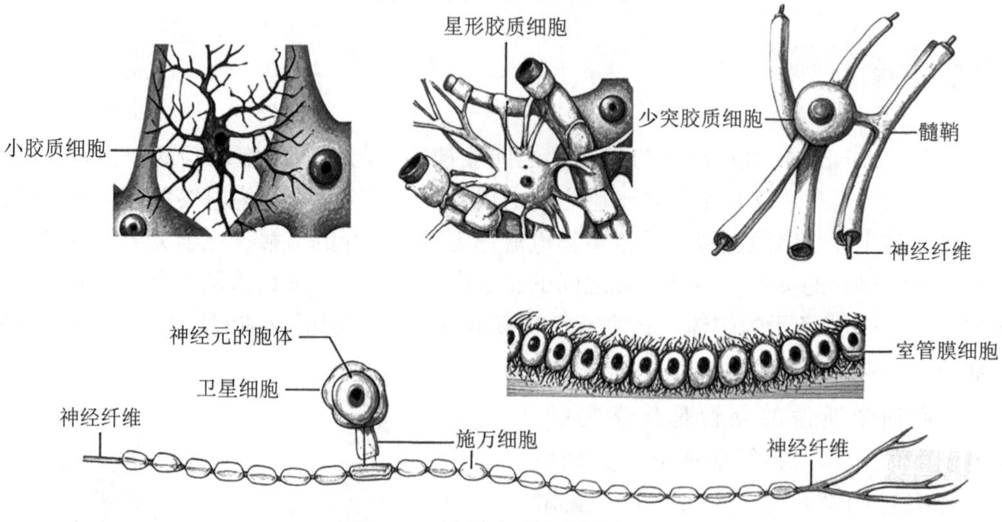

图 3-26　神经胶质细胞模式图

（一）中枢神经系统的神经胶质细胞

1. 星形胶质细胞（astrocyte）　最大的一种神经胶质细胞，胞体呈星形。星形胶质细胞的突起填充在神经元的胞体及其突起之间，对神经元起支持、绝缘等作用。星形胶质细胞的某些突起末端扩展形成脚板，可在脑和脊髓表面形成胶质界膜，也可贴附在毛细血管壁上，参与血-脑屏障的构成。星形胶质细胞能分泌神经营养因子和多种生长因子，对神经元的分化、功能的维持，以及创伤后神经元的可塑性变化有重要影响。

2. 小胶质细胞（microglia）　最小的神经胶质细胞。小胶质细胞由血液单核细胞演化而成，当神经系统损伤时，可转变为巨噬细胞，具有吞噬功能。

3. 少突胶质细胞（oligodendrocyte）　分布于神经元附近及轴突周围，突起较少，突起末端常扩展成扁平薄膜。少突胶质细胞的突起是形成中枢神经系统有髓神经纤维髓鞘结构的主要成分。

4. 室管膜细胞（ependymal cell）　呈立方形或柱状，分布在脑室和脊髓中央管的腔面，形成单层上皮样的室管膜。在脉络丛的室管膜细胞可分泌脑脊液。

（二）周围神经系统的神经胶质细胞

1. 施万细胞（Schwann cell）　又称神经膜细胞，胞体扁平，突起呈指状贴于胞体表面，胞质少。沿神经元发出的突起成串分布，包卷在神经元的突起周围，与之共同形成周围神经纤维。

2. 卫星细胞（satellite cell）　神经节内包裹在神经元胞体周围的一层扁平形或立方形细胞，又称被囊细胞，对神经元具有支持和保护作用。

四、神经纤维

神经元的长突起及包绕在其周围的神经胶质细胞共同构成神经纤维（nerve fiber）。根据神经胶质细胞是否形成完整髓鞘结构，可将其分为有髓神经纤维（myelinated nerve fiber）和无髓神经纤维（unmyelinated nerve fiber）两类。

（一）有髓神经纤维

1. 周围神经系统的有髓神经纤维　神经元的长突起（轴突或长树突）构成神经纤维的中轴，称轴索，施万细胞在轴索外呈卷筒状一个接一个包裹在轴索周围形成髓鞘（图 3-27）。相邻施万细胞并不完全连接，有一缩窄部，称郎飞结。相邻两个郎飞结之间的一段神经纤维称为一个结间体。每个结间体的髓鞘对应一个施万细胞。

2. 中枢神经系统的有髓神经纤维　中枢神经系统的有髓神经纤维结构与周围神经系统的有髓神经纤维结构基本相同，只是其髓鞘由少突胶质细胞的突起形成。少突胶质细胞的多个突起末端的扁平薄膜可包卷多个轴突。

有髓神经纤维的神经冲动可沿郎飞结呈跳跃式传导，传导速度快。

（二）无髓神经纤维

1. 周围神经系统的无髓神经纤维　施万细胞呈不规则长柱状，表面有数条纵沟，纵沟内有较细的轴突，施万细胞的膜不形成髓鞘包裹它们（图 3-28）。一条无髓神经纤维可含多条轴突。相邻施万细胞连接紧密，无郎飞结。

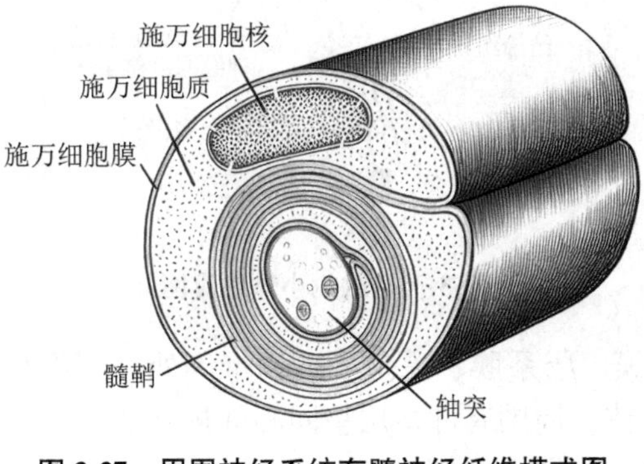

图 3-27　周围神经系统有髓神经纤维模式图

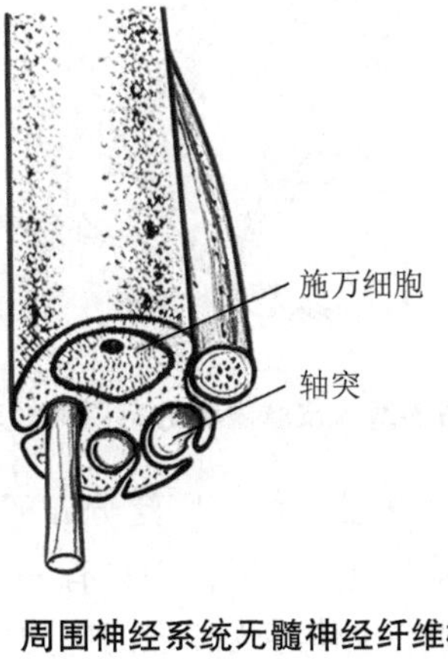

图 3-28　周围神经系统无髓神经纤维模式图

2. 中枢神经系统的无髓神经纤维　轴突外无任何特殊结构包裹，裸露的轴突直接走行在有髓神经纤维或神经胶质细胞之间。

无髓神经纤维无髓鞘和郎飞结，神经冲动只能沿轴膜连续传导，传导速度慢。

五、神经末梢

神经末梢（nerve ending）是周围神经纤维的终末部分，按功能不同可区分为感觉神经末梢和运动神经末梢两类。

（一）感觉神经末梢

感觉神经末梢（sensory nerve ending）是感觉神经元（假单极神经元）周围突的终末部分。感觉神经末梢通常与周围的其他组织共同构成感受器，能感受刺激，并将刺激转化为神经冲动，传向中枢。

1. 游离神经末梢　由感觉神经纤维的终末部分反复分支而成（图 3-29）。其细支裸露，分布于角膜、皮肤表皮、毛囊的上皮细胞之间，或分布在皮肤真皮、筋膜、肌腱、韧带、关节囊、骨膜、血管外膜、脑膜、牙髓等处的结缔组织内，感受温度、应力等刺激，参与产生冷、热、痛等感觉。

2. 触觉小体　分布于皮肤真皮乳头内，尤以手指、足趾掌侧为多。触觉小体呈卵圆形，长轴与皮肤表面垂直，其外包结缔组织被囊（图 3-30）。触觉小体感受应力刺激，参与产生触觉。

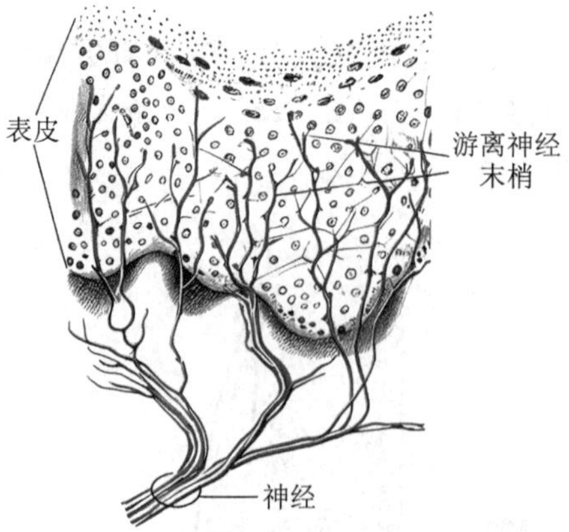

图 3-29　皮肤表皮的游离神经末梢仿真图

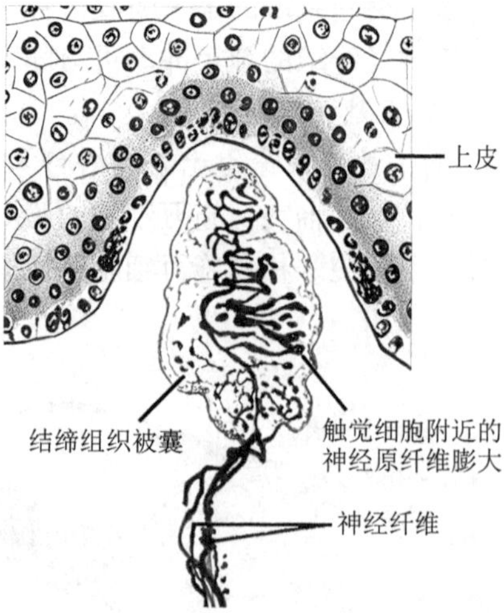

图 3-30　触觉小体仿真图

3. 环层小体　广泛分布于皮下组织、腹膜、肠系膜、关节囊、韧带等处。环层小体呈圆形或卵圆形，中央有一条均质状的圆柱体，周围有许多层呈同心圆排列的扁平细胞。环层小体感受较强的应力，参与产生振动觉和压觉（图 3-31）。

4. 肌梭　分布于骨骼肌内的梭形结构（图 3-32）。肌梭表面有结缔组织被囊，内含数条较细的骨骼肌纤维，称梭内肌纤维。

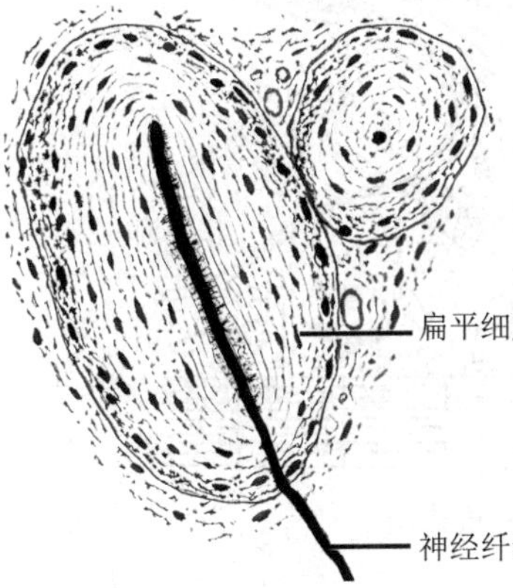

图 3-31　环层小体仿真图

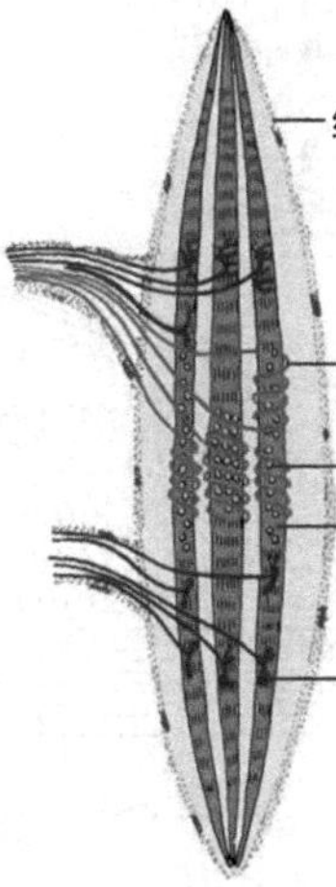

图 3-32　肌梭模式图

感觉神经纤维进入肌梭前失去髓鞘，其轴突分成多支，分别呈环状包绕梭内肌纤维的中段，或呈花枝样附着在其近中段处。梭内肌纤维的两端有运动神经末梢分布，梭内肌纤维能与肌梭周围的肌纤维同步收缩或舒张，其张力变化可刺激感觉神经末梢。肌梭感受刺激并将刺激转化为神经冲动传入中枢。中枢产生对骨骼肌伸缩状态的感知，即感知身体各部屈伸状态。故肌梭属于本体感受器，在调控骨骼肌的活动中起重要作用。

（二）运动神经末梢

运动神经末梢（motor nerve ending）是运动神经元的轴突在肌组织和腺体内的终末部分。运动神经末梢通常与周围的其他组织共同构成效应器，支配肌纤维的收缩，调节腺细胞的分泌。运动神经末梢可分为内脏运动神经末梢和躯体运动神经末梢两类。

1. 内脏运动神经末梢　分布于内脏及血管的平滑肌、心肌和腺体等处，其神经纤维较细，无髓鞘，分支末段呈串珠样膨体贴附于肌纤维表面或穿行于腺细胞之间，支配平滑肌、心肌的运动和腺体的分泌。

2. 躯体运动神经末梢　运动神经元轴突抵达骨骼肌时反复分支，每一分支形成葡萄状终末，并与一条骨骼肌纤维建立突触连接，连接区域呈椭圆形板状隆起，故称运动终板（图 3-33），支配骨骼肌的运动。

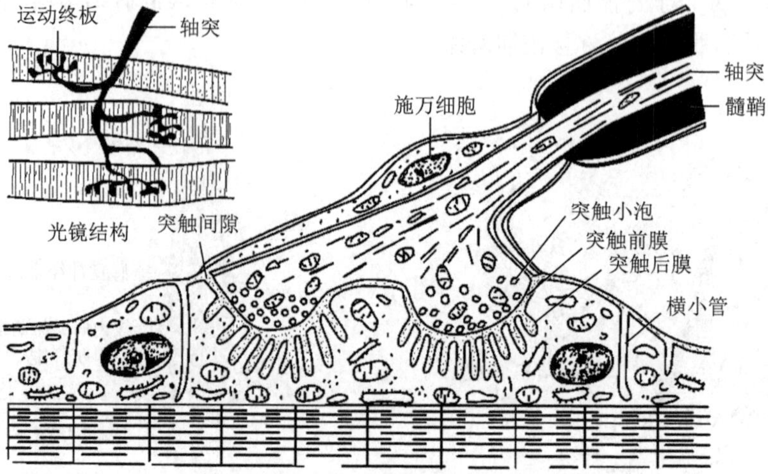

图 3-33　运动终板超微结构模式图

检测题

一、名词解释

1. 纤毛　2. 连接复合体　3. 肌节　4. 神经纤维

二、简答题

1. 简述化学突触的构成。
2. 简述血细胞的分类和正常值。

（王超）

第四章

运动系统

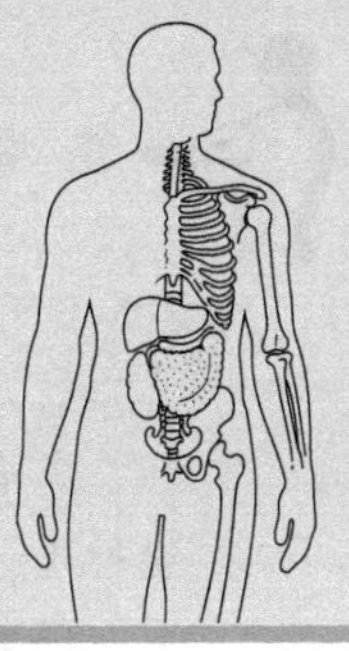

学习目标

1. 知识目标

（1）掌握：全身主要骨、骨连结、骨骼肌的名称和位置；椎骨的连结；胸廓的组成和形态；骨盆的组成及女性骨盆的特点；肌内注射常选的骨骼肌。

（2）熟悉：骨的分类和构造；关节的结构；肌的形态分类和大体构造；椎骨、胸骨、肩胛骨、肱骨、尺骨、桡骨、髋骨、股骨、胫骨等骨的形态结构；肩关节、肘关节、髋关节、膝关节等关节的组成、特点和运动；竖脊肌、胸锁乳突肌、肋间肌、膈肌、三角肌、肱二头肌、肱三头肌、臀大肌、缝匠肌、股四头肌、小腿三头肌等骨骼肌的作用；腹股沟管、腹股沟三角、股三角等肌间结构的位置及结构；全身重要的骨性标志、肌性标志。

（3）了解：骨的理化特性；骨连结的分类；骨骼肌的起止、配布和辅助结构；颅的整体观；新生儿颅的特点；颞下颌关节、桡腕关节、距小腿关节的组成、结构特点和运动；足弓的构成及作用；腹肌的组成；上、下肢肌的分群及功能。

2. 能力目标

（1）能在标本、模型或3D解剖软件上辨认人体主要的骨、骨连结和骨骼肌。

（2）能在身体上触摸重要的骨性标志和肌性标志，能定位常用肌内注射的部位，能演示主要关节的各种运动形式。

（3）关注老年人骨的变化，能运用骨的理化特性等骨学知识，结合“全国老年健康宣传周”“全民健康生活方式宣传日”“全民健身日”等进行健康骨骼等“三减三健”（减盐、减油、减糖，健康口腔、健康体重、健康骨骼）健康宣传教育。

3. 素质目标

（1）参加标本、模型小组学习和临床案例小组讨论，培养良好的语言表达能力、沟通合作能力，强化集体意识和团队合作意识。

（2）树立遵守护理岗位技术规范、职业纪律及法律法规等意识。

（3）树立科学的健康观，养成“科学健身、贵在坚持”等科学的生活方式和行为习惯；树立运用所学知识进行健康宣教意识，助力健康中国建设。

案例4

患者，男，73岁，右脚踩香蕉皮险些跌倒，随即发现右下肢不能支持体重，也不能行走，入院行X线平片检查，诊断为右股骨颈骨折。

任务： 1. 说一说该老人并未跌倒却已发生骨折的原因。

2. 简述髋关节的组成、结构特点和运动形式。

运动系统（locomotor system）由骨、骨连结和骨骼肌组成。全身各骨借骨连结组成骨骼（图4-1），构成人体的支架，骨骼肌附于骨骼上。在神经系统的支配下，骨骼肌收缩与舒张，牵引其所附着的骨，以骨连结为枢纽，产生杠杆运动。骨和骨连结是运动系统的被动部分，骨骼肌是运动系统的主动部分。运动系统具有支持、保护和运动的功能。

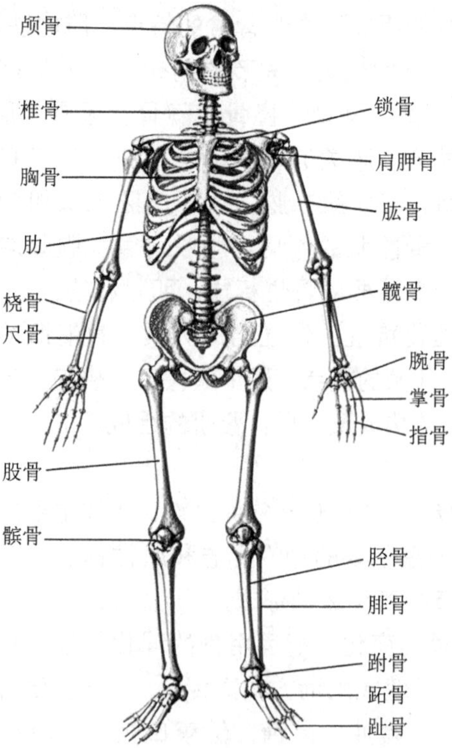

图4-1 全身骨骼

在人体表面，常有骨或肌的某些部分形成隆起或凹陷，可看到或摸到，称为体表标志。临床上常利用这些标志作为确定深部器官的位置、判定血管和神经的走向以及针灸取穴和穿刺定位的依据。

第一节　骨

一、概述

（一）骨的分类

成人有206块骨，其中6块听小骨属于感觉器。骨按部位可分为颅骨、躯干骨和附肢骨，前二者合称为中轴骨。骨按形态可分为长骨、短骨、扁骨和不规则骨（图4-2）。

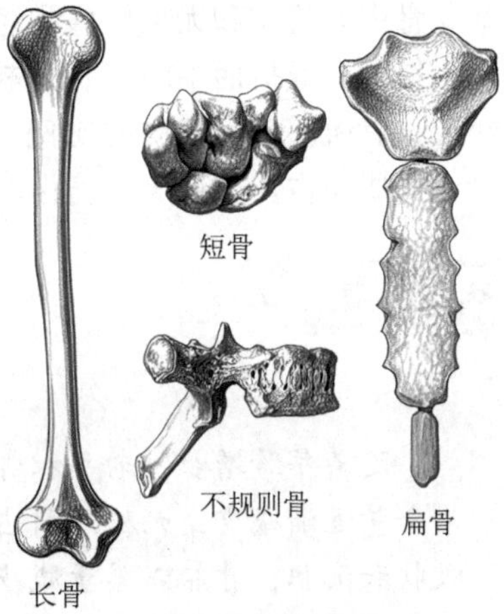

图4-2　骨的形态

1. 长骨　呈中空的长管状，多分布于四肢，如肱骨和股骨等。长骨包括一体两端，体又称骨干，内有髓腔，容纳骨髓；两端膨大部分称骺，具有光滑的关节面，关节面上有关节软骨覆盖。

2. 短骨　形似立方形，多成群分布，如跗骨和腕骨等。

3. 扁骨　呈板状，如颅盖骨和胸骨、肋骨等。

4. 不规则骨　形状不规则，如椎骨和上颌骨等。

（二）骨的构造

骨由骨膜、骨质和骨髓等构成（图4-3）。

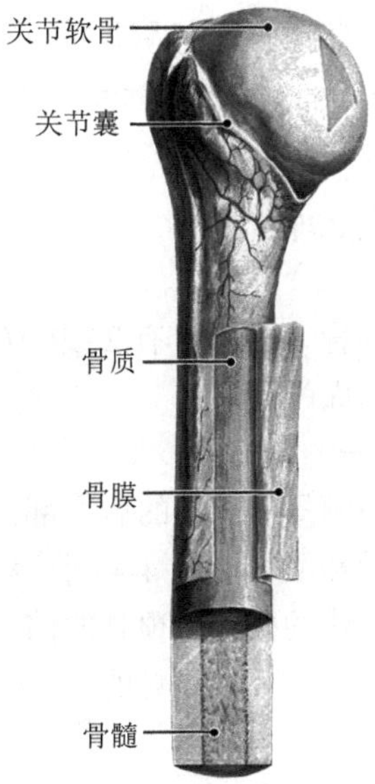

图4-3　骨的构造

1. 骨膜（periosteum）　主要由致密结缔组织构成，覆盖于除关节面以外的骨表面。骨膜内含丰富的血管、神经、幼稚的成骨细胞和结缔组织等，对骨的营养、生长及损伤后的修复具有重要作用，因此在骨科手术中应注意保护。

2. 骨质（osseous substance）　由骨组织构成，按结构可分为骨密质和骨松质。骨密质结构致密，抗压抗扭曲性强，分布于骨的表面；骨松质呈海绵状，由相互交织的骨小梁排列而成，配布于骨的内部。扁骨的骨密质配布于表层，称内板和外板，骨松质配布于中间，称板障。短骨以及长骨的骨骺，外周是薄层的骨密质，内部为大量的骨松质。

3. 骨髓（bone marrow）　充填在骨髓腔以及骨松质的间隙内，质地柔软，富有血管，分为红骨髓和黄骨髓。胎儿和婴儿的骨髓全是红骨髓，具有造血功能。5岁以后，长骨骨干内的红骨髓逐渐被脂肪组织所取代，转化成为黄骨髓，失去造血功能，但它仍保持造血潜力。当大量失血或重度贫血时，黄骨髓可转化为红骨髓而恢复造血功能。髂骨、椎骨、胸骨、肋骨等处的骨松质内终生存在红骨髓。临床常选择髂前上棘或髂后上棘等部位进行骨髓穿刺，检查骨髓象。

（三）骨的化学成分和物理特性

骨由有机质和无机质构成。有机质主要是胶原纤维束和黏多糖蛋白等，构成骨的支架，赋予骨弹性和韧性。无机质主要是碱性磷酸钙，使骨坚硬挺实。脱钙骨（去除无机质）仍具原骨形状，但柔软有弹性；煅烧骨（去除有机质）虽形状不变，但脆而易碎。幼儿骨中有机质和无机质大致各占一半，骨的韧性和弹性好，硬度小，故易弯曲变形，但不易骨折或折而不断（称青枝骨折）。随着年龄增长，骨中无机质比例逐渐增高，成年人骨有机质和无机质的比例约为 3∶7，故骨具有较高的硬度和一定的弹性。老年人骨无机质所占比例更大，脆性增加，易发生骨折。

链接

关爱老年人骨的变化

随着年龄增长，老年人骨的结构发生进行性退化，骨质逐渐萎缩，骨中有机质含量逐渐减少，无机质所占比例逐渐增高，但因激素水平下降，影响钙、磷的吸收和沉积，骨组织总量减少，骨小梁减少、变细引起骨质密度降低而导致骨质疏松，可出现脊柱弯曲、变短，身高下降，且易发生骨折。老年人骨膜中成骨细胞数量下降，骨髓造血功能下降，骨新陈代谢缓慢，骨的修复与再生能力逐渐减退，发生骨折后，愈合时间较长。

关爱老年人，倡导“三减三健”（减盐、减油、减糖，健康口腔、健康体重、健康骨骼）等健康生活方式，为“健康中国”建设贡献力量。

二、颅骨

颅骨（skull）有 23 块（中耳的 6 块听小骨未计入）。按所在位置，颅骨可分为脑颅骨和面颅骨。

（一）脑颅骨

脑颅骨位于颅的后上部，共同围成颅腔，容纳并保护脑。脑颅骨共 8 块，包括成对的顶骨和颞骨（图 4-4、图 4-5）；不成对的额骨、枕骨、蝶骨和筛骨。其中，顶骨位于颅顶中线的两侧。顶骨的前、后分别是额骨和枕骨。颞骨位居颅的两侧。颅底中部为蝶骨，其前方可见筛骨的一部分。

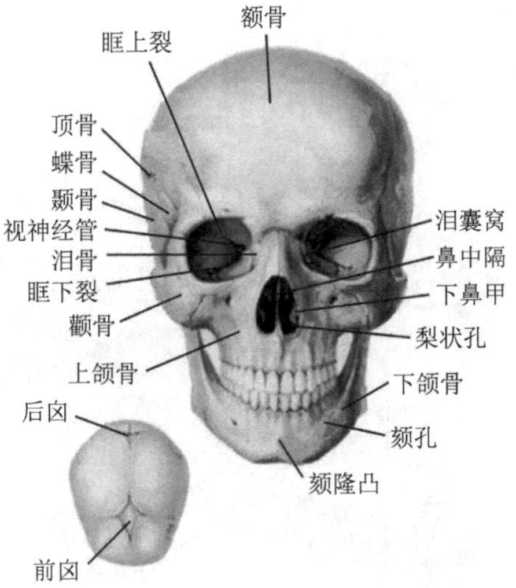

图 4-4 颅的前面观

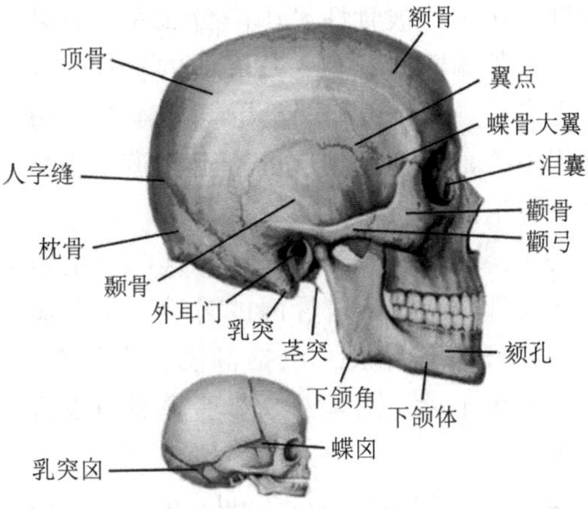

图 4-5 颅的侧面观

（二）面颅骨

面颅骨位于颅的前下部，构成颜面部分。面颅骨共 15 块，其中成对的有上颌骨、鼻骨、泪骨、颧骨、腭骨和下鼻甲（图 4-4、图 4-5）；不成对的有犁骨、舌骨和下颌骨。

下颌骨呈马蹄形，分一体两支（图 4-6）。下颌体与下颌支相交处构成下颌角，可在体表触及。下颌支向上伸出两个突起，前方的称冠突，后方的称髁突，髁突上端膨大称下颌头。在下颌支内面中央有下颌孔，经下颌骨内的下颌管与颏孔相通。

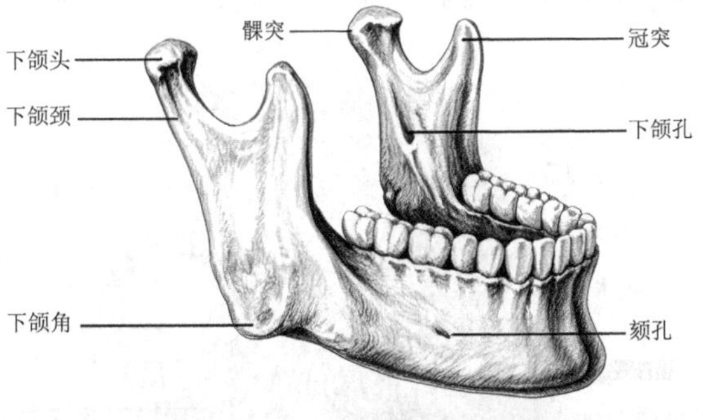

图 4-6 下颌骨（外侧面观）

（三）颅的整体观

1. 颅顶面观 颅顶面可见 3 条缝，在额骨与两顶骨的连结处有冠状缝；两顶骨间的连结处有矢状缝；顶骨与枕骨连结处有人字缝（图 4-5）。

2. 颅前面观 颅前面可见眶、骨性鼻腔和骨性口腔等（图 4-4）。

（1）眶（orbit） 容纳眼球及附属结构，为尖向后内、底朝前外的四棱锥形腔隙。眶有上、下、内侧、外侧 4 个壁。眶尖有视神经管通颅中窝。眶底上、下缘分别称眶上缘与眶下缘。眶上缘的中、内 1/3 交界处有眶上孔或眶上切迹，眶下缘中点下方有眶下孔。眶内侧壁的前下部有泪囊窝，向下经鼻泪管通鼻腔。眶外侧壁与上、下壁交界处的后部分别有眶上裂和眶下裂，均有血管和神经通过。

(2) 骨性鼻腔（bony nasal cavity） 位于面部的中央，被骨性鼻中隔分成左、右鼻腔。鼻腔外侧壁附着有3片卷曲的骨片，分别称上鼻甲、中鼻甲和下鼻甲（图4-7）。每个鼻甲下方的空间，相应的称上鼻道、中鼻道和下鼻道。

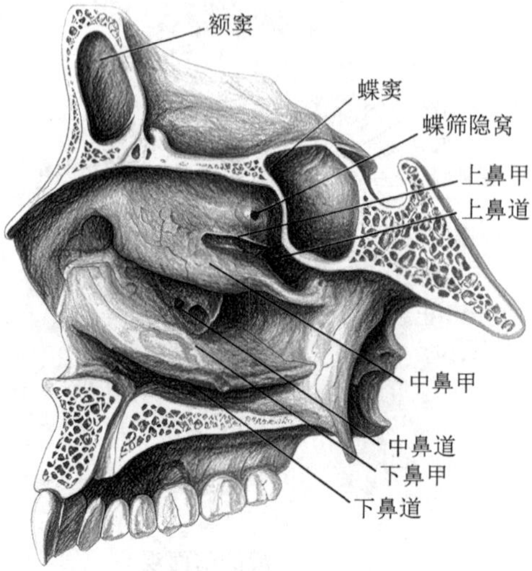

图4-7 骨性鼻腔外侧壁

(3) 鼻旁窦（paranasal sinus） 是额骨、上颌骨、筛骨和蝶骨内的骨腔，位于鼻腔周围并开口于鼻腔，包括额窦、上颌窦、筛窦和蝶窦4对（图4-7）。鼻旁窦具有发音共鸣等作用。

(4) 骨性口腔（bony oral cavity） 由上颌骨、腭骨及下颌骨围成，向后通咽。

3. 颅侧面观 颅侧面中部有外耳门，其后方为乳突，前方为颧弓，二者在体表易于触及。颧弓上方的凹陷称颞窝。在颞窝内，额骨、顶骨、颞骨和蝶骨相接处常构成“H”形缝的小环形区，称翼点（pterion）。翼点（图4-5）的骨质较薄弱，其内面有脑膜中动脉的前支通过，骨折时易损伤该血管，形成硬膜外血肿。

4. 颅底内面观 颅底内面凹凸不平，由前向后呈阶梯状排列着3个窝，分别为颅前窝、颅中窝和颅后窝，窝内有诸多孔、裂，有血管、神经等通过（图4-8）。

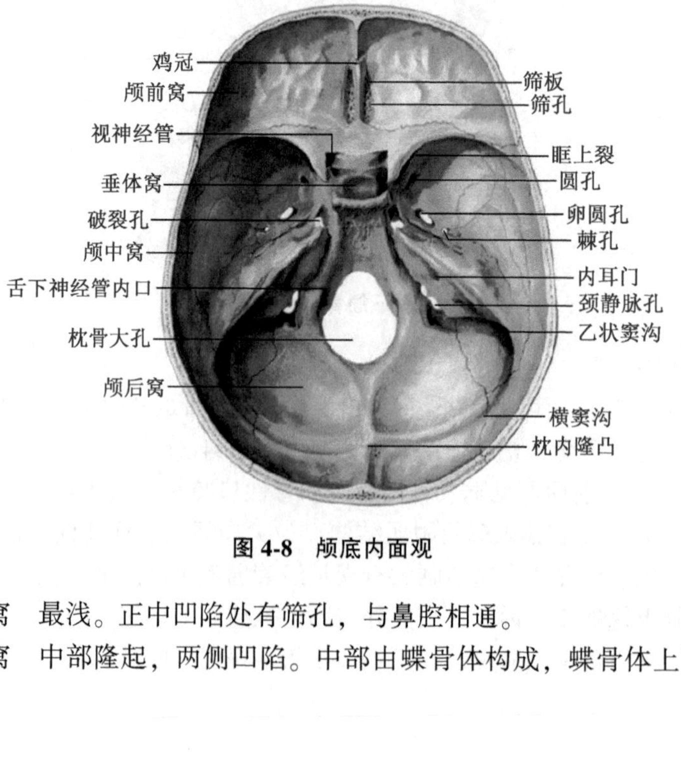

图4-8 颅底内面观

(1) 颅前窝 最浅。正中凹陷处有筛孔，与鼻腔相通。

(2) 颅中窝 中部隆起，两侧凹陷。中部由蝶骨体构成，蝶骨体上面的凹窝为垂体窝，容纳垂体。垂体窝的前外侧有视神经管，管的外侧有眶上裂，两者均通眶。蝶骨体两侧由前向后有圆孔、卵圆孔和棘孔。

（3）颅后窝 最深。中央是枕骨大孔，向下与椎管相续。枕骨大孔的外侧有颈静脉孔，颈静脉孔和枕骨大孔之间有舌下神经管。颞骨岩部后面中央处有一较大的孔，称内耳门，通入内耳道。

5. 颅底外面观 颅底外面呈前高后低观（图 4-9）。前部由上颌骨和腭骨形成的水平骨板称骨腭。骨腭的前方及两侧有马蹄形的牙槽弓，后方有一对鼻后孔。后部正中有枕骨大孔，其后上方有一粗糙隆起，称枕外隆凸。枕骨大孔两侧隆起的椭圆形关节面称枕髁。枕髁的外侧有大而不规则的颈静脉孔，孔的前方有颈动脉管外口。在乳突前内侧有一伸向下方的细长突起，称茎突。茎突根部与乳突之间的孔称茎乳孔。茎突前外侧的深窝称下颌窝，其前缘的隆起称关节结节。

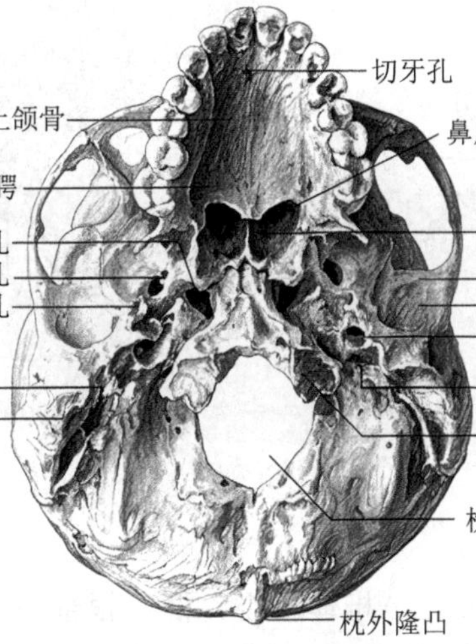

图 4-9 颅底外面观

（四）新生儿颅的特征

新生儿的颅盖骨骨化尚未全部完成，骨与骨之间还保留有一定面积的结缔组织膜，称颅囟（图 4-4、图 4-5）。前囟（额囟）位于两顶骨与额骨之间，呈菱形，是最大的颅囟，在幼儿 1~2 岁时闭合。后囟（枕囟）位于两顶骨与枕骨之间，呈三角形，出生后不久即闭合。

临床上观察和触摸前囟的状态，对判断新生儿、婴幼儿的发育情况和颅内压的变化具有参考价值。前囟迟闭或过大可见于佝偻病或脑积水等；前囟饱满见于各种颅内压增高者，如脑膜炎、脑炎患儿；前囟凹陷常见于脱水或极度消瘦的患儿。

三、躯干骨

躯干骨共 51 块，包括椎骨、胸骨和肋骨，参与构成脊柱、骨性胸廓和骨盆。

（一）椎骨

椎骨（vertebra）有26块，包括颈椎7块、胸椎12块、腰椎5块、骶骨1块、尾骨1块。

1. 椎骨的一般形态　椎骨分椎体和椎弓两部分（图4-10）。椎体在前，呈短圆柱状，是椎骨负重的主要部分，主要由骨松质构成，表面为极薄的骨密质。椎弓位于椎体的后方，呈半环形，其前部较细称椎弓根，后部较宽大称椎弓板。椎体与椎弓共同围成椎孔。所有椎骨的椎孔连结成椎管，管内容纳脊髓等。椎弓根上、下缘各有一切迹。上位椎弓根的椎下切迹与下位椎弓根的椎上切迹共同围成椎间孔，孔内有脊神经和血管通过。椎弓上伸出7个突起，向后伸出一个棘突，向两侧伸出一对横突，向上、下各伸出一对上关节突和下关节突。

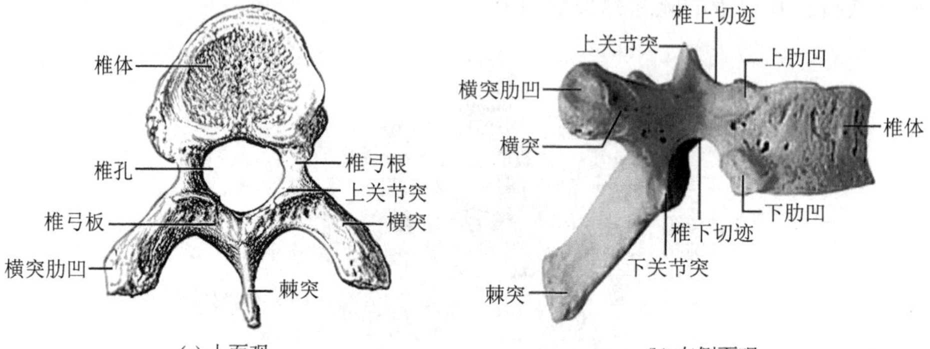

(a) 上面观　(b) 右侧面观

图4-10　胸椎

2. 各部椎骨主要的形态特征

（1）颈椎（cervical vertebrae）　椎体较小，横突根部有横突孔，第2~6颈椎棘突末端分叉（图4-11）。第1颈椎又称寰椎（图4-12），呈环形，无椎体，由前弓、后弓和2个侧块构成。第2颈椎又称枢椎（图4-13），椎体有一个突向上方的齿突。第7颈椎又称隆椎（图4-14），棘突长，头微低时，易触及，是计数椎骨序数和针灸取穴的标志。

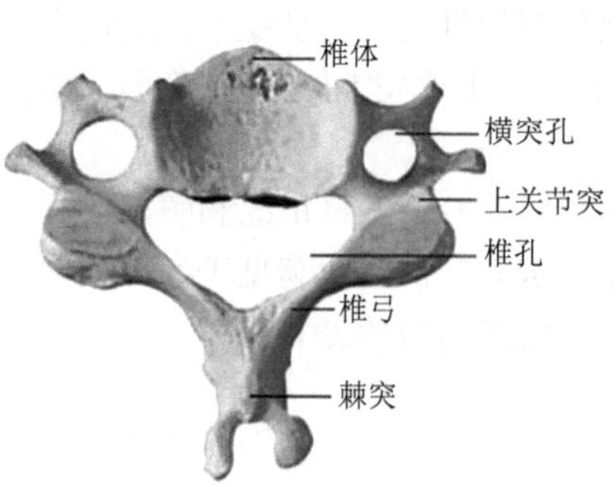

图4-11　颈椎（上面观）

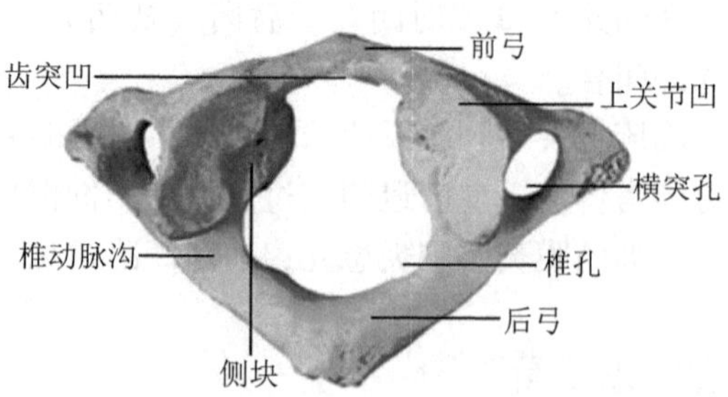

图4-12　寰椎（上面观）

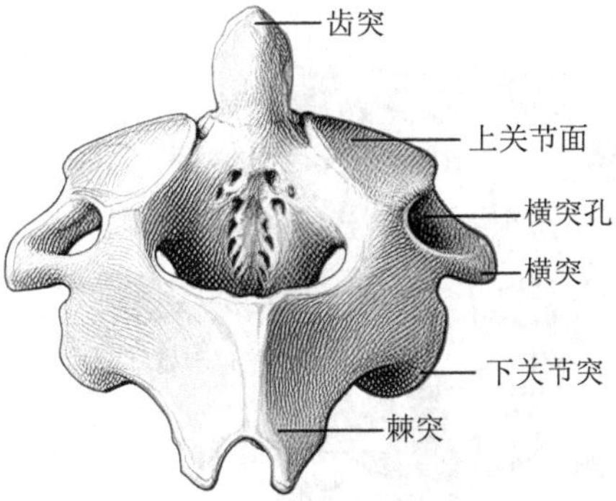

图 4-13　枢椎（上面观）

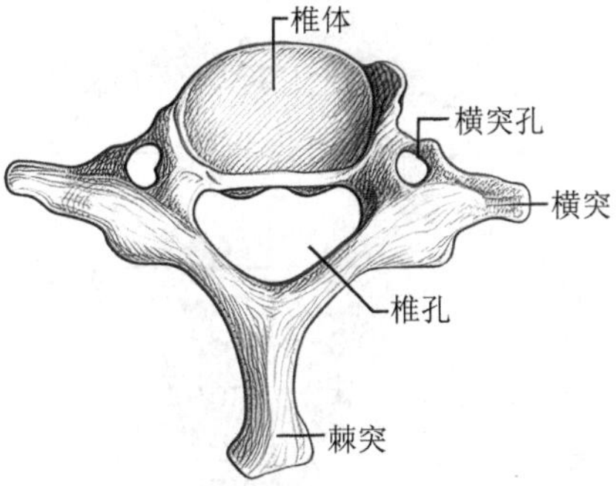

图 4-14　隆椎（上面观）

（2）胸椎（thoracic vertebrae）　在椎体侧面的后份上、下缘各有一浅凹，称上、下肋凹（图 4-10），与肋头相关节。在横突末端前面，多有横突肋凹，与肋结节相关节。胸椎的棘突较长，斜向后下方，呈叠瓦状排列。

（3）腰椎（lumbar vertebrae）　椎体大，棘突宽而短，呈板状水平后伸（图 4-15），棘突之间的间隙较宽，临床上常在第 3、4 或第 4、5 腰椎棘突间隙处行腰椎穿刺。

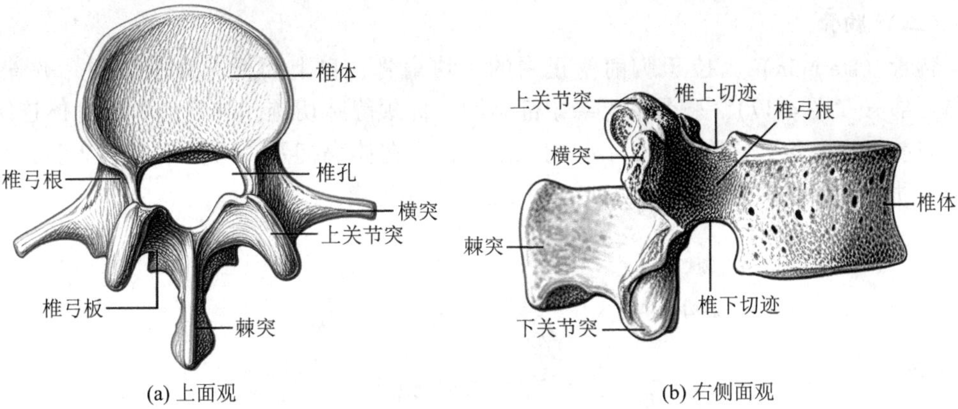

图 4-15　腰椎

（4）骶骨（sacrum）　由 5 块骶椎融合而成，呈三角形，底朝上，尖向下，可分前、后面和两侧部（图 4-16）。底的前缘中部向前突出，称岬。骶骨前面光滑凹陷，有 4 对骶前孔；后面粗糙微凸，有 4 对骶后孔；两侧上部各有一关节面，称耳状面，与髋骨相关节。骶骨内有纵贯全长的骶管，上端与椎管相连，两侧与骶前、后孔相通，骶管末端开放形成三角形的骶管裂孔，其两侧向下的突起称骶角，在体表易触摸，是骶管麻醉的定位标志。

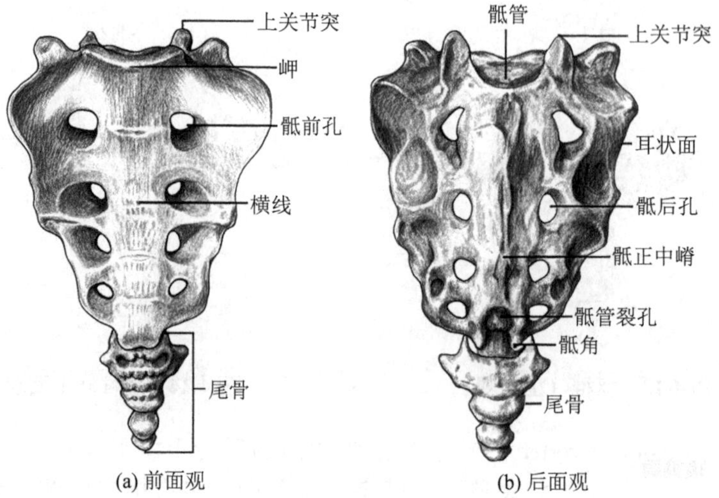

图 4-16 骶骨与尾骨

(5) 尾骨（coccyx） 由 3~4 块退化的尾椎融合而成。上接骶骨，末端游离为尾骨尖（图 4-16b）。跌倒或撞击可能导致尾骨骨折。

（二）胸骨

胸骨（sternum） 位于胸前壁正中的 1 块扁骨，自上而下分为胸骨柄、胸骨体、剑突三部分（图 4-17）。胸骨柄上缘中部微凹，称颈静脉切迹。胸骨柄和胸骨体连结处形成向前微凸的角，称胸骨角（sternal angle），可在体表扪及，两侧平对第 2 肋，是计数肋及肋间隙序数的重要标志。剑突窄而薄，末端游离。

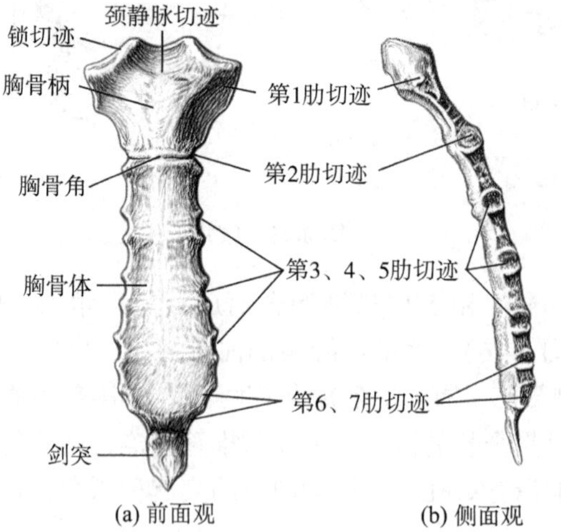

图 4-17 胸骨

（三）肋

肋（ribs）由肋骨和肋软骨组成，共 12 对。第 1~7 对肋前端直接与胸骨连结，称真肋。第 8~10 对肋不直接与胸骨相连，称假肋。第 11~12 对肋前端游离于腹壁肌层中，称浮肋。

肋骨属扁骨，分为体和前、后两端。肋后端稍膨大称肋头，有关节面与胸椎上、下肋凹相关节。肋头外侧稍细，称肋颈。肋颈外侧的粗糙突起，称肋结节，与相应的胸椎横突肋凹相关节。肋前端稍宽，接肋软骨。肋体长而扁，分内、外两面和上、下两缘。在肋骨内面近下缘处有肋沟（图 4-18），沟内有肋间神经和血管通过。

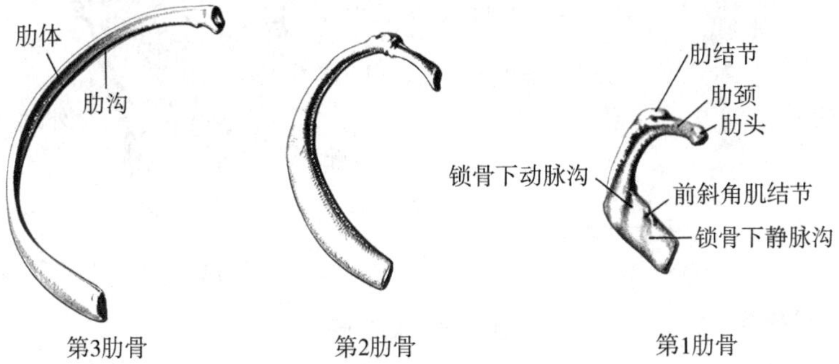

图 4-18　肋骨

四、附肢骨

附肢骨包括上肢骨和下肢骨。上肢骨较细小，每侧 32 块，骨连结灵活；下肢骨较粗大，每侧 31 块，骨连结稳固。

（一）上肢骨

1. 锁骨（clavicle）　呈“~”形弯曲，全长在体表均可摸到。内侧端粗大称胸骨端，与胸骨柄相关节；外侧端扁平称肩峰端，与肩峰相关节（图 4-19）。锁骨内侧 2/3 段凸向前，外侧 1/3 段凸向后，两者交界处较薄弱，易发生骨折。

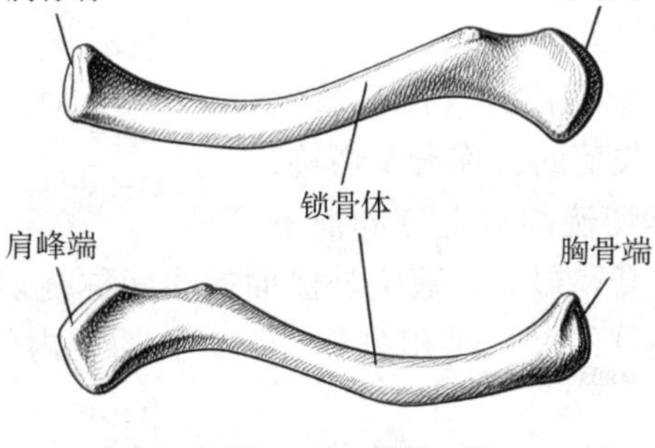

图 4-19　锁骨

2. 肩胛骨（scapula）　三角形扁骨，位于背部的外上方。肩胛骨前面微凹，称肩胛下窝；后面有一向外上的高嵴，称肩胛冈，其外侧端称肩峰，是肩部的最高点（图 4-20）。肩胛骨上角平对第 2 肋；下角平对第 7 肋或第 7 肋间隙；外侧角肥厚，上有微凹的关节盂，与肱骨头相关节。

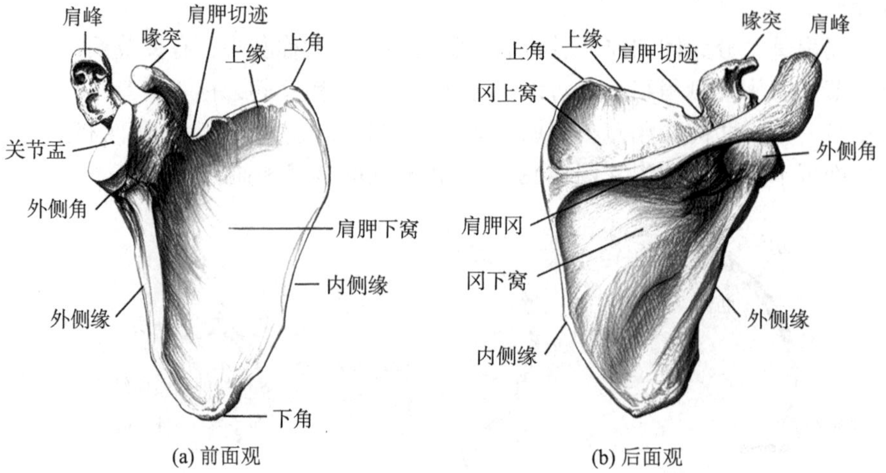

图 4-20　肩胛骨

3. 肱骨（humerus）　位于臂部，是典型的长骨。肱骨上端膨大，有半球形的肱骨头（图 4-21），与肩胛骨的关节盂相关节。肱骨头上端向外侧的突起称大结节，向前的突起称小结节。肱骨上端与体交界处稍细，称外科颈，是骨折的好发部位。肱骨体中部外侧面有三角肌粗隆，其后下方有桡神经沟，在此处桡神经紧贴骨面经过，肱骨中段骨折易损伤桡神经。肱骨下端前后略扁，外侧部前面有半球状的肱骨小头，内侧部有滑车状的肱骨滑车。肱骨下端后面的深窝称鹰嘴窝，其内、外两侧的突起，分别称内上髁和外上髁。内上髁后下方的浅沟称尺神经沟，有尺神经通过。

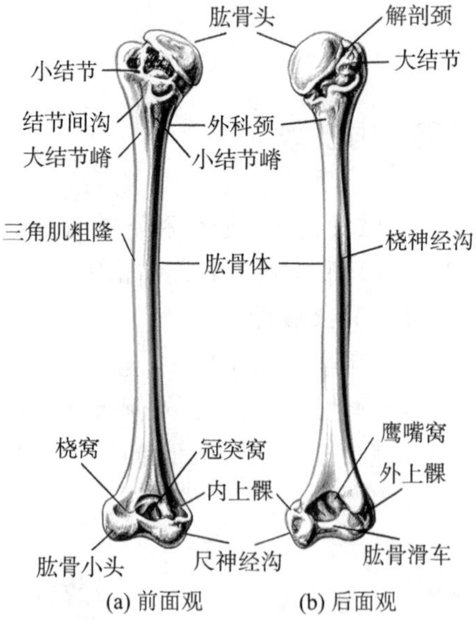

图 4-21　肱骨

4. 尺骨（ulna）　居前臂内侧（图 4-22）。尺骨上端前面有一半月形关节面，称滑车切迹，与肱骨滑车相关节。滑车切迹的后上方和前下方各有一突起，分别称鹰嘴和冠突。冠突外侧面的浅凹称桡切迹。尺骨下端称尺骨头，其周缘的环状关节面与桡骨的尺切迹相关节。尺骨头的后内侧面有向下的突起称尺骨茎突。

5. 桡骨（radius）　居前臂外侧（图 4-22）。桡骨上端有呈圆柱形的桡骨头，其上面的关节凹与肱骨小头相关节，其周缘的环状关节面与尺骨上端相关节。桡骨下端内侧面有尺切迹，下面有腕关节面。桡骨下端外侧部有向下的突起称桡骨茎突。在桡骨茎突前内侧可触摸到桡动脉的搏动。

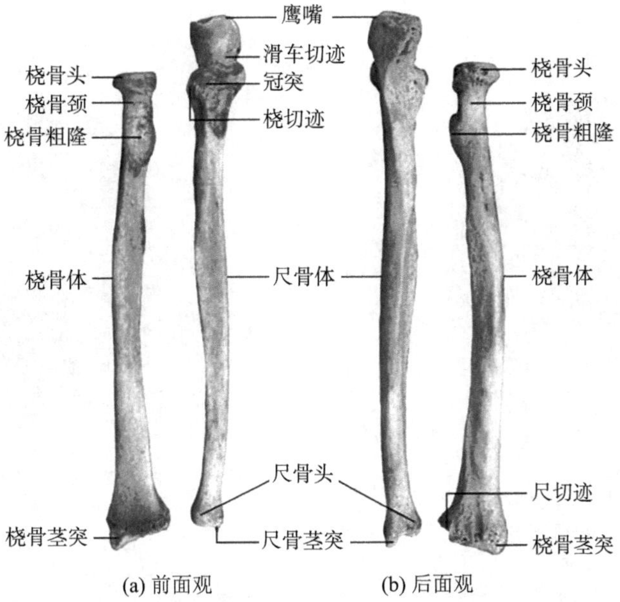

图 4-22 尺骨和桡骨

6. 手骨 包括 8 块腕骨、5 块掌骨和 14 块指骨（图 4-23）。腕骨排列成近、远侧两列。近侧列由桡侧到尺侧依次是手舟骨、月骨、三角骨和豌豆骨，远侧列依次是大多角骨、小多角骨、头状骨和钩骨。掌骨从外侧向内侧依次为第 1 ~ 5 掌骨。指骨中除拇指为 2 节指骨，其余各指均为 3 节，分别为近节指骨、中节指骨和远节指骨。

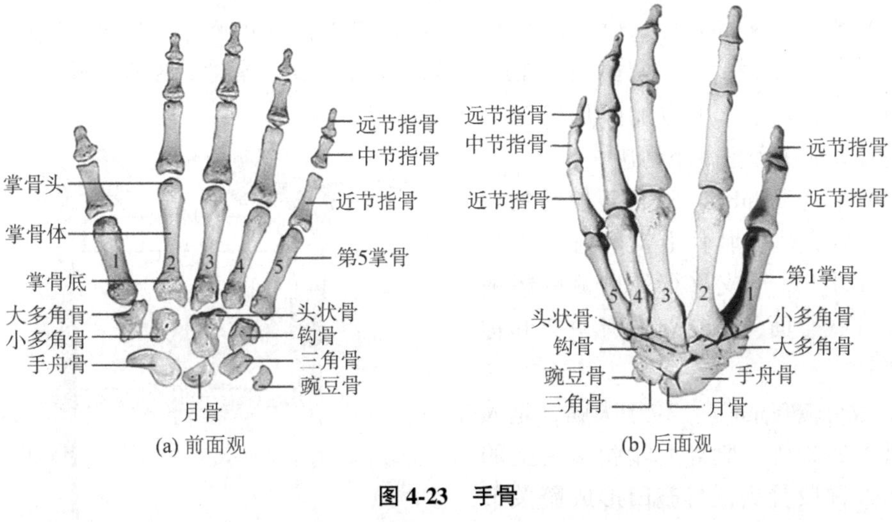

图 4-23 手骨

（二）下肢骨

1. 髋骨（hip bone） 由髂骨、坐骨和耻骨在髋臼处融合而成（图 4-24）。髋臼下方有一大孔，称闭孔。

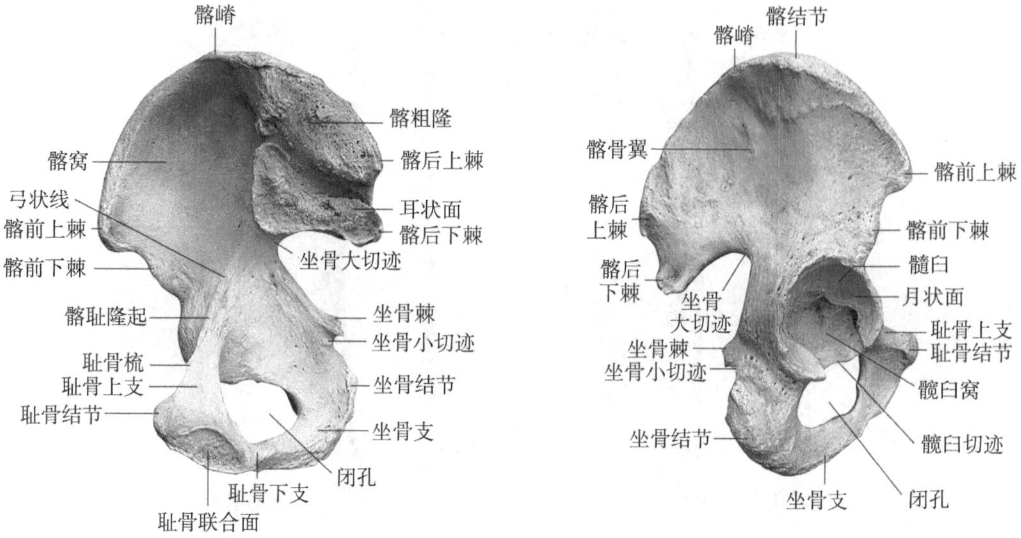

(a) 内侧面观　　(b) 外侧面观

图 4-24　髋骨

（1）髂骨（ilium）　位于髋骨的上部，由髂骨体和髂骨翼组成。髂骨翼的上缘厚钝，称髂嵴，两侧髂嵴最高点的连线平对第 4 腰椎棘突，是腰椎穿刺的定位标志。髂嵴前、后端及外侧缘的突出部，分别称髂前上棘、髂后上棘和髂结节。髂骨翼内面的浅窝称髂窝，髂窝下界的弧形隆起称弓状线。髂骨翼后下方为粗糙的耳状面。

（2）坐骨（ischium）　位于髋骨的后下部，由坐骨体和坐骨支组成。坐骨体下部有肥厚粗大的坐骨结节，坐骨结节向前内上方延为坐骨支。坐骨后缘有一锥状突起，称坐骨棘。坐骨棘上、下方的弧形凹陷分别称坐骨大切迹和坐骨小切迹。

（3）耻骨（pubis）　位于髋骨的前下部，由耻骨体、耻骨上支和耻骨下支组成。耻骨上、下支移行处内侧的粗糙面称耻骨联合面，上支前端有一突起称耻骨结节。

2. 股骨（femur）　位于大腿，是人体最粗大的长骨。股骨上端朝向内上的球形膨大称股骨头，与髋臼形成髋关节（图 4-25）。股骨头外下方较细的部分称股骨颈，易发生骨折。股骨颈与股骨体连接处外侧的隆起称大转子，内下方的隆起称小转子。股骨下端有两个向后突出的膨大，分别称内侧髁和外侧髁，与

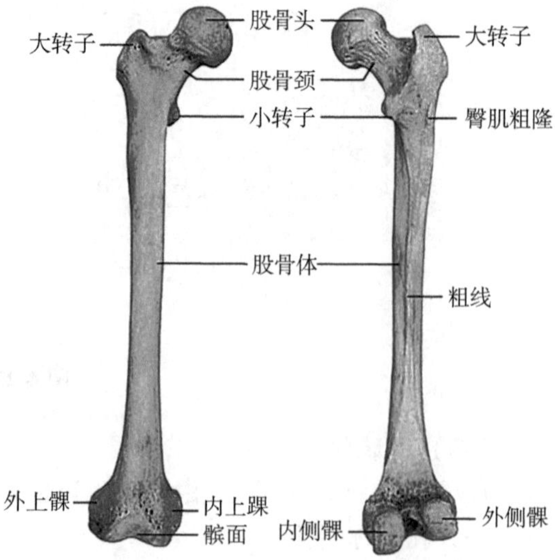

(a) 前面观　　(b) 后面观

图 4-25　股骨

髌骨和胫骨相关节。两髁侧面最突出处，分别称内上髁和外上髁。

3. 髌骨（patella）　位于股骨下端的前方，包在股四头肌腱内，是全身最大的籽骨，呈尖向下的三角形（图 4-26）。

4. 胫骨（tibia）　居小腿内侧（图 4-27）。胫骨上端前面的粗糙隆起称胫骨粗隆，下端内侧部向内下的突起称内踝。

5. 腓骨（fibula）　位于胫骨外后方（图 4-27）。腓骨上端稍膨大称腓骨头，腓骨下端向外下的突起称外踝。

6. 足骨　包括 7 块跗骨、5 块跖骨、14 块趾骨（图 4-28）。跗骨包括跟骨、距骨、足舟骨、内侧楔骨、中间楔骨、外侧楔骨和骰骨。跖骨由内侧向外侧依次为第 1~5 跖骨。趾骨的命名原则与指骨相同。

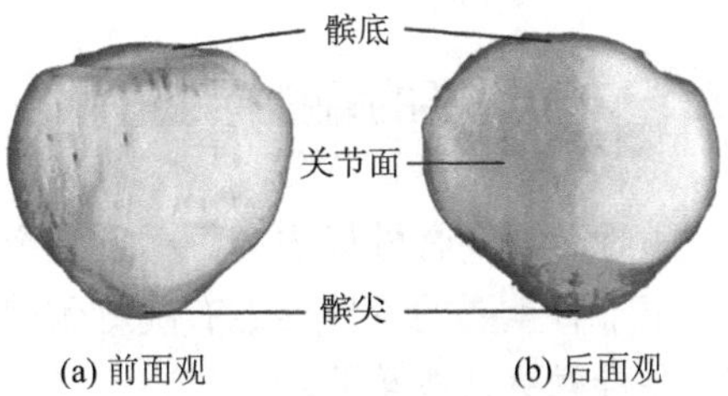

图 4-26　髌骨

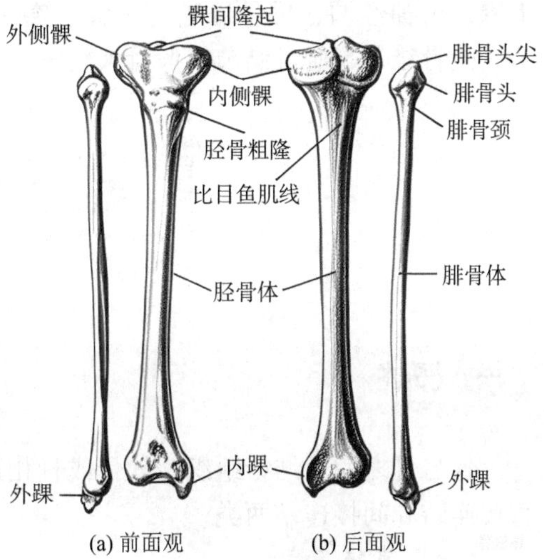

图 4-27　胫骨和腓骨

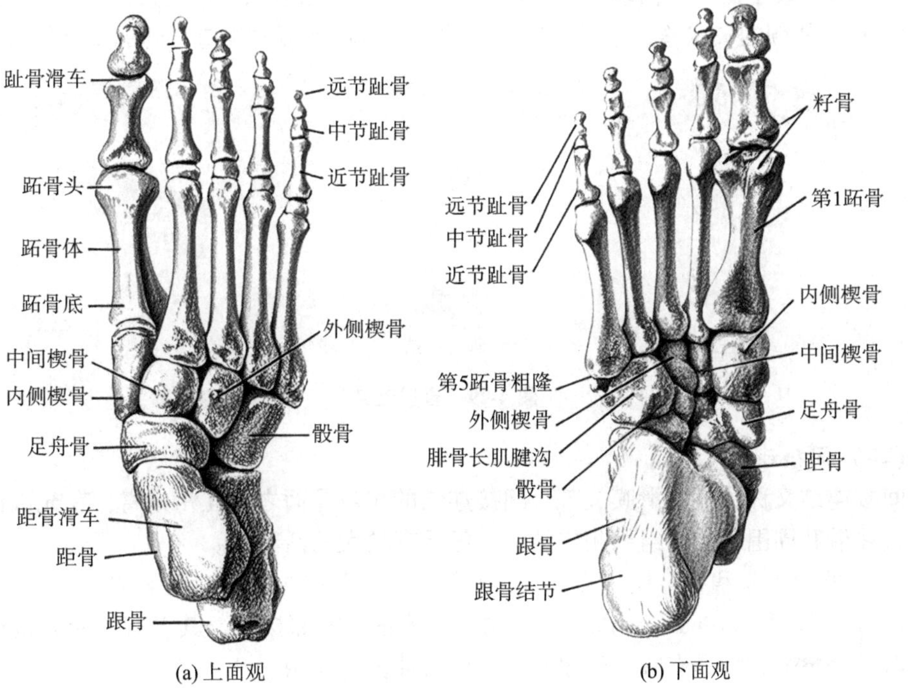

图 4-28　足骨

五、体表重要的骨性标志

颅骨重要的骨性标志有颧弓、乳突、枕外隆凸、下颌角等。

躯干骨重要的骨性标志有胸骨颈静脉切迹、胸骨角、剑突、第 7 颈椎棘突、胸椎棘突、腰椎棘突、骶角等。

附肢骨重要的骨性标志有锁骨、肩胛骨下角、肩胛冈、肩峰、肱骨内上髁、肱骨外上髁、尺神经沟、尺骨鹰嘴、尺骨茎突、桡骨茎突、豌豆骨、髂嵴、髂前上棘、髂结节、坐骨结节、耻骨结节、股骨大转子、胫骨粗隆、内踝、外踝等。

第二节　骨连结

一、概述

骨与骨之间借结缔组织、软骨或骨相连，形成骨连结。根据构造形式，骨连结分为直接连结和间接连结两类。

（一）直接连结

直接连结较牢固，不活动或少许活动，可分为纤维连结、软骨连结和骨性结合 3 类（图 4-29）。如颅的矢状缝、椎骨椎体之间的椎间盘以及骶椎椎骨之间的骨性结合等。

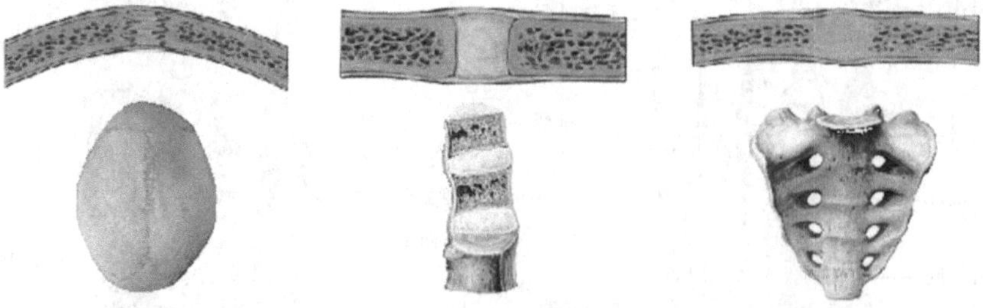

(a) 纤维连结　　(b) 软骨连结　　(c) 骨性结合

图 4-29　直接连结

（二）间接连结

间接连结又称关节或滑膜关节。间接连结的相对骨面之间互相分离，有充以滑液的腔隙，并借其周围的结缔组织相连结，一般具有较大的活动性。

1. 关节的基本结构　包括关节面、关节囊和关节腔 3 部分（图 4-30）。

（1）关节面（articular surface）　构成关节各骨的邻接面，其上有一层光滑的关节软骨覆盖。关节软骨具有减少摩擦和缓冲外力冲击的作用。

（2）关节囊（articular capsule）　包在关节周围的结缔组织囊，分内外两层。外层称纤维膜，厚而坚韧，对关节有稳固和保护作用；内层称滑膜，能分泌少量滑液，具有营养和润滑作用。

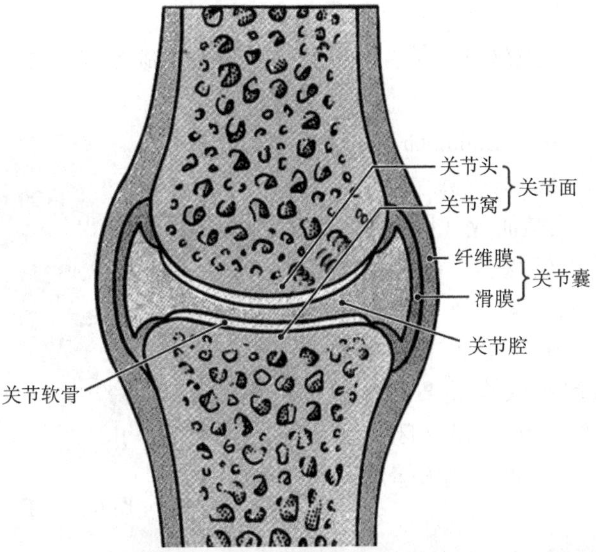

图 4-30 关节基本结构模式图

（3）关节腔（articular cavity） 关节囊的滑膜与关节软骨之间密闭的腔隙，内有少量滑液，关节腔内呈负压，对维持关节的稳固性起一定作用。

2. *关节的辅助结构* 包括韧带、关节盘、关节唇和滑膜囊等。

（1）韧带 由致密结缔组织构成，一般连于相邻两骨之间，多位于关节囊周围或关节囊内，有增强关节稳固性和限制关节运动幅度的作用。

（2）关节盘 位于两骨的关节面之间的纤维软骨板，不仅可使相对的关节面形态更相适应，增强关节的稳固性，减轻外力对关节的冲击和震荡，还可增加关节运动的形式并扩大其运动幅度。关节盘多呈圆盘状，有的关节盘呈半月形，称关节半月板。

（3）关节唇 附着于关节窝周缘的纤维软骨环，可加深关节窝，增大关节面，增强关节的稳固性。

（4）滑膜囊 有些关节囊的滑膜从关节囊纤维膜的薄弱或缺如处呈囊状膨出，充填于肌腱与骨面之间，形成滑膜囊，它可减少肌肉活动时与骨面之间的摩擦。

3. *关节的运动*

（1）屈和伸 骨绕关节冠状轴进行的运动。两骨之间角度变小的动作为屈，角度变大的动作为伸。

（2）内收和外展 骨绕关节矢状轴进行的运动。骨向正中矢状面靠拢的动作称内收，远离正中矢状面的动作称外展。

（3）旋转 骨绕关节垂直轴进行的运动。骨的前面转向内侧的动作称旋内，转向外侧的动作称旋外。

（4）环转 屈、外展、伸和内收 4 种动作的连续运动，称环转。运动时，骨的近侧端在原位转动，远侧端做圆周运动。

二、颅骨的连结

颅骨之间多数以缝或软骨连结，不能运动，只有下颌骨与颞骨之间形成能活动的颞下颌关节。

颞下颌关节（temporomandibular joint）又称下颌关节，由颞骨的下颌窝、关节结节和下颌骨的下颌头连结而成（图 4-31）。颞下颌关节的关节囊较松弛，囊内有关节盘，将关节腔分隔为上、下两部。关节囊的前壁薄弱，故颞下颌关节易向前脱位。颞下颌关节属于联合关节，两侧必须同时运动。下颌骨可上提（闭口）、下降（张口），前移、后退及侧方运动。

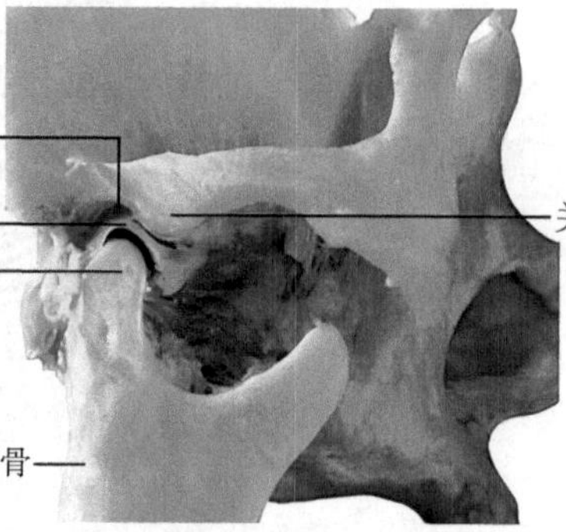

图 4-31 颞下颌关节

三、躯干骨的连结

躯干骨借骨连结构成脊柱和胸廓。

（一）脊柱

脊柱（vertebral column） 位于身体背部正中，由 24 块椎骨、1 块骶骨和 1 块尾骨借椎间盘、韧带和关节连结而成。脊柱是躯干的中轴，具有支持体重、传递重力、缓冲震荡，保护脊髓和内脏器官及运动等功能。

1. 椎骨间的连结 椎骨之间借椎间盘、韧带和关节等相连（图 4-32）。

（1）椎间盘（intervertebral discs） 椎间盘是连接相邻两个椎体的纤维软骨盘（第 1、2 颈椎之间除外），由髓核和纤维环构成（图 4-33）。髓核位于中央部，是柔软而富有弹性的胶状物质。纤维环位于周围部，围绕髓核呈多层同心圆排列。椎间盘既能牢固连结椎体，承受压力，又有缓冲震荡的作用，同时还可增加脊柱的运动幅度。

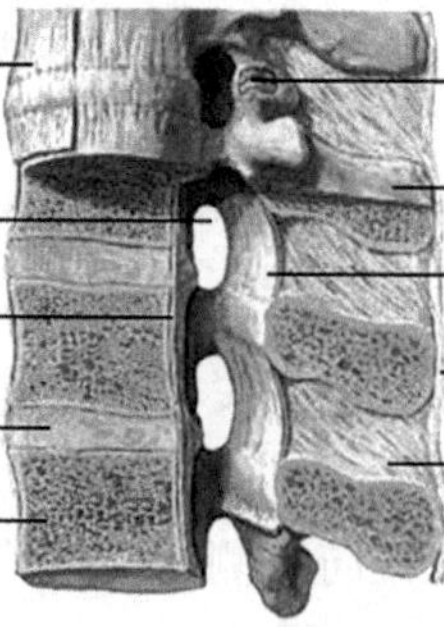

图 4-32 椎骨间的连结

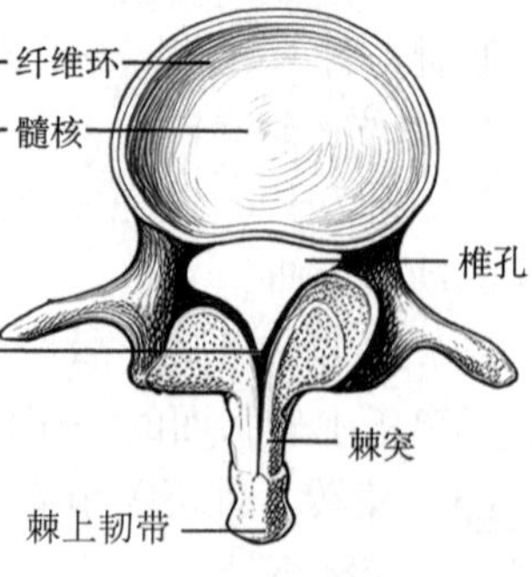

图 4-33 椎间盘

成人有23个椎间盘，其厚薄各不相同，胸部较薄，颈部较厚，腰部最厚，故颈、腰椎的活动度较大。

（2）韧带 连结椎骨的韧带有长、短两类。长韧带有3条。前纵韧带位于椎体和椎间盘的前面，后纵韧带位于椎体和椎间盘的后面，对连结椎体和椎间盘有重要作用，同时还有限制脊柱过度伸、屈的作用。棘上韧带连于各棘突的尖端，在第7颈椎以上扩展成膜状的项韧带。短韧带连结于相邻的两个椎骨之间，在棘突之间有棘间韧带，在椎弓板之间有黄韧带。黄韧带由弹性纤维构成，坚韧而富有弹性，与椎弓板共同围成椎管的后壁。

腰椎穿刺时，穿刺针由浅入深依次经过棘上韧带、棘间韧带和黄韧带。

（3）关节 连结椎骨的关节有关节突关节和寰枢关节。关节突关节由相邻两椎骨的下、上关节突构成，运动幅度很小。寰枢关节由寰椎和枢椎组成，以齿突为轴做旋转运动。此外，在脊柱与颅之间有由寰椎和枕骨构成的寰枕关节，可使头做前俯、后仰和侧屈运动。

2. 脊柱的整体观

（1）前面观 可见椎体由上而下逐渐增大，直到骶骨上部，而后椎体急剧变小（图4-34a）。这种变化与椎体负重的逐渐增加和骤减有关。

（2）侧面观 可见有4个生理弯曲，即颈曲、胸曲、腰曲和骶曲（图4-34b）。其中颈曲、腰曲凸向前，胸曲、骶曲凸向后。这些弯曲增大了脊柱的弹性，运动时可减轻对脑和内脏器官的冲击与震荡，并有利于维持身体的平衡。

（3）后面观 棘突纵行排列成一条直线（图4-34c）。颈椎的棘突近水平伸向后方；胸椎的棘突斜向后下方，呈叠瓦状排列，棘突间隙窄；腰椎棘突呈板状，水平向后伸，棘突间隙较宽。

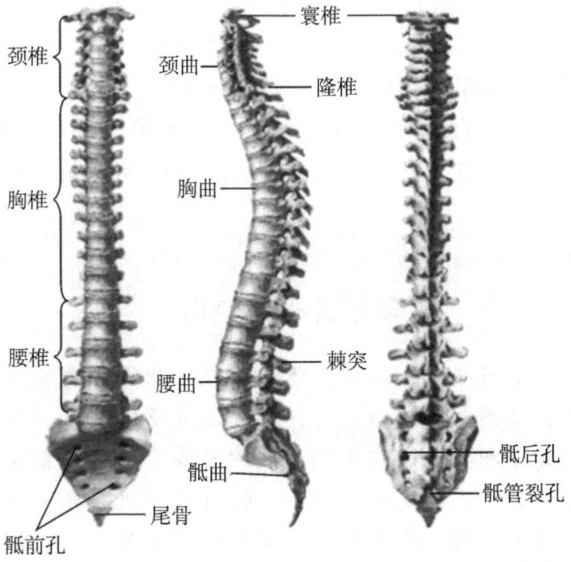

图4-34 脊柱

3. 脊柱的运动　脊柱能做前屈、后伸、侧屈、旋转和环转等运动。其运动幅度以下颈部和下腰部最大，故此二处损伤较多见。

（二）胸廓

胸廓（thorax）　由12块胸椎、12对肋和1块胸骨连结而成（图4-35），具有支持、保护胸腹腔内脏器和参与呼吸运动等功能。

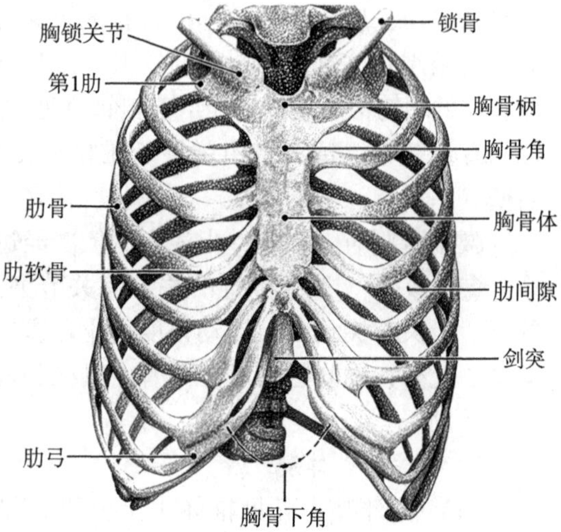

图4-35　胸廓

1. 肋的连结　包括肋椎关节和胸肋关节。

（1）肋椎关节　肋骨后端与脊柱胸椎的连结包括肋头和椎体的连结（称肋头关节）以及肋结节和横突的连结（称肋横突关节）。这两个关节在功能上是联合关节，运动时肋骨沿肋头至肋结节的轴线旋转，使肋上升或下降，以增加或缩小胸廓的前后径和横径，从而改变胸腔的容积，有助于呼吸。

（2）胸肋关节　由第2~7对肋软骨与胸骨相应的肋切迹构成，属微动关节。第1肋与胸骨柄之间的连结是一种特殊的不动关节。第8~10对肋软骨的前端不直接与胸骨相连，而依次与上位肋软骨形成软骨连结，在剑突两侧各形成一个连续的软骨弓，称肋弓（costal arch）。第11~12对肋前端游离于腹壁肌层中。

2. 胸廓的形态　成人胸廓呈前后略扁、上窄下宽的圆锥形，有上、下两口（图4-35）。胸廓上口较小，由胸骨柄上缘、第1肋和第1胸椎体围成，是颈部与胸腔的通道。胸廓下口宽而不整，由第12胸椎、第12肋、第11肋、肋弓及剑突围成。相邻两肋之间的间隙，称肋间隙。两侧肋弓之间的夹角称胸骨下角。

3. 胸廓的功能　胸廓除保护、支持功能外，主要参与呼吸运动。吸气时，在呼吸肌作用下肋上举，胸腔容积扩大；呼气时则相反。胸腔容积的改变，促成了呼吸运动。

链接

胸廓外形的变化

胸廓的外形和大小与年龄、性别、体型和健康状况等因素相关。新生儿的胸廓，横径相对较小，呈圆桶状。幼儿时，胸骨逐渐下降，横径逐渐增大。成年女性胸廓短而圆，胸腔容积较小。扁平胸指胸廓呈扁平状，其前后径不及左右径的一半，见于瘦长体型者，亦可见于肺结核等慢性消耗性疾病患者。桶状胸为胸廓前后径增加，有时与左右径几乎相等，甚至超过左右径，故呈圆桶状，可见于严重慢性阻塞性肺疾病患者，亦可发生于老年人或矮胖体型者。

四、附肢骨的连结

附肢骨主要有支持、运动等功能，附肢骨的连结以关节为主。由于直立行走，人类上肢获得了适于抓握和操作的较大的活动度，故上肢关节以运动的灵活性为主；下肢起着支持身体的重要作用，故下肢关节以运动的稳定性为主。

（一）上肢骨的连结

1. 胸锁关节与肩锁关节　胸锁关节由胸骨柄与锁骨内侧端构成，是上肢骨与躯干骨的唯一关节，使上肢骨与躯干骨连在一起。肩锁关节由肩胛骨的肩峰与锁骨外侧端构成，属微动关节。

2. 肩关节（shoulder joint）　由肱骨头与肩胛骨的关节盂组成（图 4-36）。肱骨头大，关节盂小，关节囊薄且松弛，囊内有肱二头肌长头腱通过。关节囊虽前、后、上壁有肌、肌腱加强，但下壁较薄弱，肱骨头易向前下方脱位。肩关节是人体活动幅度最大、运动最灵活的关节，能做屈、伸、内收、外展、旋转和环转运动。

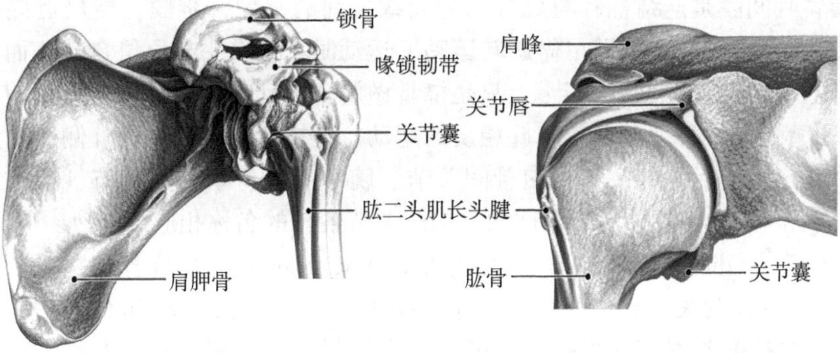

(a) 前面观　　(b) 冠状切面

图 4-36　肩关节

3. 肘关节（elbow joint）　由肱骨下端和尺、桡骨上端连结构成的复关节，包括由肱骨滑车与尺骨的滑车切迹构成的肱尺关节、由肱骨小头与桡骨头的关节凹构成的肱桡关节、由桡骨头的环状关节面与尺骨的桡切迹构成的桡尺近侧关节（图 4-37）。肱尺关节、肱桡关节和桡尺近侧关节包在一个关节囊内，关节囊的前、后壁都较薄而松弛，两侧有韧带加强，外下部有桡骨环状韧带环绕桡骨头。小儿的桡骨头发育不全，环状韧带松弛，如突然用力提拉小儿前臂时，常可发生桡骨头半脱位。肘关节主要做屈、伸运动。伸肘时，肱骨内上髁、肱骨外上髁和尺骨鹰嘴三点在一条直线上；屈肘时三点成一等腰三角形，在肘关节脱位时，这三点的位置关系发生改变。

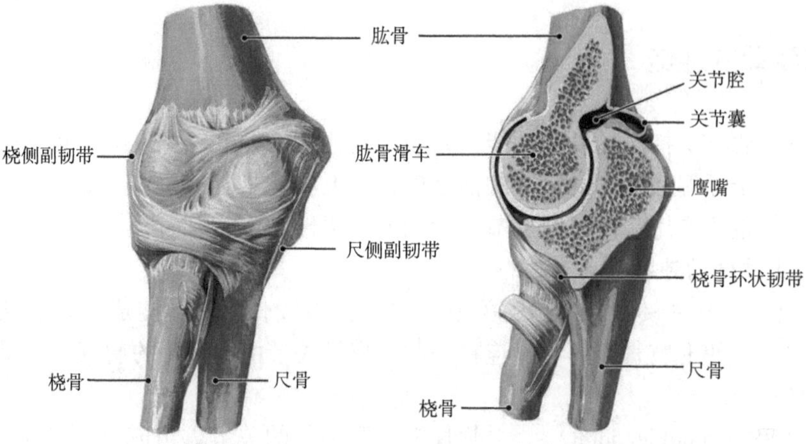

(a) 后面观　　(b) 矢状切面

图 4-37　肘关节

4. 桡尺连结　桡骨与尺骨借前臂骨间膜、桡尺近侧关节、桡尺远侧关节相连（图 4-38）。前臂骨间膜是连结桡骨与尺骨的骨间缘之间的坚韧纤维膜。桡尺近侧关节与桡尺远侧关节是联合关节，前臂可做旋转运动。运动时，桡骨头在原位自转，而桡骨下端连同关节盘围绕尺骨头旋转，实际上只是桡骨做旋转运动。当桡骨转至尺骨前方并与之交叉时，手背向前，称为旋前；与此相反的运动，即桡骨转回到尺骨外侧，称为旋后。

5. 手关节　包括桡腕关节、腕骨间关节、腕掌关节、掌骨间关节、掌指关节和指骨间关节（图 4-39），各关节的名称均与构成关节各骨的名称相应。

桡腕关节（radiocarpal joint），又称腕关节（wrist joint），由桡骨的腕关节面和尺骨头下方的关节盘作为关节窝，以及手舟骨、月骨和三角骨的近侧关节面作为关节头构成（图 4-39）。桡腕关节关节囊松弛，周围有韧带加强，可做屈、伸、内收、外展和环转运动。

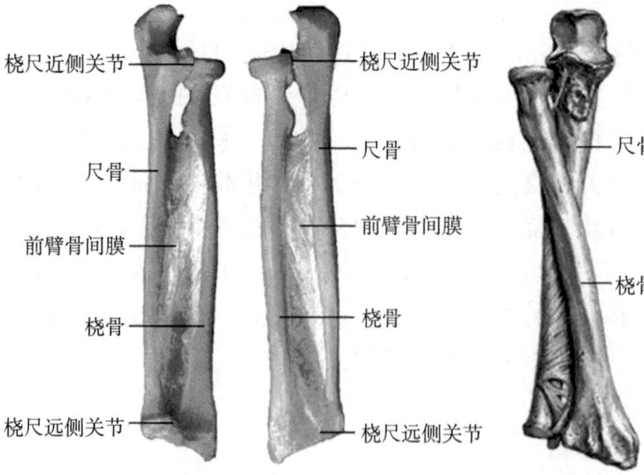

图 4-38　前臂骨的连结

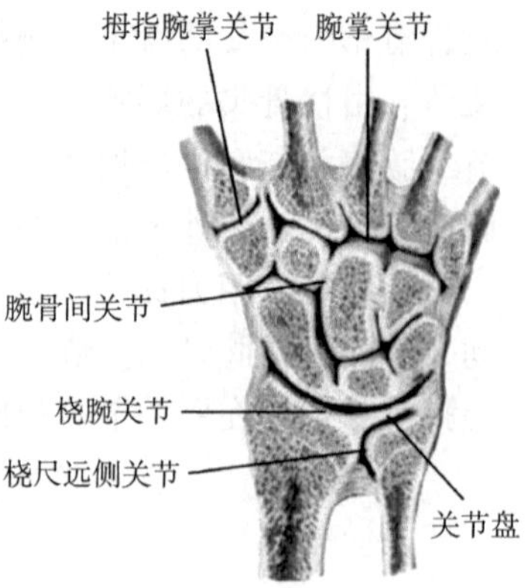

图 4-39　手关节（冠状切面）

（二）下肢骨的连结

下肢的主要功能是支持体重和运动，以及维持身体的直立姿势。下肢骨的形态结构为适应功能需要而变得更粗大强壮，适于支撑和抗机械重力。为适应女性分娩，髋骨形态结构也表现出性别差异。

1. 髋骨的连结　左、右髋骨在后方借骶髂关节及韧带与骶骨相连，前方借耻骨联合相连（图 4-40）。

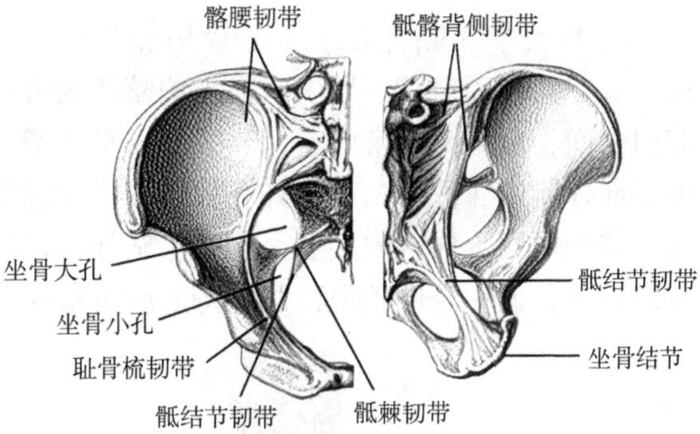

图 4-40　骨盆的韧带

（1）骶髂关节（sacroiliac joint）由骶骨与髋骨的耳状面构成，关节囊厚而紧张，关节的运动性很弱。其后下方在骶骨与坐骨之间有两条韧带相连：一条称骶结节韧带，从骶、尾骨侧缘连至坐骨结节；另一条称骶棘韧带，位于骶结节韧带前方，从骶、尾骨侧缘连至坐骨棘。两条韧带分别与坐骨大、小切迹共同围成坐骨大孔和坐骨小孔。

（2）耻骨联合（public symphysis）　由左、右耻骨联合面借耻骨间盘连结构成。耻骨间盘为纤维软骨，其内常有一条矢状位裂隙。女性分娩时该裂隙可增宽，有利于胎儿娩出。

（3）骨盆（pelvis）　由骶骨、尾骨和左、右髋骨连结而成，具有保护骨盆腔内的器官和传递重力等作用（图 4-41）。骨盆可通过界线分为大骨盆和小骨盆。界线由骶骨的岬、弓状线、耻骨梳、耻骨结节和耻骨联合上缘共同围成。界线以上为大骨盆，参与腹腔的围成。界线以下为小骨盆，其有上、下两口：上口即界线；下口由尾骨尖、骶结节韧带、坐骨结节、坐骨支、耻骨下支和耻骨联合下缘围成。小骨盆的内腔称骨盆腔，容纳和保护盆腔脏器，女性盆腔是胎儿娩出的产道。在耻骨联合下方左、右耻骨下支所形成的夹角称耻骨下角。

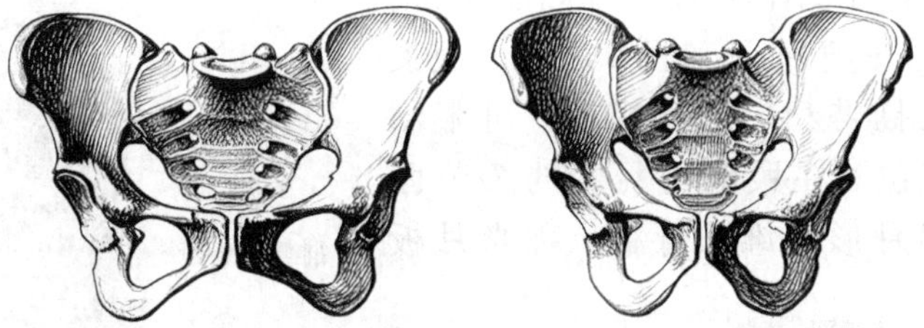

(a) 女性骨盆　　(b) 男性骨盆

图 4-41　骨盆

从青春期开始，骨盆出现性别差异。女性骨盆的形态特点与妊娠和分娩有关。男、女性骨盆的形态差异见表 4-1。

表 4-1　男、女性骨盆的形态差异

结构	骨盆上口	骨盆下口	骨盆外形	骨盆腔	耻骨下角
男性骨盆	心形	较窄小	窄而高	漏斗形	70°～75°
女性骨盆	椭圆形	较宽大	宽而短	圆桶形	90°～100°

2. 髋关节（hip joint）　由髋臼和股骨头组成（图 4-42）。髋臼深，周缘附有髋臼唇。关节囊厚而坚韧，周围有强大的髂股韧带等加强，囊内有股骨头韧带连于股骨头与髋臼之间，股骨头韧带内有营养股骨头的血管通过。股骨颈的前部全部包于关节囊内，但后部外侧 1/3 位于关节囊外，故临床上股骨颈骨折有囊内、囊外和混合性骨折之分。髋关节能做屈、伸、收、展、旋内、旋外和环转运动。因受髋臼等限制，其运动幅度不及肩关节，但稳定性较强，以支持下肢负重和行走的功能。

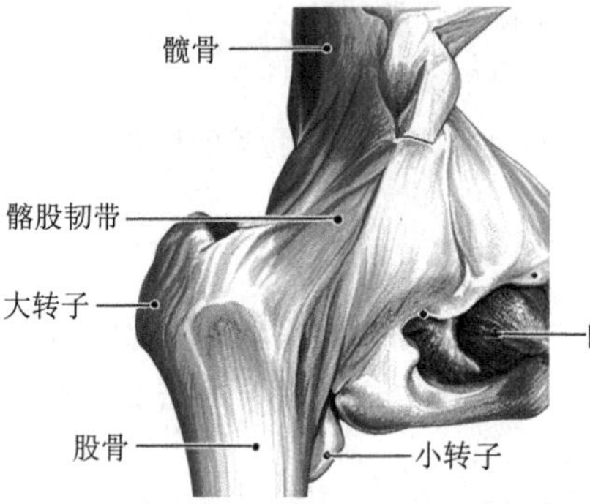

(a) 前面观

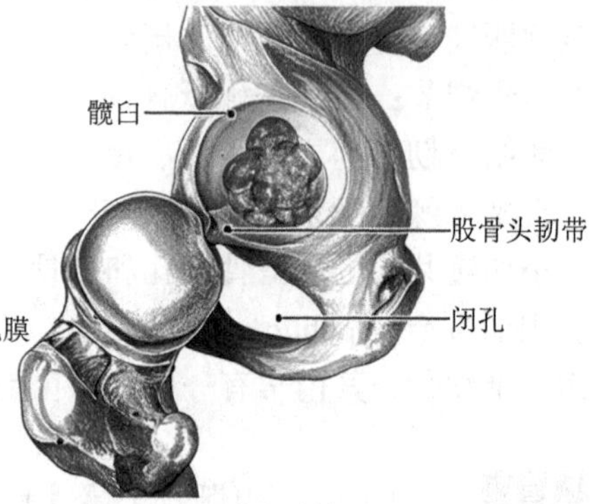

(b) 内部结构

图 4-42　髋关节（示股骨头韧带）

3. 膝关节（knee joint）　人体最大、结构最复杂的关节，由股骨下端、胫骨上端及髌骨组成（图 4-43、图 4-44）。膝关节关节囊宽而松弛，囊的各壁均有韧带加强，囊前有强大的髌韧带，两侧分别有胫侧副韧带和腓侧副韧带，囊内有交叉韧带，连于股骨和胫骨之间。交叉韧带分为前交叉韧带和后交叉韧带，可限制胫骨向前、后移位。在股骨与胫骨的关节面之间垫有两块半月形纤维软骨板，称半月板（图 4-45）。

内侧半月板呈“C”形，外侧半月板呈“O”形。半月板使关节面更为相适，增强关节的稳固性和运动的灵活性，同时在运动时起缓冲作用。膝关节主要做屈、伸运动。

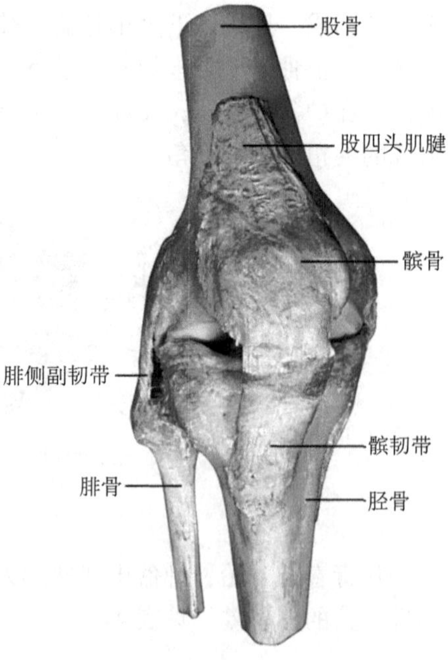

图 4-43　膝关节（前面观）

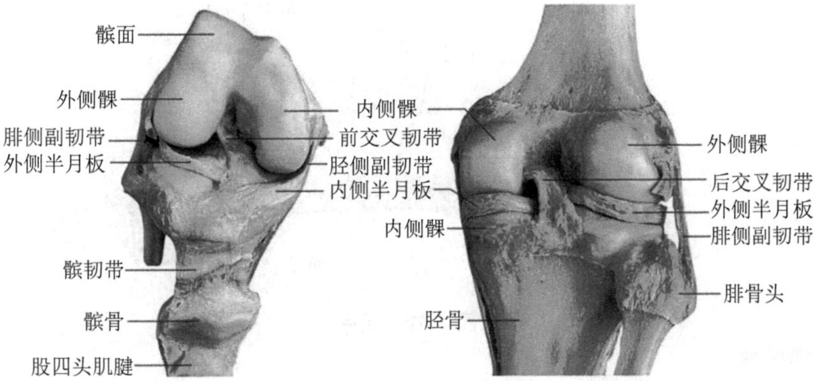

(a) 前面观　　(b) 后面观

图 4-44　膝关节（示内部结构）

4. 胫腓连结　胫骨和腓骨之间连结紧密，上端借胫腓关节相连，体和下端分别借小腿骨间膜和韧带相连，两骨间活动度甚小。

5. 足关节　包括距小腿关节、跗骨间关节、跗跖关节、跖骨间关节、跖趾关节和趾骨间关节（图 4-46）。

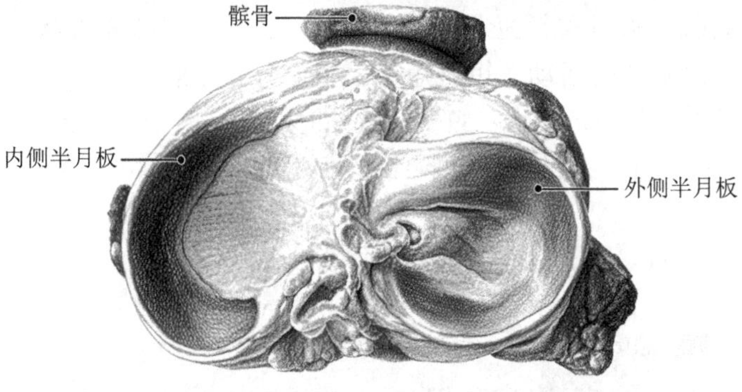

图 4-45　膝关节半月板（上面观）

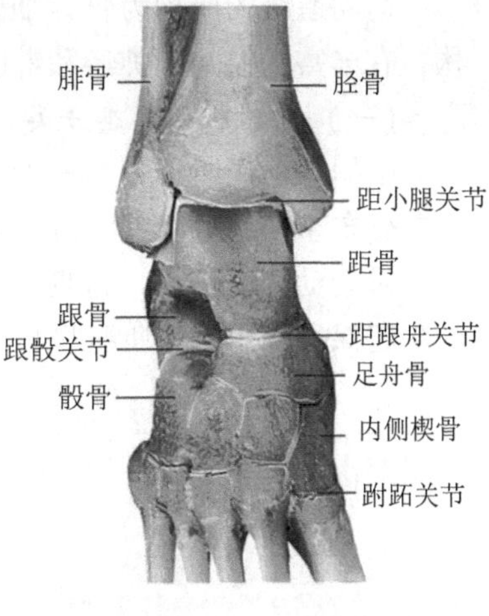

图 4-46　足关节（水平切面）

距小腿关节（talocrural join），又称踝关节（ankle joint），由胫骨、腓骨的下端和距骨组成，可做背屈（伸）和跖屈（屈）运动。踝关节与跗骨间关节协同运动时，可使足内翻和足外翻。足底朝向内侧的运动称足内翻，足底朝向外侧的运动称足外翻。

6. 足弓　跗骨和跖骨借关节和韧带紧密相连，在纵、横方向上都形成凸向上方的弓形结构，称足弓（图 4-47）。足弓具有弹性，可缓冲运动时产生的震荡，还可保护足底的血管和神经。

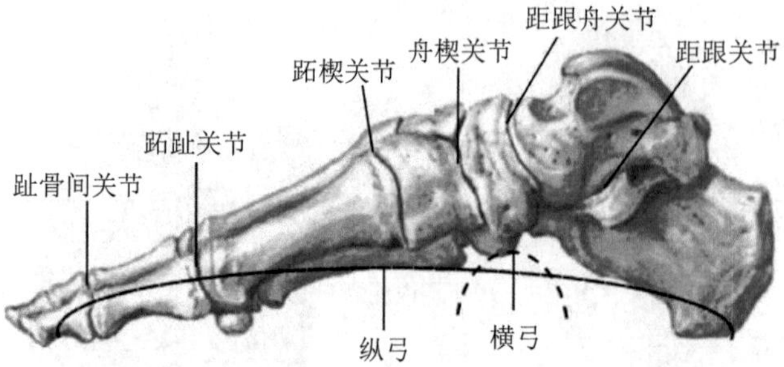

图 4-47　足弓

第三节　骨骼肌

一、概述

运动系统的肌均为骨骼肌。每块骨骼肌都可视为一个器官，都具有一定的形态结构，有丰富的血管、神经和淋巴管分布，执行一定的功能。

（一）骨骼肌的形态分类

根据外形，肌可分为长肌、短肌、扁肌和轮匝肌（图 4-48）。长肌呈梭形或带状，主要分布于四肢，收缩时可产生较大幅度的运动。短肌短小，主要分布于躯干部深层，收缩时运动幅度较小。扁肌扁薄宽阔，多分布于胸、腹壁，收缩时除运动躯干外，还对内脏起保护作用。轮匝肌呈环形，位于孔、裂的周围，收缩时可关闭孔、裂。

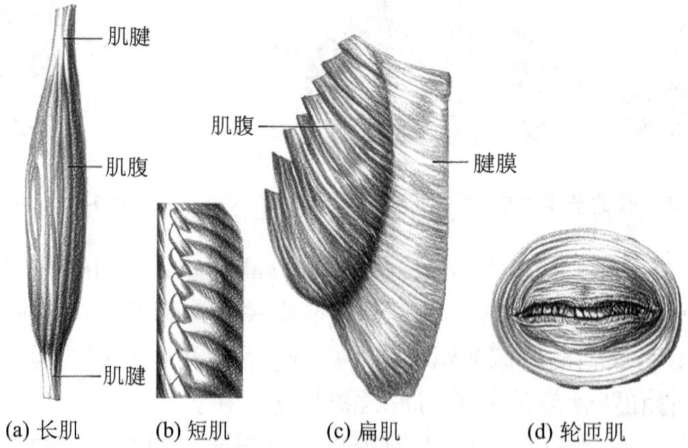

图 4-48　肌的各种形态

（二）骨骼肌的大体构造

骨骼肌由肌腹和肌腱两部分构成（图 4-48）。肌腹主要由肌纤维构成，多位于肌的中部，是肌的收缩部分。肌腱主要由平行的胶原纤维束构成，位于肌的两端并附着于骨，呈银白色，非常坚韧。肌腱无收缩功能，只起力的传递作用。长肌的腱多呈条索状，扁肌的腱呈薄膜状称腱膜。

（三）骨骼肌的起止点

骨骼肌一般以两端附着于两块或两块以上的骨面上，中间越过一个或几个关节。肌收缩时，一骨的位置相对固定，另一骨受肌的牵引而发生位置的移动。肌在固定骨上的附着点称起点，在移动骨上的附着点称止点。通常把接近身体正中矢状面或四肢近侧端的附着点看作起点，把远离身体正中矢状面或四肢远侧端的附着点看作止点（图 4-49）。肌收缩时，一般是止点向起点靠拢而产生运动。

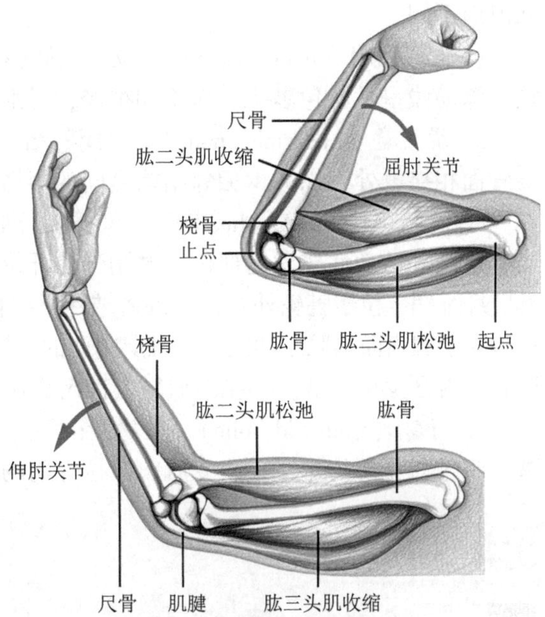

图 4-49　骨骼肌的起止点与配布

（四）骨骼肌的配布

大多数骨骼肌都成群配布在关节的周围，其配布形式与关节的运动轴密切相关，即在每一个运动轴的两侧都配布有作用相反的两群肌。配布在运动轴的同一侧，完成同一动作的肌或肌群，称协同肌；配布在运动轴两侧，作用完全相反的肌或肌群，互称拮抗肌（图 4-49）。拮抗肌、协同肌在神经系统的统一调节下互相协调、互相配合，完成各种动作。

（五）骨骼肌的辅助结构

骨骼肌的辅助结构有筋膜（图 4-50）、滑膜囊和腱鞘、籽骨等（图 4-51），它们有保护和辅助肌活动的作用。

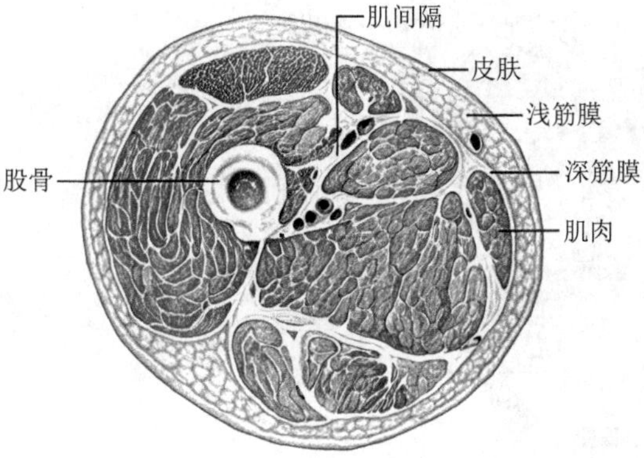

图 4-50　肌的辅助结构

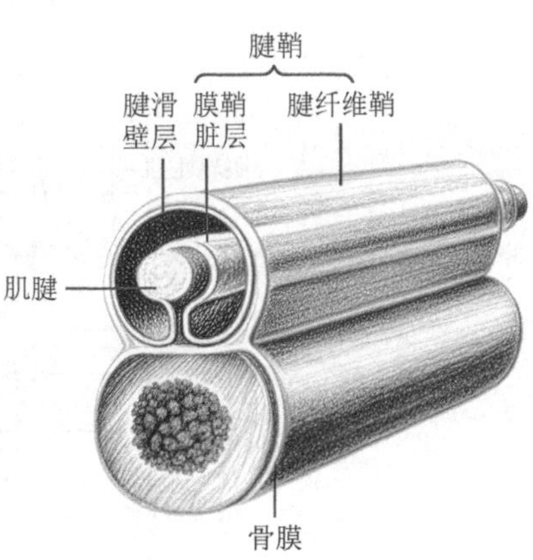

图 4-51　腱鞘示意图

1. 筋膜（fascia） 分浅筋膜和深筋膜（图 4-50）。

（1）浅筋膜（superficial fascia） 位于皮下，又称皮下筋膜，由疏松结缔组织构成。浅筋膜内含脂肪、血管和神经等。其中，脂肪含量的多少因身体部位、性别和营养状况而不同。

（2）深筋膜（deep fascia） 位于浅筋膜深面，又称固有筋膜，由致密结缔组织构成。深筋膜呈鞘状包裹肌、血管和神经，可形成肌间隔、血管神经鞘等结构。

2. 滑膜囊（synovial bursa） 封闭的结缔组织囊，内有少量滑液，多位于肌或肌腱与骨面相接触处，以减少相邻结构之间的摩擦。

3. 腱鞘（tendinous sheath） 包裹在长肌腱外面的鞘状结构，多位于腕、踝、手指、足趾等活动性较大的部位。腱鞘分为纤维层和滑膜层两部分（图 4-51）。纤维层又称腱纤维鞘，位于腱鞘外层，由致密结缔组织构成，固定于骨面。滑膜层又称腱滑膜鞘，由包裹于腱表面的脏层和贴于纤维层内面的壁层构成，脏、壁两层相互移行围成密闭的滑膜腔，内含少量滑液。腱鞘对肌腱起固定作用，并减少肌腱活动时与骨面之间的摩擦。

4. 籽骨（sesamoid bone） 发生在某些肌腱内的扁圆形小骨。籽骨在运动中起着减少肌腱与骨面的摩擦并改变肌肉牵拉方向的作用。

二、头肌

头肌可分为面肌和咀嚼肌两部分。

（一）面肌

面肌位于面部和颅顶（图 4-52、图 4-53），多数起自颅骨，止于头面部皮肤，收缩时可改变口裂、睑裂和面部皮肤外形，出现不同面部表情，故又称表情肌。面肌主要包括颅顶肌、眼轮匝肌和口周围肌。

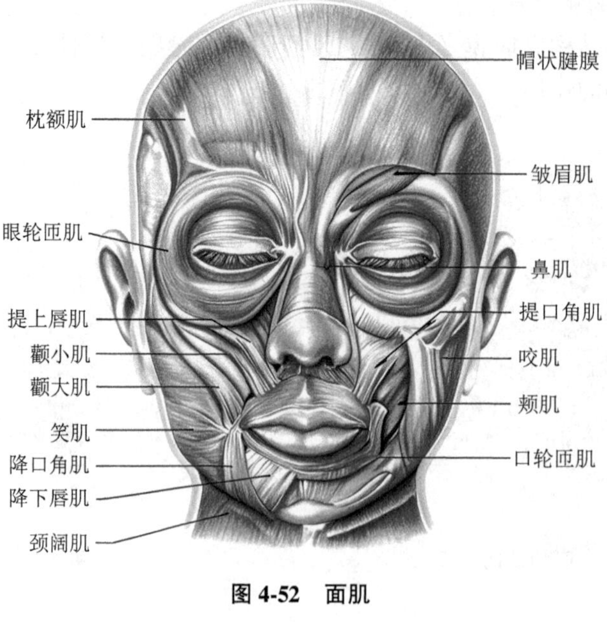

图 4-52 面肌

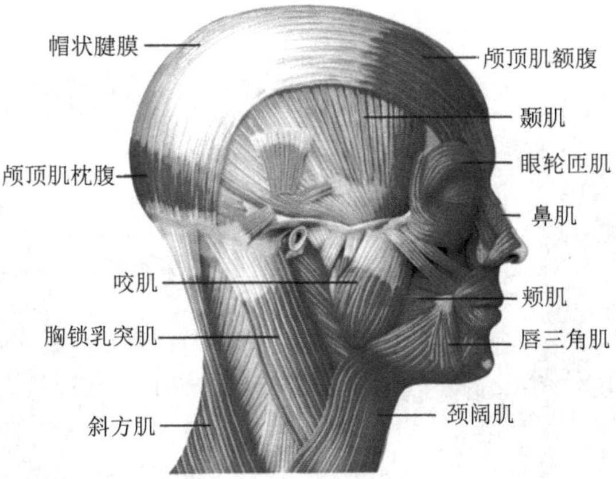

图 4-53 头肌

1. 颅顶肌 颅顶部薄而阔的肌，如左右各一的枕额肌（occipitofrontalis）。枕额肌由前、后两个肌腹和中间的帽状腱膜构成。前方的肌腹位于额部皮下称额腹，后方的肌腹位于枕部皮下称枕腹，两肌腹间借帽状腱膜连为一体。帽状腱膜借浅筋膜与颅顶皮肤紧密结合，故此肌收缩可牵拉头皮活动。

2. 眼轮匝肌 位于睑裂周围，呈环形，收缩时睑裂闭合。

3. 口周围肌 包括环形肌和辐射状肌两类。环绕口裂周围的环形肌称口轮匝肌，收缩时口裂闭合。辐射状肌中较重要的是颊肌，收缩时使唇、颊紧贴牙齿，帮助咀嚼和吸吮。

（二）咀嚼肌

咀嚼肌分布于颞下颌关节的周围，可辅助运动颞下颌关节，包括咬肌、颞肌、翼内肌和翼外肌。

1. 咬肌（masseter） 呈长方形，位于下颌支外面，起自颧弓，向下止于下颌角的外面，在体表可触及，收缩时上提下颌骨（图 4-52）。

2. 颞肌（temporalis） 呈扇形，位于颞窝内，在体表可触及，收缩时上提下颌骨（图 4-53）。

3. 翼内肌（medial pterygoid） 起自蝶骨的翼突窝，止于下颌角内面的翼肌粗隆。收缩时上提下颌骨，并使其向前运动。

4. 翼外肌（lateral pterygoid） 位于颞下窝内，起自蝶骨大翼下面和翼突外侧面，向后外止于下颌颈。两侧翼外肌同时收缩做张口运动；一侧收缩则使下颌骨移向对侧。

三、颈肌

颈肌可依其所在位置分为颈浅肌与颈外侧肌、颈前肌、颈深肌三群（图 4-54、图 4-55）。

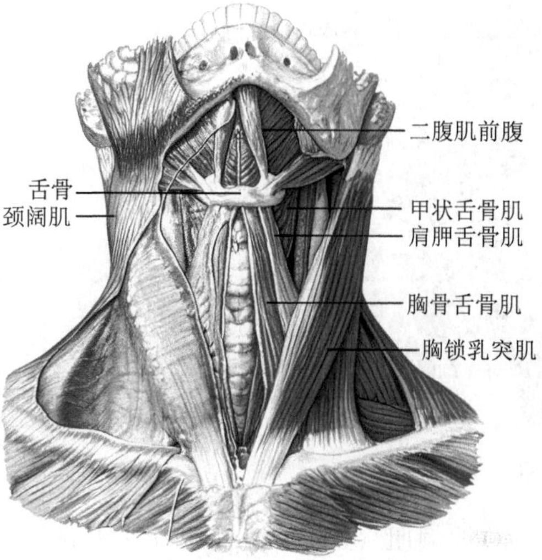

图 4-54　颈肌（前面观）

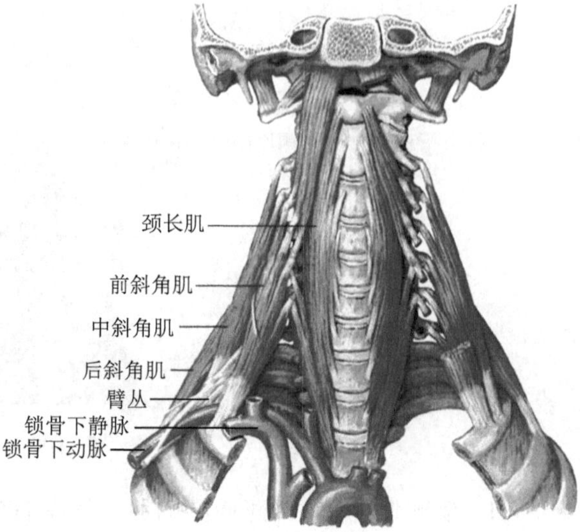

图 4-55　颈深肌

（一）颈浅肌与颈外侧肌

1. 颈阔肌（platysma）　位于颈部浅筋膜内一对薄而宽阔的扁肌，有紧张颈部皮肤和下拉口角等作用。

2. 胸锁乳突肌（sternocleidomastoid）　位于颈的外侧部，起自胸骨柄前面和锁骨的胸骨端，止于颞骨的乳突。该肌一侧收缩可使头向同侧倾斜，脸转向对侧；两侧收缩可使头后仰。

（二）颈前肌

颈前肌包括舌骨上肌群和舌骨下肌群。

1. 舌骨上肌群　在舌骨与下颌骨和颅底之间，参与构成口腔底。收缩时能上提舌骨，协助吞咽；当舌骨固定时，可下降下颌骨，协助张口。

2. 舌骨下肌群　位于颈前部，舌骨与胸骨和肩胛骨之间，居喉、气管、甲状腺的前方。收缩时可下降舌骨和喉，参与吞咽动作。

（三）颈深肌

颈深肌分内、外侧两群。内侧群在脊柱颈段的前方，包括头长肌和颈长肌等。外侧群位于脊柱颈段的两侧，有前、中、后斜角肌（图 4-55）。前、中斜角肌与第 1 肋之间的空隙为斜角肌间隙，有锁骨下动脉和臂丛神经通过。一侧斜角肌收缩，使颈侧屈；两侧肌同时收缩可上提第 1、2 肋，助深吸气。

四、躯干肌

躯干肌包括背肌、胸肌、膈肌、腹肌和会阴肌。

（一）背肌

背肌位于躯干背面，主要有斜方肌、背阔肌和竖脊肌等（图 4-56）。

1. 斜方肌（trapezius）　位于背上部浅层，为三角形扁肌，左、右相合成斜方形。上部肌束收缩，可上提肩胛骨，并使其下角外旋；下部肌束收缩，可下降肩胛骨；整肌收缩，可使肩胛骨向脊柱靠拢。如肩胛骨固定，两侧同时收缩时，可使头后仰。

2. 背阔肌（latissimus dorsi）　位于背下部浅层，为全身最大的扁肌。其肌束向外上方集中，止于肱骨体上端的前面。该肌收缩，可使臂内收、旋内和后伸，完成“背手”姿势。上肢固定时，可上提躯干，如引体向上。

3. 竖脊肌（erector spinae）　位于背部深层，纵列于脊柱棘突两侧。竖脊肌对维持人体直立起重要作用，单侧收缩可使脊柱侧屈，两侧同时收缩可使脊柱后伸并仰头。

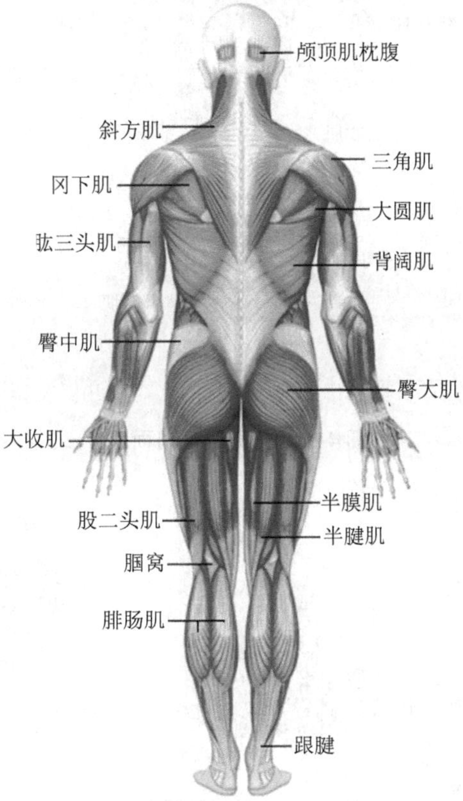

图 4-56　全身肌（后面观）

（二）胸肌

胸肌参与构成胸壁，主要包括胸大肌、胸小肌、前锯肌和肋间肌等（图 4-57、图 4-58）。

1. 胸大肌（pectoralis major）　位于胸前壁上部的浅层，呈扇形，较宽厚，起于锁骨内侧端、胸骨和 1~6 肋软骨，肌束向外上方集中，止于肱骨体上端的前面。收缩时可使臂内收和旋内；上肢上举固定时，收缩可上提躯干；也可提肋以扩大胸廓，协助吸气。

2. 胸小肌　位于胸大肌深面，呈三角形。收缩时可牵向前下方拉肩胛骨。

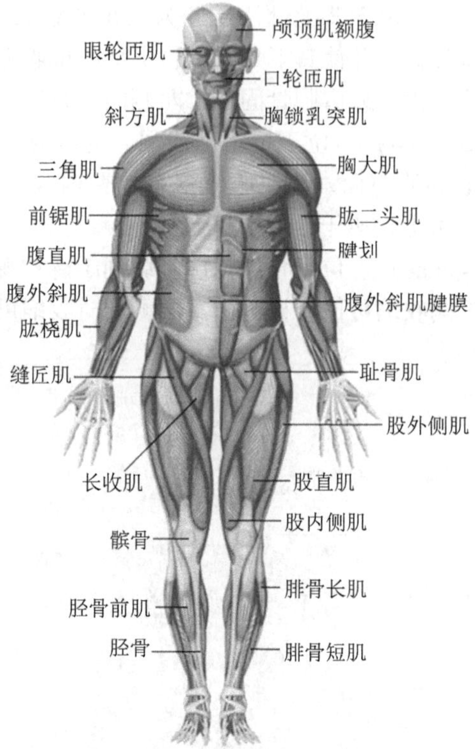

图 4-57 全身肌（前面观）

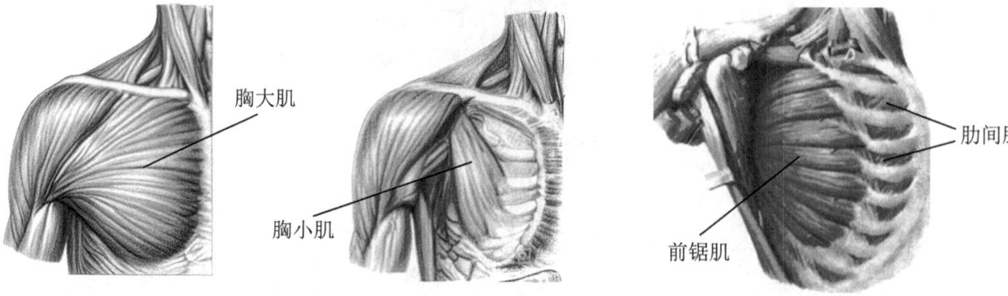

图 4-58 胸肌

3. 前锯肌 以肌齿起自上 8 个或 9 个肋骨外侧面，肌束斜向后内，止于肩胛骨的内侧缘和下角。收缩时可拉肩胛骨向前紧贴胸廓，并使其下角外旋，以助臂上举，完成“梳头”动作。

4. 肋间肌 位于肋间隙内，分浅、深两层。浅层称肋间外肌，肌束起于上位肋骨的下缘，斜向前下，止于下位肋骨的上缘，收缩时可提肋助吸气。深层称肋间内肌，肌束起于下位肋骨的上缘，斜向前上，止于上位肋骨下缘，收缩时可降肋助呼气。

（三）膈肌

膈肌（diaphragm）为一膨隆向上的穹窿状宽阔扁肌，分隔胸腔和腹腔。膈肌的周围部由肌束构成肌部，附于胸廓下口；中央部为腱性结构，称中心腱（图 4-59）。膈肌上有 3 个孔：主动脉裂孔位于脊柱前方，有主动脉和胸导管通过；食管裂孔位于主动脉裂孔的左前上方，有食管和迷走神经通过；腔静脉孔位于食管裂孔右前上方的中心腱内，有下腔静脉通过。

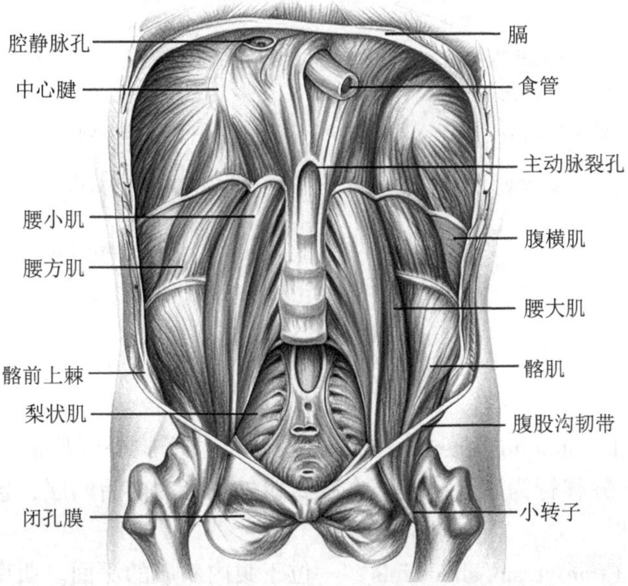

图 4-59　膈肌与腹后壁肌

膈肌是重要的呼吸肌。收缩时膈顶下降，胸腔容积增大，助吸气；舒张时膈顶升复原位，胸腔容积减小，助呼气。膈肌与腹肌联合收缩，能增加腹内压，协助排便、呕吐、咳嗽、打喷嚏及分娩等活动。

（四）腹肌

腹肌位于胸廓与骨盆之间，参与腹壁的构成，可分为前外侧群和后群两部分（图 4-57、图 4-59、图 4-60）。

1. 前外侧群　前外侧群肌构成腹腔的前外侧壁，包括腹直肌、腹外斜肌、腹内斜肌和腹横肌。

（1）腹直肌（rectus abdominis）　呈长带状，位于腹前壁正中线的两侧，被腹直肌鞘包裹。腹直肌全长被 3~4 条横行的腱划分隔成多个肌腹，腱划与腹直肌鞘前层结合紧密，不能分离。

（2）腹外斜肌（obliquus externus abdominis）　位于腹前外侧壁的最浅层，为一宽阔的扁肌。大部分肌束斜行向前下，至腹直肌外侧移行为腱膜，参与组成腹直肌鞘前层，终止于白线。腹外斜肌腱膜的下缘卷曲增厚，连于髂前上棘与耻骨结节之间，形成腹股沟韧带。在耻骨结节的外上方，腹外斜肌腱膜上有一略呈三角形的裂孔，称腹股沟管浅环。

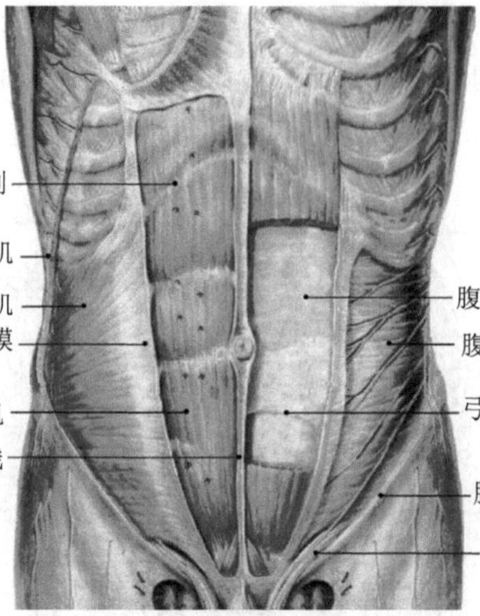

图 4-60　腹前外侧壁肌

（3）腹内斜肌（obliquus internus abdominis）　位于腹外斜肌的深面。大部分肌束呈扇形斜向内上，并移行为腱膜。腱膜在腹直肌外侧分为前后两层，包裹腹直肌，终止于白线。

（4）腹横肌（transversus abdominis）　位于腹内斜肌的深面。肌束横行向内移行为腱膜，参与腹直肌鞘后层的组成，终止于白线。在男性腹内斜肌和腹横肌的下部有少量肌束随精索降入阴囊，形成提睾肌。

腹前外侧群肌的作用是保护腹腔脏器，维持腹内压。收缩时，增加腹压，协助排便、咳嗽、呕吐及分娩等活动；使脊柱前屈、侧屈和旋转；降肋助呼气。

2. 后群　后群主要有腰大肌和腰方肌。腰大肌将在下肢肌中叙述。

腰方肌（quadratus lumborum）呈长方形，位于腹后壁，脊柱两侧，其作用是下降第 12 肋并使脊柱侧屈。

3. 腹肌形成的结构

（1）腹直肌鞘　包裹腹直肌的纤维性鞘状结构，由腹前外侧壁三层扁肌的腱膜构成，分前、后两层（图 4-60、图 4-61）。前层完整，由腹外斜肌腱膜和腹内斜肌腱膜的前层组成；后层由腹内斜肌腱膜的后层和腹横肌腱膜组成。鞘后层不完整，在脐下 4～5 cm 处以下，转至腹直肌的前面参与构成腹直肌鞘前层。腹直肌鞘后层的下缘游离呈弧形，称弓状线。

（2）白线　位于腹前壁正中线上，由两侧腹直肌鞘纤维交织而成（图 4-60、图 4-61），自剑突直达耻骨联合。白线结构坚韧而少血管，常为腹部手术入路。白线中部有一圆形的腱环称脐环，是腹壁的薄弱点，为脐疝的好发部位。

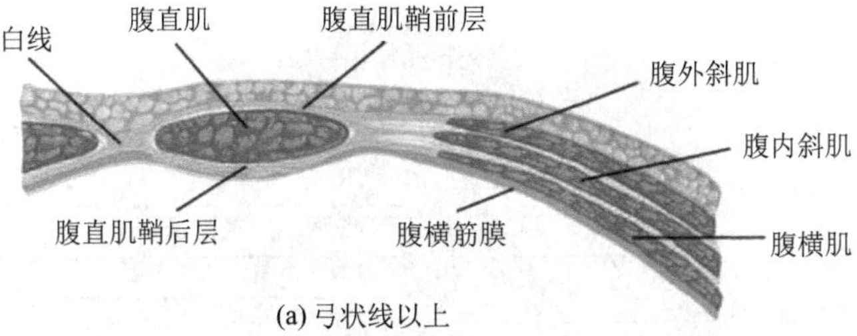

(a) 弓状线以上

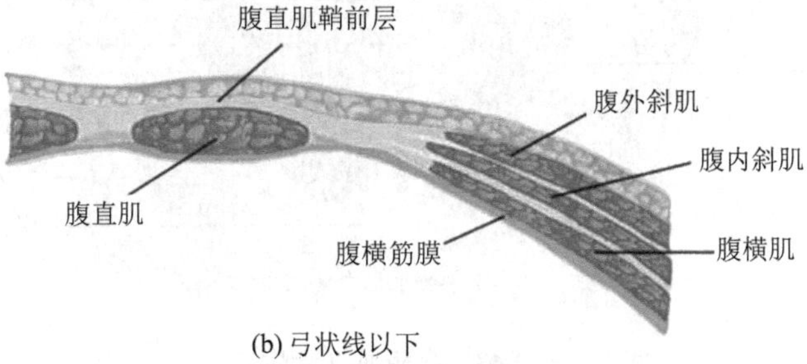

(b) 弓状线以下

图 4-61 腹直肌鞘

（3）腹股沟管 位于腹前外侧壁下部、腹股沟韧带（图 4-62）内侧半上方，为腹前外侧壁三层扁肌和腱之间的一斜行裂隙，长 4～5 cm。管的内口称腹股沟管深环（腹环），位于腹股沟韧带中点上方约 1.5 cm 处；外口称腹股沟管浅环（皮下环），位于耻骨结节外上方，为腹外斜肌腱膜形成的三角形裂孔。管内男性有精索通过，女性有子宫圆韧带通过。腹股沟管是腹壁下部的薄弱区，在病理情况下，腹腔内容物可由此突出，形成腹股沟斜疝。

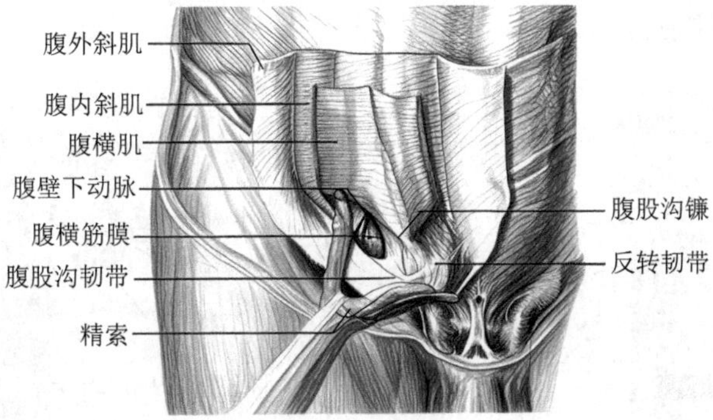

图 4-62 腹股沟管

（4）腹股沟三角 位于腹前壁的下部，内侧界是腹直肌的外侧缘，外侧界是腹壁下动脉，下界是腹股沟韧带。腹股沟三角也是腹壁的薄弱区和疝的易发部位。

（五）会阴肌

会阴肌指封闭小骨盆下口的肌群，主要有肛提肌、肛门外括约肌、会阴浅横肌、会阴深横肌、尿道括约肌（男性）或尿道阴道括约肌（女性）等（图 4-63）。

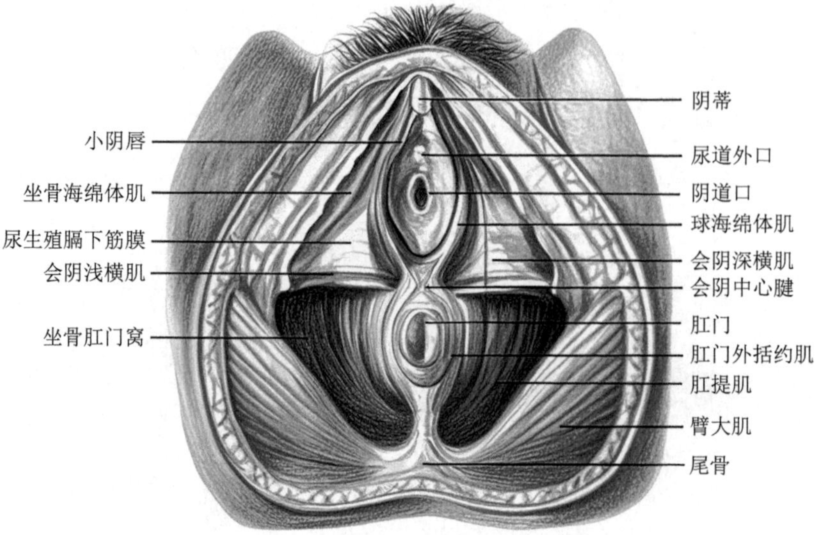

图 4-63　会阴肌（女性）

五、上肢肌

上肢肌数目多而细小，按部位分为肩肌、臂肌、前臂肌和手肌。

（一）肩肌

肩肌配布在肩关节周围，主要有三角肌、肩胛下肌、冈上肌、冈下肌等（图 4-64）。三角肌（deltoid）呈三角形，包绕肩关节，形成肩部的圆隆外形。三角肌主要作用是使肩关节外展。三角肌中部 1/3 肌束的上 2/3 部，肌质丰厚，且无重要的血管、神经经过，是临床上肌内注射常选部位。

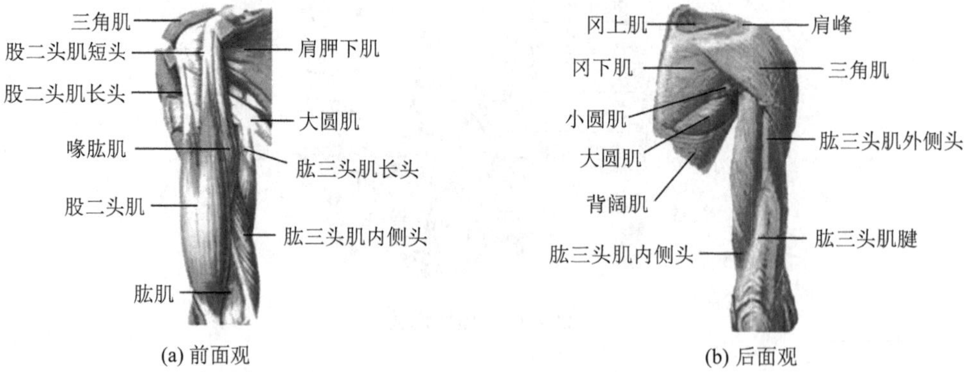

图 4-64　肩肌和臂肌

（二）臂肌

臂肌配布在肱骨周围，分前、后两群（图 4-64）。

1. 前群　有肱二头肌、喙肱肌和肱肌。

肱二头肌（biceps brachii）呈长梭形，位于臂前部的浅层，有长、短两头，长头起于肩胛骨的关节盂上方，短头起于肩胛骨的喙突，二头合为一个肌腹，经肘关节前面，以扁腱止于桡骨粗隆。其作用主要为屈肘关节，还可屈肩关节。喙肱肌在肱二头肌的后内方，作用是协助肩关节屈和内收。肱肌位于肱二头肌的下半部的深面，作用是屈肘关节。

2. 后群　有肱三头肌。

肱三头肌（triceps brachii）位于臂后部，有三个头，长头起于肩胛骨的关节盂下方，内、外侧头起于肱骨后面，三头合为一个肌腹，以扁腱止于尺骨鹰嘴。其作用主要为伸肘关节，长头还可使肩关节后伸。

（三）前臂肌

前臂肌数目较多，位于桡、尺骨周围，分前、后两群（图 4-65、图 4-66）。大多数前臂肌的肌腹位于前臂的近侧部，以细长的肌腱止于腕骨、掌骨或指骨。

1. 前群　共 9 块肌肉，分为浅、深两层。浅层肌 6 块，由桡侧向尺侧依次为肱桡肌、旋前圆肌、桡侧腕屈肌、掌长肌、指浅屈肌和尺侧腕屈肌；深层 3 块，拇长屈肌位于桡侧半，指深屈肌位于尺侧半，旋前方肌位于桡骨、尺骨远端的前面。前群肌的作用主要是屈腕、屈指和使前臂旋前。

2. 后群　共 10 块肌肉，分为浅、深两层。浅层肌 5 块，由桡侧向尺侧依次为桡侧腕长伸肌、桡侧腕短伸肌、指伸肌、小指伸肌和尺侧腕伸肌；深层肌 5 块，由上外向下内依次为旋后肌、拇长展肌、拇短伸肌、拇长伸肌和示指伸肌。前臂肌后群的作用主要是伸腕、伸指和使前臂旋后。

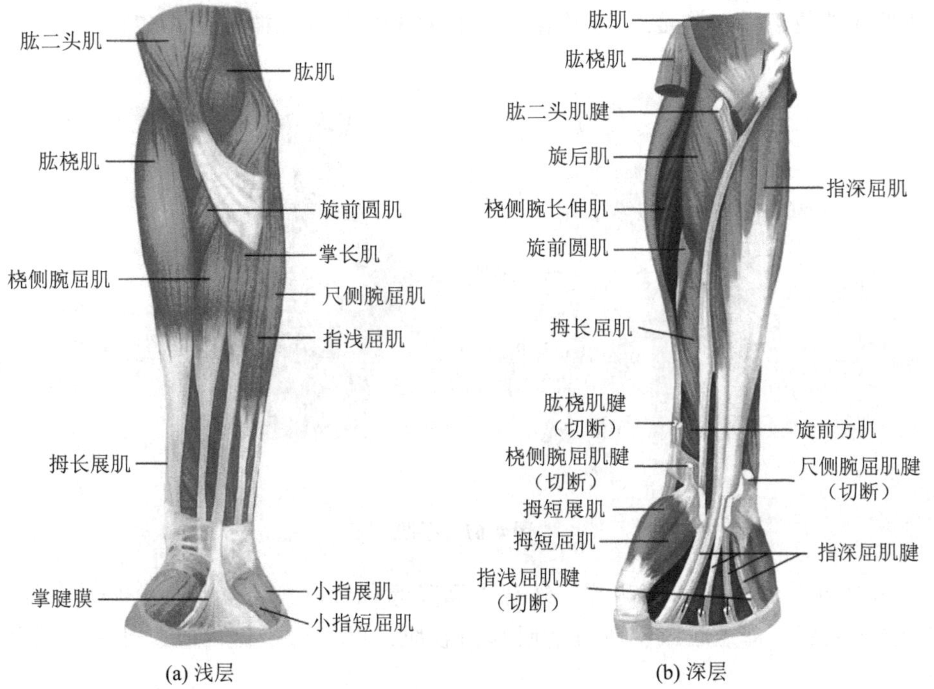

图 4-65　前臂肌前群

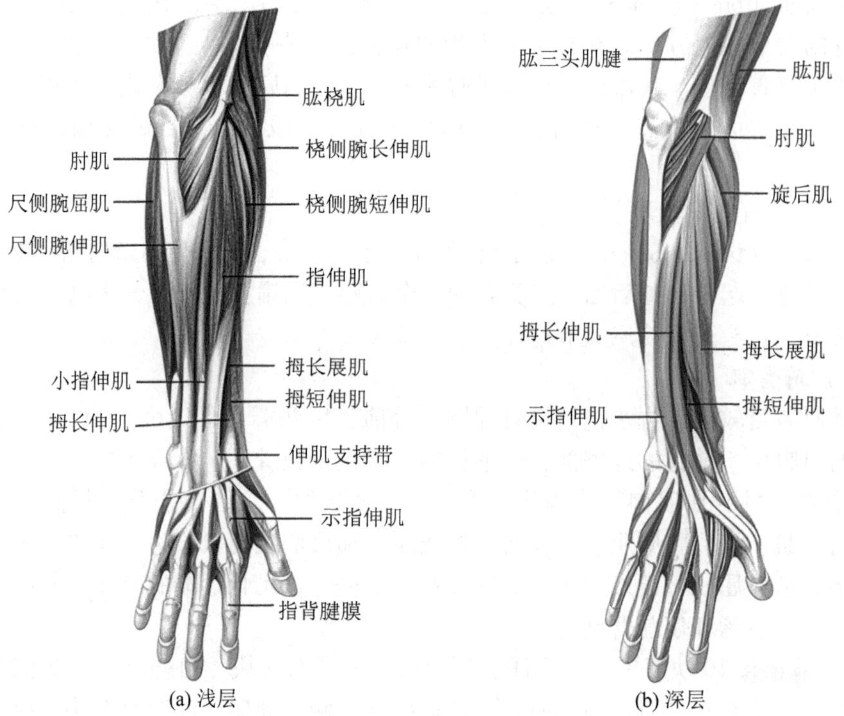

图 4-66　前臂肌后群

（四）手肌

手肌主要位于手的掌面，分外侧群、中间群和内侧群三群（图 4-67）。

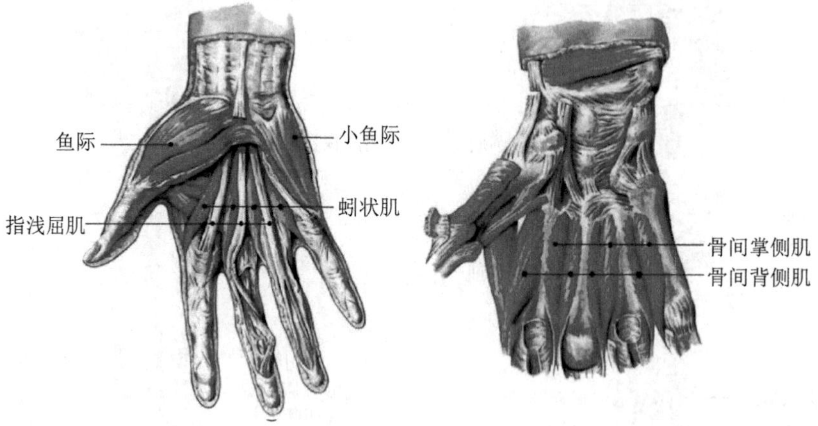

图 4-67　手肌

1. 外侧群　位于手掌外侧部，外观丰满隆起称鱼际，有 4 块肌，分浅、深两层，分别为拇短展肌、拇短屈肌、拇对掌肌和拇收肌，可使拇指做内收、外展、屈和对掌运动。

2. 中间群　位于掌心，由蚓状肌、骨间掌侧肌和骨间背侧肌构成，参与第 2～5 指的多种运动。

3. 内侧群　位于手掌内侧部，亦较丰满隆起称小鱼际，有 3 块，分别为小指展肌、小指短屈肌和小指对掌肌，主要作用是屈小指和使小指外展。

（五）上肢的局部结构

1. 腋窝　位于胸外侧壁和臂上部之间，是由肌围成的锥体形腔隙。腋窝内有大量的淋巴结、淋巴管和脂肪，并有神经、血管通过。

2. 肘窝　是位于肘关节前方的三角形浅窝。窝内有血管、神经和肱二头肌腱等通过。

六、下肢肌

下肢肌按部位分为髋肌、大腿肌、小腿肌和足肌。由于下肢功能主要是维持直立姿势、支持体重和行走，故下肢肌比上肢肌粗壮。

（一）髋肌

髋肌分布于髋关节的周围，可分前、后两群。

1. 前群　包括髂腰肌和阔筋膜张肌（图 4-59、图 4-68）。髂腰肌由髂肌和腰大肌结合而成，位于脊柱腰段的外侧和髋关节前方，收缩时可使髋关节前屈和旋外，下肢固定时，可前屈躯干。阔筋膜张肌起自髂前上棘，肌腹被包于两层阔筋膜之间，向下移行为髂胫束，可紧张阔筋膜并屈大腿。

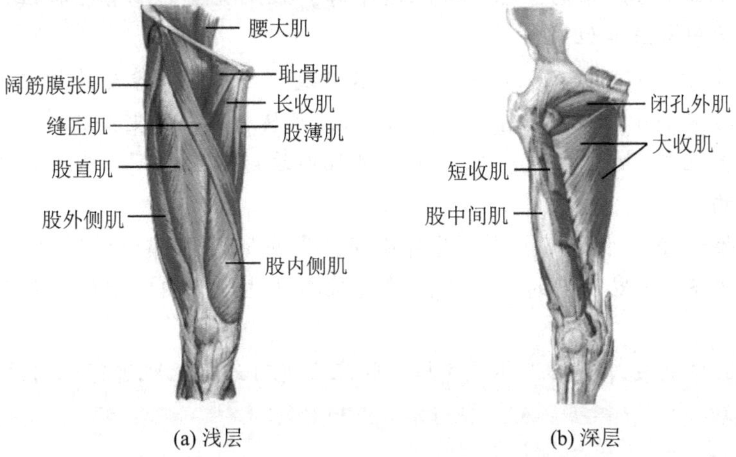

图 4-68　髋肌、大腿肌前群及内侧群

2. 后群　位于臀部（图 4-56、图 4-69）。浅层有臀大肌（gluteus maximus），起自髋骨和骶骨后面，肌束粗大，斜向外下方，止于股骨上部后面，收缩时可使大腿后伸并旋外。臀大肌位置表浅，略呈四边形，肌质厚实，外上 1/4 部无重要的神经和血管通过，为肌内注射最常选部位。深层有臀中肌、臀小肌和梨状肌等。

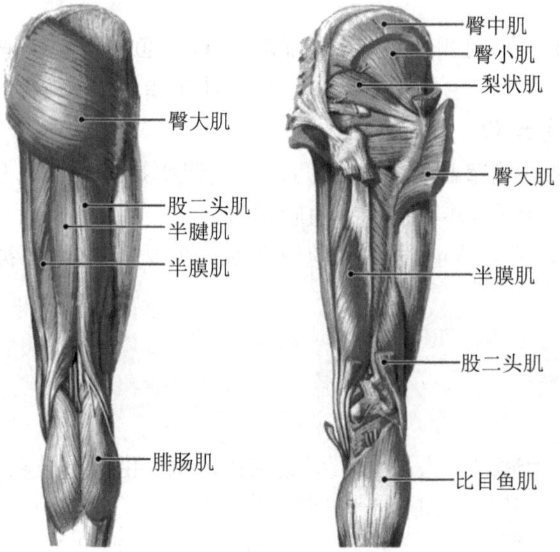

图 4-69　髋肌和大腿肌后群

链 接

肌内注射的部位

三角肌中部 1/3 肌束的上 2/3 部肌质丰厚，且无重要的血管、神经经过，是临床上肌内注射常选部位。

臀大肌外上 1/4 部（在骶骨尖处引一水平线，自髂后上棘与脊柱之间的中点作一垂直线与水平线相交，将臀部分为四区），肌质肥厚，无重要的神经和血管通过，是临床上肌内注射最常选部位。臀大肌肌内注射不应偏下偏内，以免损伤坐骨神经等结构。

臀中肌位于臀部外上部，深面是臀小肌。臀中肌后下部位于臀大肌的深面，前上部位于皮下。2 岁以下的婴幼儿因臀大肌不发达，肌内注射时宜选用臀中肌与臀小肌。

股四头肌中的股外侧肌肌部较宽厚，临床上也可选择此肌进行肌内注射。

（二）大腿肌

大腿肌位于股骨周围，分为前群、后群和内侧群（图 4-68、图 4-69）。

1. 前群　有缝匠肌和股四头肌。缝匠肌（sartorius）自髂前上棘斜向内下方，止于胫骨上部的内侧，可屈髋关节和膝关节。股四头肌（quadriceps femoris）位于大腿前面，是全身最大的肌，有四个头，即股内侧肌、股外侧肌、股直肌和股中间肌，四个头向下形成一条肌腱，包绕髌骨，向下续为髌韧带，止于胫骨粗隆。股四头肌能屈髋关节、伸膝关节。

2. 内侧群　位于股内侧部，共有 5 块肌，主要有长收肌等，可内收髋关节。

3. 后群　主要有股二头肌，此外还有半腱肌和半膜肌等，能伸髋关节、屈膝关节。

（三）小腿肌

小腿肌位于腓骨和胫骨周围，分前群、后群和外侧群（图 4-70、图 4-71）。

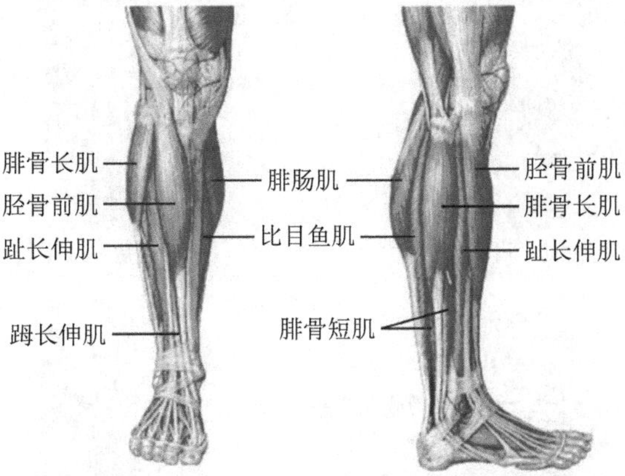

(a) 前面观　　(b) 外侧面观

图 4-70　小腿肌前群及外侧群

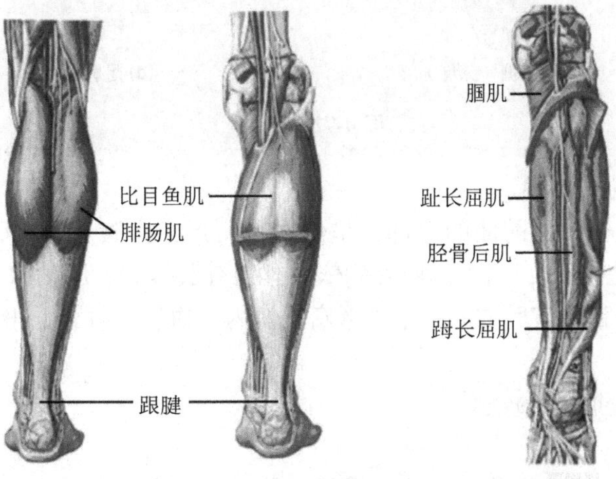

(a) 浅层　　(b) 深层

图 4-71　小腿肌后群

1. 前群　主要有胫骨前肌、趾长伸肌等。胫骨前肌能伸距小腿关节（背屈），使足内翻。

2. 后群　主要有小腿三头肌、胫骨后肌、趾长屈肌等。小腿三头肌（triceps surae）由浅部的腓肠肌和深部的比目鱼肌构成，肌腹形成小腿后方的膨隆外形，向下以粗大的跟腱止于跟骨，主要作用是屈距小腿关节和屈膝关节。胫骨后肌能屈距小腿关节，使足内翻。

3. 外侧群　有腓骨长肌和腓骨短肌，能屈距小腿关节（跖屈），使足外翻。

（四）足肌

足肌位于足部，分足背肌和足底肌（图 4-72）。足肌有运动足趾、维持足弓等作用。

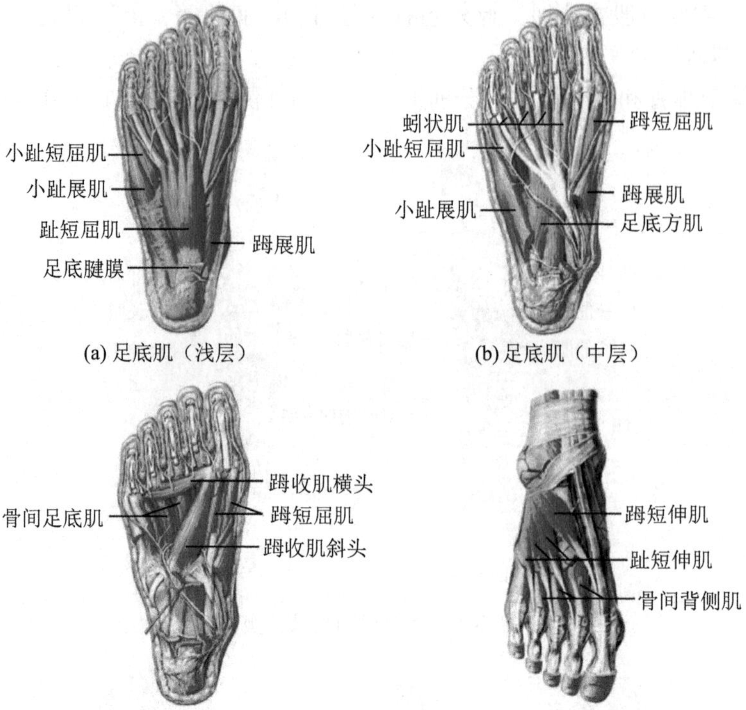

(a) 足底肌（浅层） (b) 足底肌（中层）

(c) 足底肌（深层） (d) 足背肌

图 4-72 足肌

（五）下肢的局部结构

1\. 股三角 位于大腿前面的上部，呈倒置三角形，由腹股沟韧带、缝匠肌和长收肌内侧缘围成。股三角内，由内侧向外侧依次排列有股静脉、股动脉和股神经。

2\. 腘窝 位于膝关节后方的一个菱形窝，窝内有血管、神经、淋巴结和脂肪等。

七、体表重要的肌性标志

全身重要的肌性标志主要有咬肌、颞肌、胸锁乳突肌、竖脊肌、胸大肌、腹直肌、三角肌、肱二头肌、肱三头肌、臀大肌、股四头肌、小腿三头肌等。

检测题

一、名词解释

1\. 胸骨角 2. 翼点 3. 界线 4. 腹股沟韧带

二、简答题

1\. 简述椎骨间的连结。

2\. 简述膈肌的形态结构。

（万爱军）

第五章

消化系统

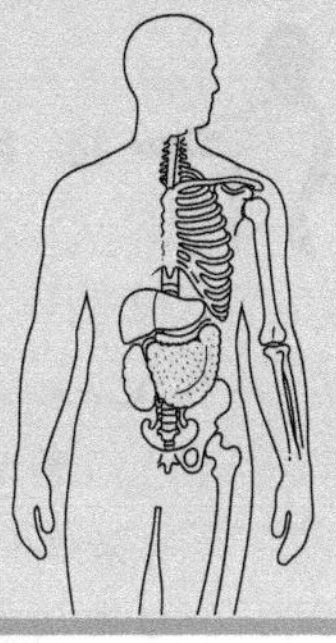

学习目标

1. 知识目标

（1）掌握：消化系统的组成；上消化道和下消化道的概念；咽的位置、分部和交通；食管的狭窄；胃、十二指肠的位置、形态和分部；结肠的组成和结构特点；直肠和肛管的位置、形态结构；肝的形态和位置；肝小叶的微细结构；咽峡、齿状线、门管区的概念；阑尾根部和胆囊底的体表投影。

（2）熟悉：消化管壁的一般结构；牙的形态、结构；大唾液腺的位置及导管开口；胃、小肠的微细结构；胆汁的产生及其排出途径；胰的位置和分部。

（3）了解：胸部标志线和腹部分区；食管、胰的微细结构。

2. 能力目标

（1）能在标本、模型或 3D 解剖软件上辨认消化系统各器官的形态结构，能演示食物（或食物残渣）在消化管内运行的途径；能辨识胃置管术、灌肠术等操作的有关解剖结构。

（2）能辨识光学显微镜下胃、空肠、肝的微细结构。

（3）能理解牙的结构以及胃溃疡、痔疮、肝硬化等常见疾病的解剖学基础，能结合“全国爱牙日”“世界口腔健康日”“世界肠道健康日”“全国爱肝日”“全民营养周”等进行健康口腔等健康知识的宣传教育。

3. 素质目标

（1）学习与“食管的狭窄”“直肠的弯曲”等有关的临床操作的解剖结构，培养关爱患者、恪尽职守、爱岗敬业等职业素养，树立遵守职业道德准则、遵守护理岗位技术规范等意识。

（2）参加标本、模型小组学习和临床案例小组讨论，培养良好的语言表达能力、沟通合作能力，增强集体意识和团队合作意识。

（3）树立科学的健康观、疾病观和生命观，养成“吃动平衡、健康体重”等科学的生活方式和行为习惯；树立运用所学知识进行健康宣教的意识，助力健康中国建设。

案例5

患者，男，46岁。因“进食高脂肪午餐2小时后，突发右上腹绞痛，疼痛向右肩部放射”，急诊入院。体格检查：右上腹部压痛、反跳痛，墨菲征阳性。B超检查提示：胆囊体积明显增大，并见结石阴影。临床诊断：胆囊结石，急性胆囊炎。

任务： 1. 简述胆囊的位置及胆囊的分部。

2. 简述消化系统的组成。

第一节 概 述

一、消化系统的组成和功能

消化系统（alimentary system）由消化管和消化腺组成（图5-1），主要功能是摄取并消化食物，吸收营养，将食物残渣形成粪便排出体外。

1. 消化管（alimentary canal） 从口腔至肛门的管道，可分为口腔、咽、食管、胃、小肠（十二指肠、空肠和回肠）和大肠（盲肠、阑尾、结肠、直肠和肛管）。临床上通常把从口腔至十二指肠的这部分管道称上消化道；空肠以下的部分称下消化道。

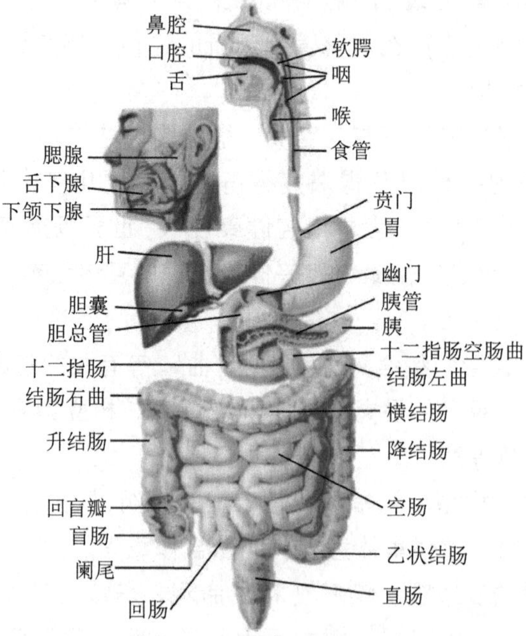

图5-1 消化系统模式图

2. 消化腺（alimentary gland） 包括大消化腺和小消化腺，分泌的消化液参与食物的消化。大消化腺是独立的消化器官，如大唾液腺、肝和胰。小消化腺是分布于消化管壁内的小腺体，如食管腺、胃腺和肠腺等。

二、胸部标志线和腹部分区

为便于描述胸、腹腔内各器官的正常位置和体表投影，同时方便临床诊疗及护理工作的施行，通常在胸、腹部体表确定若干标志线，并将腹部分为若干区（图 5-2）。

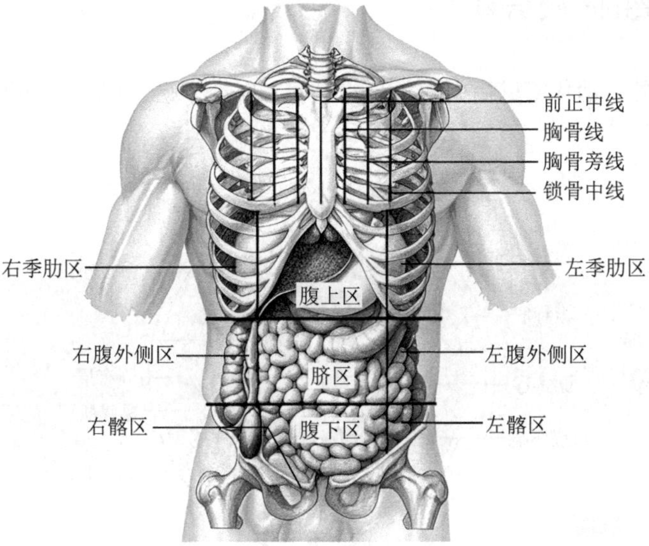

图 5-2 胸部标志线和腹部分区

（一）胸部标志线

1. 前正中线 沿身体前面正中所作的垂线。
2. 胸骨线 经胸骨最宽处的外侧缘作的垂线。
3. 锁骨中线 经锁骨中点所作的垂线。
4. 胸骨旁线 经胸骨线与锁骨中线连线的中点所作的垂线。
5. 腋前线 通过腋前襞向下所作的垂线。
6. 腋中线 沿腋前、后线的中点所作的垂线。
7. 腋后线 通过腋后襞所作的垂线。
8. 肩胛线 通过肩胛骨下角所作的垂线。
9. 后正中线 沿身体后面正中所作的垂线。

（二）腹部分区

1. 四分法 临床工作中常以脐为中心作水平面和矢状面，将腹部分为左上腹、左下腹、右上腹、右下腹 4 个区。

2. 九分法 通过左、右肋弓最低点作肋下平面，通过左、右髂结节作结节间水平面，再通过左、右腹股沟韧带中点作两个矢状面，将腹部分成左季肋区、腹上区、右季肋区、左腹外侧区（左腰区）、脐区、右腹外侧区（右腰区）、左腹股沟区（左髂区）、腹下区、右腹股沟区（右髂区）9个区。

第二节　消化管

一、消化管壁的一般结构

除口腔与咽外，消化管壁由内向外分为黏膜、黏膜下层、肌层和外膜4层（图5-3）。

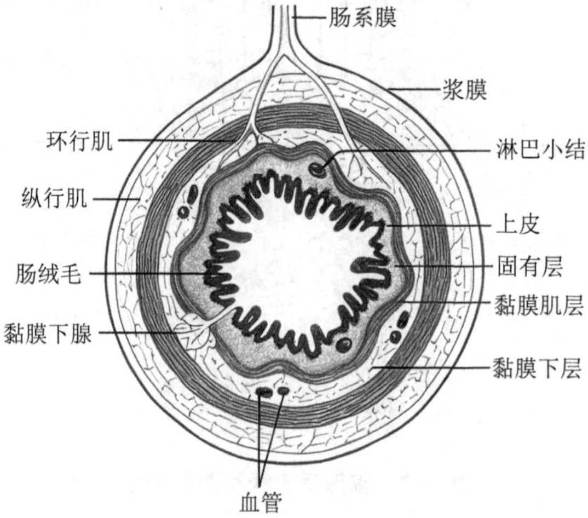

图5-3　消化管壁一般结构模式图

（一）黏膜

黏膜位于消化管壁的最内层，由上皮、固有层和黏膜肌层构成。

1. 上皮　衬于黏膜的表面。口腔、咽、食管和肛管下部的上皮为非角化的复层扁平上皮，耐摩擦，具有保护功能；其余部分为单层柱状上皮，以消化吸收功能为主。

2. 固有层　位于上皮深面，由结缔组织构成，含有血管、神经、淋巴管和淋巴组织。胃、肠固有层内还含有腺体，开口于上皮。

3. 黏膜肌层　为薄层平滑肌，其收缩可以改变黏膜的形态，促进腺体的分泌、血液和淋巴的运行，有利于物质的吸收和转运。

（二）黏膜下层

黏膜下层由疏松结缔组织构成，内含小动脉、小静脉、淋巴管和神经丛。食管的黏膜下层含有食管腺。

在消化管的某些部位，黏膜和部分黏膜下层共同突向管腔，形成纵行或环行的皱襞，以扩大黏膜的表面积。

（三）肌层

除食管上段的肌层与肛门外括约肌为骨骼肌，其余大部分为平滑肌。肌层一般分为内环行、外纵行两层，两层之间有肌间神经丛。

（四）外膜

外膜是消化管壁的最外层。咽、食管和大肠末段的外膜为纤维膜，由薄层结缔组织构成；胃、小肠和大肠的大部分外膜为浆膜。浆膜由薄层结缔组织及表面的间皮构成，间皮表面光滑湿润，有利于胃肠的运动。

二、口腔

口腔（oral cavity）是消化管的起始部，前借口裂与外界相通，后经咽峡与咽相续（图 5-4）。口腔的前壁为上、下唇，侧壁为颊，上壁为腭，下壁为口腔底。口腔借上、下牙弓和牙龈分为口腔前庭和固有口腔。当上、下颌牙咬合时，口腔前庭和固有口腔可借上、下第 3 磨牙后方的间隙相通，临床上对牙关紧闭的患者，可经此间隙插管或注入营养物质。

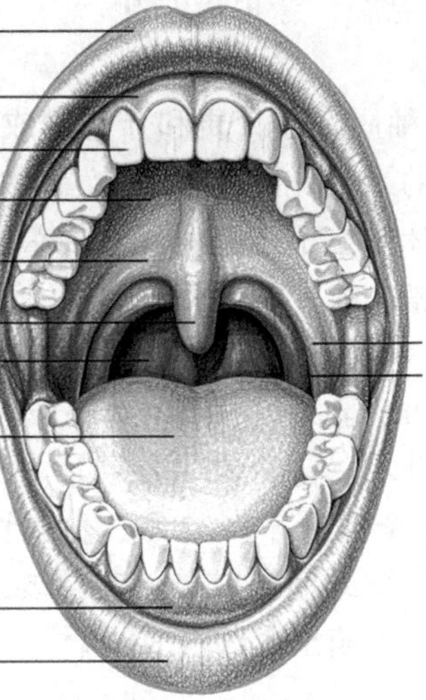

图 5-4 口腔及咽峡

（一）口唇

口唇（oral lip）分为上唇和下唇。上、下唇围成口裂，口裂的两端称为口角。上唇外表面正中线处有一纵行浅沟称人中，上唇的外面两侧与颊交界处的斜形浅沟称鼻唇沟。

（二）颊

颊（cheek）为口腔的两侧壁，由皮肤、颊肌和颊黏膜构成。在上颌第 2 磨牙牙冠相对的颊黏膜上有腮腺管乳头，其上有腮腺管的开口。

（三）腭

腭（palate）是口腔的上壁，分隔鼻腔与口腔。腭分硬腭和软腭两部分，前 2/3 部主要由骨腭表面覆以黏膜构成，称硬腭；后1/3部由肌、腱膜和黏膜等构成，称软腭（图5-4）。软腭的前份呈水平位，后份斜向后下称腭帆。腭帆后缘游离，其中部有一向下的突起称腭垂。自腭垂两侧向下各有两条弓形黏膜皱襞：前方的一对延伸至舌根的外侧，称腭舌弓；后方的一对延伸至咽侧壁，称腭咽弓。腭垂、两侧腭舌弓和舌根共同围成咽峡，是口腔与咽的分界处。

（四）牙

牙（teeth）为人体最坚硬的器官，嵌于上、下颌骨的牙槽内（图5-4），有咀嚼食物和辅助发音等功能。

1. 牙的形态　牙分为牙冠、牙根和牙颈3部分（图5-5）。暴露于口腔的部分为牙冠；嵌入牙槽内的部分为牙根；牙冠与牙根之间的部分为牙颈，通常被牙龈所包绕。牙冠和牙颈内部的腔隙较宽阔，称牙冠腔。牙根内的细管称牙根管，此管开口于牙根尖端的牙根尖孔。牙的血管和神经通过牙根尖孔和牙根管进入牙冠腔。牙根管与牙冠腔合称牙腔，其内容纳牙髓。

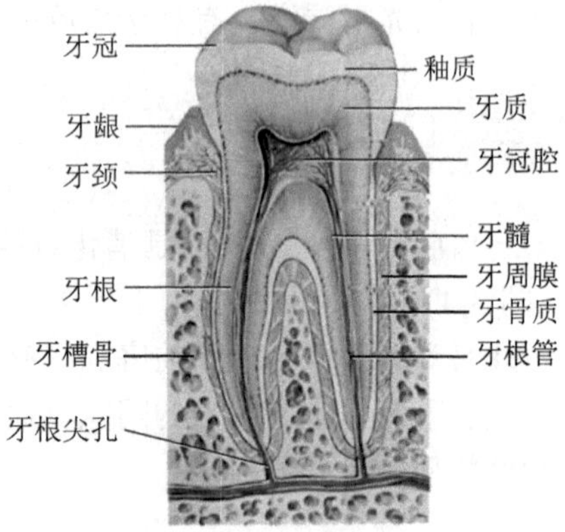

图5-5　牙的形态与构造

2. 牙的构造　牙由牙质、釉质、牙骨质和牙髓构成（图5-5）。牙质构成牙的大部分，位于牙的内部。在牙冠部的牙质外面覆有釉质，其为人体内最坚硬的物质。在牙颈和牙根的牙质外包有牙骨质。牙髓位于牙腔内，由结缔组织、神经、血管等组成。由于牙髓内含有丰富的感觉神经末梢，故牙髓发炎时，可引起剧烈的疼痛。

3. 牙的种类和排列　人的一生先后萌出两组牙，第一组称乳牙（deciduous teeth），第二组称恒牙（permanent teeth）。乳牙（图5-6）一般在出生后6个月开始萌出，3岁左右出齐，共20颗，分为乳切牙、乳尖牙和乳磨牙。6岁左右，乳牙开始陆续脱落，恒牙（图5-7）相继萌出。恒牙全部出齐共32颗，分为切牙、尖牙、前磨牙和磨牙。14岁左右恒牙基本出齐，只有第3磨牙萌出较晚，有的要迟至28岁或更晚，故第3磨牙又称迟牙或智牙。第3磨牙终生不萌出者约占30%。

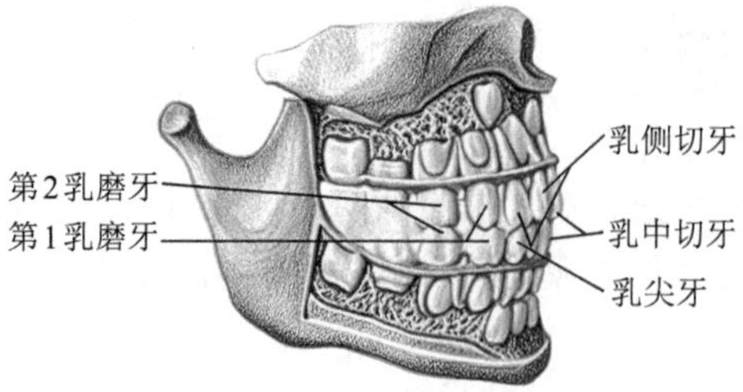

图5-6　乳牙

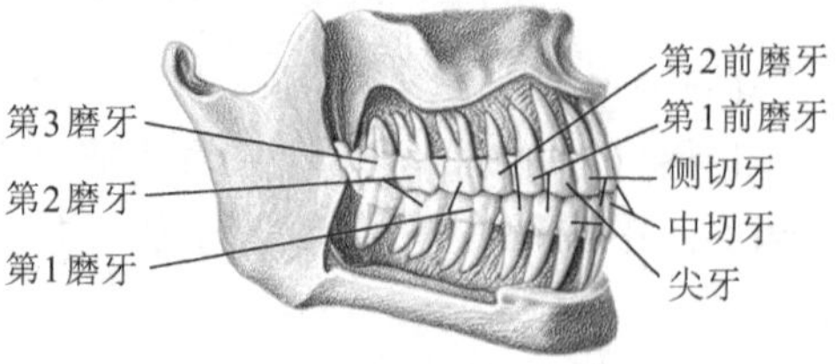

图5-7　恒牙

临床上，为了便于记录牙的位置，常以被检查者方位为准，用“+”记号将上、下颌牙弓分成4个区，以罗马数字Ⅰ～Ⅴ表示乳牙，以阿拉伯数字1～8表示恒牙

（图 5-8）。例如：“⌊Ⅳ” 表示左上颌第 1 乳磨牙；“7⌉” 表示右下颌第 2 磨牙。

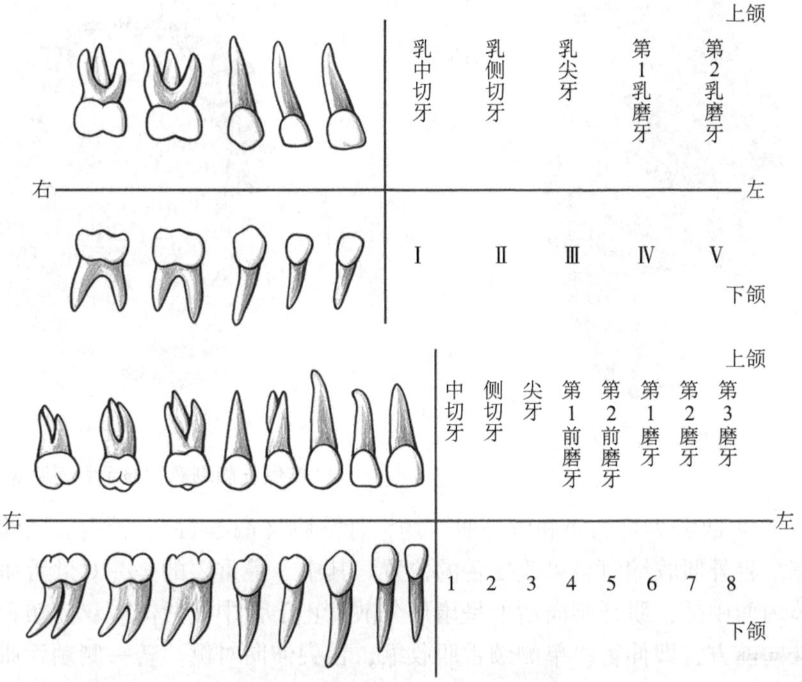

图 5-8　牙的分类、名称及排列

4. 牙周组织　包括牙槽骨、牙周膜和牙龈 3 个部分（图 5-5），对牙起支持、固定和保护作用。牙槽骨即构成牙槽的骨质。牙周膜是介于牙根与牙槽骨之间的致密结缔组织膜，有固定牙根、缓冲咀嚼时压力的功能。牙龈是口腔黏膜的一部分，紧贴于牙颈周围及邻近的牙槽骨上，血管丰富，呈淡红色，坚韧而有弹性。

（五）舌

舌（tongue）位于口腔底，由舌肌被覆黏膜构成，有协助咀嚼、吞咽、感受味觉和发音等功能。

1. 舌的形态　舌分为前 2/3 的舌体和后 1/3 的舌根两部分，舌体的前端称舌尖。舌的上面称舌背。

2. 舌黏膜　舌背的黏膜呈淡红色，可见许多细小突起，称舌乳头（图 5-9）。舌乳头可分为丝状乳头、菌状乳头、叶状乳头和轮廓乳头 4 种。丝状乳头司一般感觉，无味觉功能。除丝状乳头外，其他乳头均含有味蕾。味蕾为味觉感受器，具有感受酸、甜、苦、咸等味觉的功能。在舌根背面的黏膜内，淋巴组织构成许多大小不等的突起，称舌扁桃体。

舌下面的黏膜在正中线上有一舌系带，向下连于口腔底。舌系带根部两侧的黏膜隆起称舌下阜，其外侧的斜行黏膜皱襞称舌下襞（图 5-10）。

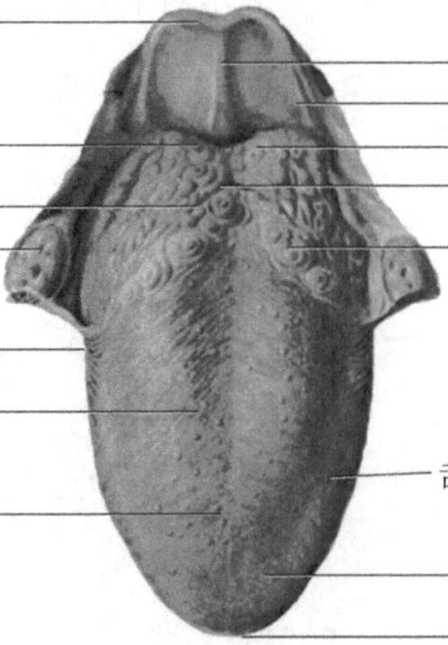

图 5-9 舌（背面）

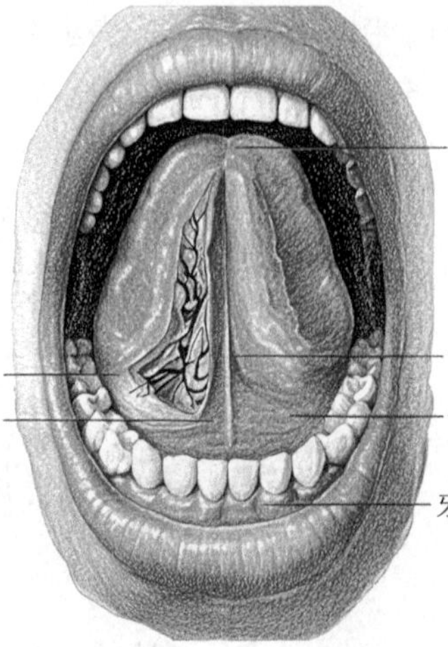

图 5-10 舌下面
（右侧黏膜剥离，显示舌下腺等结构）

3. 舌肌　舌肌分为舌内肌和舌外肌，均为骨骼肌（图 5-11）。舌内肌收缩时，可改变舌的形态。舌外肌收缩时，可改变舌的位置。其中，最重要的是一对颏舌肌。颏舌肌起自下颌体内面中部，肌纤维向后上呈扇形分散，止于舌中线两侧。双侧颏舌肌同时收缩，舌尖伸向前方，即伸舌；单侧颏舌肌收缩，舌尖伸向对侧。若一侧颏舌肌瘫痪，患者伸舌时舌尖偏向瘫痪侧。

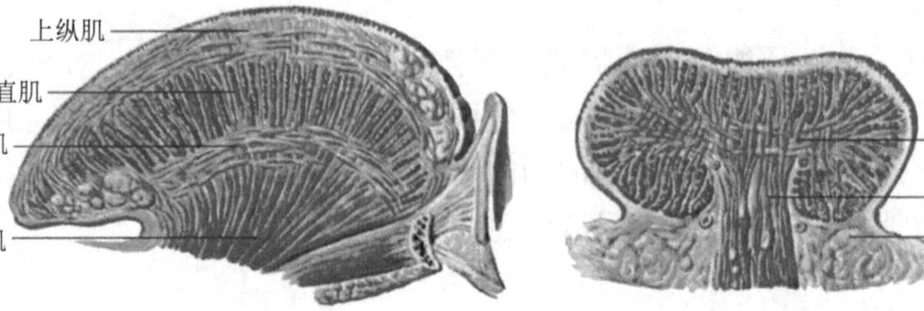

(a) 矢状切面　　(b) 冠状切面

图 5-11 舌肌

（六）口腔腺

口腔腺位于口腔周围，分泌唾液，起清洁口腔和初步消化食物的功能。口腔腺包括腮腺、下颌下腺、舌下腺 3 对大唾液腺和许多小唾液腺（图 5-12）。

1. 腮腺（parotid gland）　位于外耳道的前下方，略呈三角形，是最大的一对唾液腺。腮腺管从腮腺的前缘发出，在颧弓下方一横指处沿咬肌表面前行，至咬肌前缘处弯向内侧，穿过颊

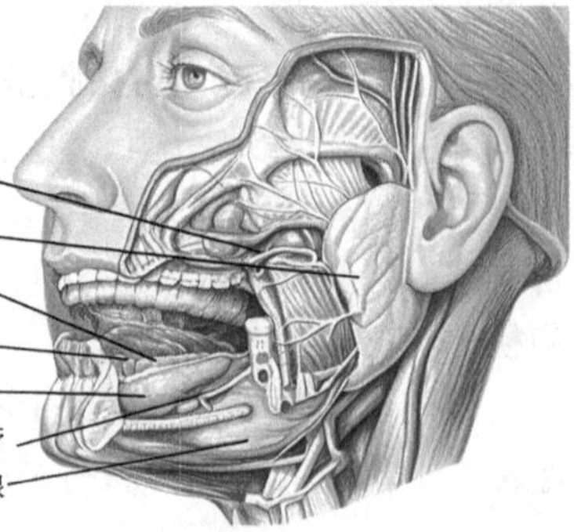

图 5-12 口腔腺

肌，开口于平对上颌第2磨牙的颊黏膜上的腮腺管乳头。

2. 下颌下腺（submandibular gland）　呈卵圆形，位于下颌体的内面，下颌下腺管开口于舌下阜。

3. 舌下腺（sublingual gland）　位于舌下襞黏膜的深面，舌下腺大管开口于舌下阜，舌下腺小管开口于舌下襞（图5-10）。

三、咽

咽（pharynx）是消化管与呼吸道的共同通道，位于第1~6颈椎的前方，上端起于颅底，下至第6颈椎下缘平面与食管相续。咽是肌性管道，上宽下窄，呈前后略扁的漏斗状，长约12 cm，前壁不完整，自上向下分别与鼻腔、口腔、喉腔相通。咽以腭帆游离缘和会厌上缘平面为界，分为鼻咽、口咽和喉咽3个部分（图5-13）。

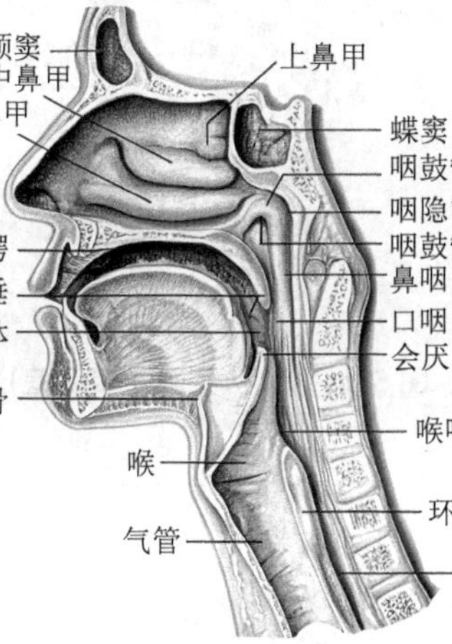

图5-13　头颈部矢状切面

（一）鼻咽

鼻咽位于鼻腔后方，上达颅底，下至腭帆游离缘平面续口咽部，向前经鼻后孔通鼻腔。鼻咽部侧壁上，在下鼻甲后方约1 cm处，有咽鼓管咽口。咽腔经咽鼓管咽口通过咽鼓管与中耳鼓室相通。咽鼓管咽口的前、上、后方的弧形隆起称咽鼓管圆枕，它是寻找咽鼓管咽口的标志。咽鼓管圆枕后方与咽后壁之间的纵行深窝称咽隐窝，是鼻咽癌的好发部位。鼻咽后上壁黏膜内含丰富的淋巴组织，称咽扁桃体，幼儿较发达，约至10岁后完全退化。

（二）口咽

口咽位于腭帆游离缘和会厌上缘平面之间，向前经咽峡通口腔。口咽部侧壁上，腭舌弓与腭咽弓之间的凹窝称扁桃体窝，窝内有腭扁桃体。腭扁桃体是淋巴器官，呈椭圆形。

咽扁桃体、腭扁桃体和舌扁桃体等共同构成咽淋巴环，具有防御功能。

（三）喉咽

喉咽上起会厌上缘平面，下至第 6 颈椎体下缘平面与食管相续。喉咽部的前壁有喉口与喉腔相通。在喉口两侧各有一深凹，称梨状隐窝，是异物容易滞留的部位（图 5-14）。

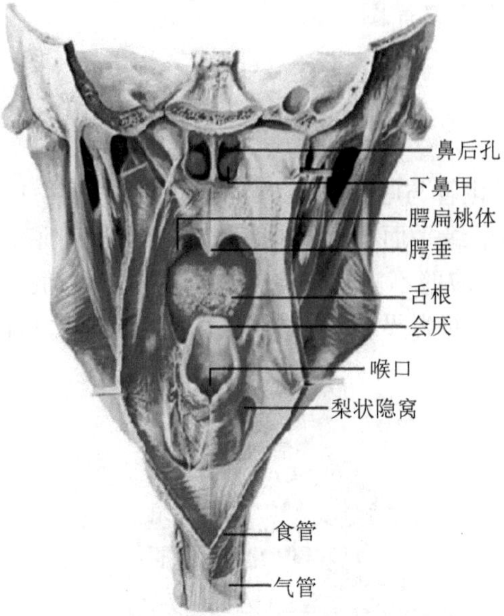

图 5-14　喉腔（切开咽后壁）

四、食管

（一）食管的位置和分部

食管（esophagus）为一前后略扁的肌性管状器官，食管上端在第 6 颈椎体下缘与咽相接，向下沿脊柱前方下行，经胸廓上口入胸腔，穿过膈的食管裂孔入腹腔，末端在第 11 胸椎体的左侧与胃的贲门相连（图 5-15）。食管全长约 25 cm，按行程可分为颈部、胸部和腹部。食管颈部较短，长约 5 cm，位于颈椎之前，气管之后，两侧有颈部的大血管。

（二）食管的狭窄

食管全长有 3 处生理性狭窄（图 5-15），第 1 狭窄位于食管起始处，距中切牙约 15 cm；第 2 狭窄位于左主支气管的后方与其交叉处，距中切牙约 25 cm；第 3 狭窄位于食管通过膈的食管裂孔处，距中切牙约 40 cm。这些狭窄是食管容易滞留异物的部位，也是食管癌的好发部位。临床上进行食管内插管时，要注意食管狭窄的位置，以防损伤食管壁。

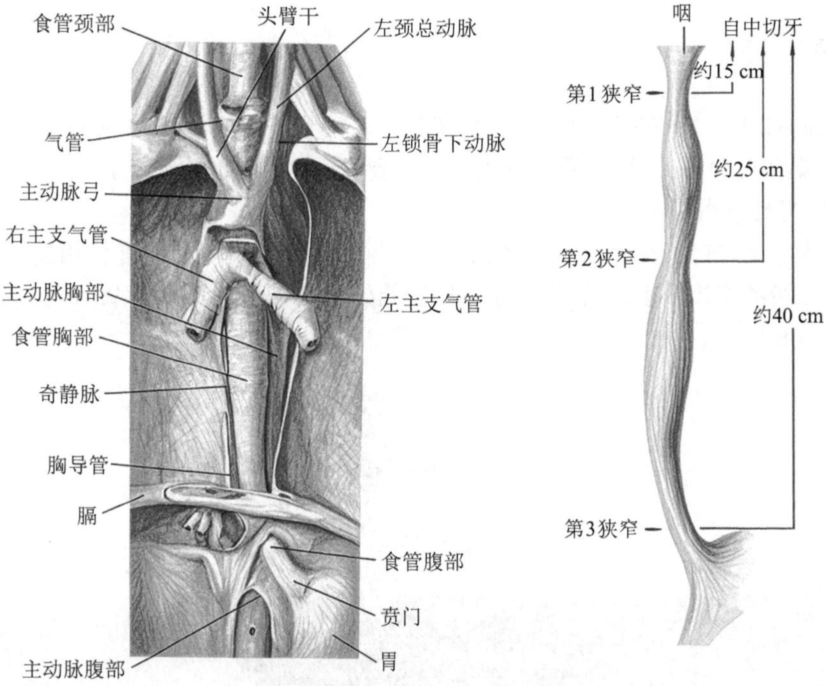

图 5-15 食管位置及 3 个狭窄

（三）食管的微细结构特点

食管腔面有 7~10 条纵行黏膜皱襞，当食物通过时，管腔扩大，皱襞消失。食管壁由内而外依次为黏膜上皮、黏膜下层肌层和外膜。其中，黏膜上皮为复层扁平上皮，有保护作用；黏膜下层内含有大量食管腺，分泌黏液润滑食管，有利于食团下行；管壁肌层，上 1/3 段为骨骼肌，中 1/3 段由骨骼肌和平滑肌混合组成，下 1/3 段为平滑肌；外膜为纤维膜。

链 接

胃置管术

胃置管术是一项常用的护理操作技术，用于洗胃、鼻饲、抽取胃液等。该操作将胃管由口腔或鼻腔插入，经咽、食管进入胃内。经鼻腔插胃管时，应注意鼻中隔前下部是易出血区，胃管插入 14~16 cm（咽喉部）时，嘱患者做吞咽动作，以使胃管易进入并通过食管；成人插管的长度为 45~55 cm，相当于由前额发际到胸骨剑突处，或由耳垂经鼻尖到胸骨剑突处的距离。

五、胃

胃（stomach）是消化管中最膨大的部分，上接食管，下续十二指肠（图 5-1）。成人胃的容量约 1500 mL。胃能受纳食物、分泌胃液和初步消化食物，还有内分泌功能。

（一）胃的形态和分部

胃有入、出二口，大、小二弯和前、后二壁。入口称贲门，与食管相连；出口称幽门，与十二指肠相接。上缘称胃小弯，其最低处称角切迹；下缘称胃大弯（图 5-16）。两壁即前壁和后壁。

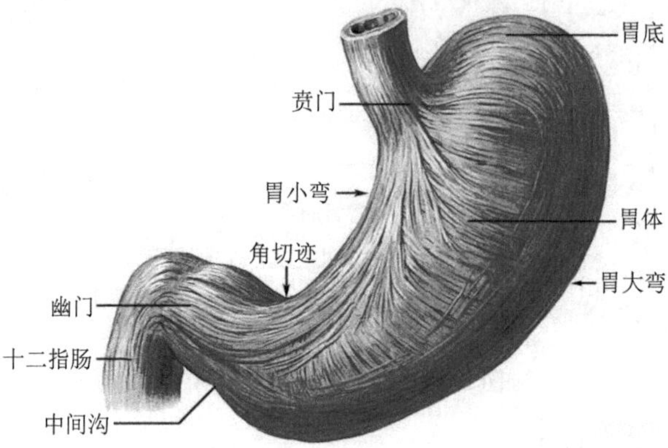

图 5-16　胃的形态和分部模式图

胃可分为四部分。其中，位于贲门附近的部分，称贲门部；高出贲门平面以上的部分，称胃底；胃底向下与角切迹之间的部分，称胃体；角切迹与幽门之间的部分，称幽门部。幽门部又可分为左侧的幽门窦和右侧的幽门管。幽门窦通常位于胃的最低部，胃溃疡和胃癌多发生于胃的幽门窦近胃小弯处。

（二）胃的位置和毗邻

胃的位置常因体型、体位及胃的充盈程度不同而有较大变化。通常胃在中等程度充盈时，大部分位于左季肋区，小部分位于腹上区。胃的贲门和幽门的位置比较固定，贲门位于第 11 胸椎体左侧，幽门约在第 1 腰椎体右侧。胃前壁右侧部与肝左叶和方叶相邻，左侧部与膈相邻，为左肋弓所掩盖，中间部分于剑突下方与腹前壁直接相贴，是临床上触诊胃的部位。胃后壁与胰、横结肠、左肾上部和左肾上腺相邻，胃底则与膈和脾相邻。

（三）胃壁的微细结构特点

胃壁由内向外分为黏膜、黏膜下层、肌层和浆膜 4 层。胃壁的微细结构特点主要体现在黏膜和肌层。

1. 黏膜　胃空虚或半充盈时，胃的腔面有许多皱襞。黏膜表面有许多形状不规则的小凹陷，称胃小凹（图 5-17）。每个胃小凹底部与 3~5 条腺体通连。

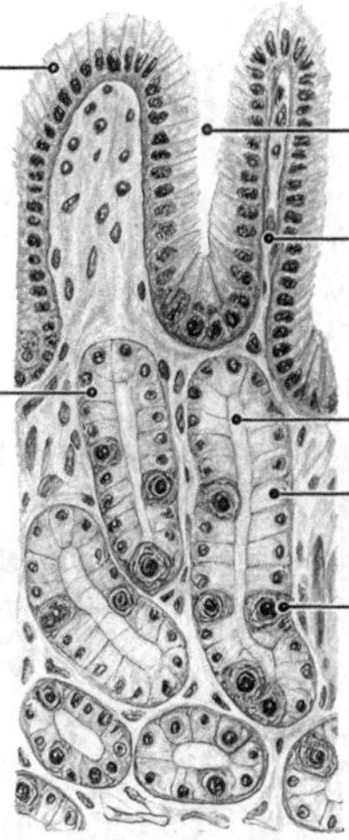

图 5-17　胃底腺微细结构

（1）上皮　为单层柱状上皮，无杯状细胞，主要由表面黏液细胞组成。表面黏液细胞能分泌黏液，与胃腺分泌的黏液一起在胃黏膜表面形成一层保护性的黏液层。黏液在黏膜表面起润滑作用，能减少粗糙食物对胃黏膜的机械损伤，参与构成黏液-碳酸氢盐屏障，能有效地保护胃黏膜免受胃内盐酸和胃蛋白酶的损伤。

（2）固有层　有大量的胃腺。胃腺可分为胃底腺、贲门腺和幽门腺 3 种。贲门腺、幽门腺分别位于贲门部和幽门部，分泌黏液和溶菌酶等。胃底腺位于胃底和胃体部，主要由 3 种细胞组成（图 5-17）：① 主细胞，又称胃酶细胞，数量多，细胞呈柱状，核圆形，位于细胞基部，胞质基部呈强嗜碱性。主细胞主要分布于胃底腺的下半部，能分泌胃蛋白酶原。② 壁细胞，又称盐酸细胞，数量较少，细胞较大，多呈圆锥形，核圆形，位于细胞中央，胞质呈强嗜酸性。壁细胞多位于胃底腺的上半部，能分泌盐酸和内因子。盐酸有激活胃蛋白酶原、杀菌、使蛋白质变性等作用。内因子能促进回肠吸收维生素 B_{12}。③ 颈黏液细胞，数量少，细胞呈柱状，核扁平，位于细胞基部。颈黏液细胞位于胃底腺顶部，能分泌黏液，具有保护胃黏膜的作用。

2. 肌层　由内斜行、中环行和外纵行 3 层平滑肌构成，较厚。环行肌在贲门和幽门处增厚，分别称贲门括约肌和幽门括约肌。

六、小肠

小肠（small intestine）是消化管最长的一段，成人长 5~7 m，是食物消化和营养物质吸收的主要部位。它上起胃的幽门，下接盲肠，分为十二指肠、空肠和回肠 3 部分。

（一）十二指肠

十二指肠（duodenum）是小肠的起始段，全长约 25 cm，呈“C”字形包绕胰头，可分为上部、降部、水平部和升部 4 部分（图 5-18）。

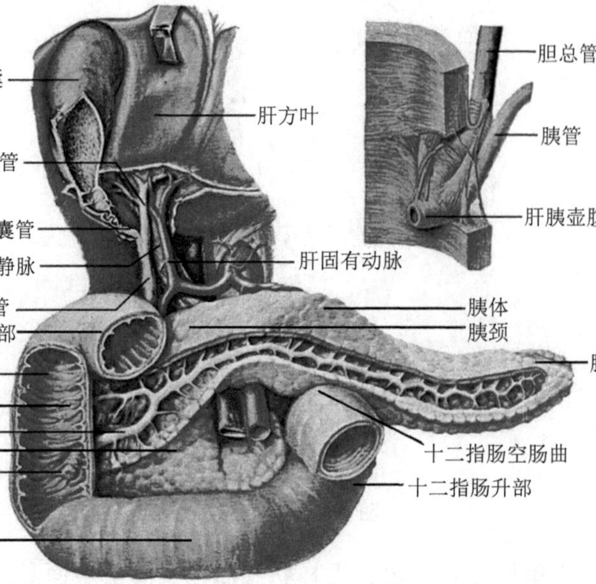

图 5-18　十二指肠、胰和胆囊

1. 上部　在第 1 腰椎体的右侧起于幽门，向右走行，至胆囊颈附近急转向下移行为十二指肠降部。临床上将靠近幽门、长约 2.5 cm 的一段肠管称十二指肠球，该处管径大、肠壁薄、黏膜面光滑无环状襞，是十二指肠溃疡好发部位。

2. 降部　沿第 1~3 腰椎体的右侧下降，达第 3 腰椎下缘平面弯向左侧，移行为水平部。在降部的后内侧壁上有一纵行的皱襞称十二指肠纵襞，其下端的突起称十二指肠大乳头，是肝胰壶腹的开口处。

3. 水平部　在第 3 腰椎下缘平面横行向左，越过下腔静脉至腹主动脉前方移行为升部。

4. 升部　斜向左上方，达第 2 腰椎体左侧弯向前下续于空肠。十二指肠与空肠转折处形成的弯曲，称十二指肠空肠曲。十二指肠空肠曲被十二指肠悬肌固定于腹后壁。十二指肠悬肌和包裹其表面的腹膜皱襞共同构成十二指肠悬韧带（图 5-19），又称 Treitz 韧带，可作为确定空肠起始部的重要标志。

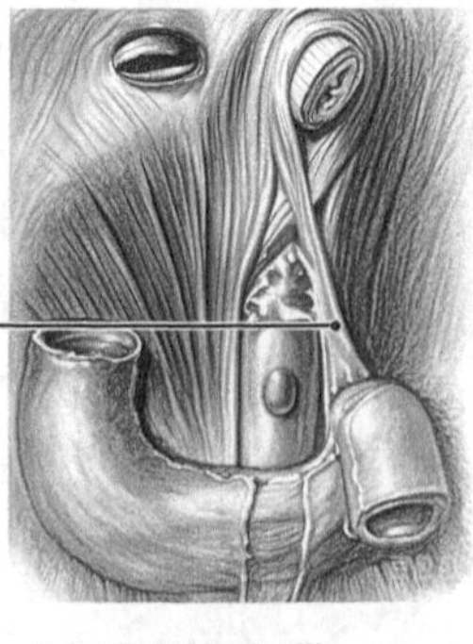

图 5-19　十二指肠悬韧带

（二）空肠和回肠

空肠（jejunum）上端接十二指肠，回肠（ileum）下端连盲肠，空回肠迂回盘曲于腹腔中、下部，二者之间无明显的界限，近侧 2/5 为空肠，位居腹腔左腰区和脐区；远侧 3/5 为回肠，位于脐区、右腹股沟区和盆腔内。从外观看，空肠管径较粗，管壁较厚；回肠管径较细，管壁较薄。

（三）小肠壁的微细结构特点

小肠壁的微细结构特点主要体现在黏膜。小肠腔面有许多环行皱襞和肠绒毛，固有层中有大量小肠腺和淋巴组织。

1. 环行皱襞　小肠黏膜和黏膜下层向肠腔内突出，形成环行皱襞。小肠近侧端的环行皱襞高而密，向远侧端逐渐减少变低。

2. 肠绒毛　小肠黏膜的上皮和固有层向肠腔内突出，形成许多细小的指状突起，称肠绒毛（图 5-20）。绒毛的中轴内含毛细血管、毛细淋巴管（中央乳糜管）和散在的平滑肌纤维等。肠绒毛的上皮由柱状细胞（吸收细胞）、杯状细胞和少量的内分泌细胞构成，柱状细胞的游离面密集排列着微绒毛。柱状细胞在糖类、蛋白质、脂肪等营养物质消化吸收的过程中发挥重要作用，还能分泌肠激酶等物质。杯状细胞分泌黏液，对小肠黏膜起润滑和保护作用。内分泌细胞可分泌促胰液素等。

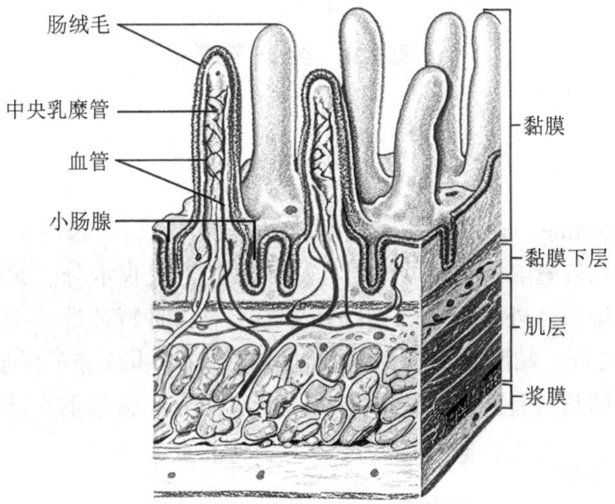

图 5-20　肠绒毛与小肠腺模式图

由于环行皱襞、肠绒毛和微绒毛的存在，小肠的吸收面积比同样长短的简单圆筒的面积增加约 600 倍，有利于营养物质的吸收。

3. 小肠腺　黏膜上皮下陷至固有层而形成的管状腺，腺管开口于相邻绒毛根部之间（图 5-20）。小肠腺主要由柱状细胞、杯状细胞、内分泌细胞和帕内特细胞等构成。帕内特细胞（又称潘氏细胞）是小肠腺的特征性细胞，位于小肠腺的基部，常三五成群，细胞呈圆锥形，细胞质内含有粗大的嗜酸性颗粒，内含溶菌酶等，该溶菌酶能溶解肠道细菌的细胞壁，有一定的灭菌作用。

4. 淋巴组织　固有层内的淋巴组织丰富，是小肠壁重要的防御结构，部分淋巴组织可穿过黏膜肌层抵达黏膜下层。分散于空肠和回肠黏膜内的单个淋巴小结（图 5-21），称孤立淋巴小结（又称孤立淋巴滤泡）。由许多淋巴小结聚集成长椭圆形的结构，称集合淋巴小结（又称集合淋巴滤泡），其长轴与肠管的长轴一致，常见于回肠下部对肠系膜缘的肠壁内。患肠伤寒时，细菌常侵入集合淋巴小结，引起局部溃疡，甚至肠穿孔。

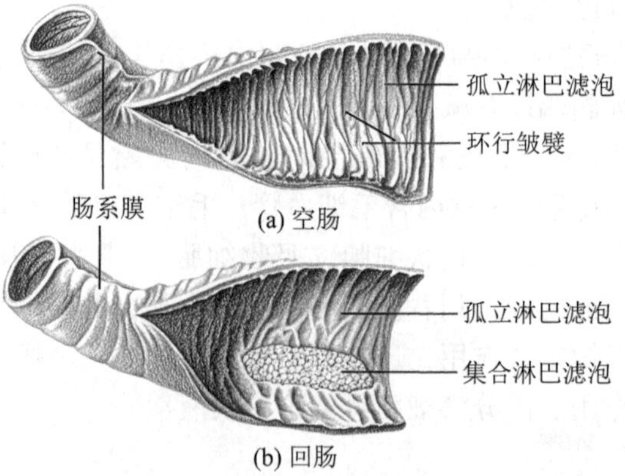

图 5-21 空肠与回肠

七、大肠

大肠（large intestine）是从回肠末端至肛门的粗大肠管，长约 1.5 m，可分为盲肠、阑尾、结肠、直肠和肛管 5 部分（图 5-22）。其功能为吸收水分、无机盐和维生素，将食物残渣形成粪便排出体外。盲肠和结肠在外形上有 3 种特征性结构，即结肠带、结肠袋和肠脂垂（图 5-23）。结肠带由肠壁纵行肌增厚形成，共 3 条，沿肠管表面纵行排列，汇集于阑尾根部；结肠袋是肠壁向外呈囊袋状膨出部分；肠脂垂为沿结肠带两侧分布的许多脂肪突起。以上特征是盲肠和结肠区别于小肠的重要标志。

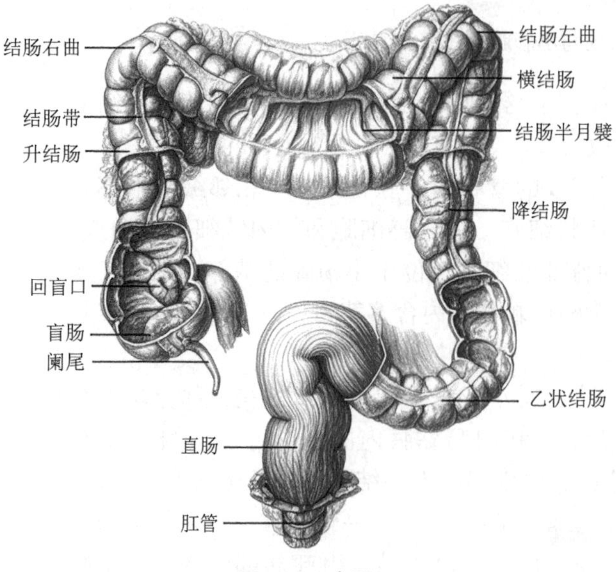

图 5-22 大肠

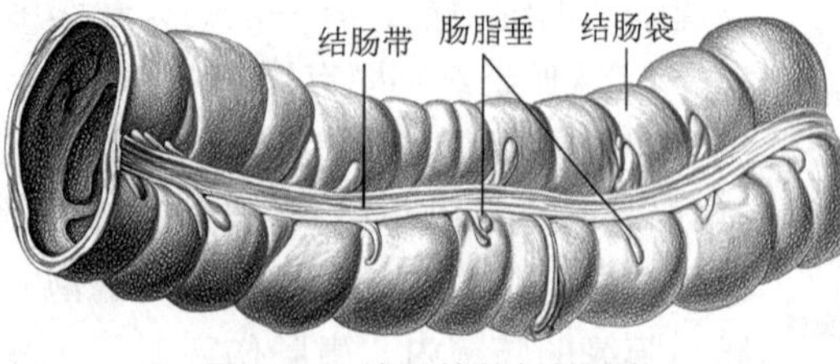

图 5-23 结肠的特征性结构

（一）盲肠

盲肠（caecum）是大肠的起始部，位于右髂窝内，向上续于升结肠，左接回肠

（图 5-1、图 5-24）。在盲肠与回肠相接处，回肠末端突入盲肠，形成上、下 2 个半月形的皱襞，称为回盲瓣。回盲瓣可阻止小肠内容物过快地流入大肠，也可防止大肠内容物逆流入小肠。在回盲瓣下方约 2 cm 处，有阑尾的开口。

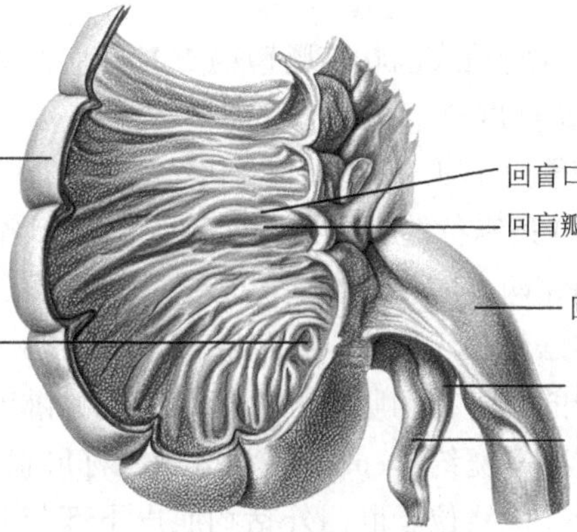

图 5-24　盲肠和阑尾

（二）阑尾

阑尾（vermiform appendix）是一条细管状盲管（图 5-24），一般长 5～7 cm，其根部连于盲肠的后内侧壁，末端游离，游动性较大。阑尾根部位置较恒定，其体表投影在脐与右髂前上棘连线的中、外 1/3 交点处，称麦氏点（McBurney 点）。急性阑尾炎时，麦氏点附近常有明显的压痛。手术中可沿结肠带寻找阑尾。

（三）结肠

结肠（colon）包绕在空、回肠周围，可分为升结肠、横结肠、降结肠和乙状结肠 4 部分（图 5-22）。

1. 升结肠　是盲肠的直接延续，在右腹外侧区上行，至肝下方转向左，移行为横结肠。转折处称结肠右曲。

2. 横结肠　左行至脾下方转折向下，移行为降结肠。转折处称结肠左曲。

3. 降结肠　在左腹外侧区下行，达左髂嵴处移行为乙状结肠。

4. 乙状结肠　在左髂窝内呈“乙”字形弯曲，向下至第 3 骶椎前方移行为直肠。

（四）直肠

直肠（rectum）全长 10～14 cm，位于盆腔下部，在第 3 骶椎前方起自乙状结肠，沿骶骨、尾骨前面下行，穿过盆膈移行为肛管（图 5-25）。直肠并非一条笔直的管道，在矢状面及冠状面上都有弯曲。直肠在矢状面上有 2 个明显的弯曲：直肠骶曲沿着骶尾骨前面凸向后方；直肠会阴曲是直肠绕过尾骨尖形成的凸向前方的弯曲。在冠状面上，直肠也有 3 个突向侧方的弯曲，但不恒定。一般中间较大的一个凸向左侧，上、下两个凸向右侧。

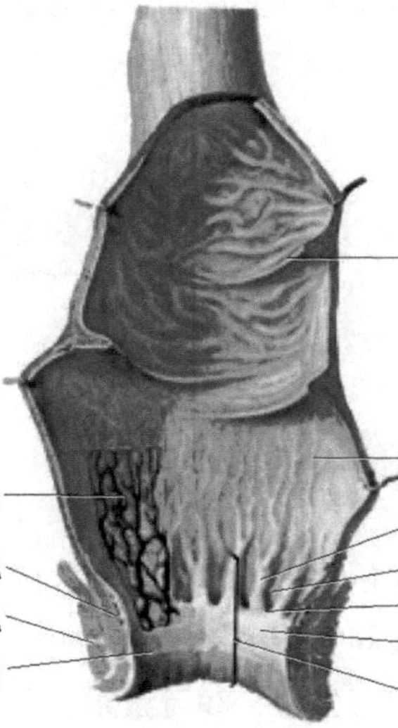

图 5-25　直肠和肛管

直肠下部显著扩大，称直肠壶腹（图 5-25）。直肠内面有上、中、下 3 个直肠横襞，具有阻挡粪便下移的作用。中间的直肠横襞大而明显，位置恒定，位于直肠右前壁上，距肛门约 7 cm。临床上做直肠镜或乙状结肠镜检查时，应注意上述弯曲和皱襞，以免损伤直肠壁。

（五）肛管

肛管（anal canal）上端接续直肠，下端终于肛门（图5-25），长约4 cm。肛管内面有6~10条纵行的黏膜皱襞，称为肛柱。各肛柱下端之间的半月形黏膜皱襞称肛瓣，肛瓣与相邻两个肛柱下端之间形成开口向上的小凹窝，称肛窦。连接各肛柱下端与各肛瓣边缘的锯齿状环形线，称齿状线，又称肛皮线，它是黏膜和皮肤的分界线。齿状线上、下部分的肠管在动脉来源、静脉回流、淋巴引流以及神经分布等方面都不相同。在齿状线下方有一宽约1 cm的环状区域，称肛梳，又称痔环。肛梳下缘有不甚明显的环行线，称白线，该线位于肛门外括约肌皮下部与肛门内括约肌下缘之间的水平，活体肛诊时可触及。

肛梳的皮下组织和肛柱黏膜的下层内含有丰富的静脉丛，有时可因某种病理因素而形成静脉曲张，突入管腔内，称为痔。

肛管部的环行平滑肌增厚，形成肛门内括约肌，有协助排便的作用；在肛门内括约肌的周围和下方，由骨骼肌构成肛门外括约肌，具有括约肛门和控制排便的作用（图5-25）。

链 接

灌肠术

灌肠术是为了刺激患者肠蠕动、软化或清除粪便、减轻腹胀；或清洁患者肠道，为手术、检查、分娩做准备；或为了减轻中毒症状而实施的一项护理操作技术。行灌肠术是指将一定量的液体经患者肛门过直肠送达结肠，常用液体量成人为500~1000 mL。灌肠时应注意肛管齿状线周围的静脉血管，以免损伤黏膜；同时须注意直肠的骶曲和会阴曲，直肠的横襞，结肠左曲、结肠右曲，特别是通过乙状结肠时不宜过快，以免损伤肠黏膜。

第三节　消化腺

一、肝

肝（liver）是人体最大的腺体，呈棕红色，质软而脆，受暴力打击时易破裂出血。肝具有极其复杂多样的生物化学功能，参与蛋白质、脂质、糖类和维生素等物质的合成、转化与分解，参与激素、药物等物质的转化，能分泌胆汁，有吞噬、防御和解毒等功能。

（一）肝的形态

肝似楔形，分上、下两面。肝的上面隆凸，与膈相贴，称膈面。肝的下面凹凸不平，与腹腔器官相邻，称脏面。脏面有两条纵沟和一条横沟，呈“H”形排列。横沟称肝门（porta hepatis），是肝左、右管，肝固有动脉左、右支，肝门静脉左、右支和神经、淋巴管出入肝的部位。右纵沟宽而浅，其前部为胆囊窝，容纳胆囊；后部为腔静脉沟，有下腔静脉通过。左纵沟前部有肝圆韧带，是胎儿时期脐静脉闭锁后的遗迹；后部有静脉韧带，是胎儿时期静脉导管闭锁后的遗迹。

肝的上面被镰状韧带分为左、右两叶。肝的下面借“H”形的沟分为4叶：右纵沟右侧为右叶；左纵沟左侧为左叶；两纵沟之间在肝门前方的为方叶；两纵沟之间在肝门后方的为尾状叶（图5-26）。

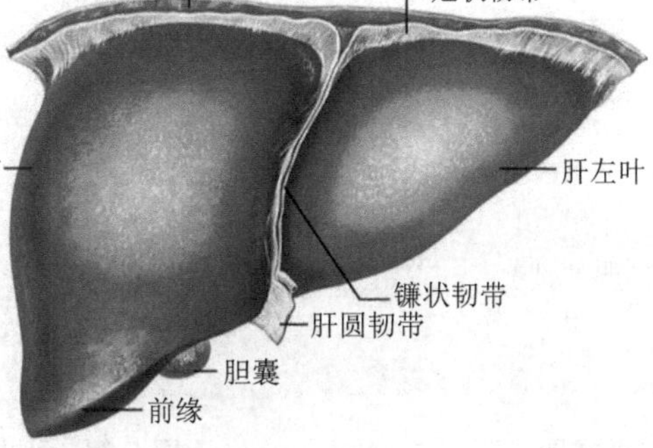

(a) 膈面

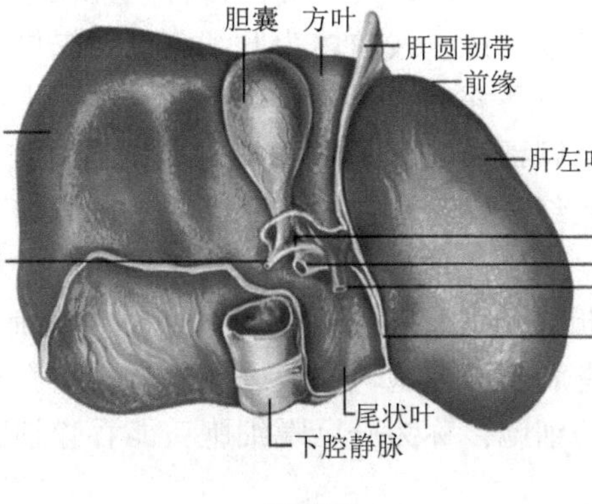

(b) 脏面

图5-26　肝的形态

（二）肝的位置

肝大部分位于右季肋区和腹上区，小部分位于左季肋区。肝的前面大部分被肋掩盖，仅在腹上区左、右肋弓之间露出，直接与腹前壁接触。

肝的上界与膈一致，在右锁骨中线平第5肋，左锁骨中线平第5肋间隙；肝的下界，右侧与肋弓大体一致，在腹上区可达剑突下3 cm。7岁前的小儿，肝的体积相对较大，肝的下界可低于右肋弓下缘1~2 cm。

（三）肝的微细结构

肝表面大部分有浆膜覆盖，浆膜下为薄层结缔组织。结缔组织在肝门处随肝固有动脉、肝门静脉和肝管的分支深入肝内，将肝实质分隔成50万~100万个肝小叶。

1. 肝小叶　肝小叶是肝的基本结构单位，呈多面棱柱状（图5-27）。肝小叶中央有一条沿其长轴走行的中央静脉，周围是大致呈放射状排列的肝板和肝血窦。肝细胞单层排列成凹凸不平的板状结构称肝板，其切面呈索状，也称肝索（图5-28）。人的肝小叶之间结缔组织很少，分界不清。

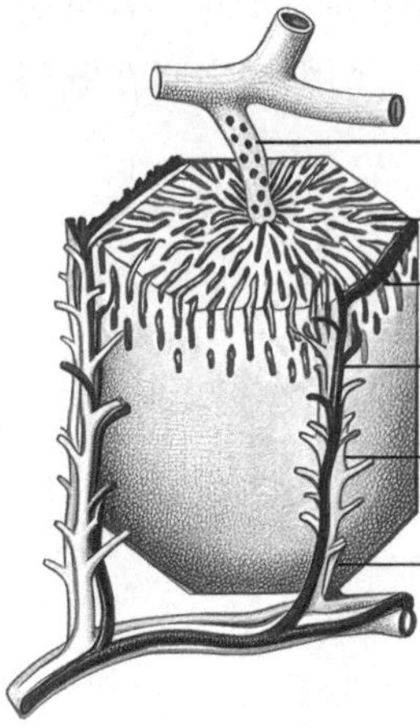

图5-27　肝小叶立体结构模式图

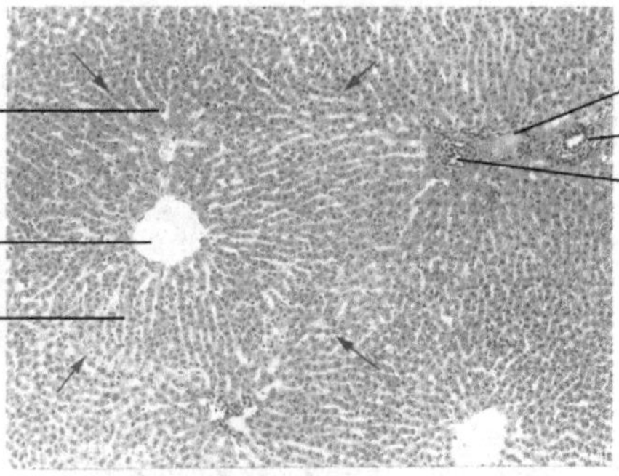

图5-28　肝小叶光镜图

（1）肝细胞　呈多面体形（图5-29），核大而圆，双核细胞较多，胞质呈嗜酸性。肝细胞高度分化，各种细胞器发达。线粒体为肝细胞代谢提供能量；粗面内质网能合成白蛋白、纤维蛋白原、补体等多种血浆蛋白；滑面内质网与胆汁的合成、脂质代谢、糖类代谢、激素代谢、解毒等功能有关；高尔基复合体参与肝细胞的分泌活动；溶酶体参与细胞内消化、胆红素代谢和铁的储存。此外，肝细胞内还有糖原、脂滴和色素等。

（2）肝血窦　位于肝板之间，形状不规则，窦壁由内皮细胞围成（图5-29）。内皮细胞之间有较大间隙，有利于肝细胞与血液之间进行物质交换。肝血窦内散在有一种体积较大而形态不规则的细胞，称为肝巨噬细胞，能吞噬细菌、异物和衰老的红细胞等。

（3）窦周隙　肝血窦内皮细胞与肝细胞之间的狭窄间隙，其内充满来源于肝血窦的血浆（图5-29）。窦周隙是肝细胞与血液之间进行物质交换的场所，其内还有贮脂细胞，能贮存维生素A。

（4）胆小管　相邻的肝细胞之间形成胆小管，在肝板内穿行并吻合成网，其管壁由两侧肝细胞的细胞膜局部凹陷围成（图5-29）。

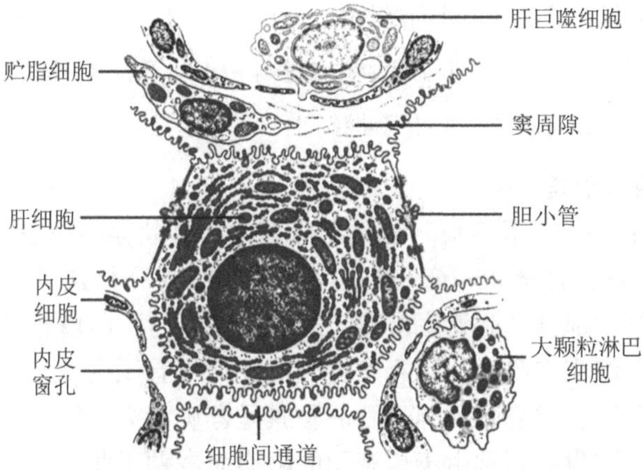

图 5-29　肝细胞与胆小管、肝血窦、窦周隙的关系模式图

胆小管以盲端起于中央静脉附近，向小叶周边延伸，出肝小叶后汇成小叶间胆管。肝细胞分泌的胆汁，经胆小管输入小叶间胆管。

2. 门管区　相邻肝小叶之间的结缔组织区域，称门管区，内有小叶间动脉、小叶间静脉和小叶间胆管（图 5-28）。

链 接

她的脚步，改变命运

她的儿子 13 岁那年被确诊罹患一种先天性疾病——肝豆状核病变。2008 年，她的儿子因呕血再次被送入医院，医生建议尽快进行肝移植手术。为挽救儿子的生命，她请求医生通过手术将自己的肝移植给儿子。可是她患有重度脂肪肝，不适宜做肝移植的赠体，无法割肝救子。她从医院回家后，根据医生的建议，当天晚上就开始了自己的减肥计划——每天走 10 公里。在随后的 7 个多月里，她每餐只吃半个拳头大的饭团；走破了 4 双鞋子，脚上的老茧长了就刮，刮了又长。这是一场命运的马拉松，她忍住饥饿和疲倦，每天坚持走，风雨无阻，不敢停住脚步。当她再次去医院检查时，奇迹出现了：脂肪肝没有了。

她的脚步，让她成功割肝救子成为可能；她的脚步，也为人们丈量出一份伟大的亲情。她就是感动中国 2009 年度人物——割肝救子的“暴走妈妈”陈玉蓉。

（四）肝内血液循环

入肝的血管有肝门静脉和肝固有动脉，故肝的血液供应丰富。出肝的血管是肝静脉。肝内血液循环途径归纳如下：

功能性血管：肝门静脉→小叶间静脉

↓

肝血窦→中央静脉→小叶下静脉→肝静脉→下腔静脉

↑

营养性血管：肝固有动脉→小叶间动脉

（五）胆囊和输胆管道

1. 胆囊（gallbladder） 位于肝下面的胆囊窝内，有贮存和浓缩胆汁的功能(图 5-26、图 5-30)。胆囊呈梨形，容量 40 ~ 60 mL，借结缔组织与肝相连，可分为胆囊底、胆囊体、胆囊颈和胆囊管 4 部分。胆囊底常露于肝的前缘，与腹前壁相贴，其体表投影在右锁骨中线与右肋弓下缘交点附近。胆囊发炎时，此处可有压痛。

胆囊内面衬有黏膜，胆囊颈和胆囊管的黏膜呈螺旋状突入管腔，形成螺旋襞，有控制胆汁进出的作用。胆囊结石常由于螺旋襞的阻碍而嵌顿于此。

2. 输胆管道 包括肝内胆道和肝外胆道两部分。肝内胆道包括胆小管和小叶间胆管等；肝外胆道由肝左管、肝右管、肝总管和胆总管等组成（图 5-26、图 5-30）。

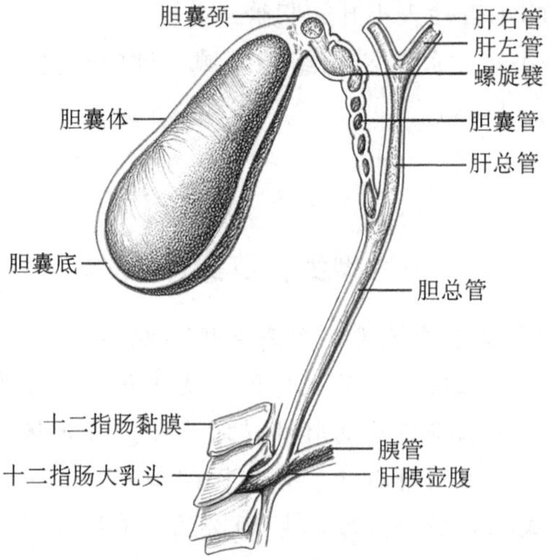

图 5-30 胆囊与肝外管道

胆小管汇合成小叶间胆管。小叶间胆管逐级汇合，形成肝左管和肝右管。肝左管与肝右管出肝门后汇合成肝总管。肝总管下行与胆囊管汇合成胆总管。

胆总管在肝十二指肠韧带内下行，经十二指肠上部的后方，下行到胰头与十二指肠降部之间，其下端与胰管汇合斜穿十二指肠壁，形成膨大的肝胰壶腹，开口于十二指肠大乳头。在肝胰壶腹周围有增厚的环行平滑肌，称肝胰壶腹括约肌，控制胆汁和胰液的排出。

3. 胆汁的产生和排出途径 空腹时，肝胰壶腹括约肌保持收缩状态，肝细胞分泌的胆汁经胆小管、小叶间胆管汇集至肝左管和肝右管，再经肝总管、胆囊管入胆囊贮存和浓缩；进食后，在神经体液因素调节下，胆囊收缩，肝胰壶腹括约肌舒张，胆囊内的胆汁经胆囊管，与肝细胞分泌的胆汁一起由胆总管、肝胰壶腹、十二指肠大乳头排入十二指肠（图 5-30）。具体途径如下所示：

胆囊⇌胆囊管

肝细胞分泌胆汁→胆小管→小叶间胆管→肝左管、肝右管→肝总管→（空腹）胆囊管；胆囊管→（进食）胆总管；肝总管→（进食）胆总管

胆总管→肝胰壶腹→十二指肠大乳头→十二指肠

二、胰

（一）胰的位置和形态

胰（pancreas）位于腹上区和左季肋区，横置于第 1~2 腰椎体前方，并紧贴于腹后壁。胰可分为胰头、胰颈、胰体和胰尾 4 部分（图 5-31）。胰头为胰右端膨大的部分，位于第 2 腰椎体的右前方，被十二指肠包绕；胰颈是位于胰头与胰体之间的狭窄扁薄部分，其后面有肠系膜上静脉和肝门静脉起始部通过；胰体占胰的大部分，略呈三棱柱形，位于第 1 腰椎前方；胰尾较细，向左上方抵达脾门。胰管位于胰实质内，自胰尾起始，沿胰长轴右行至胰头，最后与胆总管汇合成肝胰壶腹，开口于十二指肠大乳头。在胰头的上部内、胰管的上方常可见副胰管，开口于十二指肠小乳头。

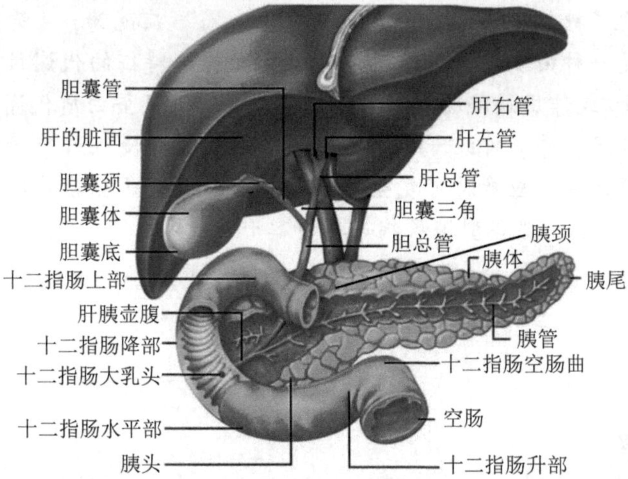

图 5-31　胰、十二指肠和胆囊

（二）胰的微细结构

胰的实质由外分泌部和内分泌部两部分组成（图 5-32）。外分泌部占胰组织的绝大部分，由腺泡和导管构成，分泌胰液，内含多种消化酶。内分泌部称胰岛，是散在于腺泡之间的大小不等的内分泌细胞群，主要有 A 细胞、B 细胞、D 细胞等。A 细胞分泌胰高血糖素，可使血糖浓度升高；B 细胞最多，分泌胰岛素，可使血糖浓度降低。

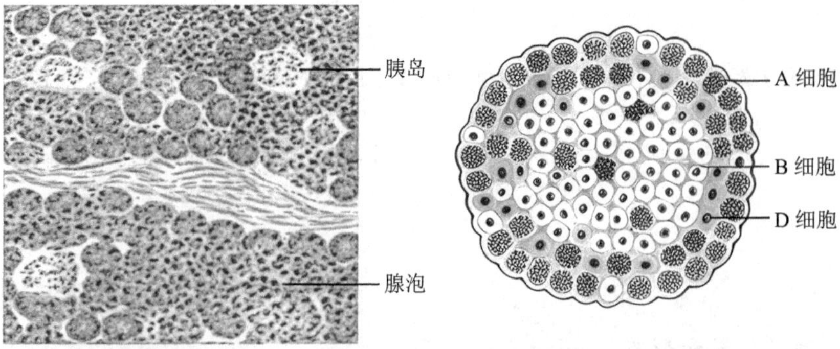

(a) 胰岛光镜结构像　　(b) 胰岛细胞分布示意图

图 5-32　胰的微细结构

链接

胰岛素与糖尿病

胰岛素是人体内调节血糖的激素之一，可以降低血糖。当血液中的胰岛素绝对或相对不足时，胰岛素对血糖的调节作用减弱，导致血糖过高，当血糖超过肾糖阈时，就出现了糖尿。糖尿病属中医学的“消渴”症范畴，《黄帝内经》已有论述。糖尿病是一种由多病因引起的以慢性高血糖为特征的代谢性疾病，是由胰岛素分泌不足和/或作用缺陷所引起。长期糖类、脂肪及蛋白质代谢紊乱可引起多系统损害，导致眼、肾、神经、心脏、血管等组织器官慢性进行性病变、功能减退及衰竭；病情严重或应激时可发生急性严重代谢紊乱。糖尿病通常可分为 1 型糖尿病、2 型糖尿病、混合型糖尿病等类型。

检测题

一、名词解释

1. 上消化道　2. 咽峡　3. 齿状线　4. 门管区

二、简答题

1. 简述胃的位置及形态结构。
2. 简述肝的位置及形态结构。

（禹玲）

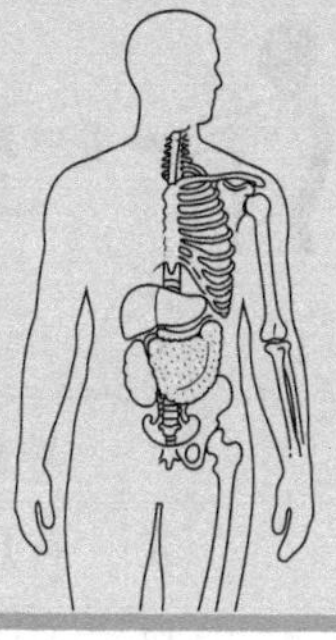

第六章

呼吸系统

学习目标

1. 知识目标

（1）掌握：呼吸系统的组成；上、下呼吸道的概念；喉软骨的结构特点；喉腔的分部及结构特点；左、右主支气管的形态特点及临床意义；肺的位置、形态及结构；气-血屏障、胸膜腔、肋膈隐窝的概念。

（2）熟悉：鼻腔的分部、鼻易出血区；鼻旁窦的名称、位置和开口部位；肺的微细结构；胸膜与肺的体表投影。

（3）了解：外鼻的形态结构；气管、主支气管的微细结构；纵隔的概念及分部。

2. 能力目标

（1）能在标本、模型或3D解剖软件上辨认呼吸系统各器官的形态结构。

（2）能辨识光学显微镜下气管、肺的微细结构。

（3）熟悉鼻的结构等，能结合“全国爱鼻日”“世界卫生日”等进行健康知识的宣传教育。

3. 素质目标

（1）参加标本、模型小组学习和临床案例小组讨论，培养良好的语言表达能力、沟通合作能力，强化集体意识和团队合作意识。

（2）树立科学的健康观和疾病观，树立保护环境的意识，养成良好的生活习惯；树立运用所学知识进行健康宣教的意识，助力健康中国建设。

案例6

患者，男，29岁。因“发热1周，伴胸痛、咳嗽2天”就诊。1周前受凉后出现畏寒、高热，2天前右侧胸痛伴咳嗽，咳少量铁锈色痰。查体：神志清楚，体温40 ℃，血压105/77 mmHg，心率105次/分钟。胸部X线检查示右下肺叶大片模糊阴影。血白细胞计数15×10^9/L。诊断：肺炎球菌肺炎。

任务：1. 简述肺的位置和形态。

2. 简述呼吸系统的组成。

呼吸系统（respiratory system）由呼吸道和肺组成（图6-1）。呼吸道（respiratory tract）是传送气体的管道，包括鼻、咽、喉、气管、主支气管等。肺（lung）是进行气体交换的器官，由肺实质和肺间质组成。临床上通常称鼻、咽、喉为上呼吸道；气管、主支气管及肺内支气管的各级分支为下呼吸道。

呼吸系统的主要功能是进行气体交换，即吸入氧，排出二氧化碳。此外，它还与发音、嗅觉等功能密切相关。

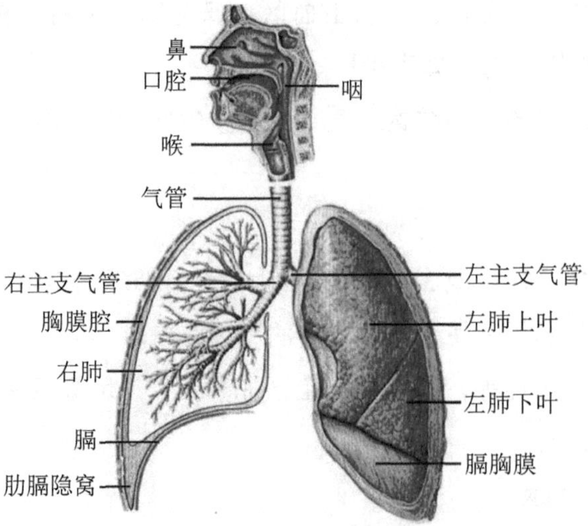

图6-1 呼吸系统模式图

第一节 呼吸道

一、鼻

鼻（nose）由外鼻、鼻腔和鼻旁窦3部分组成，它是呼吸道的起始部，又是嗅觉器官，具有滤过空气、辨别气味和辅助发音的功能。

（一）外鼻

外鼻（external nose）位于面部的中央，以鼻骨和软骨作为支架，外覆皮肤和少量皮下组织。外鼻的上端为鼻根，向下延伸为鼻背，末端突出部分为鼻尖。鼻尖向两侧呈弧状扩大的部分称为鼻翼。在呼吸困难时可出现鼻翼扇动，小儿更为明显。从鼻翼外下方至口角外侧的浅沟称鼻唇沟。鼻尖和鼻翼处的皮肤较厚，富含皮脂腺和汗腺，常为痤疮、酒渣鼻及疖肿的好发部位。

（二）鼻腔

鼻腔（nasal cavity）是由骨和软骨围成的腔，内衬黏膜和皮肤（图 6-2）。前以鼻孔通外界，后经鼻后孔通鼻咽。其被鼻中隔分为左、右鼻腔，鼻中隔常向左偏曲。每侧鼻腔以鼻阈为界分为鼻前庭和固有鼻腔。鼻阈为鼻内皮肤与黏膜的交界处。

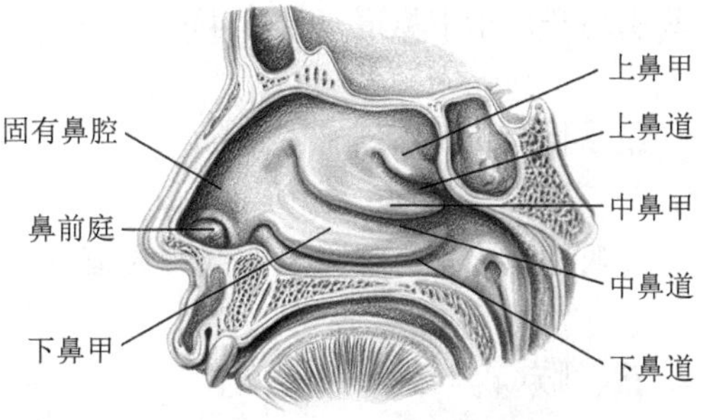

图 6-2　鼻腔外侧壁模式图

1. 鼻前庭　为鼻腔的前下部，大致为鼻翼所遮盖的部分，内面衬以皮肤，生有鼻毛，能滤过、净化吸入的空气。

2. 固有鼻腔　为鼻腔的主要部分。固有鼻腔外侧壁自上而下有近似水平排列的上鼻甲、中鼻甲和下鼻甲。各鼻甲的下方分别有上鼻道、中鼻道和下鼻道。下鼻道的前端有鼻泪管的开口。在上鼻甲后上方与鼻腔顶部之间尚有一凹陷，称为蝶筛隐窝。固有鼻腔内面衬以黏膜，根据其结构和功能分为嗅区和呼吸区。嗅区位于上鼻甲和与其相对的鼻中隔以及二者上方鼻腔顶部的区域，富含感受嗅觉刺激的嗅细胞。除嗅区外，其余鼻黏膜部分为呼吸区，富含鼻腺和血管，对吸入的空气有加温、湿润的作用。鼻中隔前下部的黏膜较薄，且血管丰富、位置表浅，外伤或干燥空气刺激均易引起出血，是鼻出血的好发部位，称鼻易出血区（Little 区）。

（三）鼻旁窦

鼻旁窦（paranasal sinuses）有额窦、上颌窦、筛窦和蝶窦 4 对（图 6-3），与鼻腔相通。窦壁内衬黏膜并与鼻腔黏膜相移行，有温暖、湿润空气以及对发音产生共鸣等作用。

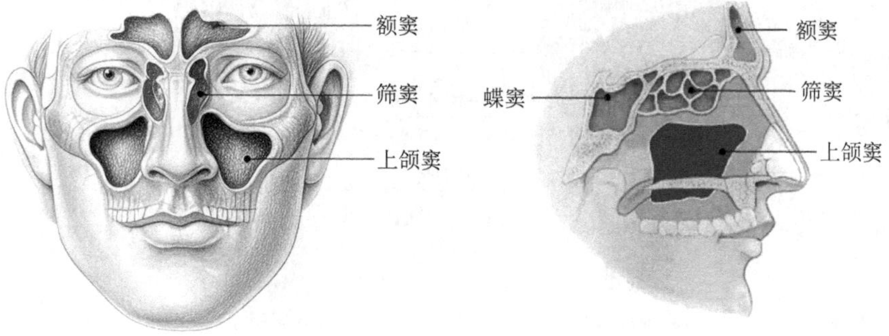

图 6-3　鼻旁窦体表投影

鼻腔内炎症，可蔓延至鼻旁窦，引起鼻窦炎。上颌窦是最大的一对鼻旁窦，开口位置较窦底高，分泌物不易排出，故上颌窦慢性炎症较常见。筛窦依据窦口的部位可分为前筛窦、中筛窦和后筛窦3部分。蝶窦开口于蝶筛隐窝，后筛窦开口于上鼻道，前、中筛窦以及上颌窦、额窦均开口于中鼻道（图6-4）。

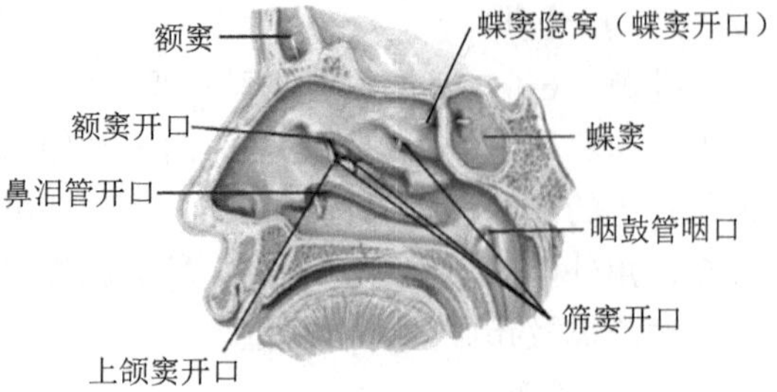

图6-4　鼻旁窦开口

二、咽

咽是消化管与呼吸道的共同通道（详见消化系统）。

三、喉

喉（larynx）既是呼吸的通道，又是发音的器官。

（一）喉的位置

喉位于颈前部正中，喉咽的前方，成人的喉约平第3~6颈椎高度。其上借甲状舌骨膜与舌骨相连，向下与气管相续，前面被舌骨下肌群覆盖，后方为喉咽，两侧邻颈部的大血管、神经和甲状腺侧叶等，可随吞咽或发音而上、下移动。

（二）喉的结构

喉由数块软骨互相连结而成，外附喉肌，内衬黏膜。

1. 喉软骨及其连结　喉软骨构成喉的支架，包括不成对的甲状软骨、会厌软骨、环状软骨和成对的杓状软骨等（图6-5）。喉的连结主要包括环甲关节和环杓关节，以及结缔组织膜和韧带。

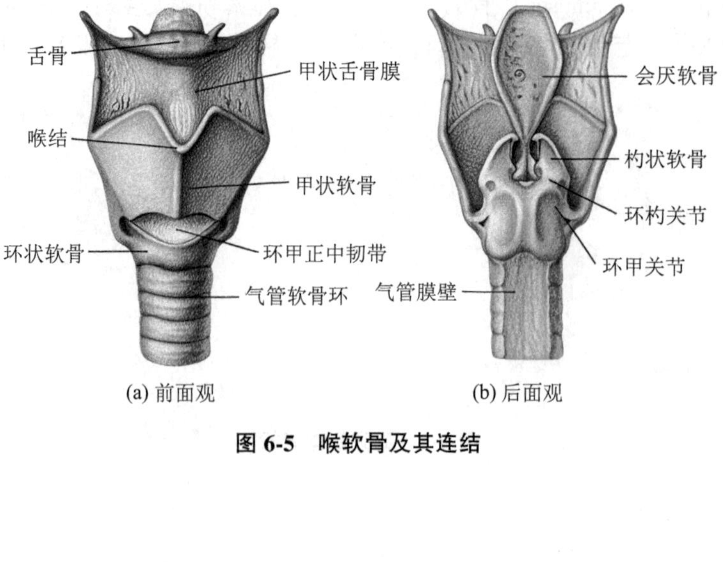

图6-5　喉软骨及其连结

（1）甲状软骨　为最大的喉软骨，构成喉的前壁和侧壁，位于舌骨下方、环状软骨的上方。甲状软骨由呈四边形的左、右软骨板在其前缘相互愈合而成，连结处的上端向前突出，称喉结，成年男性尤为明显。甲状软骨上缘借甲状舌骨膜与舌骨相连，下缘除中部借环甲正中韧带与环状软骨相连外，两侧还与环状软骨构成环甲关节。

（2）环状软骨　位于甲状软骨的下方，下与气管相连。环状软骨呈环状，是呼吸道中唯一完整的软骨环，对维持呼吸道的通畅具有重要作用。其由前部低窄的环状软骨弓和后部高宽的环状软骨板构成。环状软骨弓平对第 6 颈椎，是颈部的重要标志之一。

（3）会厌软骨　形似树叶，上宽下窄，下端借韧带连于甲状软骨后面。会厌软骨被覆黏膜构成会厌。吞咽时，喉升高，会厌遮盖喉口，防止食物误入喉腔。

（4）杓状软骨　左右各一，位于环状软骨板的上方。杓状软骨形似三棱锥体，尖向上，底朝下与环状软骨板上缘构成环杓关节。杓状软骨的底向前伸出的突起称声带突，有声韧带附着；向外侧伸出的突起称肌突，大部分喉肌附着于此。

2. 喉腔　喉的内腔称喉腔。喉腔的入口称喉口，朝向后上方。喉腔向上经喉口与喉咽相交通，向下与气管内腔相延续。

喉腔中部的侧壁上有上、下两对呈前后方向走行的黏膜皱襞（图 6-6）。上方的一对称前庭襞，在活体上呈粉红色。两侧前庭襞之间的裂隙，称前庭裂。下方的一对称声襞，在活体上颜色较苍白。两侧声襞及杓状软骨底和声带突之间的裂隙称声门裂。声门裂是喉腔最狭窄的部位。声襞与深部的声韧带等共同构成发音的重要结构，即声带（图 6-7）。

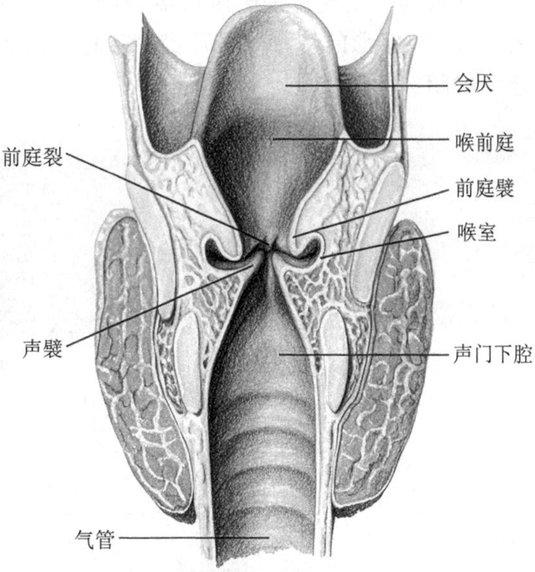

图 6-6　喉腔冠状切面（后面观）

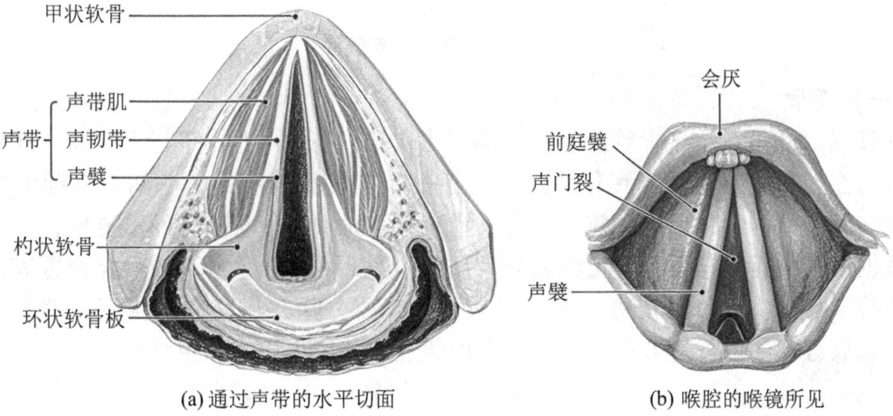

(a) 通过声带的水平切面　　(b) 喉腔的喉镜所见

图 6-7　声带

喉腔分为喉前庭、喉中间腔和声门下腔3部分（图6-6）。喉口至前庭裂平面之间的部分，称喉前庭。前庭裂平面至声门裂平面之间的部分，称喉中间腔，其中位于前庭襞与声襞之间的梭形隐窝，称喉室。声门裂平面至环状软骨下缘平面之间的部分，称声门下腔，呈上窄下宽的圆锥状。声门下腔的黏膜下组织疏松，炎症时易发生喉水肿，婴幼儿更易发生急性喉水肿而导致喉阻塞，造成呼吸困难。

3. 喉肌　喉肌为数块小的骨骼肌，主要作用于环甲关节和环杓关节，包括使声带紧张或松弛的肌群以及使声门裂开大或缩小的肌群。喉肌的运动可调节音调高低，可控制发音的强弱。

四、气管与主支气管

气管与主支气管是连接在喉与肺之间的通气管道（图6-8）。气管与主支气管均由若干“C”字形的气管软骨环借韧带相连而成，气管软骨的缺口朝后，由平滑肌和结缔组织封闭。

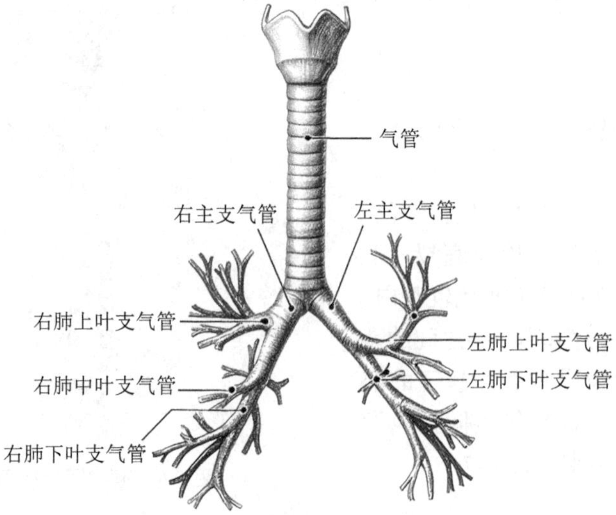

图6-8　气管和主支气管

（一）气管

气管（trachea）位于食管前方，上接环状软骨，经颈部正中下行入胸腔，在胸骨角平面分为左、右主支气管，其分叉处称气管杈。在气管杈内面有一向上突起的半月形嵴，称气管隆嵴，常略偏向左侧，是支气管镜检查时判断气管分叉的重要标志。

根据气管的行程与位置，可将其分为颈部和胸部两部分。颈部较短且位置表浅，沿前正中线下行，在颈静脉切迹上方可以触及。其前方除有皮肤和舌骨下肌群外，在第2~4气管软骨环的前方还有甲状腺峡，两侧邻近颈部的大血管和甲状腺侧叶，后方贴近食管。胸部较长，前面与胸骨之间有大血管和胸腺，后方紧贴食管。临床上气管切开术常在第3~5气管软骨环处施行。

链接

气管切开术应用解剖

气管切开术是切开气管颈部的前壁，将适当大小的气管套管插入气管，以保持呼吸道通畅的一种抢救垂危患者的急救手术。气管切开的目的是防止或迅速解除呼吸道梗阻，确保呼吸道通畅，改善呼吸，便于分泌物从气道吸出、便于给氧或行机械通气。在体表定位时，两侧胸锁乳突肌前缘与颈静脉切迹之间的三角区域为气管切开的安全三角，气管切开在此三角内沿中线施行，可避免损伤颈部大血管。如行横切口则在环状软骨下方 2 ~3 cm 处；如行纵切口则在环状软骨下缘至颈静脉切迹上缘一横指处沿正中线做一个 3 ~5 cm 的切口。

（二）主支气管

主支气管行向下外，经肺门入肺。左主支气管细长，走向较水平；右主支气管粗短，走向较陡直，故误入气管内的异物多坠入右主支气管（图 6-8）。

（三）气管与主支气管的微细结构

气管与主支气管的管壁由内向外依次分为黏膜、黏膜下层和外膜 3 层（图 6-9）。

1. 黏膜　由上皮和固有层构成。上皮为假复层纤毛柱状上皮，纤毛可向咽侧快速摆动，将黏液及其黏附的尘埃、细菌等推向咽部而咳出。固有层含有较多的弹性纤维，也有散在的淋巴组织，起免疫防御作用。

2. 黏膜下层　为疏松结缔组织，内有较多的混合腺，也称气管腺。

3. 外膜　主要由透明软骨环和结缔组织构成，软骨环的缺口处有弹性纤维构成的韧带和平滑肌束。

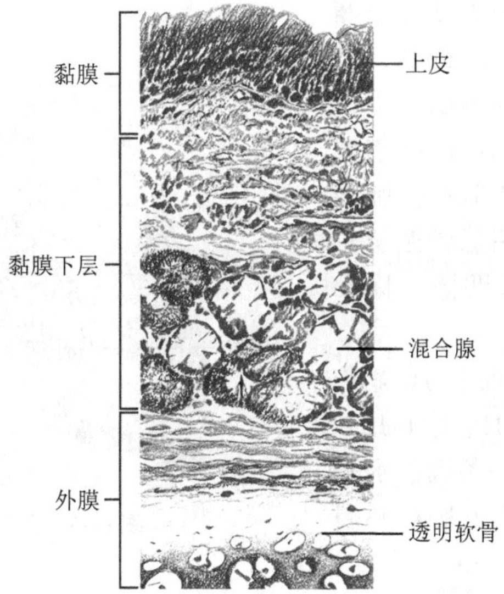

图 6-9　气管壁微细结构模式图

第二节 肺

一、肺的位置和形态

（一）肺的位置

肺位于胸腔内，纵隔的两侧，左、右各一（图 6-10）。左肺狭长，右肺宽短。肺质软而轻，呈海绵状且富有弹性。幼儿肺呈淡红色，随着年龄的增长，由于吸入空气中的尘埃不断沉积，肺的颜色逐渐变为灰暗或蓝黑色，在吸烟者尤为明显。

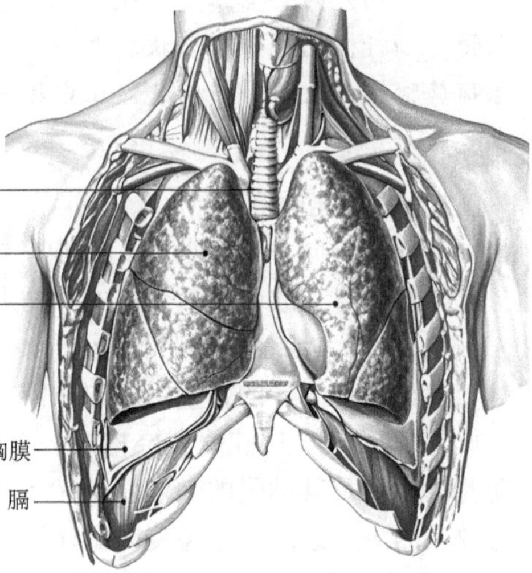

图 6-10 肺的位置

（二）肺的形态

肺形似半圆锥形，有一尖、一底、二面和三缘（图 6-11、图 6-12）。肺尖钝圆，向上经胸廓上口突至颈根部，超出锁骨内侧 1/3 上方 2~3 cm。肺底与膈相邻，略向上凹陷，又称膈面。外侧面隆凸，与肋和肋间肌相邻，故又称肋面。内侧面与纵隔相邻，故又称纵隔面，其中央处有一椭圆形凹陷称肺门（hilum of lung），是主支气管、血管、神经和淋巴管等出入肺的部位。这些出入肺门的结构被结缔组织包绕在一起，称肺根。肺的前缘和下缘都较锐利，后缘钝圆。左肺前缘的下部有一弧形凹陷，称心切迹。

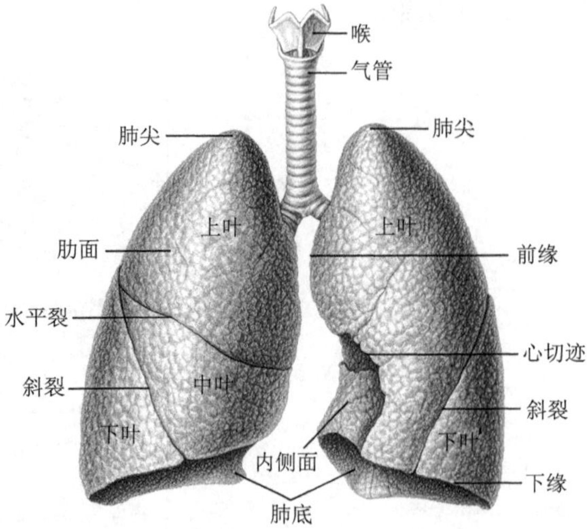

图 6-11 肺的形态（前面观）

左肺被自后上方斜向前下方的斜裂分为上、下两叶（图 6-11、图 6-12）。右肺除有斜裂外，还有一条近似水平方向走行的水平裂，因而右肺被斜裂和水平裂分为上、中、下三叶。

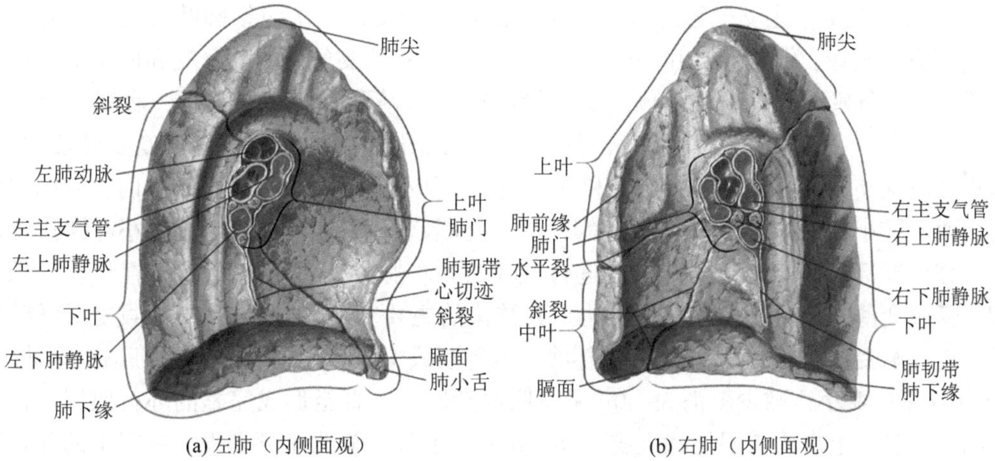

(a) 左肺（内侧面观）　　(b) 右肺（内侧面观）

图 6-12　肺的内侧面和肺门结构模式图

二、肺的微细结构

肺组织柔软而富有弹性，由肺实质和肺间质组成，表面包有脏胸膜。

（一）肺实质

肺实质包括肺内支气管的各级分支和肺泡。因主支气管的反复分支呈树枝状，故称支气管树（图 6-13）。肺实质可分为肺导气部和肺呼吸部。

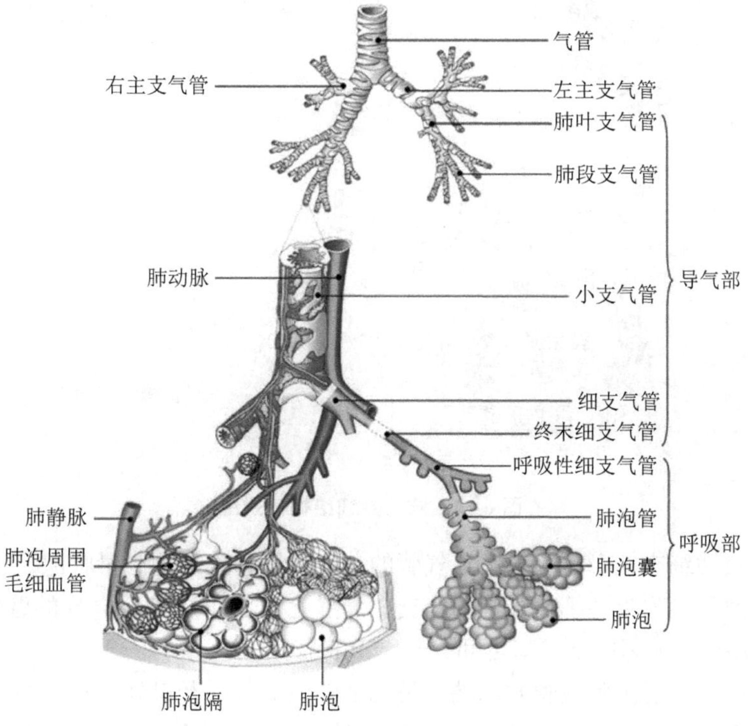

图 6-13　肺内结构模式图

1. 肺导气部　主支气管经肺门入肺后的逐级分支，依次包括肺叶支气管、肺段支气管、小支气管、细支气管和终末细支气管。每一肺段支气管及其分支和所属的肺组织构成一个支气管肺段，简称肺段。支气管肺段呈圆锥形，尖朝向肺门，底朝向肺的表面。通常左、右肺各有 10 个肺段，临床上常以肺段为单位进行定位诊断及肺切除术。肺小叶由细支气管连同其各级分支和肺泡组成。肺小叶呈锥形，尖朝向肺门，底朝向肺的表面。肺小叶是肺的结构单位。临床上常见累及若干肺小叶的炎症，称小叶性肺炎。

肺导气部只能传送气体，不能进行气体交换。肺导气部的各级支气管随着管径渐细、管壁变薄，管壁结构也发生变化。其结构的主要变化是：① 上皮由假复层纤毛柱状上皮逐渐变成单层柱状上皮。② 杯状细胞逐渐减少至消失。③ 腺体逐渐减少至消失。④ 软骨逐渐变小、减少至消失。⑤ 平滑肌逐渐增多，直至形成完整的环行肌层。在终末细支气管，上皮为单层柱状上皮，杯状细胞、腺体和软骨全部消失，有完整的环行平滑肌，其舒张和收缩可改变管径的大小，调节进入肺泡的气流量。

2. 肺呼吸部　包括呼吸性细支气管、肺泡管、肺泡囊和肺泡（图 6-13、图 6-14）。呼吸性细支气管、肺泡管、肺泡囊上连有肺泡。肺泡具有气体交换功能。

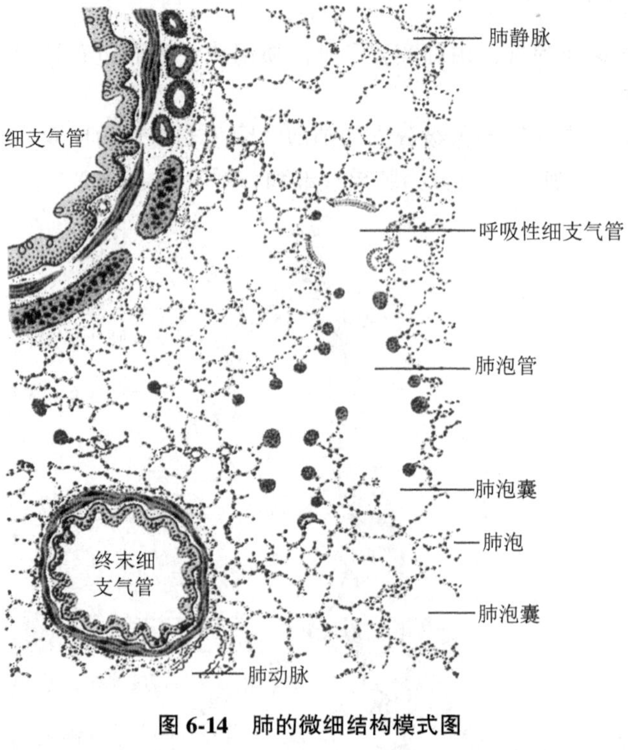

图 6-14　肺的微细结构模式图

（1）呼吸性细支气管　终末细支气管的分支，管壁上出现少量肺泡。

（2）肺泡管　呼吸性细支气管的分支，管壁上有许多肺泡，自身的管壁结构很少，管壁结构仅存在于相邻肺泡开口之间，呈结节状膨大。

（3）肺泡囊　连于肺泡管的末端，是几个肺泡的共同开口处，其管壁由肺泡围成。

（4）肺泡（pulmonary alveoli）　为多面形囊泡，壁由肺泡上皮组成，是肺进行气体交换的部位。

肺泡上皮由Ⅰ型肺泡细胞和Ⅱ型肺泡细胞组成（图6-15）。Ⅰ型肺泡细胞呈扁平形，表面较光滑，覆盖了肺泡约95%的表面积，是进行气体交换的部位，参与气-血屏障的构成。Ⅱ型肺泡细胞呈立方形或圆形，嵌于Ⅰ型肺泡细胞之间。Ⅱ型肺泡细胞能分泌表面活性物质，该物质可降低肺泡表面张力，有稳定肺泡大小的作用。

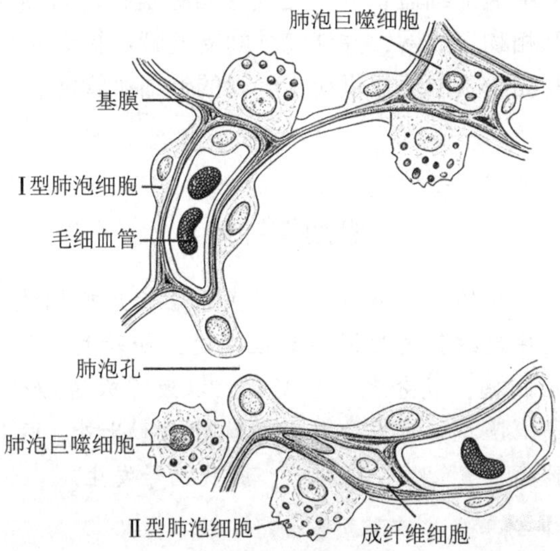

图6-15 肺泡模式图

（二）肺间质

肺间质包括结缔组织、血管、淋巴管及神经等。

1. 肺泡隔　位于相邻肺泡之间的薄层结缔组织，内含有丰富的毛细血管、大量的弹性纤维及肺巨噬细胞等。吸气时弹性纤维被动拉长，呼气时自然回缩，弹性纤维起回缩肺泡的作用。肺巨噬细胞来源于血液中的单核细胞，广泛分布于肺间质内，能清除进入肺泡和肺间质内的尘粒、细菌等异物。吞噬了较多尘粒的肺巨噬细胞称尘细胞。丰富的毛细血管紧贴在肺泡壁外面。

2. 气-血屏障（blood-air barrier）　肺泡内气体与肺泡毛细血管内的血液进行气体交换时所通过的结构，又称呼吸膜，由肺泡表面液体层、Ⅰ型肺泡细胞与基膜、薄层结缔组织、毛细血管基膜与连续内皮构成。

气体进出呼吸器官和肺泡毛细血管的途径如下：

外界空气 $\underset{}{\overset{O_2}{\rightleftharpoons}}$ 鼻 ⇌ 咽 ⇌ 喉 ⇌ 气管 ⇌ 主支气管 ⇌ 肺导气部 ⇅

肺泡毛细血管 $\underset{}{\overset{CO_2}{\rightleftharpoons}}$ 气-血屏障 ⇌ 肺呼吸部

三、肺的血液供应

肺的血液供应来自于肺动脉和支气管动脉。肺动脉是运送血液至肺进行气体交换的功能性血管。肺动脉进入肺门后在肺内的分支多与支气管的分支伴行，直至分支进入肺泡隔，包绕肺泡壁形成肺泡毛细血管网。支气管动脉是肺的营养血管，通常有1~4支。支气管动脉在肺门处互相吻合成网，并伴随肺叶支气管走行进入肺叶内。支气管动脉最终在支气管壁的外膜和黏膜下层形成供应支气管的毛细血管网。

链 接

吸烟与肿瘤

吸烟与呼吸系统肿瘤的发生有着密切的关系。长期吸烟使气管和支气管反复受有害气体的刺激，导致黏膜发生慢性炎症病变，如纤毛运动减弱，杯状细胞增多，腺体增生，分泌旺盛，成分也发生变化，以致呼吸道净化空气的功能减弱，免疫性防御功能受损，严重者可发生呼吸系统肿瘤。此外，吸烟后，致癌物质可经肺吸收，促使口腔癌、食管癌、胰腺癌、膀胱癌等发生。

第三节　胸膜与纵隔

一、胸膜

（一）胸腔、胸膜与胸膜腔

1. 胸腔（thoracic cavity）　由胸廓和膈围成的腔。上界为胸廓上口，经此与颈部连通，下界借膈与腹腔分隔。胸腔分为三部，即中间部为纵隔，左、右两侧为胸膜腔和肺（图6-16）。

2. 胸膜（pleura）　衬覆于胸壁内面、膈上面和肺表面的浆膜，分为脏胸膜和壁胸膜两部分（图6-16）。脏胸膜紧贴肺表面，并伸入斜裂、水平裂内。壁胸膜衬贴在胸壁内面、纵隔侧面和膈的上面，按其部位又

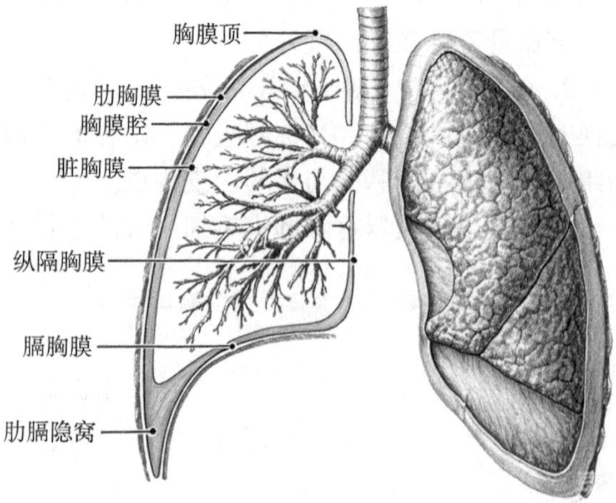

图6-16　胸膜与胸膜腔模式图

分为肋胸膜、膈胸膜、纵隔胸膜、胸膜顶 4 部分。肋胸膜贴附于肋骨与肋间肌等处的内面；膈胸膜贴附于膈的上面；纵隔胸膜贴附于纵隔的两侧面；胸膜顶突出胸廓上口，伸向颈根部，是覆盖在肺尖上方的部分，高出锁骨内侧 1/3 上方约 2.5 cm，由肋胸膜与纵隔胸膜向上延伸形成。

3. 胸膜腔（pleural cavity） 脏胸膜与壁胸膜在肺根处相互移行而形成的密闭的潜在性腔隙（图 6-16）。左右各一，互不相通。胸膜腔呈负压，内有少量的浆液，可减少呼吸时胸膜之间的摩擦。肋胸膜与膈胸膜返折处形成的半环形间隙称肋膈隐窝，即使在用力吸气时，肺缘也达不到其内，是胸膜腔最低的部位。胸膜腔积液常积存于肋膈隐窝，是临床胸腔抽液的部位。

（二）胸膜与肺的体表投影

脏、壁胸膜返折部位称胸膜返折线。肋胸膜与纵隔胸膜前缘的返折线是胸膜前界；肋胸膜与纵隔胸膜后缘的返折线是胸膜后界；肋胸膜与膈胸膜的返折线则是胸膜下界。胸膜前界的上端起自胸膜顶，向内下斜行，在第 2 胸肋关节水平两侧互相靠拢，在正中线附近垂直下行，至第 4 胸肋关节平面以下两侧胸膜返折线互相分开。胸骨体下部和左侧第 4、5 肋软骨后方的三角形区域，称心包区。此处心包前方没有胸膜遮盖，临床上可在心包区进行心包穿刺或心内注射，以免损伤胸膜和肺。

胸膜的体表投影即壁胸膜各部互相移行形成的返折线在体表的投影位置（图 6-17）。胸膜与肺的前界和下界的体表投影具有较大的实用意义。

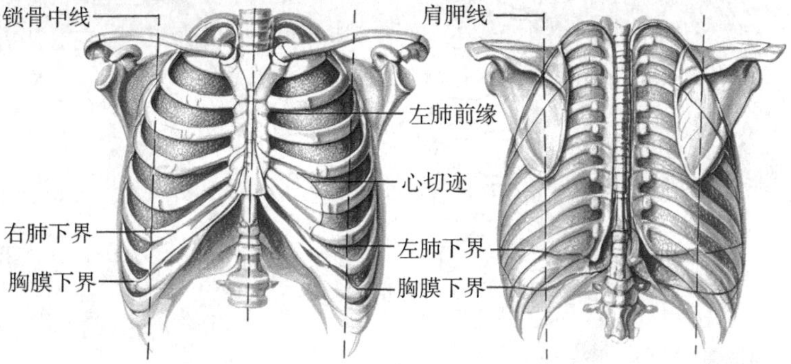

(a) 前面观 (b) 后面观

图 6-17 肺与胸膜的体表投影

胸膜下界的体表投影在锁骨中线处与第 8 肋相交，在腋中线处与第 10 肋相交，在肩胛线处与第 11 肋相交，最后在接近后正中线处平第 12 胸椎棘突高度。

肺下界的体表投影在各标志线处投影位置均较胸膜下界高出约 2 个肋的距离，详见表 6-1。

表 6-1 肺下界与胸膜下界的体表投影

	锁骨中线	腋中线	肩胛线	后正中线
肺下界	第 6 肋	第 8 肋	第 10 肋	第 10 胸椎棘突
胸膜下界	第 8 肋	第 10 肋	第 11 肋	第 12 胸椎棘突

二、纵隔

（一）纵隔的概念及境界

纵隔（mediastinum）是左右两侧纵隔胸膜之间全部器官和组织的总称。其前界为胸骨，后界为脊柱胸段，两侧界为纵隔胸膜，上界为胸廓上口，下界为膈。

（二）纵隔的分部及内容

通常以胸骨角平面将纵隔分为上纵隔和下纵隔（图 6-18）。下纵隔以心包为界又分为 3 部分，位于胸骨与心包前面之间的部分为前纵隔，心包、心以及与其相连大血管根部所占据的部分为中纵隔，心包后面与脊柱胸段之间的部分为后纵隔。

上纵隔内有胸腺、头臂静脉、上腔静脉、主动脉及其分支、迷走神经、膈神经、食管胸部、气管胸部和胸导管等；前纵隔内有胸腺的下部、部分纵隔前淋巴结和疏松结缔组织等；中纵隔内有心包、心、升主动脉、上腔静脉、肺动脉干及其分支、左右肺静脉、膈神经和气管杈等；后纵隔内有胸主动脉、奇静脉、半奇静脉、迷走神经、食管胸部和胸导管等（图 6-19）。

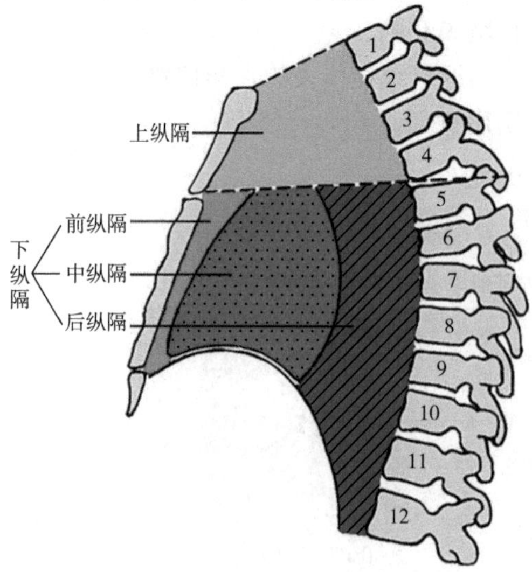

图 6-18　纵隔的分部示意图

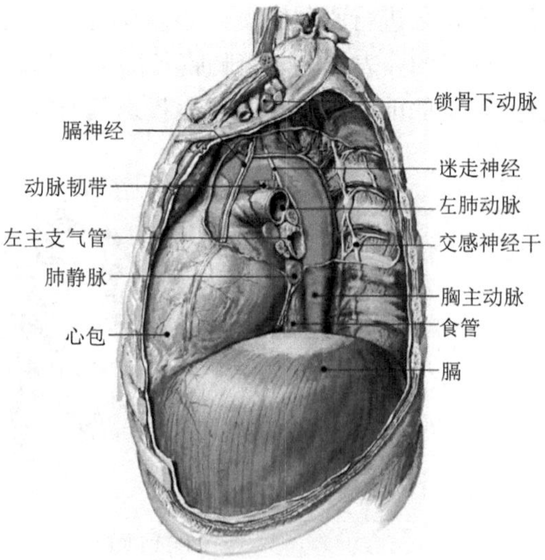

图 6-19　纵隔左侧面观

检测题

一、名词解释

1. 上呼吸道　2. 气–血屏障　3. 胸膜腔　4. 纵隔

二、简答题

1. 简述鼻旁窦的名称与开口部位。
2. 简述吸入的新鲜空气经何途径到达肺泡腔。

（刘竞择）

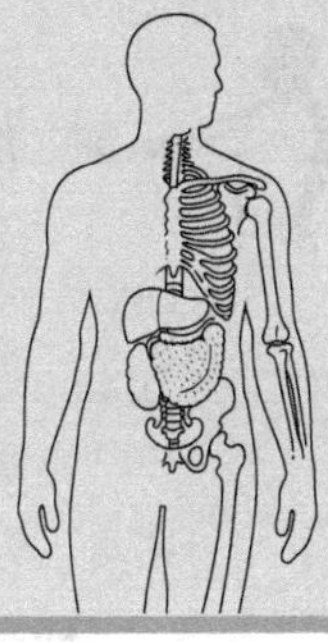

第七章 泌尿系统

学习目标

1. 知识目标

（1）掌握：泌尿系统的组成；肾的形态、位置及剖面结构；输尿管的狭窄；膀胱三角的位置、构造特点和临床意义；肾单位的组成和结构；肾区、滤过屏障的概念。

（2）熟悉：肾的被膜；膀胱的形态、位置和毗邻；女性尿道的结构特点；球旁复合体的组成和结构。

（3）了解：肾的血液循环特点；输尿管的行程与分部；膀胱壁的结构。

2. 能力目标

（1）能在标本、模型或3D解剖软件上辨认泌尿系统各器官的形态结构；能演示尿的产生部位及排出途径。

（2）能辨识光学显微镜下肾的微细结构。

（3）掌握肾的结构，能结合“世界肾脏日”“全民健康素养宣传月”等进行健康知识的宣传教育。

3. 素质目标

（1）参加标本、模型小组学习和临床案例小组讨论，培养良好的语言表达能力、沟通合作能力，增强集体意识和团队合作意识。

（2）学习与“女性导尿术”等有关的临床操作的解剖结构，培养关爱患者、恪尽职守、爱岗敬业等职业素养，树立遵守职业道德准则、遵守护理岗位技术规范等意识。

（3）树立科学的健康观，养成“足量饮水，少量多次”等科学的生活方式和行为习惯；树立运用所学知识进行健康宣教的意识，助力健康中国建设。

案例7

患者，女，28岁。因“发热伴尿痛1天”急诊入院。4小时前无明显诱因突然出现尿频、尿急、尿痛，体温39 ℃。初步诊断：肾盂肾炎。

任务：1. 简述肾的形态和位置。

2. 简述泌尿系统的组成。

泌尿系统（urinary system）由肾、输尿管、膀胱和尿道组成（图7-1），主要功能是实现尿的生成与排出，从而将人体新陈代谢产生的废物、多余的水和无机盐排出体外，以维持人体内环境的相对稳定。肾生成尿，输尿管输送尿至膀胱，膀胱为储存尿的器官，尿经尿道排出体外。

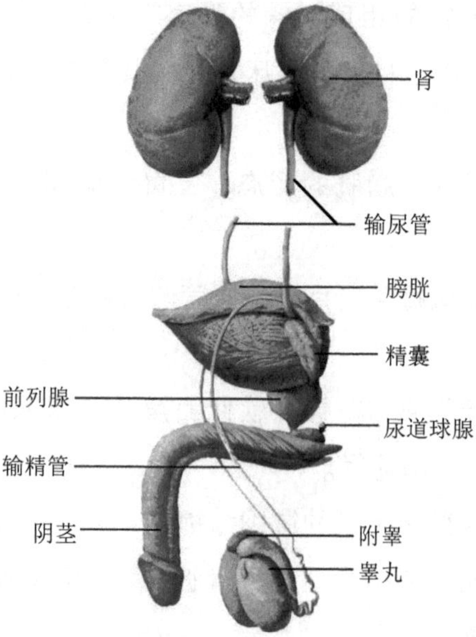

图7-1 男性泌尿生殖系统模式图

第一节 肾

一、肾的形态和位置

（一）肾的形态

肾（kidney）是实质性器官，左、右各一，形似蚕豆（图7-2）。肾分为上、下两端，前、后两面和内、外侧两缘。肾的后面较平坦，紧贴腹后壁；外侧缘凸隆；内侧缘中部凹陷为肾门（renal hilum），有肾动脉、肾静脉、肾盂、神经和淋巴管等出入，这些结构被结缔组织包裹形成肾蒂。肾门向肾实质凹陷形成一个潜在性腔隙，为肾窦（图 7-3），内含肾血管、肾小盏、肾大盏、肾盂、神经、淋巴管和脂肪等。肾窦是肾门的延续，肾门是肾窦的开口。

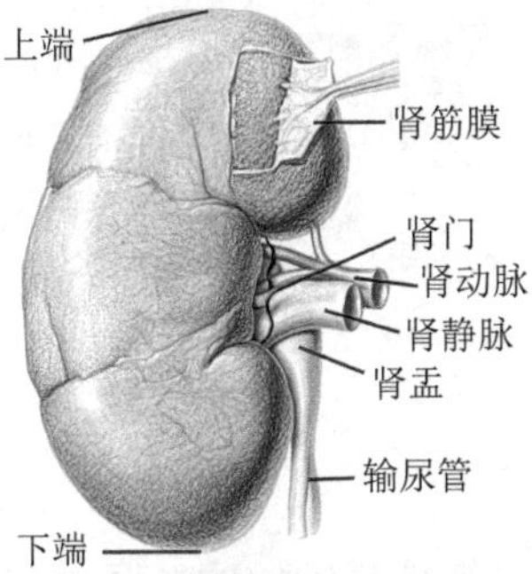

图 7-2　肾的形态（前面观）

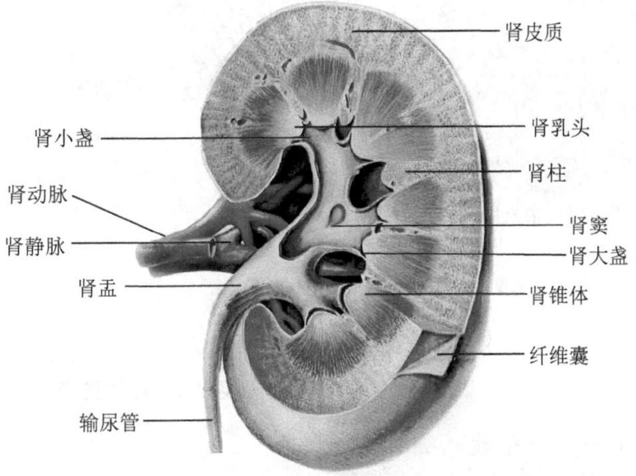

图 7-3　肾冠状切面模式图（后面观）

（二）肾的位置

肾位于脊柱两侧，紧贴腹后壁上部，是腹膜外位器官（图 7-4、图 7-5）。左肾上端平第 11 胸椎体下缘，下端平第 2~3 腰椎椎间盘之间，第 12 肋斜过左肾中部的后方。右肾略低于左肾。右肾上端平第 12 胸椎体上缘，下端平第 3 腰椎体上缘，第 12 肋斜过右肾上部的后方。肾门约平第 1 腰椎体。在腰背部，肾门的体表投影在竖脊肌外侧缘与第 12 肋所形成的夹角处，称肾区。肾病患者叩击或触压此处可引起疼痛。

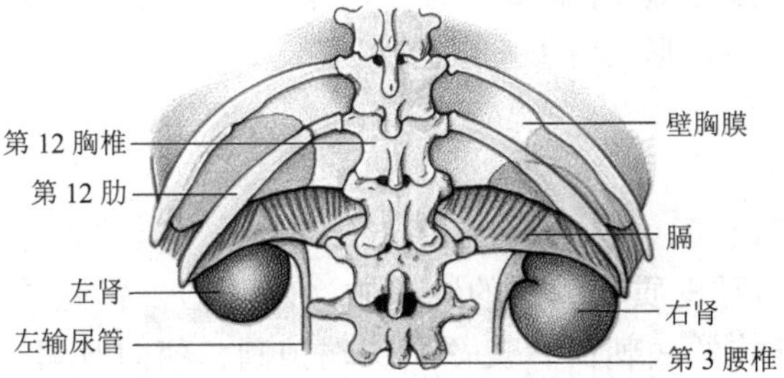

图 7-4　肾与肋骨、椎骨的位置关系

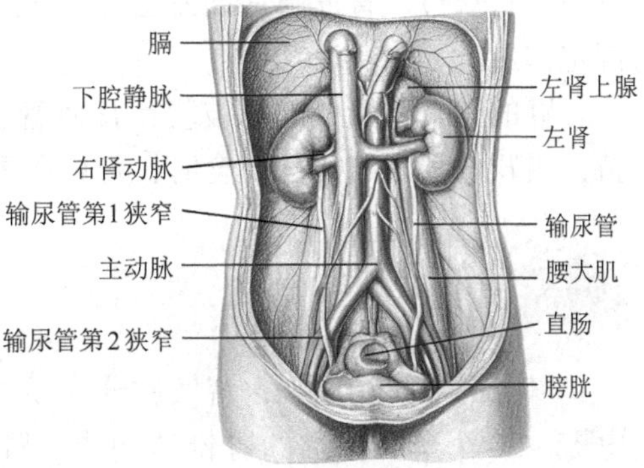

图 7-5　肾的位置（前面观）

二、肾的被膜

肾的表面由内向外依次有纤维囊、脂肪囊和肾筋膜 3 层被膜（图 7-6）。

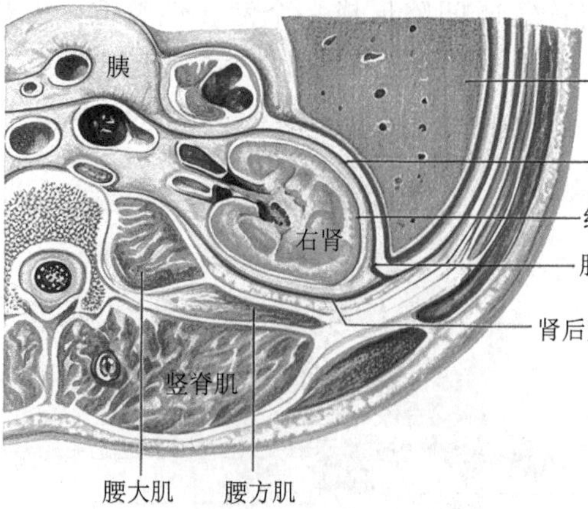

(a) 横切面

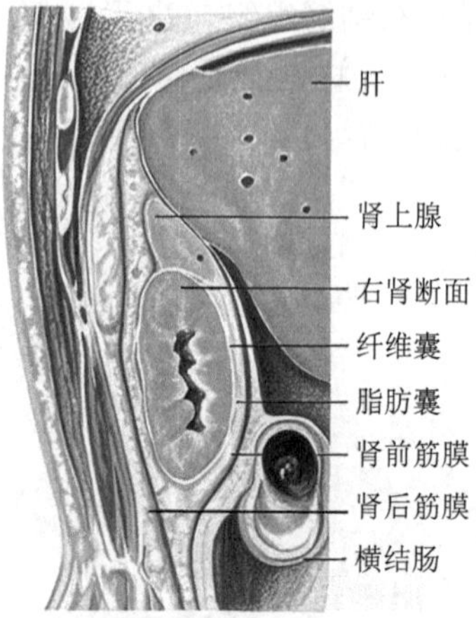

(b) 矢状切面

图 7-6　肾的被膜

（一）纤维囊

纤维囊紧贴肾表面，薄而坚韧，由致密结缔组织和少量弹性纤维构成。肾破裂或部分肾切除时需缝合此膜。

（二）脂肪囊

脂肪囊又称肾床，包被于纤维囊外面，并经肾门延伸至肾窦内，与肾窦内的脂肪组织相续，对肾有保护作用。临床上行肾囊封闭时，将药物经腹后壁注入此囊内。

（三）肾筋膜

肾筋膜位于脂肪囊外面，分前、后两层，包被肾和肾上腺。前层与对侧前层相连续，后层与腰大肌筋膜相融合。前、后两层在肾的外侧和上方相融合，下方分开，其间有输尿管通过。肾筋膜深面发出许多结缔组织小束，穿过脂肪囊和纤维囊相连，对肾起固定作用。

肾的正常位置依靠肾被膜、肾血管、腹膜、腹内压和肾的邻近器官等来固定和维持，当肾的固定结构不健全时，肾可向下移位，形成肾下垂或游走肾。

三、肾的剖面结构

以肾的冠状切面观，肾实质分为浅层的肾皮质和深层的肾髓质（图 7-3）。肾髓质由 15~20 个呈圆锥形的肾锥体构成。肾锥体的底朝向肾皮质，尖端钝圆，朝向肾窦。肾锥体的底与肾皮质相连接，从肾锥体的底呈放射状伸入肾皮质的条纹称髓放线。2~3 个肾锥体尖端合并成肾乳头，突入肾小盏内。肾乳头顶端有许多小孔称乳头孔，终尿经乳头孔流入肾小盏内。位于肾锥体之间的皮质部分称肾柱。

包绕在肾乳头周围的漏斗状膜性管道，称肾小盏，共 7~8 个；2~3 个肾小盏汇合成 1 个肾大盏；2~3 个肾大盏汇合成 1 个肾盂，肾盂出肾门后向下弯行，约在第 2 腰椎上缘平面逐渐变细移行为输尿管。

四、肾的微细结构

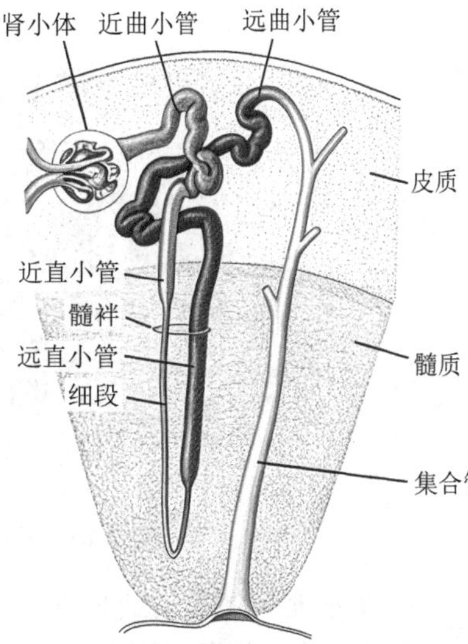

图 7-7　肾单位和集合管模式图

肾实质主要由大量的肾单位和集合管构成，其间有少量的结缔组织、血管和神经等结构。每个肾单位包括 1 个肾小体和 1 条与其相连的肾小管（图 7-7）。肾小管汇入集合管，它们都是单层上皮性管道，合称泌尿小管。

（一）肾单位

肾单位（nephron）是肾结构和功能的基本单位，由肾小体和肾小管构成。每个肾约有 150 万个肾单位。

1. 肾小体　位于肾皮质内，呈球形，由血管球和肾小囊构成（图 7-7、图 7-8、图 7-9）。肾小体有两个极，微动脉出入端为血管极，与近曲小管相接端为尿极。

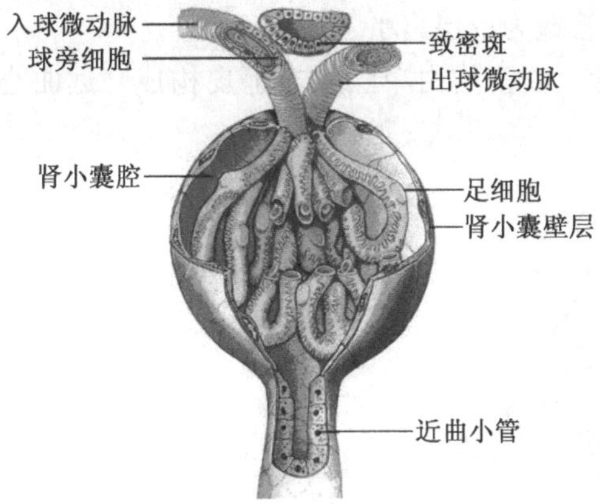

图 7-8　肾小体与球旁复合体立体模式图

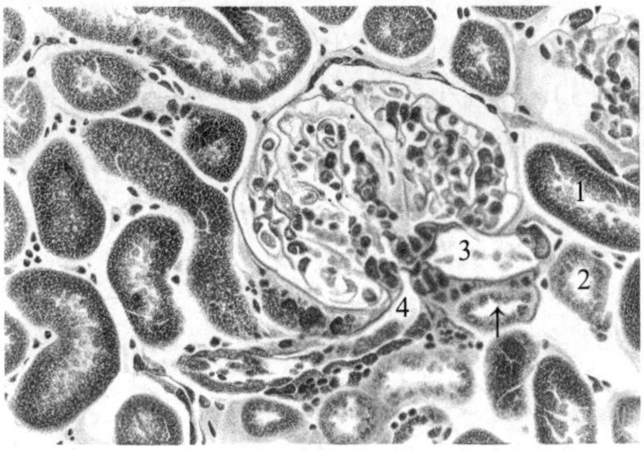

1—近曲小管；2—远曲小管；3—入球微动脉；4—出球微动脉；↑—致密斑。

图 7-9　肾皮质光镜结构像

（1）血管球　又称肾小球，是位于入球微动脉与出球微动脉之间盘曲成球状的毛细血管，管壁由一层有孔的内皮细胞及其外面的基膜构成。

（2）肾小囊　为胚胎时期肾小管起始部膨大凹陷而成的双层盲囊。两层囊壁之间的腔隙称肾小囊腔。肾小囊的外层称肾小囊壁层，由单层扁平上皮构成，与近端小管的上皮相延续；内层称肾小囊脏层，由足细胞构成，贴附于血管球毛细血管基膜周围（图 7-10）。足细胞发出初级突起和次级突起，相邻次级突起相互穿插嵌合，其间有裂孔，为裂孔膜所覆盖。当血液流经血管球的毛细血管时，血浆内部分物质经有孔的内皮细胞、基膜和裂孔膜滤入肾小囊腔，这 3 层结构称滤过屏障，又称滤过膜。若滤过屏障受损，蛋白质甚至血细胞均有可能漏入肾小囊腔，出现蛋白尿或血尿。

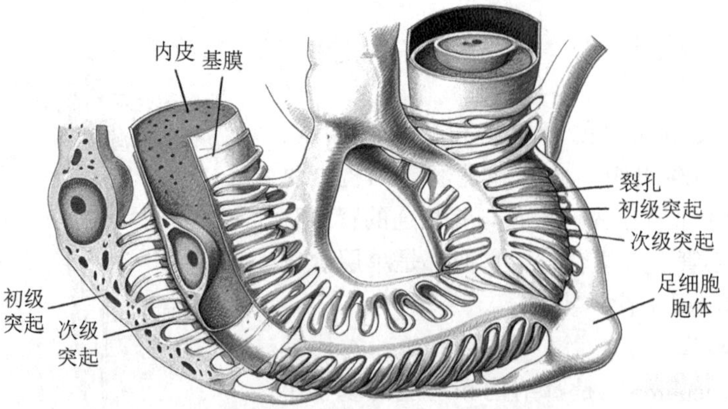

图 7-10　肾小体的足细胞与毛细血管电镜模式图

2. 肾小管　是一条细长迂曲的管道，起自肾小囊，止于集合管。从近端至远端依次为近端小管、细段和远端小管（图 7-7、图 7-11）。

（1）近端小管　为肾小管起始段，分为近曲小管和近直小管，管壁均由单层立方或锥形上皮构成。近曲小管盘曲于肾小体附近，始端与肾小囊腔相通。近直小管位于近曲小管和细段之间。

（2）细段　为肾小管中管径最细的部分，管壁为单层扁平上皮。

（3）远端小管　包括远直小管和远曲小管，管壁均由单层立方上皮构成。远曲小管盘曲于肾小体附近。

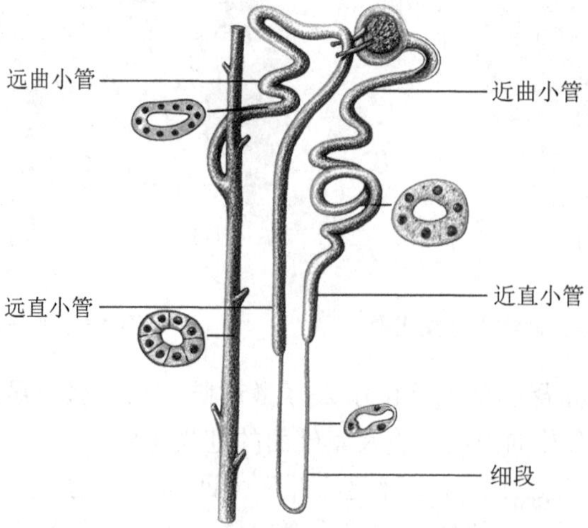

图 7-11　肾小管各段结构模式图

近直小管、细段和远直小管共同构成“U”形袢状结构，称为髓袢，又称肾单位袢，能减缓肾小管内液体流速。

（二）集合管

集合管又称集合小管系，包括弓形集合小管、直集合小管和乳头管 3 段。弓形集合小管很短，一端连接远曲小管，另一端呈弧形弯入髓放线，与直集合管相连。直集合小管在髓放线和肾锥体内下行，至肾乳头处改称乳头管。直集合小管在髓放线下行时沿途有许多弓形集合小管汇入。

（三）球旁复合体

球旁复合体又称肾小球旁器，由球旁细胞、致密斑和球外系膜细胞组成（图 7-8）。

1. 球旁细胞　入球微动脉近血管球处，管壁的平滑肌细胞分化为上皮样细胞，具有分泌功能，称球旁细胞。球旁细胞体积较大，呈立方形，能分泌肾素。

2. 致密斑　为远曲小管靠近肾小球侧的上皮细胞形成的椭圆形斑，此处上皮细胞呈柱状，排列紧密，细胞核位于近细胞顶部。致密斑是 Na^{+}感受器，有调节球旁细胞分泌肾素的功能。

五、肾的血液循环

肾的血液循环兼有营养肾组织和参与尿生成的双重作用，主要具有如下特点：① 肾动脉直接发自腹主动脉，血管粗短，压力高，血流量大。② 入球微动脉粗短，出球微动脉细长，血管球内的压力较高，利于滤过。③ 动脉两次形成毛细血管网，第一次是入球微动脉分支形成血管球，有利于原尿的形成；第二次是出球微动脉分支在肾小管周围形成球后毛细血管网，有利于肾小管和集合管的重吸收。

第二节　输尿管、膀胱与尿道

一、输尿管

输尿管（ureter）是位于腹膜外位的肌性管道，左、右各一（图 7-5）。输尿管起自肾盂，在壁腹膜后方沿腰大肌前面下行，于小骨盆上口处跨髂总动脉分叉处前方入盆腔，斜穿膀胱底外上角的膀胱壁，开口于膀胱底内面的输尿管口。输尿管长 20~30 cm，管径平均 0.5~1.0 cm，最窄处管径只有 0.2~0.3 cm。

（一）输尿管的分部

输尿管全长分为输尿管腹部、输尿管盆部和输尿管壁内部。输尿管腹部介于肾盂末端和小骨盆入口处之间；盆部介于小骨盆入口和膀胱底之间；输尿管壁内部为输尿管斜穿膀胱壁的部分。当膀胱充盈时，由于膀胱内压的升高，输尿管壁内部被挤压而闭合，可防止尿液逆流入输尿管。

（二）输尿管的狭窄

输尿管全长有 3 处生理性狭窄：① 肾盂与输尿管移行处；② 小骨盆上口，输尿管跨过髂血管处；③ 输尿管的壁内部。此 3 处狭窄是结石易滞留的部位。

二、膀胱

膀胱（urinary bladder）是贮存尿的囊状肌性器官（图 7-1），膀胱的形状、大小、位置和壁的厚度均随性别、年龄和尿液充盈程度的不同而变化。通常成人的膀胱容量为 350～500 mL，新生儿膀胱容量约为成人的 1/10。

（一）膀胱的形态

膀胱空虚时呈三棱锥体形，可分为膀胱尖、膀胱体、膀胱底和膀胱颈 4 部分（图 7-12）。膀胱尖细小，朝向前上方；膀胱底近似三角形，朝向后下方；膀胱尖与膀胱底之间的部分为膀胱体；膀胱的最下部变细，称膀胱颈，与尿道相接。膀胱各部之间无明显界限。

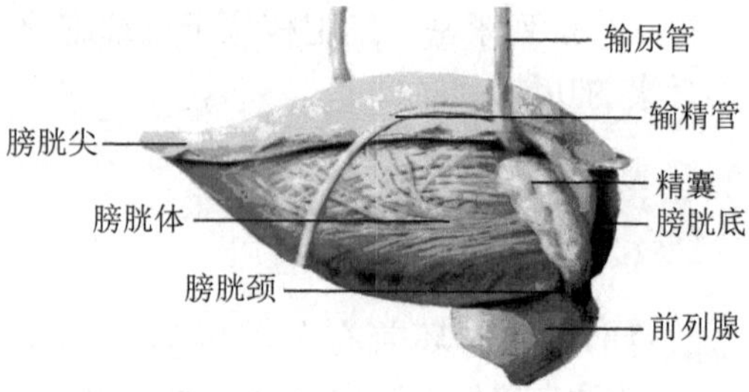

图 7-12 膀胱的形态（男性）

（二）膀胱的位置和毗邻

成人膀胱空虚时位于小骨盆腔内，前方邻耻骨联合，后方在男性与精囊、输精管壶腹和直肠相邻，在女性与子宫和阴道相邻。膀胱颈的下方，男性邻前列腺，女性邻尿生殖膈。

膀胱空虚时，膀胱尖不超过耻骨联合上缘。膀胱充盈时，膀胱尖高出耻骨联合之上，由腹前壁返折向膀胱的腹膜也随之上移至耻骨联合上方，此时在耻骨联合上方施行膀胱穿刺术，可避免损伤腹膜及造成腹膜腔污染（图 7-13）。

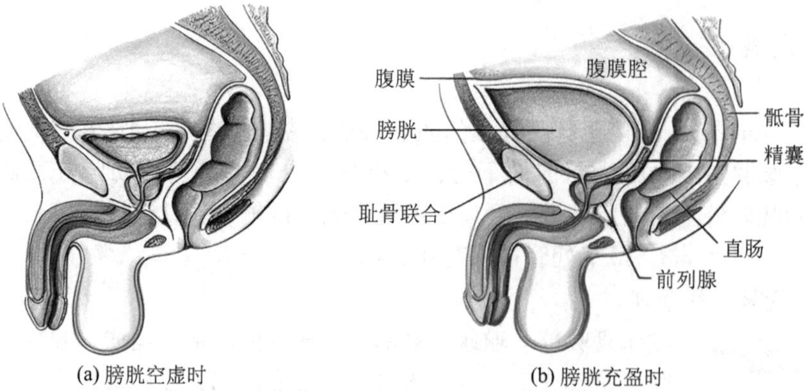

图 7-13 膀胱与腹膜的关系模式图（男性）

（三）膀胱壁的结构

膀胱壁由内向外依次由黏膜、肌层和外膜构成。膀胱空虚时，内面可形成许多黏膜皱襞；充盈时，皱襞可减少或消失。在膀胱底的内面，位于左、右输尿管口和尿道内口之间的三角形区域称膀胱三角（图 7-14），无论膀胱充盈或空虚，此处黏膜始终光滑无皱襞，是肿瘤和结核的好发部位。左、右输尿管口之间的横行皱襞称输尿管间襞，可作为膀胱镜检查时寻找输尿管口的标志。

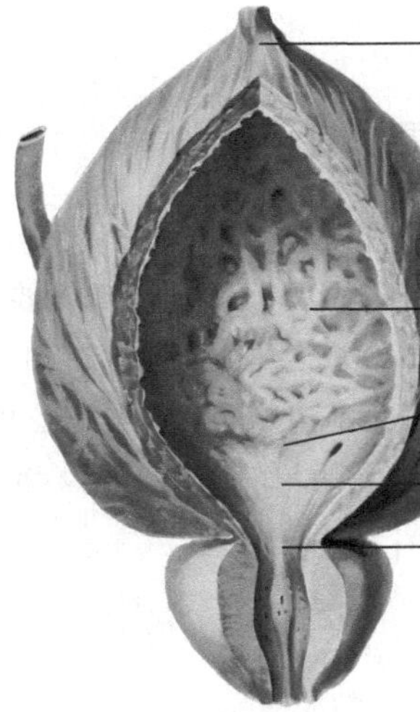

图 7-14　膀胱三角

三、尿道

尿道（urethra）是将尿排出体外的肌性管道。男性尿道有排尿和排精作用（见男性生殖系统）。女性尿道仅有排尿功能，长 3~5 cm，直径约 0.6 cm。女性尿道起自膀胱的尿道内口，向前下方走行穿过尿生殖膈，以尿道外口开口于阴道前庭（图 7-15）。在穿尿生殖膈时，周围有尿道阴道括约肌环绕，此肌为骨骼肌，有控制排尿的作用。女性尿道前方为耻骨联合，后方紧贴阴道前壁，尿道外口位于阴道口的前方。由于女性尿道短、宽而直，且开口于阴道前庭，距阴道口和肛门较近，故女性尿路易受感染。

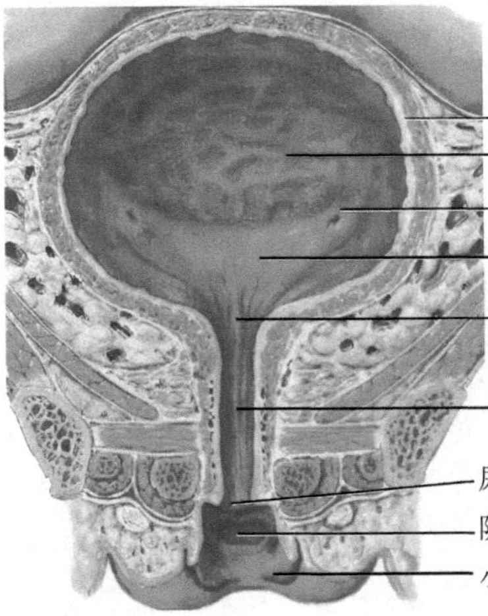

图 7-15　女性尿道

链接

女性导尿术应用解剖

导尿术是在严格无菌操作下，将导尿管经尿道插入膀胱引出尿液的临床诊疗技术。其目的是解除尿潴留、协助临床诊断和治疗膀胱疾病（如膀胱炎、膀胱癌）等。为女性导尿插管时，要仔细观察，认清尿道外口，避免误入阴道（图 7-15）。女性尿道外口位于阴道前庭前部，阴蒂与阴道口之间，距阴蒂 2~2.5 cm，距阴道口约 1 cm。操作时，将导尿管从尿道外口插入 4~6 cm，见尿流出后再插入 1 cm，固定即可。

检测题

一、名词解释

1. 肾区　2. 肾单位　3. 致密斑　4. 膀胱三角

二、简答题

1. 简述肾的形态和位置。
2. 简述输尿管生理性狭窄的位置及临床意义。

（张艳）

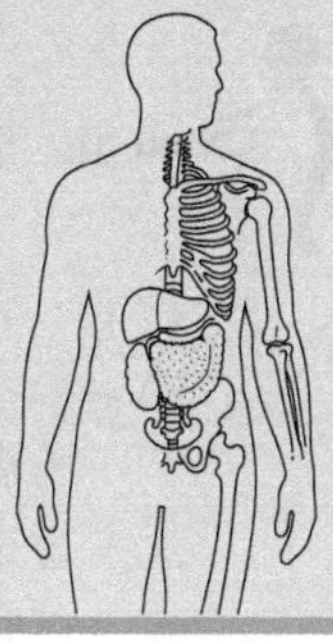

第八章 生殖系统

学习目标

1. 知识目标

（1）掌握：男、女生殖系统的组成；睾丸的位置、形态和结构；男性尿道的分部、狭窄及弯曲；卵巢的位置和形态；输卵管的位置、分部及各部的临床意义；子宫的形态、分部、位置以及固定装置；排卵、黄体、会阴、腹膜腔等的概念；膀胱直肠陷凹、子宫直肠陷凹的位置和临床意义。

（2）熟悉：精子的产生和排出途径；输精管的分部；前列腺的形态、位置；睾丸、卵巢、子宫的微细结构以及子宫内膜的周期性变化；阴道的位置、形态及阴道穹的意义；乳房的位置和形态结构特点；腹膜和腹、盆腔脏器的关系；大网膜、小网膜的概念。

（3）了解：男、女外生殖器的组成；精索的组成；阴道的微细结构；腹膜形成的韧带。

2. 能力目标

（1）能在标本、模型或3D解剖软件上辨认男、女生殖系统各器官的形态结构以及腹膜形成的结构；能通过演示说明精子的产生及排出途径；能通过演示说明与男性导尿术有关的解剖结构。

（2）能辨识光学显微镜下睾丸、卵巢、子宫的微细结构。

（3）能理解男、女性生殖系统的组成及其功能，能结合“世界男性健康日”“世界女性生殖健康日”等进行健康知识的宣传教育。

3. 素质目标

（1）参加标本、模型小组学习和临床案例小组讨论，培养良好的语言表达能力、沟通合作能力，增强集体意识和团队合作意识。

（2）学习“男性导尿术”等有关临床操作的解剖结构，培养关爱患者、恪尽职守、爱岗敬业等职业素养，树立遵守职业道德准则和护理岗位技术规范等意识。

（3）关注生殖健康，树立正确的性观念，树立健康的恋爱观和生育观；树立运用所学知识进行性教育等健康宣教的意识，助力健康中国建设。

案例 8

患者，女，33 岁。因“反复下腹隐痛 1 年、加重 1 个月”就诊。患者 1 年前人工流产后出现下腹疼痛，呈隐痛，自服抗生素治疗，效果欠佳。近 1 个月疼痛加重，伴腰痛，白带增多。查体：下腹压痛。B 超：盆腔积液。初步诊断：慢性盆腔炎。

任务： 1. 从解剖学的角度解释女性易罹患慢性盆腔炎的原因。

2. 简述女性生殖系统的组成。

生殖系统（reproductive system）分为男性生殖系统和女性生殖系统。男、女性生殖系统根据器官所在部位均可分为内生殖器和外生殖器两部分（表 8-1）。内生殖器多位于盆腔内，包括生殖腺、生殖管道和附属腺。外生殖器露于体表。

生殖系统主要有产生生殖细胞、分泌性激素、繁殖新个体等功能。

表 8-1 生殖系统的组成

生殖器		男性生殖系统	女性生殖系统
内生殖器	生殖腺	睾丸	卵巢
	生殖管道	附睾、输精管、射精管、男性尿道	输卵管、子宫、阴道
	附属腺	精囊、前列腺、尿道球腺	前庭大腺
外生殖器		阴囊、阴茎	女阴

第一节 男性生殖系统

男性内生殖器由生殖腺（睾丸）、生殖管道（附睾、输精管、射精管、男性尿道）和附属腺（精囊、前列腺、尿道球腺）组成（图 8-1）。男性外生殖器包括阴囊和阴茎，前者容纳睾丸、附睾等，后者是男性的性交器官。

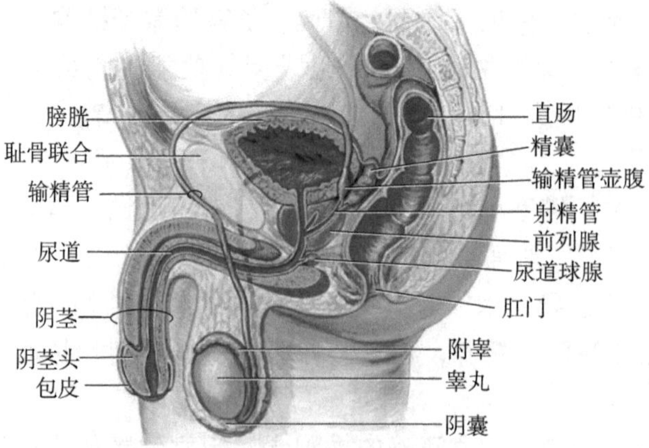

图 8-1 男性生殖系统模式图

一、男性内生殖器

（一）睾丸

睾丸（testis）是男性生殖腺，可产生精子和分泌雄激素。

1. 睾丸的位置和形态　睾丸位于阴囊内（图 8-2），左右各一。睾丸表面光滑，呈微扁的椭圆形，分内、外侧面，上、下端和前、后缘。内侧面较平坦，外侧面较隆凸。下端及前缘游离，上端及后缘有附睾相连，并有血管、淋巴管、神经在后缘出入。在性成熟期以前，睾丸发育较慢，至性成熟期发育迅速，老年人睾丸萎缩变小。

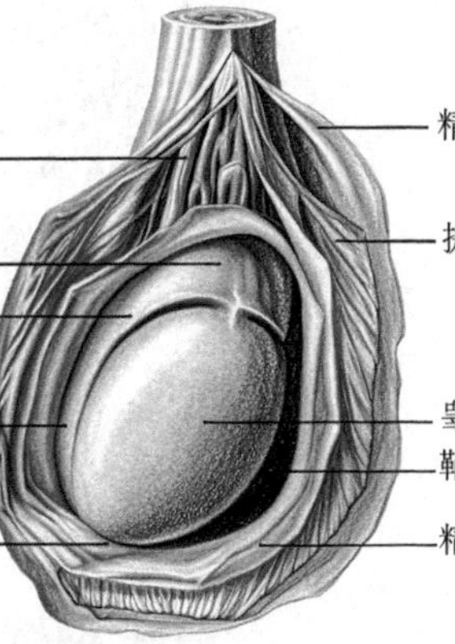

图 8-2　睾丸与附睾

链接

睾丸下降

胚胎早期，睾丸位于腹后壁、肾的下方，以后逐渐下降；胚胎第 3 个月时可下降至髂窝，胚胎第 7 个月时可下降至腹股沟管深环，胚胎第 9 个月降入阴囊。出生 2 个月后，如果单侧或双侧睾丸没有下降到阴囊内，仍停留在腹腔或腹股沟管内，临床上统称为隐睾症。由于精子发生须在低于体温 2~3 ℃的环境中进行，故隐睾症患者常因生精功能障碍而不育。

2. 睾丸的微细结构　睾丸表面有一层由致密结缔组织构成的白膜（图 8-3）。白膜在睾丸后缘增厚形成睾丸纵隔，后者发出睾丸小隔将睾丸分成约 250 个锥形的睾丸小叶。每个睾丸小叶内有 1~4 条细长而弯曲的生精小管。生精小管在接近睾丸纵隔处变为短而直的精直小管，后者进入睾丸纵隔后相互吻合形成睾丸网。生精小管之间的疏松结缔组织称为睾丸间质。

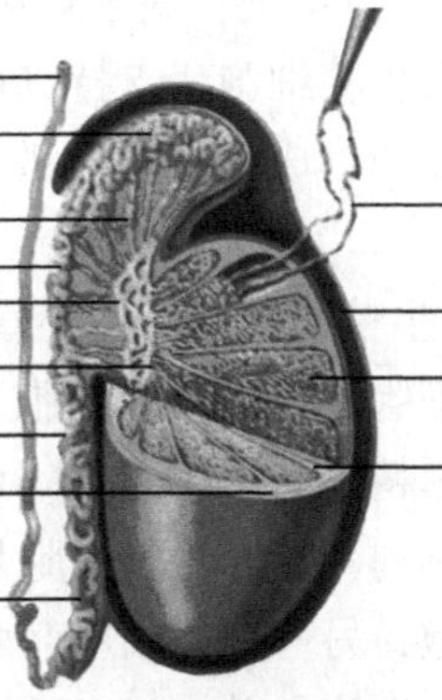

图 8-3　睾丸与附睾的结构模式图

（1）生精小管　生精小管是产生精子的场所，主要由生精上皮构成。生精上皮由支持细胞和 5~8 层生精细胞组成（图 8-4、图 8-5）。

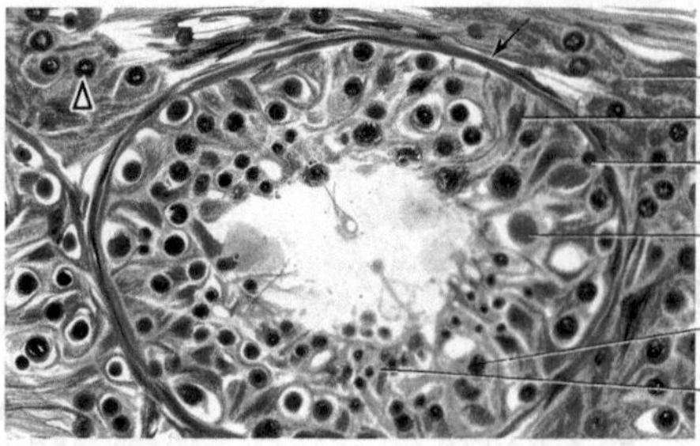

△—睾丸间质；↙—生精小管。

图 8-4 生精小管与睾丸间质光镜结构像

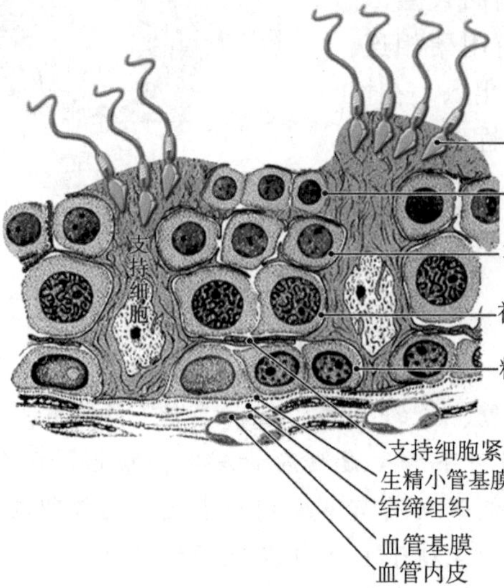

图 8-5 生精小管及血-睾屏障模式图

1）支持细胞：呈不规则长锥体形，基部紧贴基膜，顶部伸达腔面，侧面和腔面镶嵌着各级生精细胞。支持细胞对生精细胞起支持、营养、保护等作用，参与形成血-睾屏障，还能合成、分泌雄激素结合蛋白，以保持生精小管内较高的雄激素水平，促进精子发生。

2）生精细胞：生精小管管壁内可见不同发育阶段的生精细胞，从基膜到管腔依次为精原细胞、初级精母细胞、次级精母细胞、精子细胞和精子。从精原细胞到精子形成的过程称精子发生，需要（64±4.5）天才能完成。① 精原细胞：分为 A、B 两型，紧贴基膜排列。A 型精原细胞是生精细胞中的干细胞，不断分裂增殖，一部分细胞继续作为干细胞，另一部分细胞转化为 B 型精原细胞；B 型精原细胞经过数次分裂后，分化成初级精母细胞，并向腔面移动。② 初级精母细胞：核型为 46，XY。初级精母细胞经 DNA 复制后进行第一次减数分裂，形成两个次级精母细胞。③ 次级精母细胞：核型为 23，X 或 23，Y。次级精母细胞未经 DNA 复制，迅速进行第二次减数分裂，产生两个精子细胞。④ 精子细胞：核型为 23，X 或 23，Y。精子细胞不再分裂。⑤ 精子：形似蝌蚪，分头、尾两部，由精子细胞经过复杂的形态变化而成。精子头部嵌附于支持细胞的顶部，尾部游离于生精小管腔内。精子头部主要是高度浓缩的细胞核，核的前2/3被顶体覆盖。顶体内含多种水解酶，在受精过程中发挥重要作用。精子尾部细长，能摆动，是精子的运动装置。

(2) 睾丸间质　睾丸间质是位于生精小管之间的富含血管、淋巴管的疏松结缔组织，其中有成群分布的睾丸间质细胞（图8-4）。睾丸间质细胞，又称Leydig细胞，呈圆形或多边形，细胞核圆形，细胞质呈嗜酸性。从青春期开始，睾丸间质细胞分泌雄激素。雄激素有促进精子发生和男性外生殖器官发育、维持男性第二性征和性功能、促进红细胞生成等作用。

血-睾屏障位于睾丸间质的毛细血管与生精小管之间，也叫血-生精小管屏障，由毛细血管内皮及其基膜、结缔组织、生精上皮基膜和支持细胞的紧密连接等构成(图8-5)。它能阻挡血液中某些物质接触生精上皮，形成并维持有利于精子发生的微环境，能防止精子抗原物质逸出到生精小管外而引发自身免疫反应。

(二) 附睾

附睾（epididymis）紧贴于睾丸的上端和后缘（图8-1、图8-2），呈新月形，主要由睾丸输出小管和附睾管组成。附睾包括上端膨大的附睾头，中部的附睾体和下端的附睾尾。附睾尾向上返折移行为输精管。附睾的功能是贮存精子，分泌附睾液营养精子，促进精子进一步成熟。若附睾功能异常，会影响精子的成熟，导致男性不育。

(三) 输精管与射精管

1. 输精管（ductus deferens）　输送精子的肌性管道（图8-1）。活体触摸时呈坚实的细索状。输精管依行程分为4部分。① 睾丸部：起于附睾尾，沿睾丸后缘、附睾内侧上行至睾丸上端。② 精索部：介于睾丸上端与腹股沟管浅环之间，此段位置表浅，易于触及。③ 腹股沟管部：位于腹股沟管内。④ 盆部：为输精管最长的一段，起自腹股沟管深环，沿盆腔侧壁行向后下，绕行至膀胱底的后方形成膨大的输精管壶腹。输精管壶腹的末端变细，与精囊的排泄管汇合成射精管。

精索是位于睾丸上端至腹股沟管深环之间的柔软的圆索状结构，内含输精管、睾丸动脉、蔓状静脉丛、淋巴管和神经等结构。

2. 射精管（ejaculatory duct）　由输精管的末端与精囊的排泄管汇合成，长约2 cm，向前下穿过前列腺，开口于尿道前列腺部(图8-1)。射精管管壁有平滑肌纤维，能产生有力的收缩，协助精液排出。

(四) 精囊

精囊（seminal vesicle）又称精囊腺，是一对长椭圆形的囊状器官，位于膀胱底的后方，输精管壶腹的外侧，其排泄管与输精管的末端汇合成射精管。精囊分泌的液体参与精液的组成（图8-1、图8-6）。

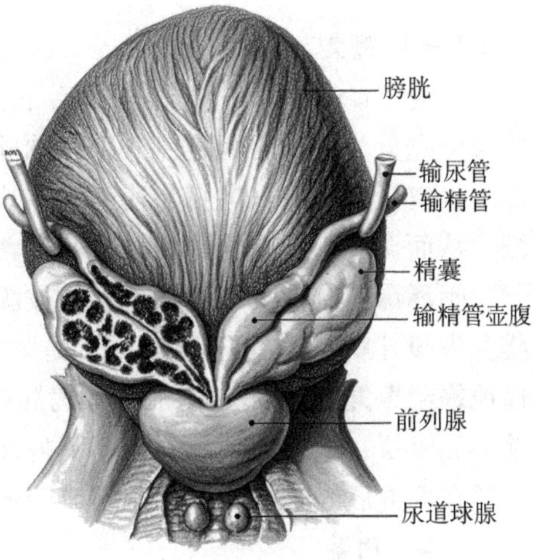

图8-6　前列腺、精囊和尿道球腺（后面观）

（五）前列腺

前列腺（prostate）是单一的实质性器官（图 8-1、图 8-6），位于膀胱颈与尿生殖膈之间，其前方为耻骨联合，后方为直肠壶腹。前列腺呈前后稍扁的栗子形，上端宽大，下端尖细，后面正中有一纵行浅沟称前列腺沟。尿道前列腺部纵行穿过前列腺。前列腺的排泄管直接开口于尿道前列腺部，其分泌物参与精液的组成。

前列腺由腺组织和平滑肌组织等构成。前列腺一般可分为五叶，即前、中、后叶和两侧叶。前叶位于尿道前方和左、右侧叶之间；中叶位于尿道和射精管之间；左、右侧叶分别位于前叶、尿道、中叶的两侧；后叶位于中叶和侧叶的后方，是前列腺肿瘤的易发部位。

小儿前列腺较小；自青春期开始，前列腺迅速增大，分泌活动增强；老年时腺组织退化，结缔组织增生，形成前列腺增生。前列腺增生多发生在中叶和侧叶，可压迫尿道，引起排尿困难甚至尿潴留。

（六）尿道球腺

尿道球腺（bulbourethral gland）是一对豌豆大小的球形器官（图 8-6），位于会阴深横肌内，其排泄管开口于尿道球部，分泌物参与精液的组成。

精液由男性生殖管道、附属腺的分泌物和睾丸产生的精子混合而成，为乳白色呈弱碱性的液体。

精子的产生及精液排出途径可表示为：

精囊分泌物↘

睾丸生精小管产生精子→附睾→输精管→射精管→男性尿道→体外

前列腺分泌物↗ ↖尿道球腺分泌物

二、男性外生殖器

（一）阴囊

阴囊（scrotum）为位于阴茎后下方的皮肤囊袋（图 8-1），由皮肤和肉膜组成，被阴囊中隔分为左、右两腔，分别容纳同侧的睾丸、附睾等。阴囊的皮肤薄而柔软，颜色深暗，有少量阴毛；肉膜为浅筋膜，内含平滑肌纤维，可随外界环境温度的变化而舒缩，从而调节阴囊内的温度，有利于精子的生存和发育。

阴囊深面有包被睾丸和精索的被膜，由外向内有以下结构（图 8-2）：① 精索外筋膜：为腹外斜肌腱膜的延续。② 提睾肌：来自腹内斜肌和腹横肌的肌纤维束，可反射性地提起睾丸。③ 精索内筋膜：为腹横筋膜的延续。④ 睾丸鞘膜：来源于腹膜，分为壁层和脏层，壁层紧贴精索内筋膜内面，脏层包贴睾丸和附睾表面。睾丸鞘膜的脏层和壁层在睾丸后缘处相互移行，围成密闭的鞘膜腔，内有少量浆液，起润滑作用。

（二）阴茎

阴茎（penis）是男性的性交器官，分阴茎头、阴茎体和阴茎根 3 部分（图 8-7）。阴茎前端膨大为阴茎头；中部为圆柱形阴茎体，以韧带悬于耻骨联合的前下方；后端为阴茎根，藏于阴囊和会阴部皮肤的深面。

阴茎由背侧的两条阴茎海绵体和腹侧的一条尿道海绵体外被筋膜和皮肤构成（图 8-7、图 8-8）。两条阴茎海绵体紧密相连，前端嵌入阴茎头后面的凹陷内，后端称阴茎脚，左右分开，分别附着于两侧的坐骨支和耻骨下支。尿道海绵体内有尿道纵行贯穿其全长。尿道海绵体的前端膨大，即阴茎头，上有呈矢状位的尿道外口；后端膨大，称尿道球，位于两侧的阴茎脚之间，固定在尿生殖膈的下面。海绵体内部是由与血管相通的腔隙和许多海绵体小梁组成的，当腔隙充血时，阴茎变粗变硬而勃起。阴茎的皮肤薄而柔软，富有伸展性，在阴茎体的前端形成双层游离的环行皱襞包绕阴茎头，称阴茎包皮。在阴茎头腹侧，连于尿道外口下端与包皮之间的皮肤皱襞，称包皮系带。临床上施行包皮环切时应注意切勿伤及包皮系带，以免影响阴茎的正常勃起。

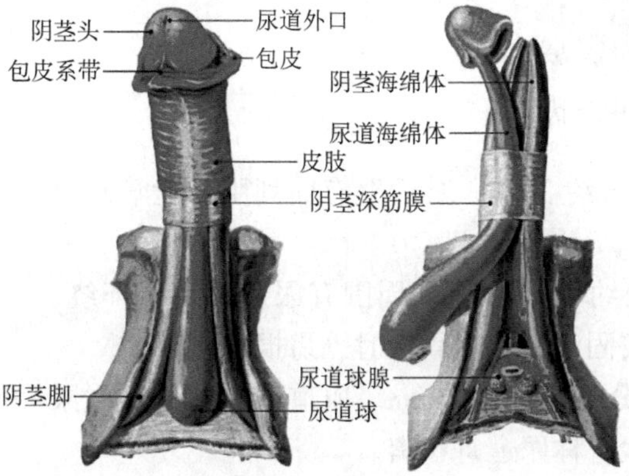

图 8-7 阴茎的组成

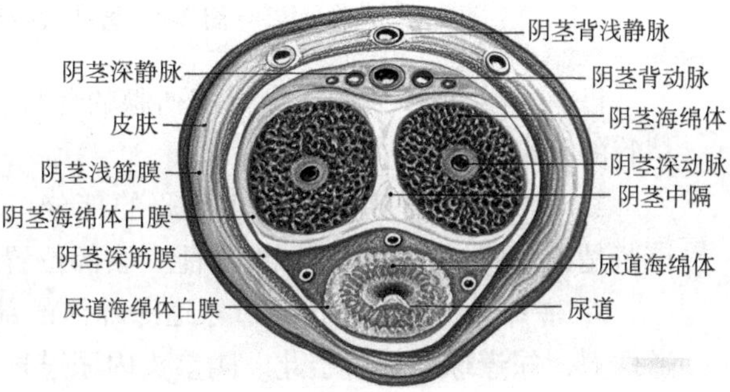

图 8-8 阴茎中部水平切面

链 接

阴茎包皮

婴幼儿时期，阴茎包皮包裹整个阴茎头。随着年龄的增长，阴茎逐渐发育，阴茎包皮逐渐向后退缩，包皮口逐渐扩大，阴茎头从阴茎包皮中露出。成年后，阴茎包皮皮肤覆盖阴茎头，不能退缩至完全暴露阴茎头，但可外翻显露整个阴茎头，称包皮过长。若阴茎包皮口狭窄、阴茎包皮与阴茎头粘连等，阴茎包皮完全包着阴茎头，阴茎包皮不能外翻显露阴茎头及尿道外口，称包茎，应行包皮环切。

三、男性尿道

（一）男性尿道的分部

男性尿道有排尿和排精的功能，起自膀胱的尿道内口，终于阴茎头的尿道外口。成年男性尿道长 16~22 cm，分为前列腺部、膜部、海绵体部 3 部分（图 8-9）。

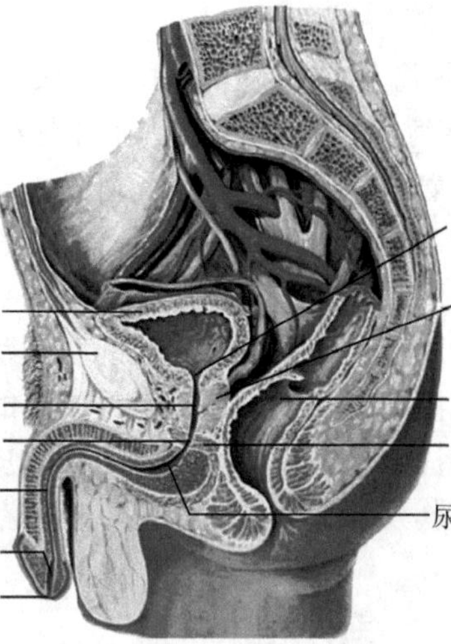

图 8-9　男性盆腔正中矢状切面

1. 前列腺部　为尿道穿过前列腺的部分，长约 3 cm，其后壁有前列腺排泄管及射精管的开口。

2. 膜部　为尿道穿过尿生殖膈的部分，长约 1.5 cm，其周围有尿道括约肌环绕，该肌是骨骼肌，有控制排尿的功能。膜部位置较固定，骨盆骨折时，易损伤此部。

3. 海绵体部　为尿道穿过尿道海绵体的部分，长 12~17 cm。尿道球内的尿道称尿道球部，尿道球腺开口于此。阴茎头内尿道扩大，称尿道舟状窝。

临床上把尿道海绵体部称为前尿道，把尿道膜部和前列腺部合称为后尿道。

（二）男性尿道的形态特点

男性尿道全长有 3 处狭窄、3 处扩大和 2 个弯曲（图 8-9）。3 个狭窄分别位于尿道内口、尿道膜部、尿道外口，其中尿道外口是最狭窄的，尿道结石易嵌顿在狭窄处。3 处扩大分别位于前列腺部、尿道球部和尿道舟状窝，其中前列腺部是尿道的最宽阔处。两个弯曲分别是耻骨下弯和耻骨前弯。耻骨下弯位于耻骨联合的后下方，凹面向前上方，由尿道的前列腺部、膜部和海绵体部的起始段形成，此弯曲固定，不能变直。耻骨前弯位于耻骨联合前下方，凹面向后下方，由尿道海绵体部的中段构成，阴茎勃起或将阴茎拉向腹壁时，此弯可变直而消失。临床上行膀胱镜检查或导尿时应注意这些解剖特点。

第二节　女性生殖系统

女性内生殖器由生殖腺（卵巢）、生殖管道（输卵管、子宫、阴道）和附属腺（前庭大腺）组成（图 8-10、图 8-11）。女性外生殖器即女阴。乳房、会阴与生殖系统关系密切，也在本节叙述。

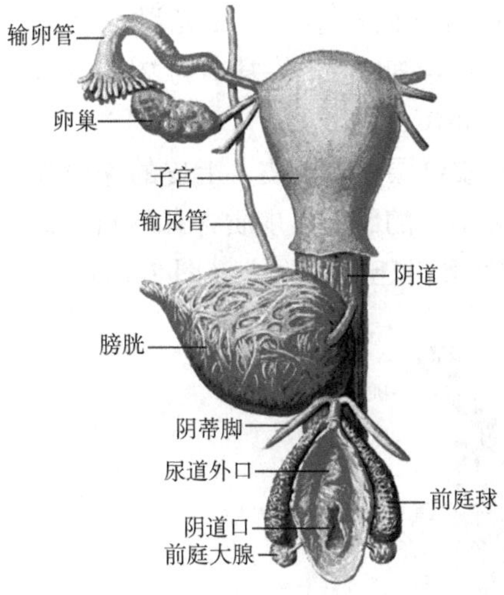

图 8-10 女性内生殖器模式图

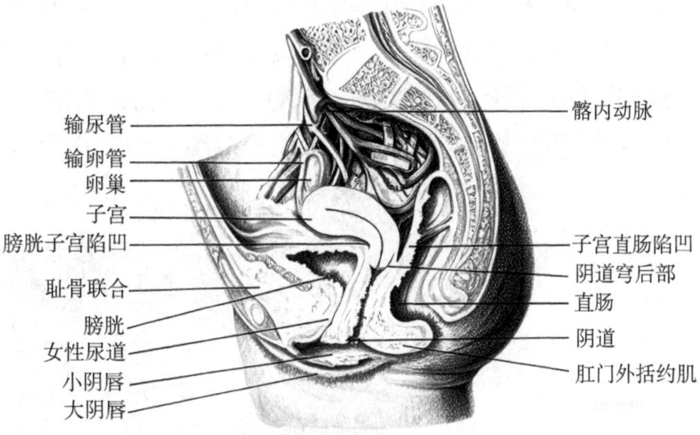

图 8-11 女性盆腔正中矢状面

一、女性内生殖器

（一）卵巢

卵巢（ovary）是女性生殖腺，有产生卵细胞，分泌雌激素、孕激素等功能。

1. 卵巢的位置和形态　卵巢左右各一，位于盆腔侧壁、髂总血管分叉处的卵巢窝内（图 8-11）。卵巢呈扁卵圆形，分内、外侧面，上、下端和前、后缘。内侧面稍凸朝向盆腔；外侧面平坦贴于盆腔侧壁。上端与输卵管末端相接触，借卵巢悬韧带连于盆壁；下端借卵巢固有韧带连于子宫（图 8-12）。前缘借卵巢系膜连于子宫阔韧带，称卵巢系膜缘，其中部有血管、淋巴管、神经等出入，称卵巢门；后缘游离，称独立缘。

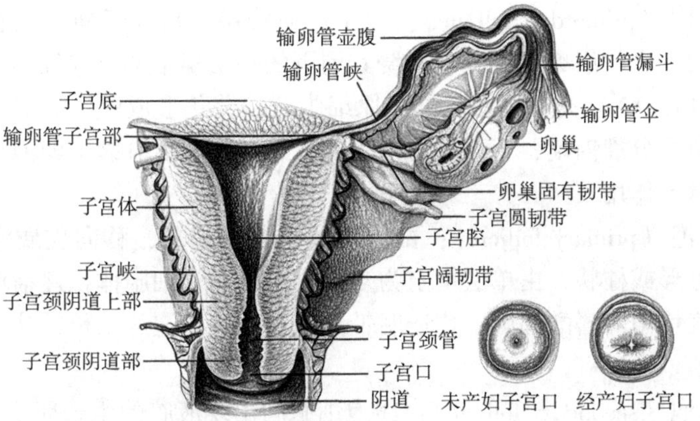

图 8-12 女性内生殖器（冠状面）

成年女子的卵巢大小约为 4 cm×2 cm×3 cm，幼女的卵巢较小，表面光滑；性成熟期卵巢最大，由于多次排卵，卵巢表面凹凸不平。更年期的卵巢缩小为 2.0 cm×1.5 cm×0.5 cm，到绝经期卵巢萎缩至 1.5 cm×0.75 cm×0.5 cm。

2. 卵巢的微细结构　卵巢表面覆盖有单层扁平上皮或单层立方上皮，上皮的深面为致密结缔组织构成的白膜。卵巢的实质分为外周的皮质和中央的髓质。皮质含有不同发育阶段的卵泡、黄体等，髓质由疏松结缔组织、血管、神经和淋巴管等构成（图 8-13）。

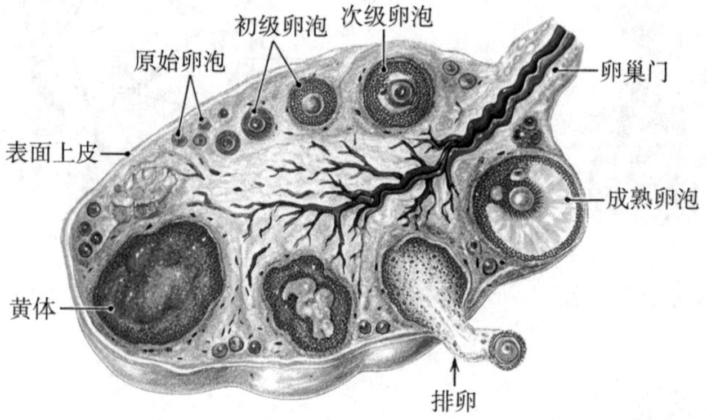

图 8-13　卵巢模式图

（1）卵泡的发育　新生儿两侧卵巢有 70 万~200 万个原始卵泡，青春期开始时仅存约 4 万个卵泡，至 40~50 岁时仅剩几百个卵泡。从青春期至更年期，卵巢在垂体促性腺激素作用下，每隔 28 天左右有 15~20 个原始卵泡同时开始生长发育，但通常只有一个优势卵泡发育成熟并排卵。正常女性一生两侧卵巢共排卵 400 多个，其余卵泡都在发育的不同阶段退化为闭锁卵泡。绝经期后卵巢不再排卵。卵泡发育是一个连续变化的过程，大致经过原始卵泡、初级卵泡、次级卵泡和成熟卵泡 4 个阶段，其中初级卵泡和次级卵泡又称生长卵泡。

1）原始卵泡（primordial follicle）：位于皮质浅层，是处于静止状态的卵泡，体积小，数量多，由一个初级卵母细胞和围绕其周围的一层扁平的卵泡细胞组成。初级卵母细胞（核型为 46，XX）是由胚胎时期卵原细胞分裂分化形成的，随即进入第一次减数分裂并长期停留在分裂前期，直至排卵前才完成第一次减数分裂。卵泡细胞对初级卵母细胞起支持和营养作用。

2）初级卵泡（primary follicle）：由原始卵泡发育形成，移向皮质深部。卵泡细胞由扁平变成立方形或柱状，由单层增殖为多层；初级卵母细胞体积逐渐增大，并在其表面出现一层厚度均匀的嗜酸性膜，称透明带。随着初级卵泡的生长，其周围的结缔组织分化形成卵泡膜。

3）次级卵泡（secondary follicle）：卵泡细胞间出现液腔的生长卵泡（图 8-14），腔内充满卵泡液。随着卵泡继续生长，卵泡细胞之间出现的大小不等的腔隙逐渐融合成一个大的卵泡腔，其内充满卵泡液。由于卵泡液不断增多，卵泡腔不断扩大，使初级卵母细胞、透明带及其周围的卵泡细胞逐渐居于卵腔的一侧，形成一个圆形隆起突入卵泡腔，称卵丘。紧靠透明带的一层高柱状卵泡细胞呈放射状排列，称放射冠。分布在卵泡腔周围的卵泡细胞排列紧密，称颗粒层，构成卵泡壁，卵泡细胞改称为颗粒细胞。随着次级卵泡的生长，卵泡膜分化成内、外两层，内层有多边形或梭形的膜细胞及毛细血管。

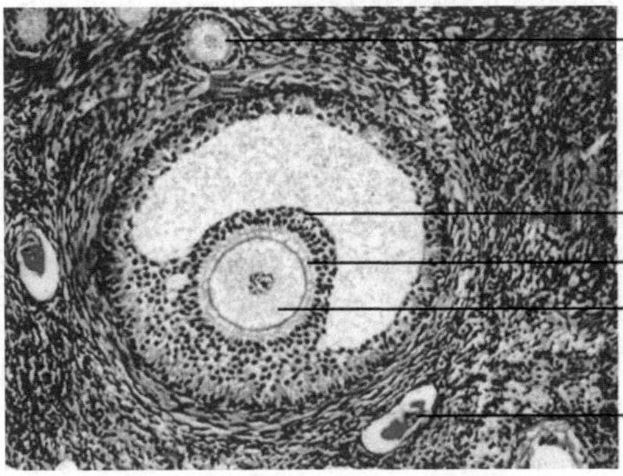

图 8-14　次级卵泡结构示意图

4）成熟卵泡（mature follicle）：卵泡发育的最后阶段，体积大，直径可达 2 cm 以上，占据卵巢皮质全层并突向卵巢表面，卵泡液增多，卵泡腔变大，颗粒层变薄。在排卵前 36~48 小时，初级卵母细胞完成第一次减数分裂，形成一个次级卵母细胞（核型为 23，X）和一个第一极体。次级卵母细胞迅速开始第二次减数分裂，并停滞在分裂中期。

次级卵泡和成熟卵泡具有内分泌功能，主要是颗粒细胞和膜细胞能协同合成雌激素。雌激素有激发并维持女性第二性征、促进女性生殖器官发育，特别是促使子宫内膜增生等作用。

（2）排卵（ovulation）　在月经周期的第 14 天左右，成熟卵泡的卵泡壁破裂，次级卵母细胞连同透明带、放射冠与卵泡液一起脱离卵巢进入腹膜腔的过程称排卵。一般情况下，左右卵巢交替排卵。次级卵母细胞在排卵后 24 小时内未能受精，则退化被吸收；若受精，则继续完成第二次减数分裂，形成一个单倍体的卵细胞（23，X）和一个第二极体。

（3）黄体的形成与退化　排卵后，残留在卵巢内的颗粒层和卵泡膜向卵泡腔内塌陷，在黄体生成素的作用下，逐渐发育成一个体积较大而又富有血管的内分泌细胞团，新鲜时呈黄色，称黄体（corpus luteum）。黄体能分泌孕激素及少量的雌激素。孕激素有促进子宫内膜增生、子宫腺分泌、乳腺发育和抑制子宫平滑肌收缩等作用。黄体的发育，取决于排出的卵是否受精。如受精，黄体继续发育增大，可维持约 6 个月，称妊娠黄体；如未受精，黄体维持约 14 天即退化，称月经黄体。两种黄体最终都退化消失，逐渐被结缔组织取代成为白体。

（二）输卵管

输卵管（uterine tube）是输送卵子的肌性管道，长 10~14 cm，左、右各一，位于子宫底的两侧，包藏在子宫阔韧带的上缘内，其外侧端借输卵管腹腔口与腹膜腔相通，内侧端借输卵管子宫口与子宫腔相通。临床上将输卵管和卵巢统称为子宫附件。输卵管由外侧到内侧分为输卵管漏斗、输卵管壶腹、输卵管峡和输卵管子宫部 4 部分（图 8-12）。

1. 输卵管漏斗　输卵管外侧端的膨大部分，其中央有输卵管腹腔口，开口于腹膜腔；其游离缘有许多细长的指状突起，称输卵管伞，覆于卵巢表面，有引导卵细胞进入输卵管的作用，也可作为手术中识别输卵管的标志。

2. 输卵管壶腹　约占输卵管全长的2/3，管径粗而弯曲，血供较丰富。卵子多在此部受精。

3. 输卵管峡　短直且腔窄，管壁厚，血管较少。输卵管炎易造成此部堵塞、狭窄而导致不孕。

4. 输卵管子宫部　输卵管穿过子宫壁的部分，经输卵管子宫口与子宫腔相通。

输卵管的管壁由黏膜、肌层和浆膜组成。黏膜的上皮为单层柱状上皮，由分泌细胞和纤毛细胞组成。肌层由内环行和外纵行的两层平滑肌构成。纤毛的规律性定向摆动和平滑肌的节律性收缩均有助于卵子或受精卵向子宫腔方向运送。

（三）子宫

子宫（uterus）是一个壁厚、腔小的肌性器官，是孕育胎儿、产生月经的场所。

1. 子宫的形态和分部　成人未产妇的子宫呈前后略扁的倒置梨形，长7~8 cm，宽约4 cm，厚2~3 cm。子宫分为子宫底、子宫体和子宫颈3部分（图8-12）。子宫底为输卵管子宫口水平以上隆凸的部分。子宫颈为子宫下端呈细圆柱状的部分，成人子宫颈长2.5~3.0 cm，是肿瘤的好发部位，它由突入阴道内的子宫颈阴道部和阴道以上的子宫颈阴道上部组成。子宫底与子宫颈之间的部分为子宫体。子宫颈上端与子宫体相接处的较狭窄部分称子宫峡。非妊娠期，子宫峡不明显，长约1 cm；妊娠期，子宫峡逐渐伸展拉长变薄，形成子宫下段，妊娠末期可伸展至7~11 cm，产科常在此处行剖宫产术。未孕子宫内的腔隙较为狭窄，由位于子宫体内的子宫腔和位于子宫颈内的子宫颈管两部分组成。子宫腔呈底在上的前后略扁的三角形，两端通输卵管，尖端向下通子宫颈管。子宫颈管呈梭形，下借子宫口通阴道。未产妇，子宫口呈圆形；经产妇，子宫口为横裂状。

2. 子宫的位置和固定装置

（1）子宫的位置　子宫位于盆腔中央，膀胱与直肠之间，下端突入阴道，两侧连有输卵管、子宫阔韧带等结构（图8-11、图8-12）。当膀胱空虚时，成年女性的子宫呈前倾前屈位。前倾是指整个子宫向前倾斜，子宫的长轴与阴道的长轴形成向前开放的钝角，稍大于90°；前屈是指子宫体和子宫颈之间形成一个向前开放的钝角，约为170°。膀胱和直肠的充盈程度可影响子宫的位置。子宫后倾后屈等子宫位置异常是女性不孕的原因之一。

（2）子宫的固定装置　子宫主要依靠盆底肌、阴道的承托和韧带的牵引固定等多种因素共同作用维持其正常位置。重要的韧带有4对（图8-15）。

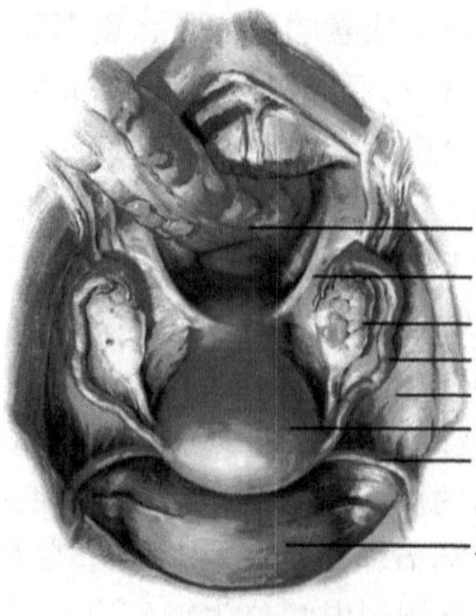

图8-15　子宫的韧带

1）子宫阔韧带：由子宫前后面的两层腹膜向两侧延伸至盆壁构成，主要功能是限制子宫向两侧移动。子宫阔韧带两层间包有输卵管、卵巢、卵巢固有韧带、子宫圆韧带、血管、淋巴管、神经等。

2）子宫圆韧带：由平滑肌和结缔组织构成的圆索状结构，起自子宫与输卵管交界处下方，穿经腹股沟管，散为纤维止于阴阜和大阴唇前端的皮下，是维持子宫前倾的主要结构。

3）子宫骶韧带：由平滑肌和结缔组织构成，起自子宫颈后外侧，向后绕过直肠的两侧，止于骶骨的前面，向后上方牵引子宫颈，对维持子宫前屈位有重要作用。

4）子宫主韧带：由平滑肌和结缔组织构成，连于子宫颈两侧缘与盆侧壁之间，是维持子宫颈正常位置、防止子宫脱垂的重要结构。

3. 子宫壁的微细结构　子宫壁由内向外依次分为内膜、肌层和外膜（图 8-16）。

（1）内膜　由单层柱状上皮和固有层构成。固有层较厚，内含大量分化程度低而增殖能力强的基质细胞、子宫腺、螺旋动脉等。子宫底和子宫体的内膜，根据其结构和功能特点，可分为功能层和基底层。功能层较厚，为靠近子宫腔的内膜部分，是胚泡植入的部位，也是月经来潮时发生脱落的部位。基底层较薄，为靠近肌层的内膜部分，该层在月经期和分娩时均不脱落，有较强的增生、修复能力，可产生新的功能层。

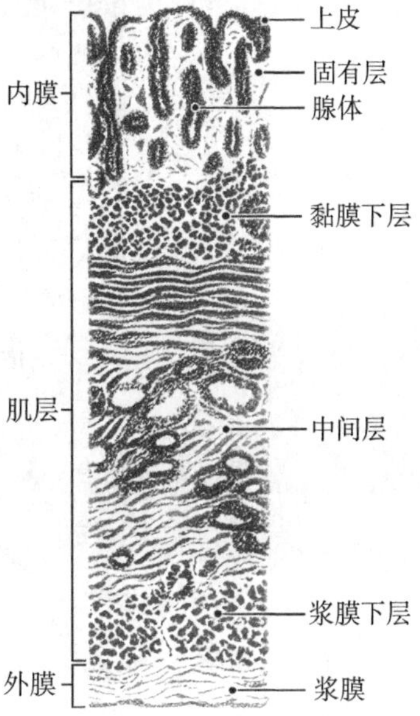

图 8-16　子宫壁微细结构仿真图

（2）肌层　肥厚，由平滑肌束和束间结缔组织组成，由内向外可分为黏膜下层、中间层和浆膜下层 3 部分。黏膜下层和浆膜下层较薄，主要由纵行平滑肌束构成；中间层较厚，由环行和斜行平滑肌束组成，并含有丰富的血管。妊娠时，在雌激素、孕激素等作用下，平滑肌细胞数量增加，体积增大，肌层显著增厚。分娩后，平滑肌细胞可逐渐变小，恢复原状，有部分平滑肌细胞凋亡。

（3）外膜　大部分为浆膜，只有子宫颈部分为纤维膜。

链 接

人工流产及其危害

通过机械或药物等方式，人工终止早期或中期妊娠的手术方法，称人工流产，包括早期人工流产和中期妊娠引产，可作为非意愿妊娠的补救措施或治疗性终止妊娠的手段，但不能作为常用的节育方法。早期人工流产主要靠医生凭经验通过负压吸引术将早期妊娠产物自子宫腔吸出或通过钳夹术夹取胎盘及胎儿。

人工流产手术过程中或术后可能发生子宫内膜炎、习惯性流产、继发性不孕、慢性盆腔炎、月经不调等。我们应了解人工流产的危害，预防非意愿妊娠，爱惜身体，尊重生命。

4. 子宫内膜的周期性变化　自青春期开始，在卵巢分泌的雌激素和孕激素的周期性作用下，子宫底和子宫体的内膜功能层发生周期性变化，即每隔 28 天左右发生一次内膜剥脱、出血、修复和增生的过程，称月经周期。每个月经周期是从月经来潮的第 1 天起至下次月经来潮的前 1 天止，分为月经期、增生期和分泌期 3 个时期（图 8-17、图 8-18）。

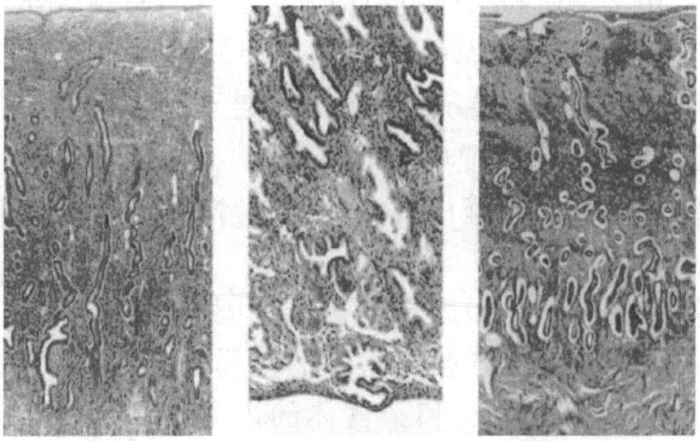

(a) 增生期　(b) 分泌期　(c) 月经期

图 8-17　月经周期子宫内膜光镜结构像

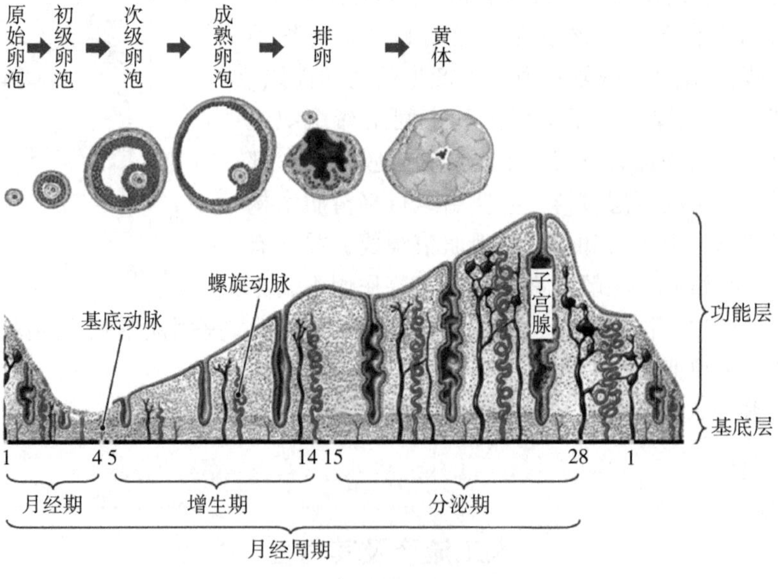

图 8-18　子宫内膜周期性变化示意图

（1）月经期　月经周期的第 1～4 天。由于排卵后，卵未受精，月经黄体退化，血液中孕激素和雌激素水平急剧下降，引起子宫内膜功能层中的螺旋动脉持续收缩，导致功能层缺血坏死。随后螺旋动脉又骤然短暂地扩张，毛细血管破裂，血液涌入功能层，与坏死脱落的功能层一起经阴道流出体外，形成月经。

（2）增生期　月经周期的第 5～14 天。此期卵巢内又有一批卵泡开始向成熟卵泡生长发育，并分泌雌激素，故又称卵泡期。在雌激素的作用下，子宫内膜逐渐增厚，子宫腺和螺旋动脉均逐渐增长而出现轻度弯曲。至月经周期第 14 天时，卵巢内通常有 1 个卵泡发育成熟并排卵。

（3）分泌期　月经周期的第 15~28 天。此期卵巢内黄体逐渐形成，故又称黄体期。在黄体分泌的孕激素和雌激素作用下，子宫内膜继续增厚，子宫腺变得肥大而弯曲，并处于分泌状态，固有层内组织液增多呈水肿状态，螺旋动脉增长变得更弯曲，基质细胞继续分裂增殖。若排出的卵已受精，妊娠黄体继续分泌孕激素和雌激素，子宫内膜继续增厚，为胚泡的植入和发育做准备；若未妊娠，功能层将脱落，转入下一个月经周期的月经期。

（四）阴道

阴道（vagina）是连接子宫和外生殖器、富有伸展性的肌性管道，既是性交器官，也是排出月经、娩出胎儿的通道。

1. 阴道的位置　阴道位于小骨盆中央，前邻膀胱和尿道，后邻直肠，阴道下部穿经尿生殖膈（图 8-11）。尿生殖膈内的尿道阴道括约肌、肛提肌等对阴道有括约作用。

2. 阴道的形态　阴道有前壁、后壁和左、右侧壁，前壁较短，后壁较长，前、后壁常处于相贴状态。阴道上端宽阔，包绕子宫颈阴道部，在两者之间形成的环状凹陷，称阴道穹，可分为相互通连的前部、后部和左、右侧部。阴道穹后部（临床上常称阴道后穹隆）最深，与其后上方的直肠子宫陷凹仅隔以阴道后壁和一层腹膜。当腹膜腔积液时，临床上常经阴道后穹隆穿刺至直肠子宫陷凹进行引流。阴道下端较窄，以阴道口开口于阴道前庭。处女的阴道口周围附有黏膜皱襞称处女膜，一般呈环状、唇状或筛状；处女膜破裂后，阴道口周围留有处女膜痕。

3. 阴道的微细结构　阴道是由黏膜、肌层和外膜构成的。阴道黏膜形成许多横行皱襞，其上皮为复层扁平上皮，上皮的形态随月经周期发生变化。在雌激素作用下，阴道上皮细胞合成糖原增加，乳酸含量增多，使阴道 pH 值下降，不利于致病菌生长，有利于防止感染。

（五）前庭大腺

前庭大腺（greater vestibular gland）形如豌豆，左右各一，位于前庭球的后方、阴道口后外侧的深面（图 8-19），其导管开口于阴道前庭，分泌物有润滑阴道口的作用。

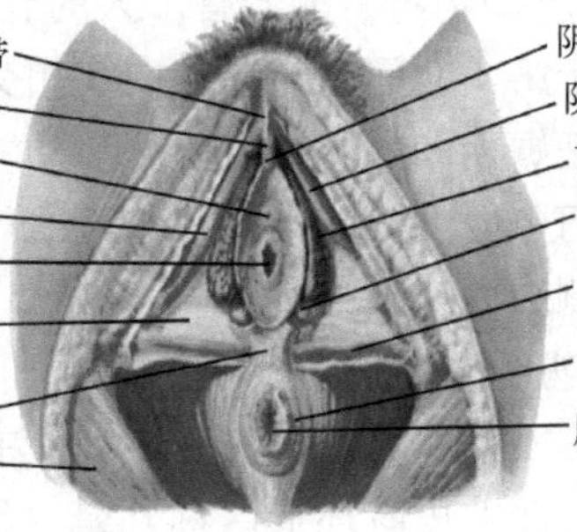

图 8-19　前庭球和前庭大腺

二、女性外生殖器

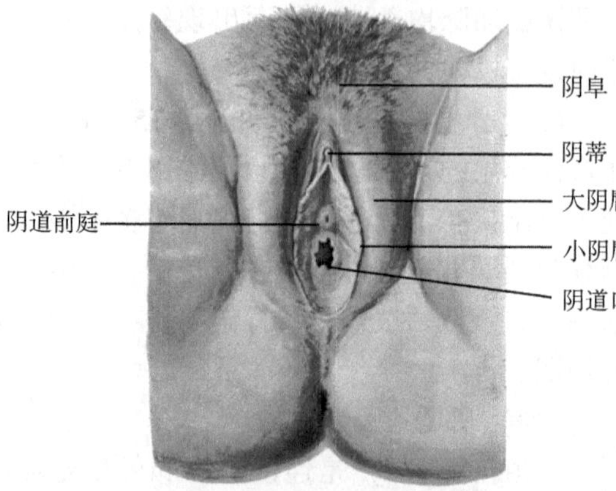

图 8-20　女性外生殖器

女性外生殖器，即女阴，包括阴阜、大阴唇、小阴唇、阴道前庭、阴蒂和前庭球等（图 8-20）。

1. 阴阜　耻骨联合前面的皮肤隆起，皮下富含脂肪，青春期后长有阴毛。

2. 大阴唇　一对纵行隆起的皮肤皱襞，位于阴阜的后下方，青春期后长有阴毛。大阴唇的前端和后端左右互相连合，形成唇前连合和唇后连合。

3. 小阴唇　一对较薄的皮肤皱襞，位于大阴唇内侧，表面光滑无毛。两侧小阴唇向前端延伸形成阴蒂包皮和阴蒂系带，后端汇合形成阴唇系带。阴唇系带在产妇分娩时易造成撕裂，应注意保护。

4. 阴道前庭　位于两侧小阴唇之间的裂隙。前部有尿道外口，后部有阴道口，阴道口两侧各有一个前庭大腺导管的开口。

5. 前庭球　前庭球与男性的尿道海绵体是同源体，呈蹄铁形，分为较细小的中间部和较大的外侧部。中间部位于尿道外口与阴蒂体之间的皮下，外侧部位于大阴唇的皮下。

6. 阴蒂　位于唇前连合的后方，由两个阴蒂海绵体构成，后者与男性的阴茎海绵体是同源体。阴蒂脚附着于耻骨下支和坐骨支，两侧阴蒂脚向前汇合形成阴蒂体，表面覆盖阴蒂包皮。露出阴蒂包皮的部分为阴蒂头，含有丰富的神经末梢，感觉十分敏锐。

三、乳房与会阴

（一）乳房

乳房（breast）是人和哺乳动物特有的器官。人的乳房左右各一。男性乳房不发达，其乳头的位置较恒定，多位于第 4 肋间隙与锁骨中线相交处，常作为定位标志。女性乳房于青春期开始发育生长，妊娠期和哺乳期有分泌活动。下面重点叙述女性乳房。

1. 乳房的位置　乳房位于胸大肌和胸肌筋膜的表面，上起第 2~3 肋，下至第 6~7 肋，内侧缘至胸骨旁线，外侧缘可达腋中线。

2. 乳房的形态　成年未哺乳女性的乳房呈半球形，紧张而富有弹性，乳房表面中央的突起为乳头，通常位于第 4 肋间隙或第 5 肋与锁骨中线相交处。乳头的顶端有输乳管的开口，乳头周围有颜色较深的皮肤环形区称乳晕（图 8-21）。乳头和乳晕的皮肤薄弱，易损伤而感染，在哺乳期尤应注意。

3. 乳房的结构　乳房由皮肤、乳腺和脂肪组织等构成。乳腺被结缔组织分隔成 15~20 个乳腺叶，每个乳腺叶又分为若干个乳腺小叶（图 8-22）。每个乳腺叶有一条输乳管，在近乳头处膨大为输乳管窦，其末端变细，开口于乳头。乳腺叶和输乳管均以乳头为中心呈放射状排列，乳房手术时应尽量采取放射状切口，以减少对乳腺叶和输乳管的损伤。在乳腺内有许多结缔组织纤维束连于乳房皮肤和乳腺深面的胸肌筋膜之间，称乳房悬韧带或 Cooper 韧带，对乳房起支持和固定作用。乳腺癌时，若肿瘤累及乳房悬韧带，可使其缩短而致肿瘤表面皮肤凹陷，出现“酒窝征”；若乳房皮下淋巴管被癌细胞堵塞，引起淋巴回流障碍，可出现真皮水肿，毛囊凹陷，乳房皮肤凹凸不平呈现“橘皮样”改变。

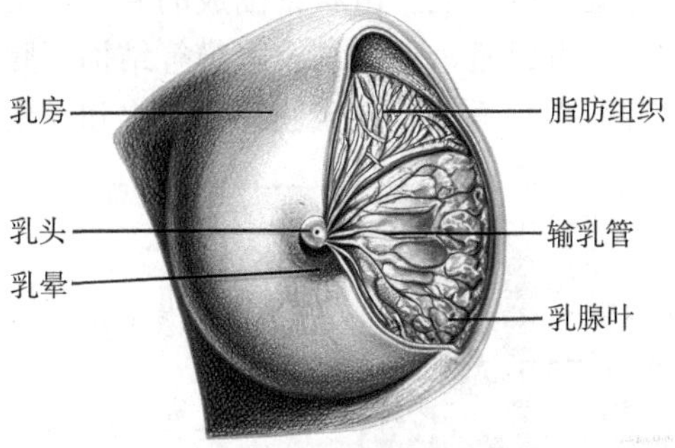

图 8-21 成年女性乳房

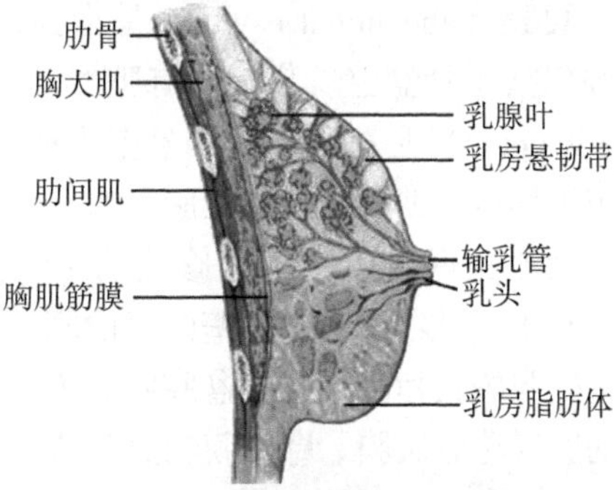

图 8-22 女性乳房矢状切面

（二）会阴

1. 会阴的概念 会阴（perineum）有狭义和广义之分。广义会阴是指盆膈以下封闭骨盆下口的全部软组织（图 8-23）。其境界呈菱形，前界为耻骨联合下缘，后界为尾骨尖，两侧为耻骨下支、坐骨支、坐骨结节和骶结节韧带。狭义的会阴是指肛门与外生殖器之间的软组织。在男性是指阴囊根部与肛门之间的软组织；在女性是指阴道前庭后端与肛门之间的软组织，临床上常称为产科会阴。产科会阴在分娩时伸展扩张较大，结构变薄，助产时应注意保护，避免撕裂。

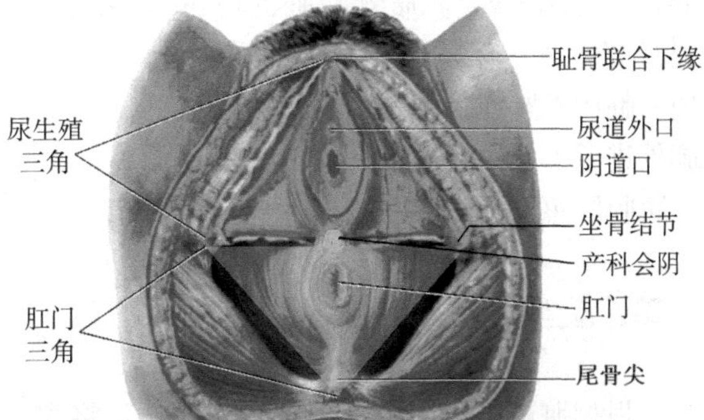

图 8-23 女性会阴

2. 会阴的分区 通常以两侧坐骨结节之间的连线为界，把广义会阴分为尿生殖三角和肛门三角（图 8-23）。尿生殖三角，又称尿生殖区，即两侧坐骨结节连线向前与耻骨联合下缘中点围成的三角区，男性有尿道通过，女性有尿道和阴道通过；肛门三角，又称肛区，即两侧坐骨结节连线向后与尾骨尖围成的三角区，中央有肛管通过。

第三节　腹　膜

一、腹腔、腹膜与腹膜腔

腹腔（abdominal cavity）是指膈以下、小骨盆上口以上，由腹壁围成的腔，广义的腹腔包括小骨盆腔。腹腔内有脏器、血管、神经、淋巴管、淋巴结及腹膜等结构。腹膜（peritoneum）是覆盖于腹、盆壁内面和腹、盆腔脏器表面的一层浆膜，由间皮和少量结缔组织构成，薄而光滑。腹膜具有分泌、吸收、保护、支持、修复等功能。其中，被覆于腹、盆壁内面的腹膜称壁腹膜；覆盖于腹、盆腔脏器表面的腹膜称脏腹膜。壁腹膜与脏腹膜相互延续移行围成的不规则的腔隙称腹膜腔（peritoneal cavity），腔内有少量浆液。男性的腹膜腔是一密闭的腔隙；女性的腹膜腔则借输卵管的腹膜腔口，经输卵管、子宫、阴道与外界相通（图 8-24）。腹盆腔脏器均在腹膜腔之外，但均在广义的腹腔之内。临床上肾和膀胱等手术，常在腹膜外进行，不用经过腹膜腔，以免造成腹膜腔感染和术后粘连。

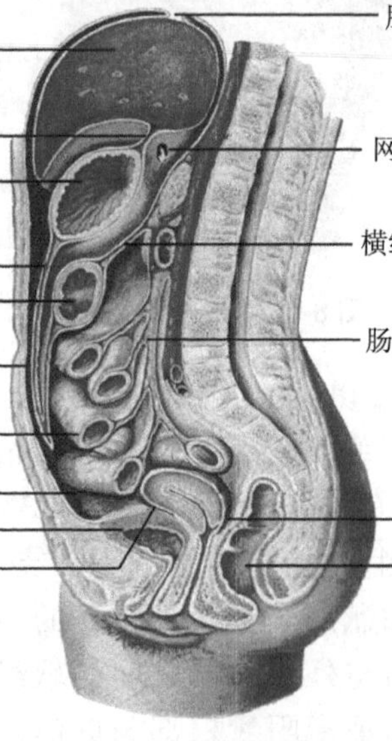

图 8-24　腹膜腔正中矢状切面模式图（女性）

二、腹膜与腹、盆腔脏器的关系

根据脏器被腹膜覆盖的范围不同，可将腹、盆腔脏器分为腹膜内位器官、腹膜间位器官和腹膜外位器官（图 8-24、图 8-25）。

（一）腹膜内位器官

表面几乎全部被腹膜覆盖的器官称腹膜内位器官，如胃、十二指肠上部、空肠、回肠、盲肠、阑尾、横结肠、乙状结肠、脾、输卵管、卵巢等。

（二）腹膜间位器官

表面大部分被腹膜覆盖的器官称腹膜间位器官，如肝、胆囊、升结肠、降结肠、膀胱、子宫、直肠上段等。

（三）腹膜外位器官

表面仅有一面或很少部分被腹膜覆盖的器官称腹膜外位器官，如肾、肾上腺、输尿管、胰、十二指肠降部和水平部、直肠中段和下段等。

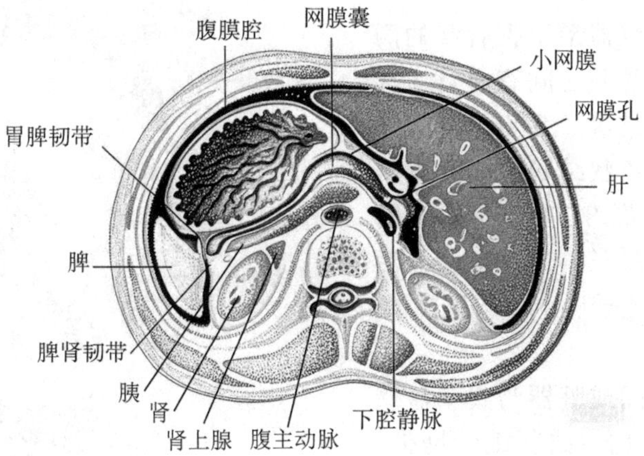

图 8-25　腹腔上部（通过网膜孔）横切面

三、腹膜形成的结构

腹膜在脏器之间以及脏器与腹、盆壁之间互相移行，形成网膜、系膜、韧带和陷凹等结构，对器官起连接、固定等作用。

（一）网膜

网膜是与胃大弯和胃小弯等相连的腹膜皱襞，内有血管、神经、淋巴管及结缔组织等，包括小网膜和大网膜。

1. 小网膜（lesser omentum）　连于肝门与胃小弯、十二指肠上部之间的双层腹膜结构（图 8-24、图 8-26）。小网膜的左侧部分，连于肝门与胃小弯之间，称肝胃韧带；右侧部分连于肝门与十二指肠上部之间，称肝十二指肠韧带。小网膜右缘游离，后方为网膜孔，经此孔可进入网膜囊（图 8-25）。

网膜囊是小网膜和胃后壁后方的一窄隙，它是腹膜腔的一部分，又称小腹膜腔。网膜孔是网膜囊通向腹膜腔其他部分的唯一通道。

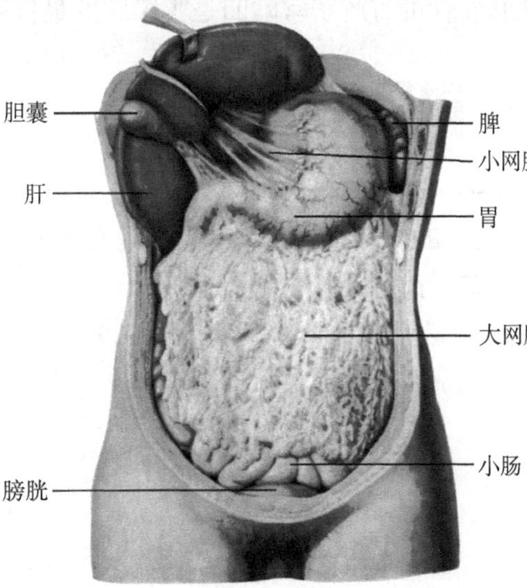

图 8-26　网膜

2. 大网膜（greater omentum）　连于胃大弯与横结肠之间的 4 层腹膜结构，形似围裙，悬垂在横结肠和空、回肠的前面（图 8-26）。大网膜内含大量脂肪组织、毛细血管及巨噬细胞，有重要的防御和再生修复功能。当腹腔脏器有炎症时，大网膜可将病灶部位包裹起来，防止炎症扩散。小儿的大网膜较短，因此下腹部的炎性病灶不易被大网膜包裹，炎症易扩散。

（二）系膜

系膜是将一些脏器系于腹后壁的两层腹膜结构，两层腹膜之间有血管、神经、淋巴管和淋巴结等。系膜包括肠系膜、横结肠系膜、乙状结肠系膜和阑尾系膜等（图 8-24、图 8-27）。空、回肠和乙状结肠的系膜较长，活动度大，活动异常时易发生肠扭转。

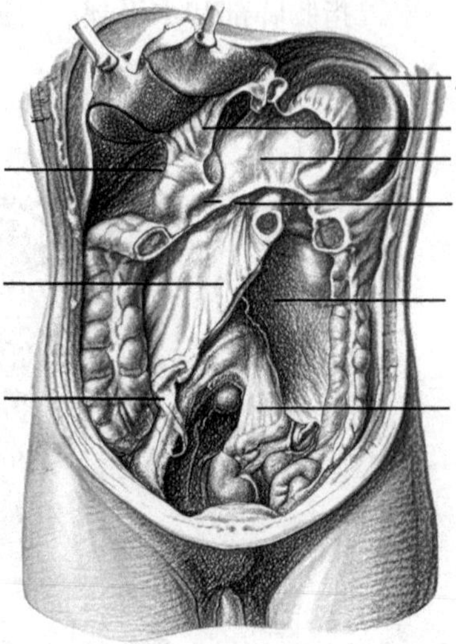

图 8-27 系膜

（三）韧带

韧带是脏器之间或脏器与腹、盆壁之间的双层腹膜结构，如肝镰状韧带、肝冠状韧带、子宫阔韧带、胃脾韧带等（图 8-25）。

（四）陷凹

陷凹主要位于盆腔内，是由腹膜在盆腔器官之间移行返折形成的较大而恒定的腹膜间隙。男性在膀胱与直肠之间有直肠膀胱陷凹。女性在膀胱与子宫之间有膀胱子宫陷凹，在直肠与子宫之间有直肠子宫陷凹（图 8-24）。站立或坐位时，男性的直肠膀胱陷凹和女性的直肠子宫陷凹是腹膜腔的最低部位，故腹膜腔内的积液多聚积于此。

检测题

一、名词解释

1. 耻骨下弯　2. 排卵　3. 月经周期　4. 腹膜腔

二、简答题

1. 简述精子的产生部位及排出途径。
2. 简述子宫分部、位置及固定结构。

（卢秀真）

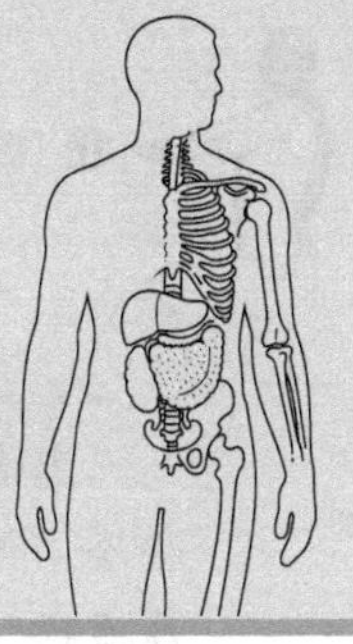

第九章

内分泌系统

学习目标

1. 知识目标

（1）掌握：内分泌系统的组成；垂体的形态、位置、分部及其所释放激素的主要功能；甲状腺、甲状旁腺、肾上腺的形态、位置及其所分泌激素的主要功能。

（2）熟悉：内分泌腺微细结构的特点；甲状腺、肾上腺的微细结构。

（3）了解：腺垂体、甲状旁腺的微细结构；松果体的形态、位置及其所分泌激素的主要功能。

2. 能力目标

（1）能在标本、模型或 3D 解剖软件上辨认垂体、松果体、甲状腺、甲状旁腺、肾上腺等形态结构。

（2）能辨识光学显微镜下甲状腺、肾上腺的微细结构。

（3）能结合“世界甲状腺日”“全国碘缺乏病宣传日”等进行健康知识的宣传教育。

3. 素质目标

（1）参加标本、模型小组学习和临床案例小组讨论，培养良好的语言表达能力、沟通合作能力，增强集体意识和团队合作意识。

（2）学习“呆小症”等知识，培养尊重患者、关爱患者、医者仁心等职业素养。

案例9

患者，女性，47岁。因“怕冷、乏力1年”就诊。患者1年前不明原因出现乏力、怕冷、便秘伴声音嘶哑，病程中精神体力较差，体重增加8 kg，经检查诊断为甲状腺功能减退。

任务： 1. 简述甲状腺分泌激素的名称及主要功能。
2. 简述甲状腺的位置和形态。

内分泌系统（endocrine system）由内分泌腺和分布于其他器官内的内分泌组织和细胞组成（图9-1）。内分泌腺是指在结构上独立存在、肉眼可见的内分泌器官，包括垂体、松果体、甲状腺、甲状旁腺和肾上腺等。在内分泌腺中，腺细胞排列成索状、网状、团块状或围成滤泡，没有导管，有丰富的毛细血管。内分泌细胞包括聚集成群的胰岛细胞、睾丸间质细胞、卵巢黄体细胞等，以及散在分布于消化管、呼吸道、肾等器官内的内分泌细胞。

内分泌细胞分泌的高效能的生物活性物质，称激素。大多数内分泌细胞分泌的激素通过血液循环作用于特定的细胞。每种激素作用的特定器官或特定细胞，称为这种激素作用的靶器官或靶细胞。内分泌系统的主要功能是通过激素作用，维持人体内环境稳态，促进生长发育，调节新陈代谢、生殖及衰老等活动。

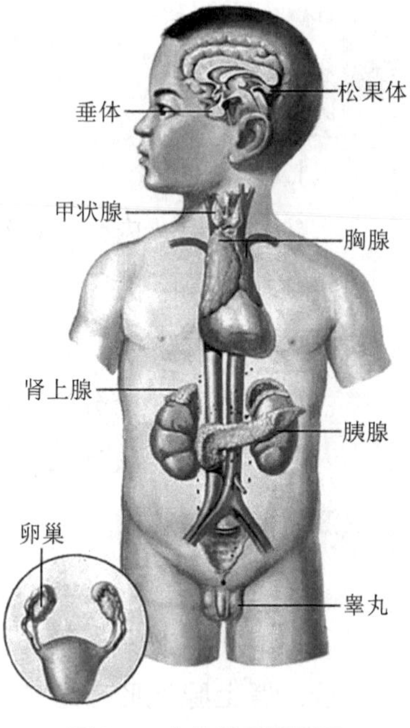

图9-1　内分泌系统概况

第一节　垂体与松果体

一、垂体

（一）垂体的位置和形态

垂体（hypophysis）位于颅中窝蝶骨体的垂体窝内，呈椭圆形，上端借漏斗与下丘脑相连，表面包以结缔组织被膜。成人垂体重0.5~0.6 g。垂体是人体内最重要、最复杂的内分泌腺，可分泌多种激素，调控其他多种内分泌腺。

垂体由前部的腺垂体和后部的神经垂体组成（图9-2）。腺垂体包括远侧部、中间部和结节部3部分，神经垂体包括神经部和漏斗两部分。通常将腺垂体的远侧部称为垂体前叶，把腺垂体的中间部和神经垂体的神经部合称为垂体后叶。

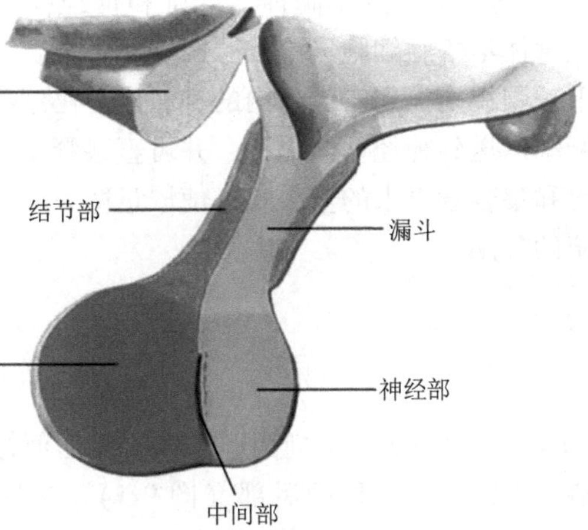

图 9-2　垂体（矢状切面）

（二）垂体的微细结构

1. 腺垂体　腺垂体的细胞大多排列成团索状。在 HE 染色切片中，依据腺细胞着色的差异，将其分为嗜酸性细胞、嗜碱性细胞和嫌色细胞（图 9-3）。

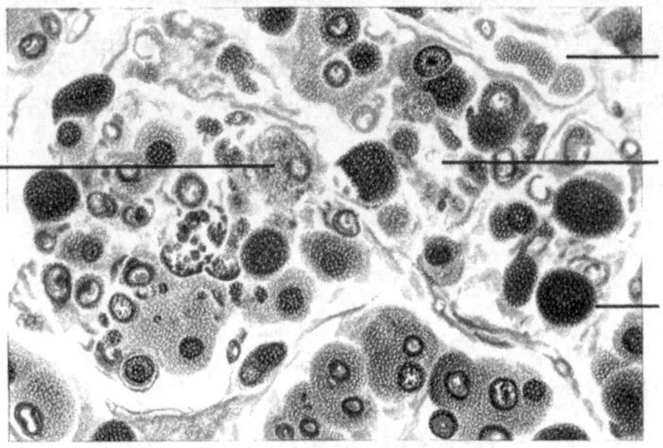

图 9-3　腺垂体远侧部微细结构

（1）嗜酸性细胞　数量较多，呈圆形或椭圆形，胞质呈嗜酸性。嗜酸性细胞可分泌生长激素和催乳素。生长激素的主要作用是促进生长发育，尤其是促进骨的生长。在未成年时期，生长激素分泌过多可致巨人症，分泌不足可致垂体性侏儒症；成人生长激素分泌过多可致肢端肥大症。催乳素能促进乳腺发育和乳汁分泌。

（2）嗜碱性细胞　数量较少，呈椭圆形或多边形，胞质呈嗜碱性。嗜碱性细胞可分泌促甲状腺激素、促肾上腺皮质激素和促性腺激素。促甲状腺激素能促进甲状腺滤泡的增生和甲状腺激素的合成与释放。促肾上腺皮质激素可促进肾上腺皮质束状带分泌糖皮质激素。促性腺激素包括卵泡刺激素和黄体生成素。卵泡刺激素在女性可促进卵泡的发育，在男性则刺激生精小管的支持细胞合成雄性结合蛋白以促进精子的发生；黄体生成素在女性促进排卵和黄体形成，在男性则刺激睾丸间质细胞分泌雄激素，故又称间质细胞刺激素。

（3）嫌色细胞　数量多，体积小，细胞界限不清。电镜下，嫌色细胞细胞质内含少量分泌颗粒。

2. 神经垂体　神经垂体主要由无髓神经纤维和神经胶质细胞组成，含有较丰富的有孔毛细血管。神经垂体不含腺细胞，不是腺组织，不能合成激素，只能贮存、释放下丘脑分泌的激素。下丘脑视上核和室旁核内的神经内分泌细胞合成的抗利尿激素和催产素，通过无髓神经纤维运送到神经垂体储存，并可直接释放入血。抗利尿激素的主要作用是促进肾远曲小管和集合管对水的重吸收，使尿量减少。催产素可引起妊娠子宫平滑肌的收缩，促进乳腺的分泌。

二、松果体

松果体（pineal body）为一灰红色椭圆形小体，因形似松果而得名。其位于背侧丘脑的后上方，以细柄连于第三脑室顶的后部（图 9-1）。松果体在儿童时期较发达，一般在 7 岁以后开始退化。青春期后可有钙盐沉积，甚至钙化形成脑砂，可作为 X 线诊断颅内占位病变的定位标志。

松果体主要分泌褪黑激素，可通过抑制垂体促性腺激素的分泌而间接抑制性腺的发育。在幼年时期，松果体有防止性早熟的作用。

第二节　甲状腺与甲状旁腺

一、甲状腺

（一）甲状腺的位置和形态

甲状腺（thyroid gland）是人体内最大的内分泌腺，位于颈前部（图 9-4），略呈“H”形，分为左、右两个侧叶及中间的甲状腺峡。左、右侧叶分别贴于喉和气管的两侧，上达甲状软骨中部，下抵第 6 气管软骨环，甲状腺峡位于第 2~4 气管软骨的前方，峡的上缘常有锥状叶向上伸出（图 9-5、图 9-6）。甲状腺借结缔组织固定于喉软骨上，吞咽时可随喉上下移动，临床上可借此判断颈部的肿块是否与甲状腺有关。

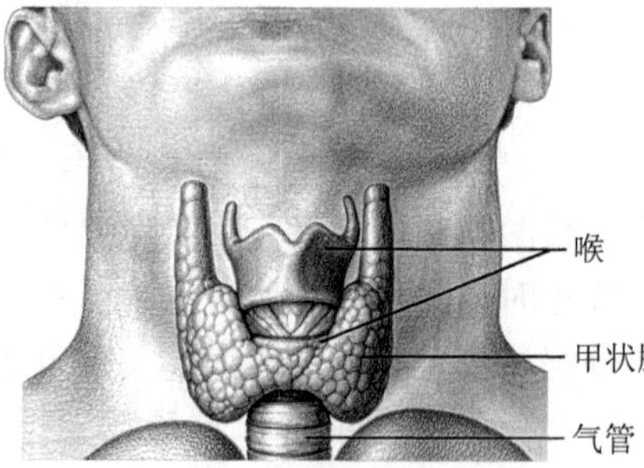

图 9-4　甲状腺的位置

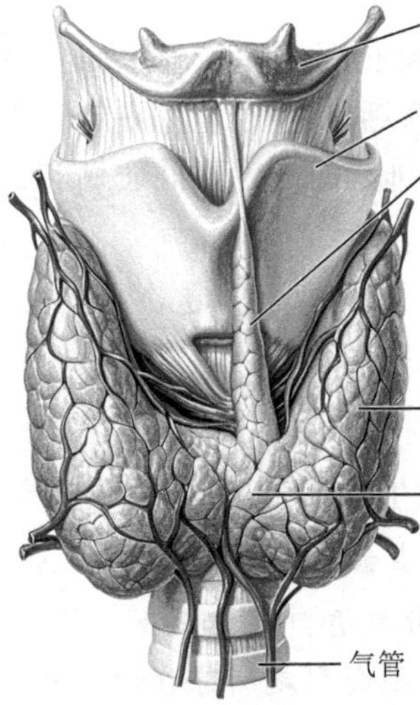

图 9-5　甲状腺（前面观）

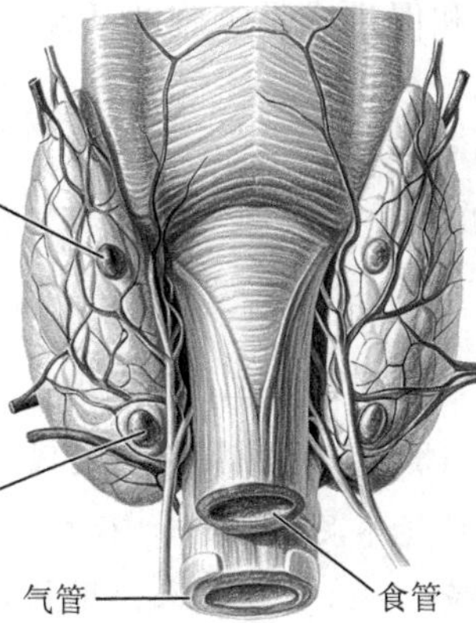

图 9-6　甲状腺和甲状旁腺（后面观）

（二）甲状腺的微细结构

甲状腺表面包有薄层结缔组织被膜，腺实质主要由大量的甲状腺滤泡以及滤泡旁细胞组成。滤泡间有少量的结缔组织和丰富的毛细血管。

1. 甲状腺滤泡　甲状腺滤泡大小不等，呈圆形或不规则形（图 9-7）。滤泡主要由单层立方形的滤泡上皮细胞围成，滤泡腔内充满均质状、嗜酸性的胶质，其为滤泡上皮细胞的分泌物，即碘化甲状腺球蛋白。

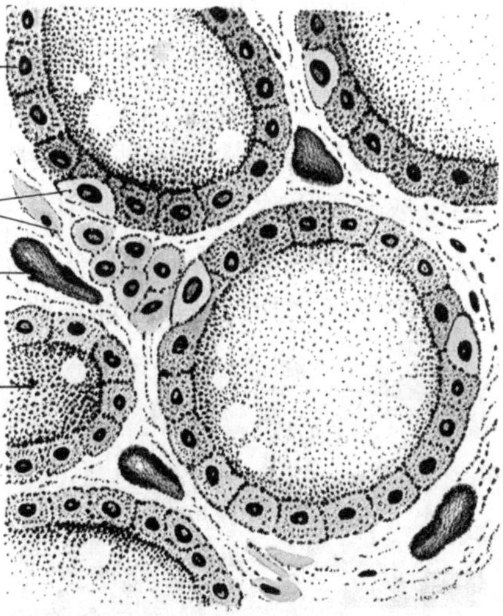

图 9-7　甲状腺微细结构模式图

滤泡上皮细胞能合成分泌甲状腺激素。甲状腺激素主要包括四碘甲腺原氨酸（T_4）和三碘甲腺原氨酸（T_3）。甲状腺激素能促进机体的新陈代谢，提高神经系统的兴奋性，促进生长发育，对婴幼儿的骨骼和中枢神经系统的发育有显著影响。若婴幼儿期甲状腺激素分泌不足，可导致呆小症。

2. *滤泡旁细胞* 滤泡旁细胞位于甲状腺滤泡之间和滤泡上皮细胞之间，细胞较大，着色较淡（图 9-7）。滤泡旁细胞可分泌降钙素，降钙素主要通过抑制破骨细胞的活动和促进成骨细胞的活动，以及增强肾对钙、磷的排泄而产生降低血钙和血磷的效应。

链接

甲状腺激素与疾病

甲状腺激素主要有两种，一种是四碘甲腺原氨酸（T_4），另一种是三碘甲腺原氨酸（T_3）。其主要作用是促进物质与能量代谢，促进生长和发育过程。先天性甲状腺功能不足的患者，不仅身材矮小，而且脑不能充分发育，智力低下，称呆小症（克汀病）。在成人，甲状腺功能低下（甲减）时，则会引起新陈代谢率降低、毛发稀少、精神呆滞、发生黏液性水肿等表现。甲状腺功能亢进时（甲亢）时，新陈代谢率增高，神经和血管兴奋增强，多出现多食、消瘦、怕热、心悸、易激动等高代谢表现，以及不同程度的甲状腺肿大和突眼、手颤、血管杂音等。

二、甲状旁腺

（一）甲状旁腺的位置和形态

甲状旁腺（parathyroid gland）为黄豆大小的扁椭圆形腺体，一般有上、下两对，通常贴附于甲状腺侧叶的后面，有的甲状旁腺埋入甲状腺的实质内（图 9-6）。

（二）甲状旁腺的微细结构

甲状旁腺实质内有主细胞和嗜酸性细胞两种腺细胞（图 9-8）。腺细胞排列成索团状。主细胞数量多，能合成分泌甲状旁腺激素。甲状旁腺激素主要通过影响肾小管和集合管对钙、磷的重吸收，以及促进骨钙入血而产生升高血钙和降低血磷的效应。嗜酸性细胞常单个或成群分布于主细胞之间，目前功能不明。

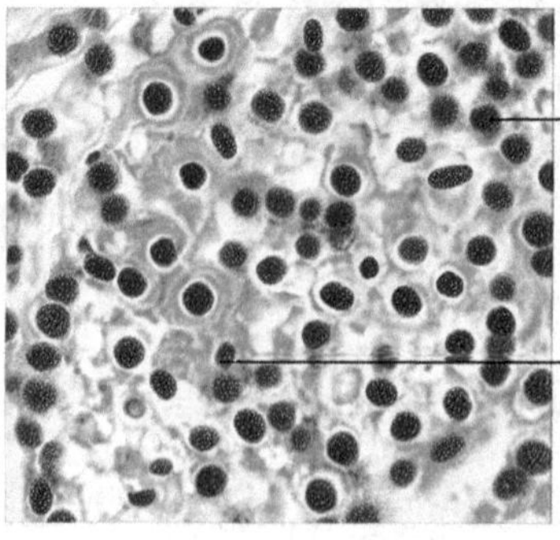

图 9-8 甲状旁腺微细结构

第三节　肾上腺

一、肾上腺的位置和形态

肾上腺（adrenal gland）位于肾的上方，左、右各一。左侧形似半月形，右侧形似三角形（图 9-9）。

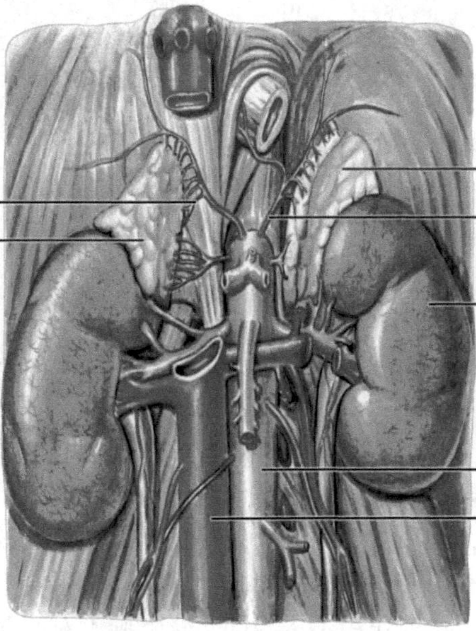

图 9-9　肾上腺的位置和形态

二、肾上腺的微细结构

肾上腺表面包有结缔组织被膜，其实质由周边的皮质和中央的髓质两部分构成（图 9-10）。

（一）肾上腺皮质

根据细胞的形态结构和排列特征，肾上腺皮质由外向内分为球状带、束状带和网状带 3 部分，三者之间无明显界限。

1. 球状带　细胞呈锥形，聚集成球状团块，分泌盐皮质激素，主要是醛固酮，能调节钠、钾和水的代谢。

2. 束状带　细胞呈多边形，排列成索状，能分泌糖皮质激素，主要为皮质醇，有调节糖、蛋白质和脂肪的代谢，参与应激反应等作用。

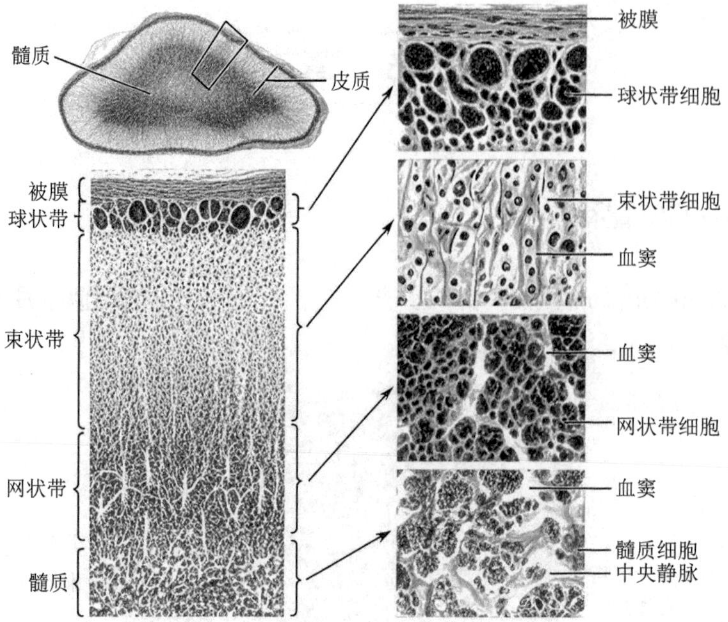

图 9-10　肾上腺的微细结构

3. 网状带　细胞排列成索，并相互吻合成网，主要分泌雄激素，也分泌少量雌激素和糖皮质激素。

（二）肾上腺髓质

肾上腺髓质主要由索状或团状的髓质细胞组成，还有少量散在分布的交感神经节细胞。髓质细胞呈多边形，胞质内有嗜铬反应呈阳性的颗粒，故又常称为嗜铬细胞。髓质细胞能分泌肾上腺素和去甲肾上腺素等。肾上腺素和去甲肾上腺素能参与应急反应，对心脏和血管都有一定作用，但作用不尽相同。肾上腺素对心肌的作用较强，使心肌收缩力增强，心率加快，在临床上常被用作“强心药”。去甲肾上腺素对血管收缩的作用较强，使血压升高，在临床上可被用作“升压药”。

检测题

一、名词解释

1. 激素　2. 黄体生成素　3. 神经垂体　4. 滤泡旁细胞

二、简答题

1. 简述腺垂体分泌的激素及其主要功能。
2. 简述肾上腺分泌的激素及其主要功能。

（单延凤）

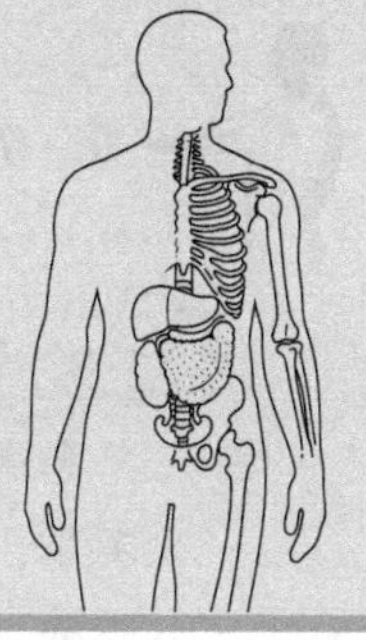

第十章 脉管系统

学习目标

1. 知识目标

（1）掌握：心血管系统的组成；血液循环的途径；心的位置、外形、心尖的体表投影位置、心腔的主要结构、心传导系的组成；主动脉的行程、分部及主动脉弓的分支；上、下肢主要浅静脉的起始、行程、注入部位；肝门静脉的组成、收集范围、主要属支及其与上、下腔静脉的吻合途径；淋巴系统的组成；胸导管和右淋巴导管的起始位置、收集范围、注入部位；脾的位置、形态。

（2）熟悉：左、右冠状动脉的起始及主要分支的分布；心包腔的概念；人体各部的动脉主干及其分支；常用动脉的搏动点、压迫止血点；上、下腔静脉的组成、主要属支及收集范围；淋巴干的名称。

（3）了解：心壁的结构、心的静脉、心包的组成；血管的吻合及侧支循环，动、静脉和毛细血管的分类及其结构特点；淋巴结、脾的微细结构；胸腺的位置、微细结构；全身各主要淋巴结的分布。

2. 能力目标

（1）能在标本、模型或 3D 解剖软件上演示血液循环的途径；能辨认心的形态结构、主要动脉及静脉的走行、淋巴导管及淋巴干的走行、脾及淋巴结的形态结构、主要淋巴结群的分布。

（2）能在活体上指出心尖的体表投影、常用的动脉触诊点、压迫止血点以及静脉穿刺点。

（3）能辨识光学显微镜下淋巴结、脾的微细结构。

（4）能理解心、肺、血管的结构以及胃癌、乳腺癌等常见疾病的淋巴转移途径，能结合“120 国家急救日”“中国心肺复苏周”“世界急救日”“全国血管健康日”“世界癌症日”等进行健康知识的宣传教育。

3. 素质目标

（1）参加标本、模型小组学习和临床案例小组讨论，培养良好的语言表达能力、沟通合作能力，增强集体意识和团队合作意识。

（2）学习“胸外心脏按压术”“经外周静脉置入中心静脉导管（PICC）”等有关临床操作的解剖结构，培育敬佑生命、救死扶伤、甘于奉献、大爱无疆的职业精神。

（3）树立科学的健康观、疾病观和生命观，养成科学的生活方式和行为习惯；树立运用所学知识进行健康宣教的意识，助力健康中国建设。

案例 10

患者，男，77 岁。患慢性阻塞性肺疾病 11 年。近日因感染出现呼吸困难加重，食欲不振，颈静脉怒张，肝肿大、有压痛，下肢水肿等临床表现。初步诊断：慢性肺源性心脏病，右心衰竭。

任务：1. 简述右心房的形态结构。
2. 简述体循环的循环途径。

脉管系统（vascular system）是封闭的管道系统，包括心血管系统和淋巴系统两部分。心血管系统内流动着血液，淋巴系统内流动着淋巴，淋巴最终也注入心血管系统。

脉管系统的主要功能是将营养物质、氧和激素等输送到全身各部的组织细胞，同时将组织细胞产生的代谢产物运送至排泄器官排出体外，保证人体新陈代谢的正常进行。

第一节 心血管系统

一、概述

（一）心血管系统的组成

心血管系统（cardiovascular system）由心和血管组成，血管又包括动脉、毛细血管和静脉（图 10-1）。

1. 心（heart） 中空的肌性器官，腔内充满血液，是推动血液循环的动力器官。心有 4 个腔，分别称为左心房、右心房、左心室和右心室。左、右心房之间有房间隔，左、右心室之间有室间隔。同侧的心房与心室之间借房室口相通。心有节律性的舒张和收缩，血液不停地纳入心房，流入心室，再从心室射入动脉，推动血液循环。

2. 动脉（artery） 引导血液离心的血管。动脉在行程中不断分支，愈分愈细，最后移行为毛细血管。

动脉可分为大动脉、中动脉、小动脉和微动脉 4 种类型。① 大动脉：靠近心脏的动脉，包括主动脉、肺动脉、头臂干、颈总动脉、锁骨下动脉和髂总动脉等。② 中动脉：一般是指管径大于 1 mm 的动脉，除大动脉外，凡在解剖学中有名称的动脉多为中动脉。③ 小动脉：管径在 0.3~1.0 mm 之间的动脉。④ 微动脉：管径在 0.3 mm 以下的动脉。

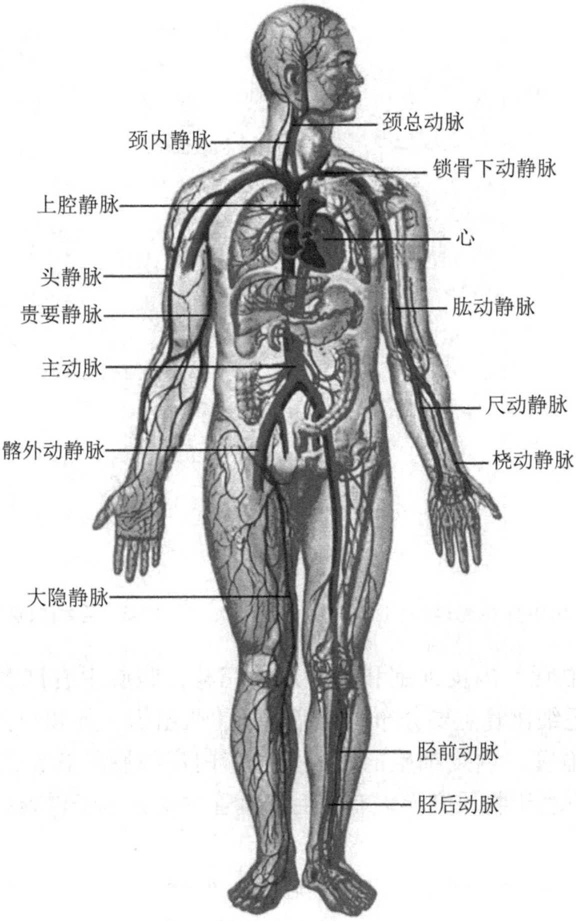

图 10-1　心血管系统

动脉管壁自内向外可分为内膜、中膜和外膜 3 层（图 10-2）。① 内膜：最薄，由内皮和少量结缔组织构成，内膜靠近中膜处有波浪状的内弹性膜。② 中膜：较厚，由平滑肌纤维、弹性纤维和胶原纤维构成。③ 外膜：较薄，主要由疏松结缔组织构成。大动脉的中膜以弹性纤维为主，管壁具有较大的弹性，故大动脉又称弹性动脉。中动脉的中膜含有大量环行平滑肌，小动脉的中膜主要由平滑肌构成，因而中、小动脉又称肌性动脉。

3. 毛细血管（capillary）　通常是位于微动脉与微静脉之间的微细血管，相互吻合成网。

毛细血管是管径最细、分布最广的血管。毛细血管的管径一般为 6~8 μm，只容许红细胞排成单行通过。毛细血管壁由内皮细胞及其基膜和周细胞构成。横断面上，毛细血管一般由 1~2 个内皮细胞环绕构成，具有一定的通透性。血液在毛细血管内流动缓慢，有利于血液与组织细胞之间进行物质交换。根据毛细血管壁的构造特点，可把毛细血管分为 3 类（图 10-3）。

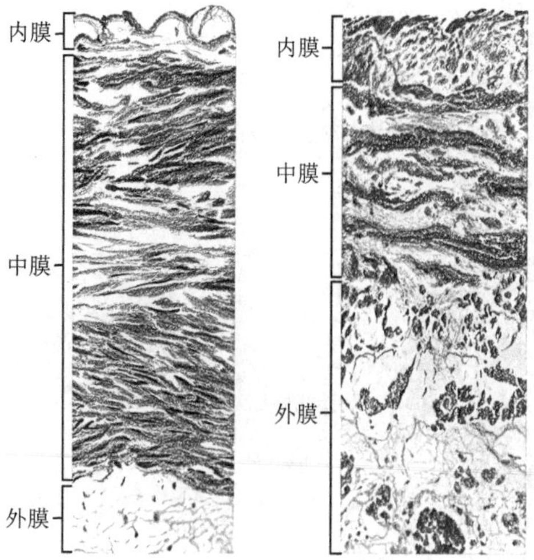

(a) 中动脉　　(b) 中静脉

图 10-2　中动脉和中静脉光镜结构

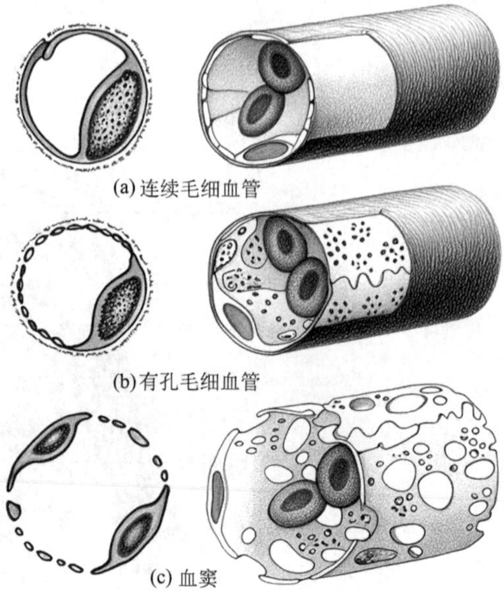
(a) 连续毛细血管
(b) 有孔毛细血管
(c) 血窦

图 10-3　毛细血管的结构与分类

（1）连续毛细血管　内皮细胞和基膜连续完整，胞质中有许多质膜小泡，用以完成物质交换。连续毛细血管主要分布于结缔组织、肌组织、肺和中枢神经系统等处。

（2）有孔毛细血管　内皮细胞的基膜完整，内皮细胞不含核的部分很薄，有许多贯穿胞质的小孔，有利于物质交换。有孔毛细血管主要分布于胃肠黏膜、肾血管球和某些内分泌腺等处。

（3）血窦　又称窦状毛细血管，管腔较大，形状不规则，内皮细胞之间常有较大间隙，基膜不完整或缺如。血窦主要分布于肝、脾、骨髓和某些内分泌腺等处。

4. 静脉（vein）　引导血液回心的血管。它起始于毛细血管的静脉端，在回心的过程中不断接受属支，管径逐渐变粗，最后注入心房。

静脉管壁也分为内膜、中膜和外膜，但三层膜的分界不明显（图 10-2）。静脉可分为微静脉、小静脉、中静脉和大静脉 4 种类型。① 大静脉：为靠近心脏的静脉，包括上腔静脉、下腔静脉、颈外静脉、头臂静脉、奇静脉、肺静脉、髂总静脉、门静脉、髂外静脉等。② 中静脉：一般是管径为 1～9 mm 的静脉，除大静脉外，在解剖学中有名称的静脉多为中静脉。③小静脉：一般是管径为 200 μm～1 mm 的静脉。④ 微静脉：一般是管径为 50～200 μm 的静脉。

（二）血液循环

在神经体液调节下，血液由心泵出，经动脉、毛细血管、静脉，又返回心，如此周而复始的循环流动，称血液循环（图 10-4）。根据循环途径，血液循环可分体循环（又称大循环）和肺循环（又称小循环）。

1. 体循环（systemic circulation）　从左心室射出的富含氧和营养物质的动脉血，经主动脉及其各级分支输送至全身毛细血管，血液在此与周围的组织细胞进行物质和气体交换，成为含二氧化碳等代谢产物较多的静脉血，再经各级静脉，最后经上、下腔静脉及冠状窦流回右心房。

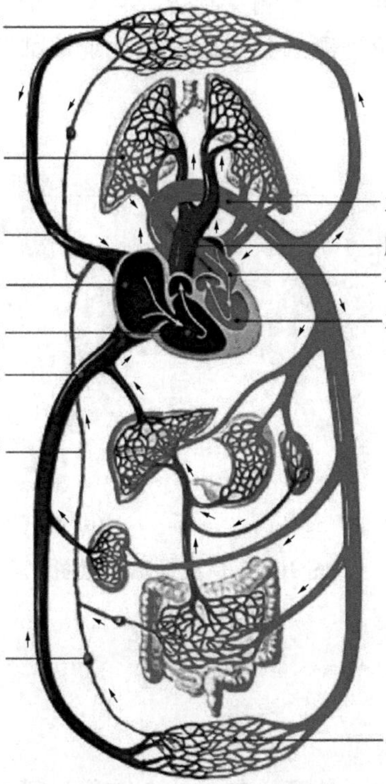

图 10-4　血液循环示意图

2. 肺循环（pulmonary circulation）　由右心室射出的静脉血入肺动脉干，经肺动脉在肺内的各级分支，流至肺泡毛细血管，血液在此与肺泡内的气体进行交换，成为动脉血，再经肺静脉流回左心房。

体循环与肺循环通过心互相衔接交通，同时进行。

（三）血管的吻合和侧支循环

人体的血管除经动脉→毛细血管→静脉相通外，还有动脉间吻合、静脉间吻合以及动、静脉间吻合（图 10-5）。如动脉之间常吻合成动脉弓、动脉网或动脉环；静脉之间常吻合成静脉丛、静脉弓或静脉网。

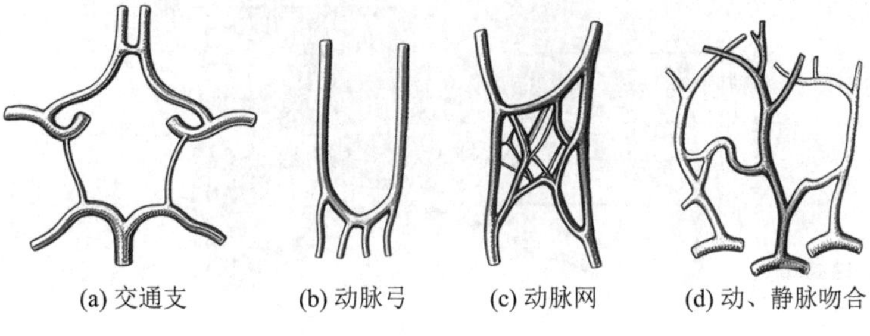

图 10-5　血管吻合示意图

在较大的动脉主干行程中常发出与主干平行的侧支，该支与同一主干远侧发出的返支或另一动脉主干的侧支相连，形成侧支吻合。当某一动脉主干发生阻塞时，血液可沿侧支吻合径路，流至阻塞部位远侧的分布区，以保证该部的血液供应，这种代偿性供血途径称侧支循环（图 10-6）。

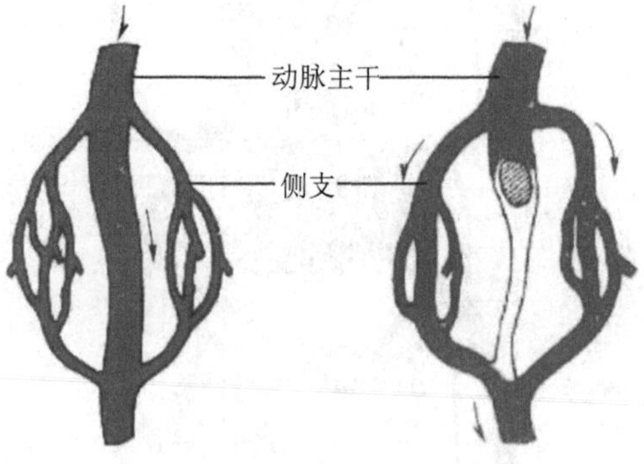

图 10-6　侧支循环示意图

二、心

（一）心的位置

心斜位于胸腔的中纵隔内，外裹心包，约 2/3 位于正中线的左侧，1/3 位于正中线的右侧（图 10-7）。心的上方连有出入心的大血管；下方邻膈；两侧与胸膜腔和肺相邻；后方平对第 5~8 胸椎，与食管和胸主动脉等相邻；前方对向胸骨体和第 2~6 肋软骨，大部分隔心包被肺和胸膜所遮盖，小部分与胸骨体下部和左侧第 4~6 肋软骨相邻。临床上进行心内注射时，常选在靠近胸骨左缘的第 4 肋间隙处进针，一般不会伤及胸膜和肺。

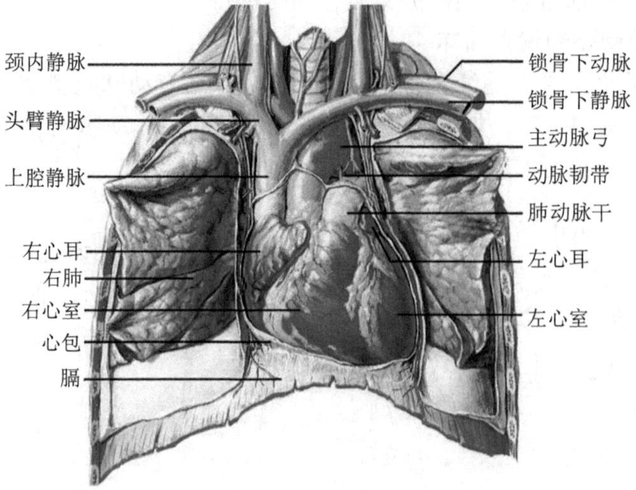

图 10-7　心的位置

（二）心的外形

心的外形呈近似倒置的、前后稍扁的圆锥体，大小与本人的拳头相当。心可分为一尖、一底、两面、三缘（图 10-8、图 10-9）。心尖朝向左前下方，由左心室构成。心尖的体表投影在左侧第 5 肋间隙、左锁骨中线内侧 1～2 cm 处，在活体此处可扪及心尖搏动。心底朝向右后上方，主要由左心房构成，小部分由右心房构成。胸肋面（前面）朝向前上方，大部分由右心房和右心室构成，小部分由左心耳和左心室构成；膈面（下面）朝向后下方，大部分由左心室构成，小部分由右心室构成；心右缘由右心房构成；左缘由左心室和左心耳构成；下缘由右心室和心尖构成，介于膈面与胸肋面之间，接近水平位。

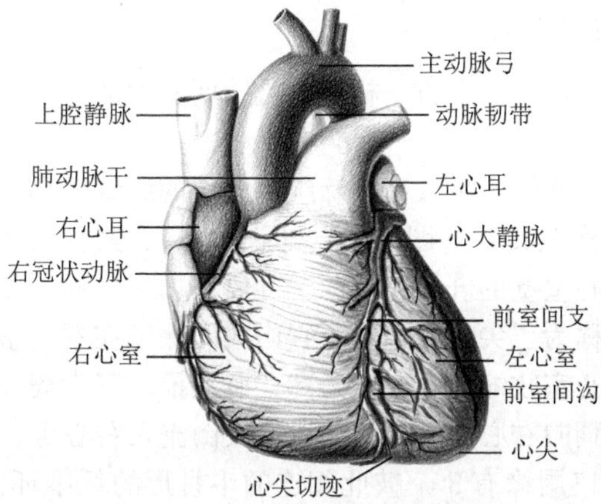

图 10-8　心的外形和血管（前面观）

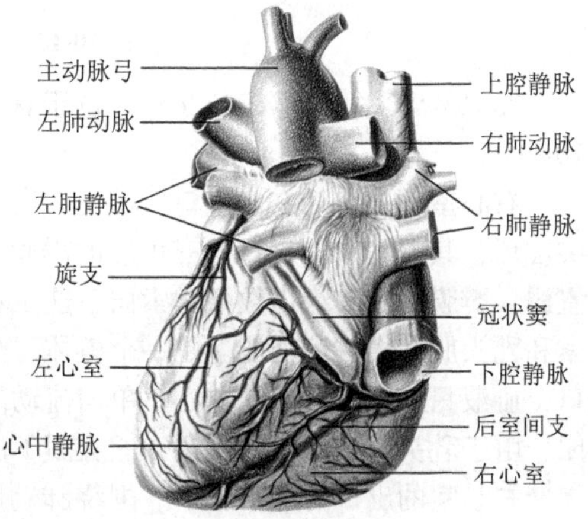

图 10-9　心的外形和血管（后下面观）

心的表面有 3 条沟。心的表面近心底处有略呈环形的冠状沟，是心房与心室在心表面的分界。在胸肋面有从冠状沟向下到心尖稍右侧的浅沟，称前室间沟。在膈面有从冠状沟向下到心尖稍右侧的浅沟，称后室间沟。前、后室间沟是左、右心室在心表面的分界。前、后室间沟在心尖右侧的汇合处稍凹陷，称心尖切迹（图 10-8）。

（三）心腔的结构

1. *右心房*（right atrium）　位于心的右上部，它向左前方的突出部分称右心耳（图 10-8、图 10-10）。右心房有 3 个入口：上部有上腔静脉口，下部有下腔静脉口，在下腔静脉口与右房室口之间有冠状窦口，它们分别收集上半身、下半身和心壁大部分的静脉血。右心房的出口是右房室口，位于右心房的前下方，通向右心室。在房间隔右心房一侧的中下部有一卵圆形浅窝，称卵圆窝，是胚胎时期的卵圆孔在出生后闭锁留下的遗迹，此处薄弱，是房间隔缺损的好发部位。

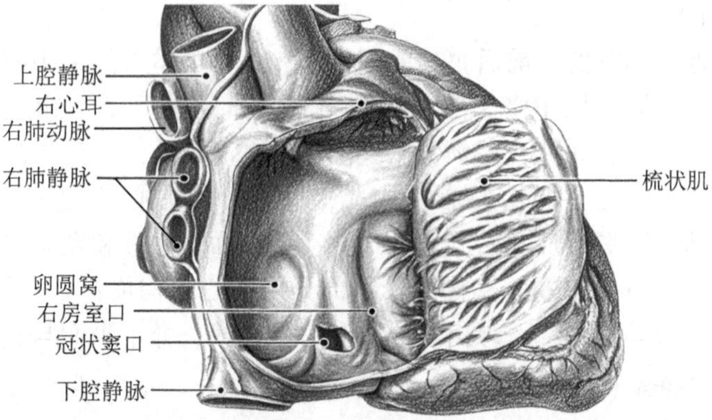

图 10-10　右心房内部结构

2. *右心室*（right ventricle）　位于右心房的左前下方，构成心胸肋面的大部分（图 10-11）。

右心室的入口为右房室口。围绕右房室口周缘、由致密结缔组织构成的纤维环称三尖瓣环，其上附有 3 片近似三角形的瓣膜，称三尖瓣（图 10-11、图 10-12），又称右房室瓣，瓣膜的游离缘借数条腱索向下连于右心室壁的乳头肌上。三尖瓣环、三尖瓣、腱索和乳头肌在结构和功能上是一个整体，合称为三尖瓣复合体，它们共同保证在右房室口，血液只能从右心房向右心室单向流动。心室收缩，室内压升高，血流推动三尖瓣关闭，由于乳头肌和腱索的作用，三尖瓣不能翻向右心房，从而防止血液倒流入右心房。

右心室的出口为肺动脉口。围绕肺动脉口周缘有 3 个彼此相连的半月形的纤维环，称肺动脉环，其上附有 3 个袋口向上的半月形的瓣膜，称肺动脉瓣（图 10-12）。心室收缩，室内压升高，血流冲开肺动脉瓣，射入肺动脉干；心室舒张，室内压下降，肺动脉瓣关闭，阻止血液从肺动脉干倒流入右心室。

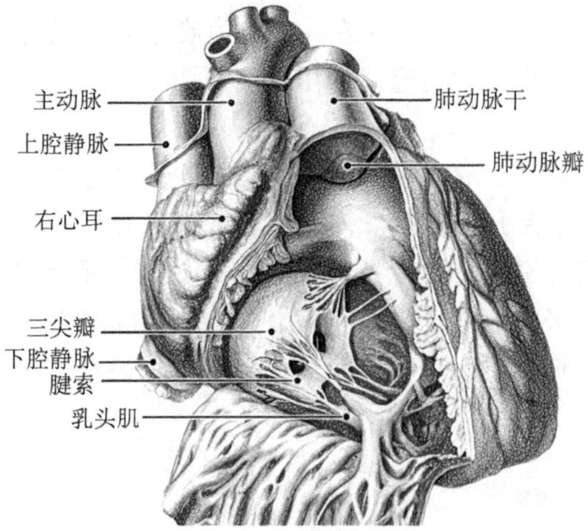

图 10-11　右心室内部结构

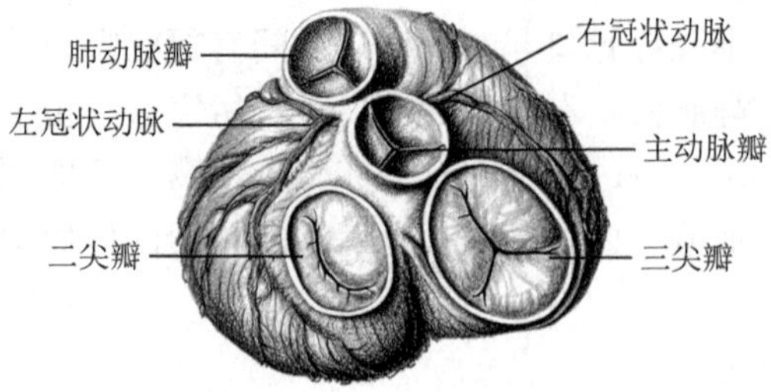

图 10-12　心的瓣膜

3. *左心房*（left atrium）　位于右心房的左后方，构成心底的大部分（图 10-9、图 10-13）。左心房有 4 个入口，即左肺上、下静脉口和右肺上、下静脉口。左心房的出口是左房室口，位于左心房的前下方，通向左心室。

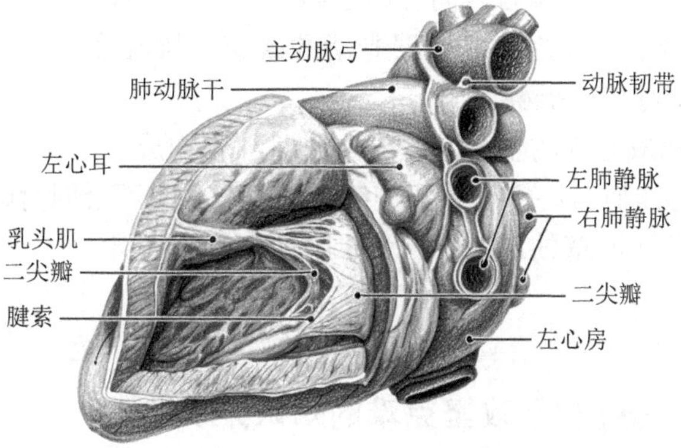

图 10-13　左心房和左心室

4. 左心室（left ventricle）　位于右心室的左后下方，构成心尖及心的左缘（图 10-9、图 10-13）。左心室的入口即左房室口。围绕左房室口周缘、由致密结缔组织构成的纤维环称二尖瓣环，其上附有两片近似三角形的瓣膜，称左房室瓣，又称二尖瓣，瓣膜借腱索与左心室壁的乳头肌相连。二尖瓣环、二尖瓣、腱索和乳头肌共同构成二尖瓣复合体，其功能与三尖瓣复合体类似。左心室的出口为主动脉口。围绕主动脉口周缘有 3 个彼此相连的半月形的纤维环称主动脉环，其上附有 3 个袋口向上的半月形的瓣膜，称为主动脉瓣，其形态和功能与肺动脉瓣类似。

当心室收缩时，室内压升高，室内压>房内压，且室内压>动脉压，左房室瓣和右房室瓣关闭，主动脉瓣和肺动脉瓣开放，血液由心室射入动脉；当心室舒张时，室内压下降，室内压<房内压，且室内压<动脉压，左房室瓣和右房室瓣开放，主动脉瓣和肺动脉瓣关闭，血液由心房流入心室（图 10-14）。

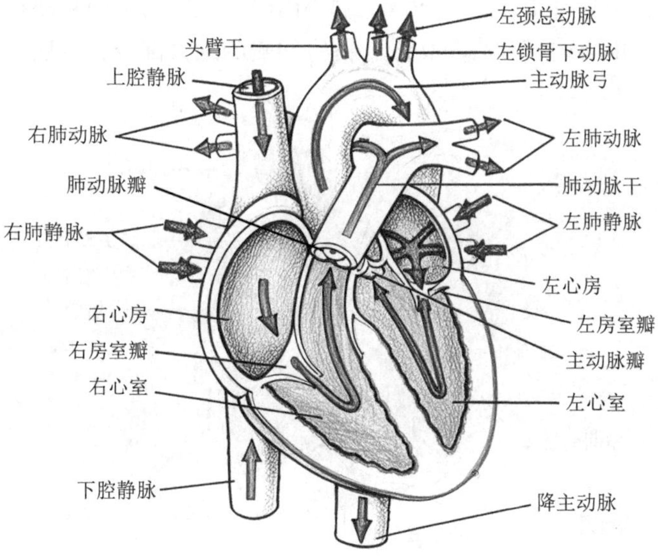

图 10-14　心腔内血液流动方向

（四）心壁的构造

1. 心壁的微细结构　心壁自内向外由心内膜、心肌层和心外膜构成。

（1）心内膜　衬于心腔内面的一层光滑的薄膜，与血管内膜相延续。心瓣膜即由心内膜在房室口和动脉口处折叠而成。

（2）心肌层　构成心壁的主体，主要由心肌细胞构成。心房肌较薄，心室肌肥厚，左心室肌最发达。心房肌与心室肌并不连续，心房与心室不会同时收缩。

（3）心外膜　位于心壁的最外层，为浆膜性心包的脏层。

链接

勇于攻坚克难的知识分子楷模

克山病，又称地方性心肌病，因在黑龙江省克山县发现而得名，主要表现为急性和慢性心功能不全、心脏扩大等。此病会骤然发作，患者常在几小时或一两天内死亡，老百姓称它为“攻心翻”“羊毛疔”。1953 年，当时年仅 31 岁的哈尔滨医科大学副教授于维汉奔赴克山县重病区，开始了制服“瘟神”的战斗。之后的 40 余年，他与同事们走遍了全国 16 个省、自治区的 170 个克山病病区县，调查 60 余万人，抢救医治 6000 多病患，积累了丰富的克山病防治经验，他提出了克山病诊断标准及划分病区的指标，以及克山病营养性生物地球化学病因学说，并在 20 世纪 70 年代采用补硒等方法有效预防克山病，提高了克山病治愈率。1997 年，于维汉被评为中国工程院院士。

2. 房间隔和室间隔　房间隔由心内膜及其间的心房肌纤维和结缔组织构成，卵圆窝是房间隔的最薄弱处。室间隔分为上、下两部分（图 10-15）：上部为室间隔膜部，较薄，缺乏肌层，由致密结缔组织和两侧的心内膜构成，为室间隔缺损的好发部位；下部为室间隔肌部，由心内膜和心肌构成，占室间隔的绝大部分，肌层较厚。

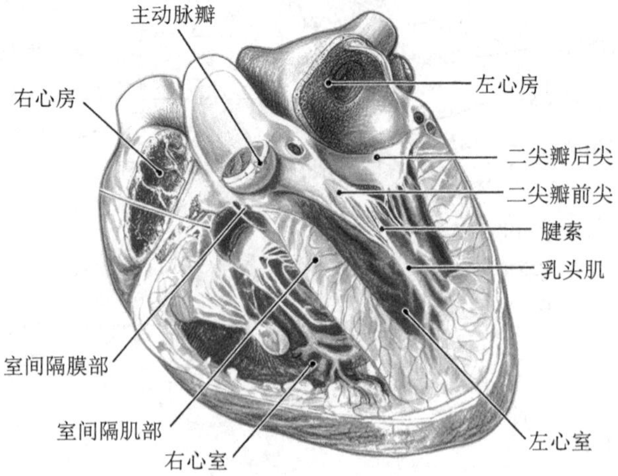

图 10-15　室间隔

（五）心传导系

心传导系（conduction system of heart）是由特殊心肌细胞构成的，有产生兴奋、传导冲动等功能。特殊心肌细胞主要包括起搏细胞和浦肯野纤维（又称束细胞），这些细胞可聚集成结或束，具有自动节律性（自律性），属于自律细胞。心传导系包括窦房结、房室交界区（房室结区）、房室束、左束支、右束支、浦肯野纤维网等（图10-16）。

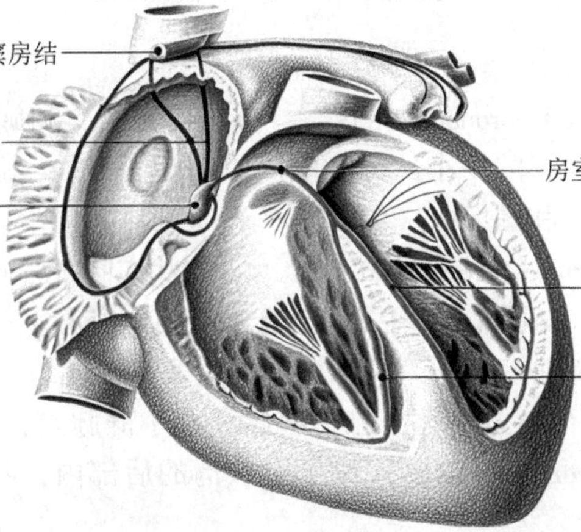

图 10-16　心传导系模式图

1. *窦房结*（sinuatrial node）　窦房结位于上腔静脉与右心房交界处的心外膜深面，多呈长梭形。位于窦房结的起搏细胞自律性最高，每分钟可自动产生节律性兴奋约100次，但由于神经体液等因素影响，其自律性实际表现为每分钟70次左右。窦房结是心脏活动的正常起搏点。

2. *房室交界区*（atrioventricular junction region）　房室交界区又称房室结区，位于房间隔和室间隔之间的过渡、重叠区域内的心内膜深面，主要包括房室结等结构。房室结是房室交界区的中央部分，是一个矢状位的扁薄结构。房室结内也有起搏细胞，其自律性每分钟约50次，为潜在起搏点。

房室交界区是窦房结发出的兴奋由心房传向心室的唯一通道，而且兴奋在房室交界区的传导非常缓慢，出现一个时间延搁，使心室肌收缩发生在心房肌收缩完毕之后。

3. *房室束*　房室束又称希氏（His）束，起自房室结前端，行至室间隔膜部的后下缘分为右束支和左束支，分别沿室间隔肌部右、左侧心内膜深面下行。

4. *浦肯野纤维网*　左、右束支的分支在心内膜深面交织成浦肯野纤维网。浦肯野纤维与普通心室肌纤维相连，通过缝隙连接构成功能合胞体，使所有心室肌纤维同步舒缩。

（六）心的血管

1. *动脉*　心的动脉发自升主动脉根部的左冠状动脉和右冠状动脉（图10-17）。

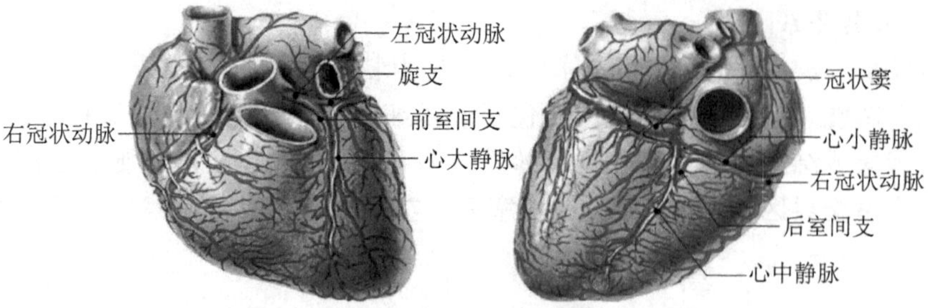

图 10-17　心的血管

(1) 左冠状动脉 (left coronary artery)　分为前室间支和旋支。前室间支主要分布于左心室前壁、右心室前壁的一小部分和室间隔前 2/3 等处。旋支主要分布于左心房、左心室侧壁、左心室后壁和窦房结 (约占 40%) 等处。

(2) 右冠状动脉 (right coronary artery)　沿冠状沟向右后方走行，其主干进入后室间沟，延续为后室间支。右冠状动脉主要分布于右心房、右心室前壁大部分、右心室侧壁和后壁全部、左心室后壁的一部分、室间隔后 1/3、窦房结 (约占 60%) 和房室结等处。

2. 静脉　心的静脉有心大静脉、心中静脉和心小静脉等，多与动脉伴行，大部分汇入冠状窦。冠状窦 (coronary sinus) 位于冠状沟的后部内，收集心壁大部分静脉血，经冠状窦口注入右心房。

(七) 心包

心包 (pericardium) 是包裹心和出入心大血管根部的膜性囊，分纤维心包和浆膜心包。

1. 纤维心包　较厚，由致密而坚韧的结缔组织构成，其上部与出入心脏的大血管外膜相续，下方附着于膈的中心腱 (图 10-18)。

2. 浆膜心包　薄而光滑，分为脏层和壁层。脏层紧贴心肌表面，形成心外膜。壁层紧贴在纤维心包的内面。脏、壁两层在出入心的大血管根部相互移行，形成的潜在性的密闭腔隙称为心包腔，内含少量浆液，起润滑作用。

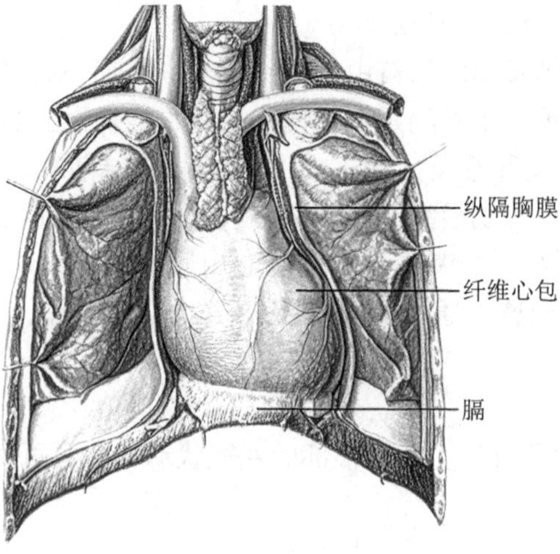

图 10-18　纤维心包

（八）心的体表投影

心在胸前壁的体表投影，通常采用四点连线法来确定（图 10-19）。① 左上点：在左侧第 2 肋软骨下缘，距胸骨左缘约 1.2 cm 处。② 右上点：在右侧第 3 肋软骨上缘，距胸骨右缘约 1 cm 处。③ 右下点：在右侧第 7 胸肋关节处。④左下点：在左侧第 5 肋间隙，锁骨中线内侧 1~2 cm 处（或距正中线 7~9 cm 处），即心尖的体表投影。

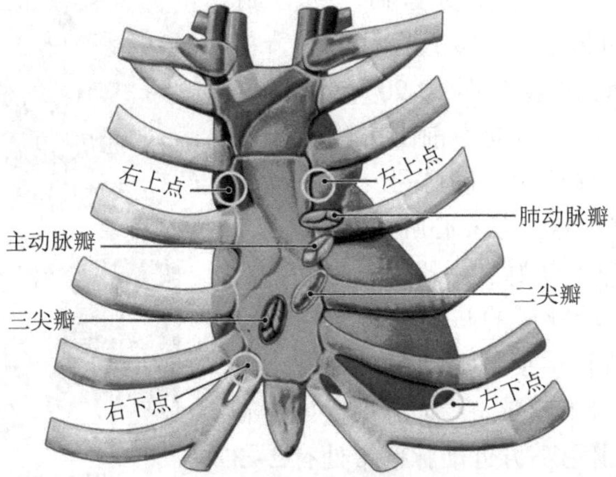

图 10-19　心的体表投影

链 接

胸外心脏按压术

胸外心脏按压术是用人工的方法，有节律地将停搏的心脏挤压于胸骨和脊柱之间，使血液从左、右心室排出，从而促使心跳恢复的一项急救技术。当挤压解除时，胸廓由于弹性而复位，且胸膜腔内呈负压，有利于血液回流至心脏。胸外心脏按压术主要适用于各种创伤、电击、溺水、窒息、过敏等原因引起的心搏骤停的现场复苏。

三、动脉

动脉的分布具有一定规律，表现为：① 大多数动脉呈左、右对称性分布。② 动脉在行程中多居于身体的屈侧、深部或安全隐蔽的部位。③ 动脉的配布形式与器官的形态、功能相适应。④ 动脉常有静脉和神经伴行，构成血管神经束。

（一）肺循环的动脉

肺循环的动脉内流动着静脉血。肺动脉干（pulmonary trunk）位于心包内，是短而粗的动脉干，起自右心室，向左后上方斜行，在主动脉弓下方分为左、右肺动脉。肺动脉（pulmonary artery）经肺门入肺。在肺动脉干分叉处稍左侧与主动脉弓下缘之间的纤维性结缔组织索称动脉韧带（图 10-8），是胚胎时期动脉导管闭锁后的遗迹。动脉导管若在出生后 6 个月尚未闭锁，则称动脉导管未闭，是常见的先天性心脏病。

（二）体循环的动脉

体循环的动脉内流动着动脉血。主动脉（aorta）是体循环的动脉主干，按其行程分为升主动脉、主动脉弓和降主动脉（图 10-20）。

升主动脉起自左心室，向右前上方斜行至右侧第 2 胸肋关节后方移行为主动脉弓。升主动脉根部发出左、右冠状动脉，营养心脏。

主动脉弓接续升主动脉，弓形弯向左后方，移行为降主动脉。主动脉弓的凸侧自右向左发出头臂干、左颈总动脉和左锁骨下动脉。头臂干分为右颈总动脉和右锁骨下动脉。主动脉弓壁内含有压力感受器。在主动脉弓下方近动脉韧带处有 2~3 个粟粒状小体，称主动脉小球，是化学感受器。

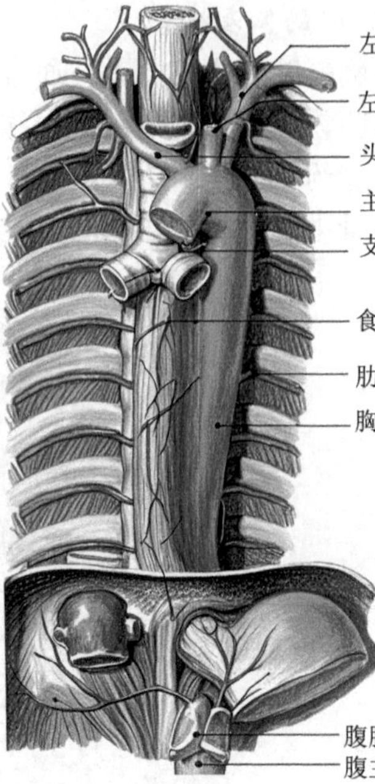

图 10-20　主动脉及其分支

降主动脉沿脊柱的左前方下行，穿膈的主动脉裂孔入腹腔，继续下行至第 4 腰椎体下缘处分为左、右髂总动脉。降主动脉以膈为界分为胸主动脉和腹主动脉。

1. 颈总动脉（common carotid artery）　头颈部的动脉主干（图 10-21）。右颈总动脉起自头臂干，左颈总动脉起自主动脉弓。两侧颈总动脉均在食管、气管和喉的外侧上行，至甲状软骨上缘平面分为颈内动脉和颈外动脉。颈总动脉上段的位置表浅，在活体上可摸到其搏动。当头面部大出血时，可在胸锁乳突肌的前缘，平环状软骨弓的侧方，向后内将该动脉压向其后内方的第 6 颈椎横突，进行急救止血。

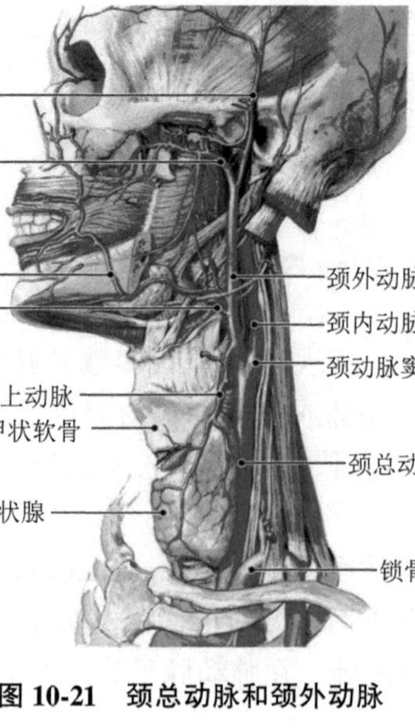

图 10-21　颈总动脉和颈外动脉

在颈总动脉分叉处有两个重要结构：颈动脉窦，是颈总动脉末端和颈内动脉起始处的膨大部分，其壁内有压力感受器；颈动脉小球，为一扁椭圆形小体，借结缔组织连于颈总动脉分叉处的后方，是化学感受器。

（1）颈外动脉（external carotid artery）　起自颈总动脉，向上穿腮腺，分为颞浅动脉和上颌动脉两个终支（图 10-21）。颈外动脉的主要分支：

1）甲状腺上动脉：自颈外动脉起始处发出，行向前下方，分布到甲状腺上部和喉。

2）面动脉：在舌动脉稍上方发出，行向前上，经下颌下腺的深面，在咬肌前缘越过下颌骨下缘至面部，经口角和鼻翼外侧，向上至眼内眦，移行为内眦动脉。面动脉分布于面部软组织、下颌下腺和腭扁桃体等。面动脉在咬肌前缘与下颌骨下缘交界处可摸到动脉搏动。当面部出血时，可在此处进行压迫止血。

3）颞浅动脉：为颈外动脉终支之一，在耳屏前方上行，越过颧弓根部至颞部，分布于额、颞、顶部软组织和腮腺。活体上，在外耳门前上方、颧弓根部可摸到颞浅动脉的搏动，头皮前部出血时，可在此处压迫止血。

4）上颌动脉：为颈外动脉的另一终支，在下颌颈处起自颈外动脉，前行入颞下窝，沿途分支分布于外耳道、中耳、硬脑膜、腭扁桃体、牙及牙龈、鼻腔和腭等处。其中分布到硬脑膜的一支称脑膜中动脉，它由上颌动脉发出后向上穿棘孔入颅腔，分前、后二支，紧贴颅骨内面走行，分布于硬脑膜。前支经过翼点内面，当颞区颅骨骨折时易受损伤，引起硬膜外血肿。

（2）颈内动脉（internal carotid artery）　在甲状软骨上缘平面起自颈总动脉（图 10-21），向上直达颅底，穿颈动脉管入颅腔，分布于脑和视器（见神经系统和感觉器）。颈内动脉在颅外不分支。

2. 锁骨下动脉（subclavian artery）　左侧起自主动脉弓，右侧起自头臂干。锁骨下动脉从胸锁关节后方斜向外至颈根部，呈弓状经胸膜顶前方，穿斜角肌间隙，至第 1 肋外缘移行为腋动脉。上肢出血时，可在锁骨中点上方的锁骨上窝处向下将锁骨下动脉压向第 1 肋骨进行止血。

锁骨下动脉的主要分支有（图 10-22）：① 椎动脉，为锁骨下动脉最大的分支，向上依次穿经第 6~1 颈椎横突孔，经枕骨大孔入颅腔，左、右椎动脉汇合成一条基底动脉，分支分布于脊髓和脑（详见神经系统）。② 胸廓内动脉，起点与椎动脉相对，向下入胸腔，沿 1~6 肋软骨后面距胸骨外侧缘约 1 cm 处下降，沿途发出分支分布于胸膜、心包、膈肌及乳房等处。③ 甲状颈干，为一短干，在前斜角肌内侧缘起始，位于椎动脉外侧。起始后立即分为数支，其中一支为甲状腺下动脉，分布于甲状腺和喉等处。

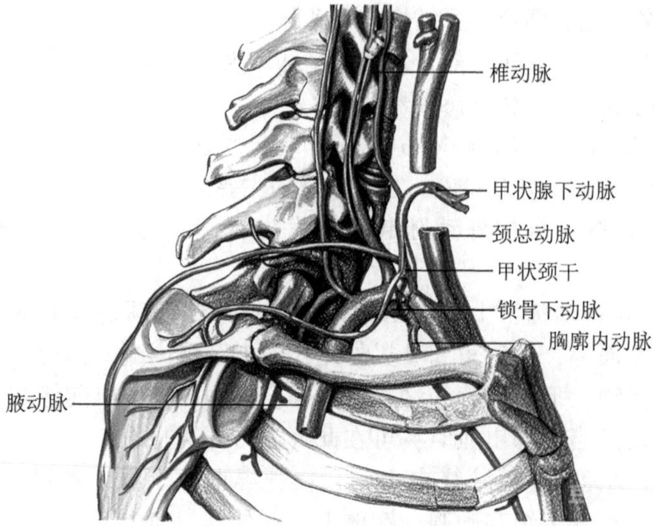

图 10-22　锁骨下动脉及其分支

（1）腋动脉（axillary artery）　上肢的动脉主干，在第 1 肋的外侧缘处续自锁骨下动脉，经腋窝的深部至背阔肌的下缘移行为肱动脉（图 10-23）。腋动脉的分支主要分布于肩部、胸前外侧壁及乳房等处。

（2）肱动脉（brachial artery）　腋动脉的直接延续，沿肱二头肌内侧缘下行，至肘窝中点处分为桡动脉和尺动脉。肱动脉沿途分支分布于臂部和肘关节。在肘窝的内上方，肱二头肌腱的内侧可触及肱动脉的搏动，是临床上测量血压时听诊的部位。当前臂或手部出血时，可在臂中部内侧将肱动脉压向肱骨以暂时止血。

（3）桡动脉（radial artery）　由肱动脉分出，沿前臂前群肌之间（偏桡侧）下行，在桡腕关节上方处行于桡侧腕屈肌腱的外侧。桡动脉的下段仅被皮肤和筋膜覆盖，可在桡骨茎突的内上方触及搏动，是临床触摸脉搏的常用部位。

（4）尺动脉（ulnar artery）　由肱动脉分出，沿前臂前群肌之间（偏尺侧）下行，入手掌。当手部出血时，可在腕掌侧面上方的桡侧和尺侧分别压迫桡动脉和尺动脉进行止血。

（5）掌浅弓和掌深弓　掌浅弓由尺动脉终支和桡动脉的掌浅支吻合而成（图 10-24）。掌深弓由桡动脉终支与尺动脉掌深支吻合而成。掌浅弓、掌深弓发出较多分支，分布于手掌和手指。其中，指掌侧固有动脉位于第 2～5 指的两侧，手指出血时可在手指根部两侧压迫止血。

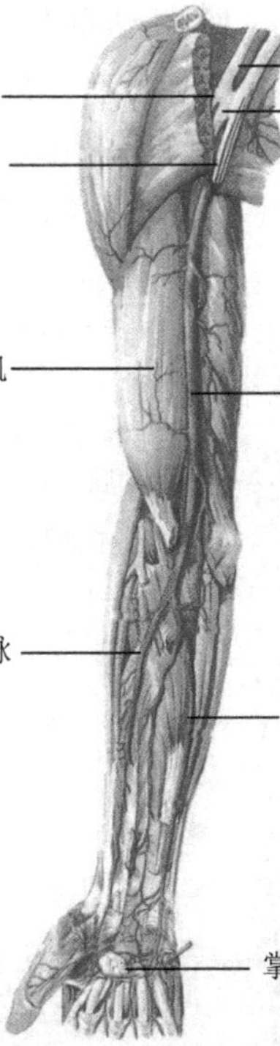

图 10-23　上肢的动脉

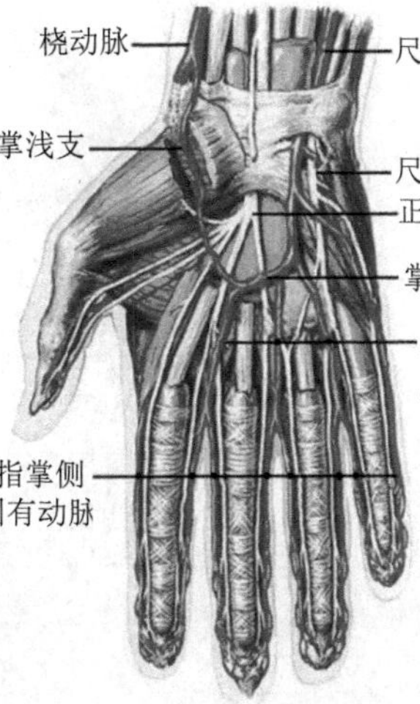

图 10-24　手掌的动脉

3. 胸主动脉（thoracic aorta）　胸部的动脉主干，分支有壁支和脏支两种（图 10-20）。

（1）壁支　有肋间后动脉和肋下动脉。肋间后动脉共 9 对，走行在第 3~11 肋间隙中，主要分布到胸、腹壁的肌和皮肤等（图 10-25）。肋下动脉行于第 12 肋下缘处。

（2）脏支　较细小，主要有支气管动脉、食管动脉和心包支。

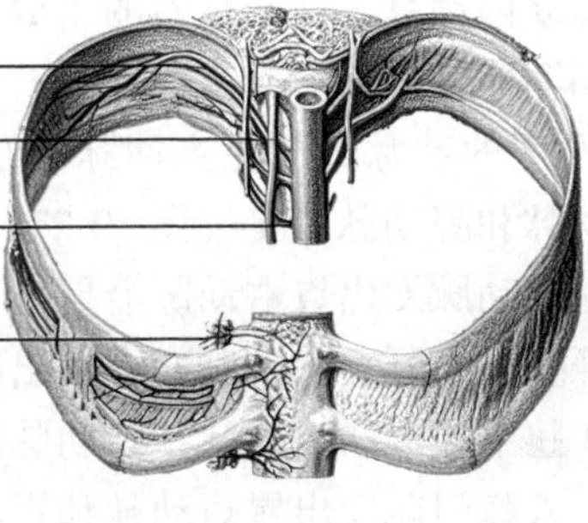

图 10-25　胸壁的动脉

4. 腹主动脉（abdominal aorta） 腹部的动脉主干。腹主动脉发出壁支和脏支（图 10-26）。壁支主要有 1 对膈下动脉和 4 对腰动脉。膈下动脉分布于膈及腹壁，该动脉发出肾上腺上动脉营养肾上腺。腰动脉分布于腰部、腹壁肌和脊髓等。脏支分为成对和不成对两种。成对的有肾动脉、肾上腺中动脉和睾丸（或卵巢）动脉等；不成对的有腹腔干、肠系膜上动脉和肠系膜下动脉。

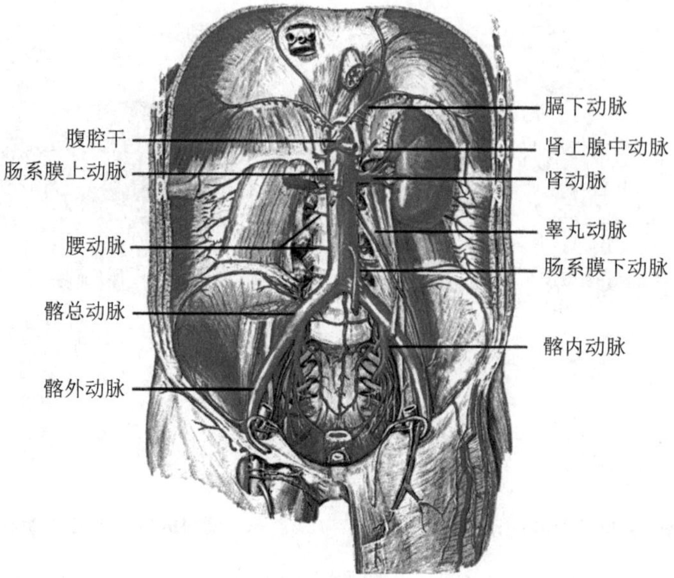

图 10-26 腹主动脉及其分支

（1）肾上腺中动脉 在第 1 腰椎体高度起自腹主动脉，分布于肾上腺。

（2）肾动脉 在第 1、2 腰椎体之间起自腹主动脉，横行向外由肾门入肾。

（3）睾丸动脉 细而长，在肾动脉起始处的稍下方起自腹主动脉，斜向下外，经腹股沟管入阴囊，又称精索内动脉，参与精索的组成，分布于睾丸和附睾。在女性则称卵巢动脉，分布于卵巢和输卵管。

（4）腹腔干 为粗而短的动脉干，在主动脉裂孔的稍下方起自腹主动脉前壁，随即分为胃左动脉、肝总动脉和脾动脉 3 支（图 10-27）。其中，肝总动脉分为肝固有动脉和胃十二指肠动脉。肝固有动脉发出胃右动脉沿胃小弯向左行与胃左动脉吻合，肝固有动脉本干入肝门前分为肝左支和肝右支，肝右支发出胆囊动脉分布于胆囊。胃十二指肠动脉分为胃网膜右动脉和胰十二指肠上动脉。脾动脉沿胰上缘左行至脾门分布于脾，沿途发出数个细小的胰支，入脾门前发出胃短动脉和胃网膜左动脉等分支。腹腔干的分支主要分布到食管的腹段、胃、十二指肠、肝、胆囊、胰、脾和网膜等处。

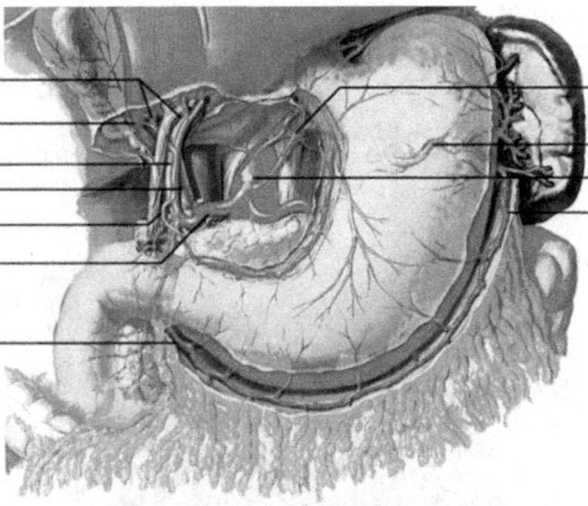

(a) 胃前面

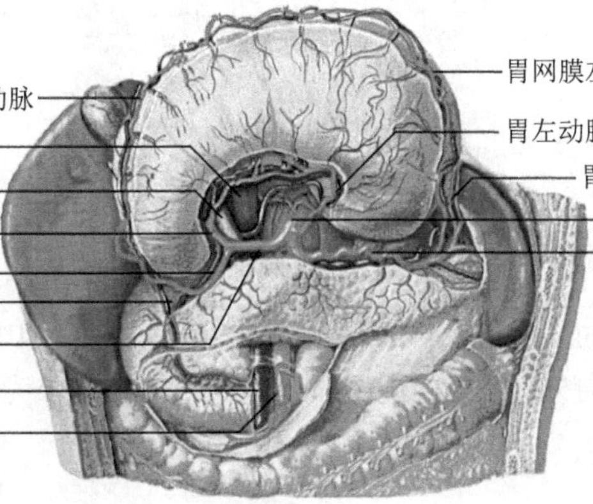

(b) 胃后面

图 10-27　腹腔干及其分支

（5）肠系膜上动脉　在第 1 腰椎高度起自腹主动脉前壁，主要发出空肠动脉、回肠动脉、回结肠动脉、右结肠动脉、中结肠动脉等分支，分布到胰、十二指肠至横结肠之间的消化管（图 10-28）。从回结肠动脉发出的阑尾动脉，沿阑尾系膜游离缘至阑尾。

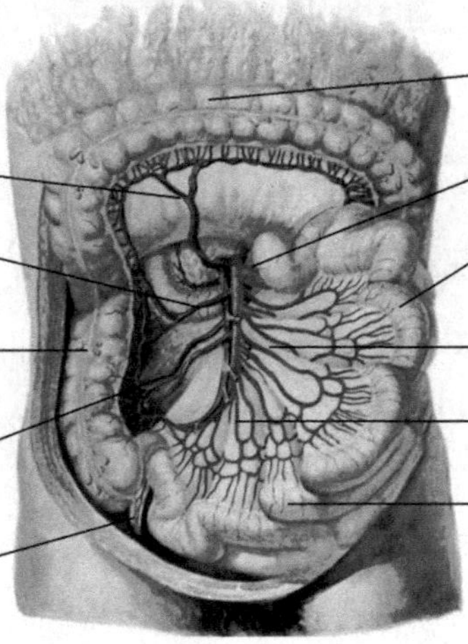

图 10-28　肠系膜上动脉及其分支

（6）肠系膜下动脉　平第3腰椎高度起自腹主动脉前壁，向左下行走，进入乙状结肠系膜内，有3个分支（图10-29）。① 左结肠动脉：分布于降结肠。② 乙状结肠动脉：分布于乙状结肠。③ 直肠上动脉：分布于直肠上部。

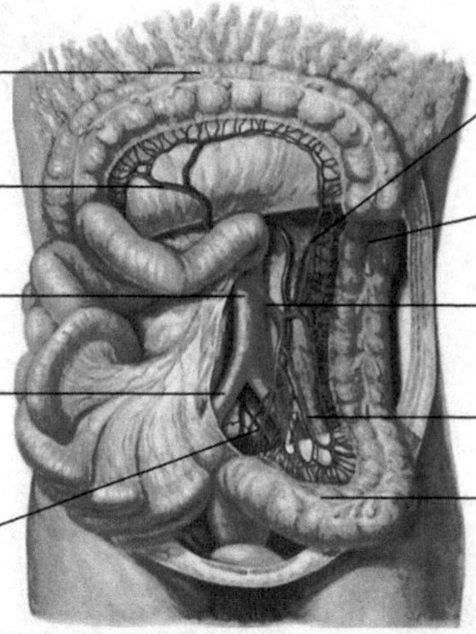

图10-29　肠系膜下动脉及其分支

5. 髂总动脉（common iliac artery）　左右各一，平第4腰椎体高度自腹主动脉发出，沿腰大肌的内侧向外下方斜行，至骶髂关节的前方分为髂内动脉和髂外动脉（图10-30、图10-31）。

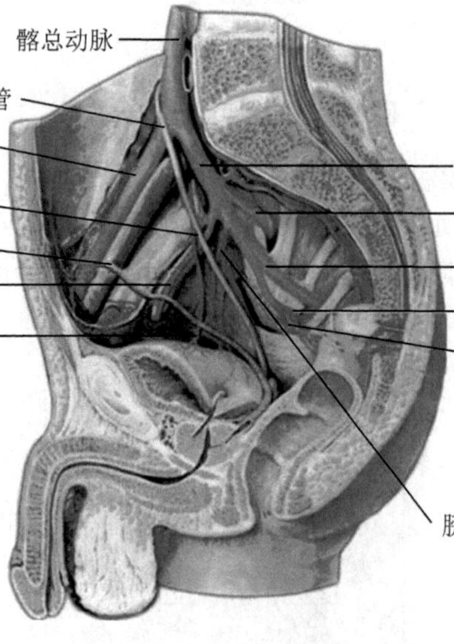

图10-30　盆腔的动脉（男性）

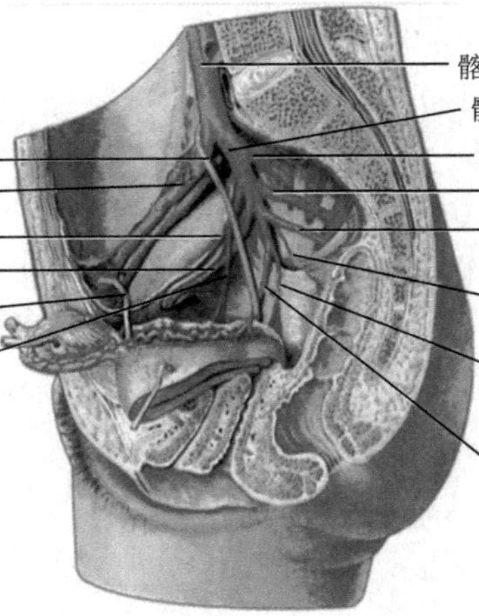

图 10-31　盆腔的动脉（女性）

（1）髂内动脉　为一短粗的干，沿盆腔侧壁下行，发出壁支和脏支。壁支主要有闭孔动脉、臀上动脉和臀下动脉。脏支主要有直肠下动脉、膀胱下动脉、子宫动脉（女性）、阴部内动脉。

髂内动脉分布于盆腔内脏器、盆壁、臀部、会阴及外生殖器等处。

其中，臀上动脉和臀下动脉分别经梨状肌上、下孔出骨盆至臀部，分布于臀肌和髋关节。子宫动脉自髂内动脉发出后，沿盆腔侧壁向内下方行走，在距子宫颈外侧约 2 cm 处，从输尿管前上方跨过，达子宫颈两侧，分支分布于子宫、阴道、输卵管和卵巢。

（2）髂外动脉　在骶髂关节前方由髂总动脉发出后，沿腰大肌内侧缘下降，经腹股沟韧带中点深面至股部，移行为股动脉。

（3）股动脉　为髂外动脉的延续，在股三角内下行，经收肌管，穿过收肌腱裂孔入腘窝，移行为腘动脉，沿途发出分支分布于大腿肌和髋关节（图 10-32）。在股三角内，股动脉位置表浅，在腹股沟韧带中点稍下方可触到其搏动。当下肢出血时可在此处将股动脉压向耻骨上支进行压迫止血。

（4）腘动脉　在腘窝深面下行，至腘窝下方分为胫前动脉和胫后动脉两个终支（图 10-32、图 10-33），并发出分支分布于膝关节及邻近肌。

（5）胫前动脉　由腘动脉发出后，穿小腿骨间膜至小腿前面，在小腿前群肌之间下行，至踝关节前方移行为足背动脉（图 10-33）。胫前动脉发出分支分布于小腿前群肌和附近皮肤。在踝关节前方，内、外踝连线的中点处可触及足背动脉搏动，足部出血时，可在该处向深部压迫足背动脉进行止血。

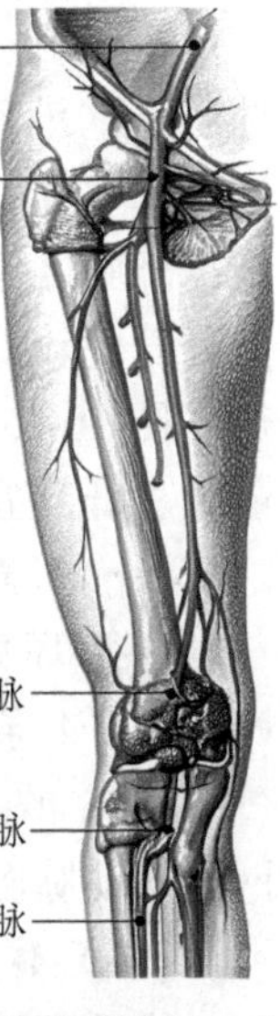

图 10-32　股动脉及其分支

（6）胫后动脉　是腘动脉的直接延续，沿小腿三头肌的深面下行，经内踝的后方进入足底，分为足底内侧动脉和足底外侧动脉（图 10-34）。

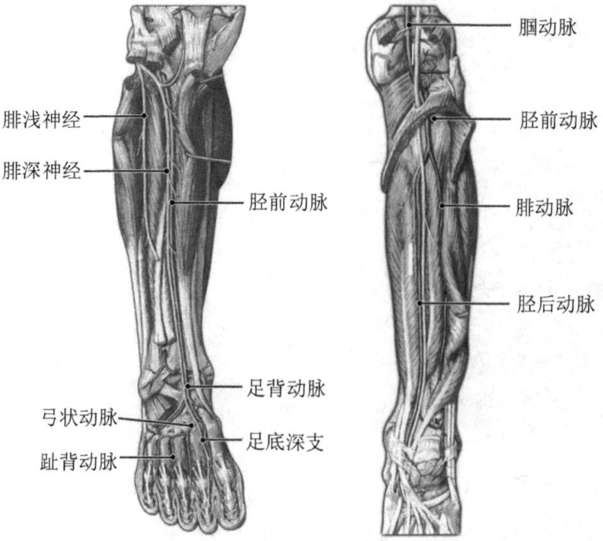

图 10-33　小腿的动脉

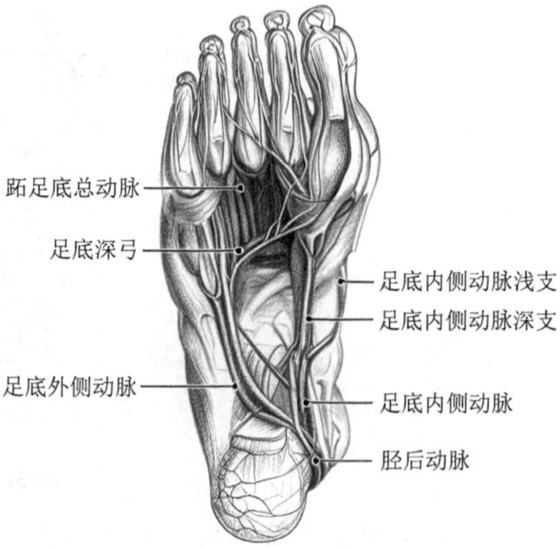

图 10-34　足底的动脉

四、静脉

静脉在配布和结构方面的特点有：① 数量多，在配布上可分为浅静脉和深静脉。浅静脉位于皮下组织内，故又称皮下静脉。浅静脉位置表浅，临床上常于此进行静脉内注射、输液和输血。深静脉多与动脉伴行，名称也基本相同。② 静脉之间有丰富的吻合。浅静脉之间、深静脉之间、浅深静脉之间都有吻合支相通。③ 静脉管腔比相应的动脉大，管壁较薄，弹性小。④ 静脉管腔内有向心性开放的静脉瓣（图 10-35），可阻止血液倒流。四肢的静脉瓣较多，而大静脉、肝门静脉和头颈部的静脉，一般无静脉瓣。

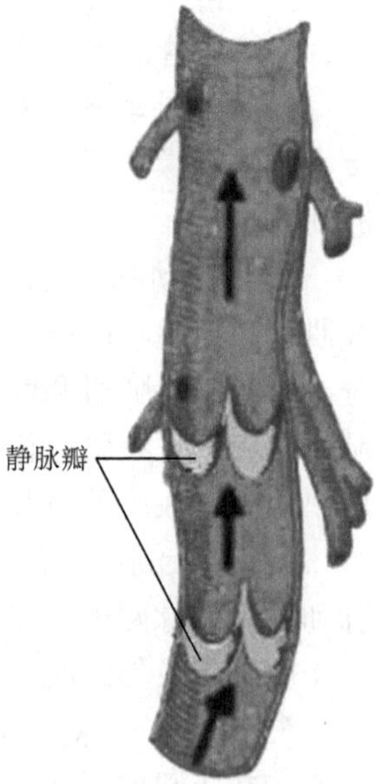

图 10-35　静脉瓣

（一）肺循环的静脉

肺循环的静脉内流动着动脉血。肺静脉（pulmonary vein）共 4 条，分别为左肺上、下静脉和右肺上、下静脉（图 10-9、图 10-13）。肺静脉通过其属支汇集肺泡毛细血管网内的动脉血后注入左心房。

（二）体循环的静脉

体循环的静脉内流动着静脉血。体循环的静脉包括上腔静脉系、下腔静脉系（含肝门静脉系）和心静脉系（见“心的血管”）。

1. 上腔静脉系　由上腔静脉及其属支组成（图 10-36），收集头颈部、上肢和胸部（心和肺除外）等上半身的静脉血。

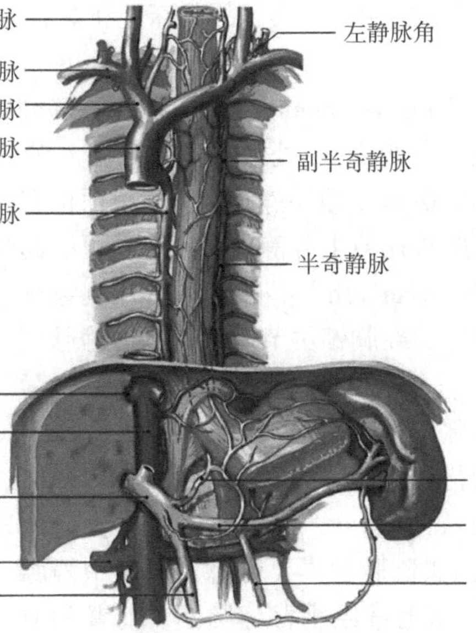

图 10-36 上、下腔静脉及其属支

(1) 头颈部静脉　浅静脉包括面静脉、颞浅静脉和颈外静脉等，深静脉包括颅内静脉、颈内静脉和锁骨下静脉等（图 10-37）。

1）颈内静脉（internal jugular vein）：为颈部最大的静脉干，上端在颈静脉孔处续于乙状窦，在胸锁关节后方与锁骨下静脉汇合成头臂静脉。汇合处的夹角叫静脉角（图 10-36）。颈内静脉收集颅内、外和颈部器官的静脉血。颈内静脉在颅外的主要属支有面静脉。

2）面静脉（facial vein）：起自内眦静脉，与面动脉伴行，收集面前部软组织的静脉血。面静脉通过内眦静脉、眼静脉与颅内海绵窦相交通（图 10-38）。

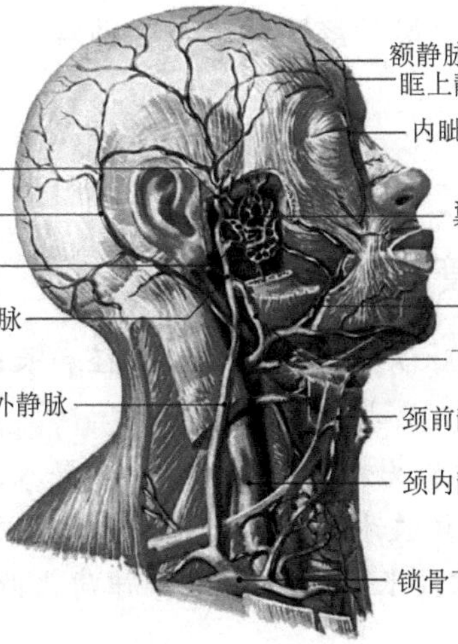

图 10-37 头颈部静脉

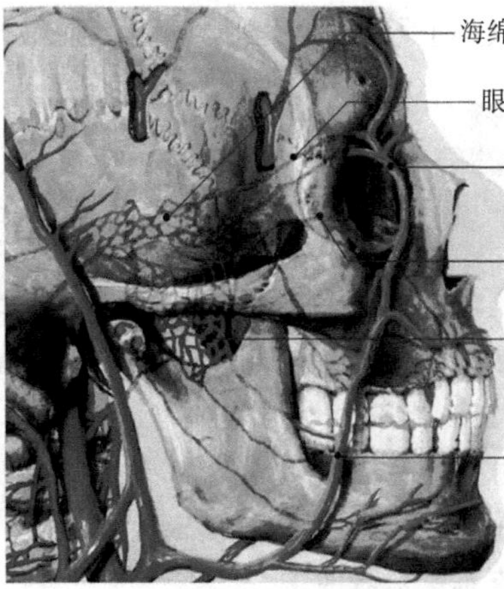

图 10-38 面静脉的交通

面静脉在口角平面以上缺少静脉瓣，口角平面以上面部发生化脓性感染时，若处理不当（如挤压化脓处），可导致颅内感染，故临床上将鼻根至两侧口角之间的三角形区域称为“危险三角”。

3）颈外静脉（external jugular vein）：颈部最大的浅静脉（图 10-37），沿胸锁乳突肌表面下行，在锁骨中点上方约 2 cm 处穿深筋膜后注入锁骨下静脉或静脉角。颈外静脉主要收集头皮和面部的静脉血。颈外静脉位置表浅而恒定，是临床上静脉插管或儿童采血的常用静脉。当患心脏疾病或上腔静脉阻塞时，可引起颈静脉怒张。

4）锁骨下静脉（subclavian vein）：自第 1 肋外侧缘续于腋静脉，与同名动脉伴行，在胸锁关节后方与颈内静脉汇合成头臂静脉（图 10-36）。锁骨下静脉的主要属支是腋静脉和颈外静脉。锁骨下静脉位置较固定，管腔较大，临床上可经锁骨上或锁骨下入路行锁骨下静脉导管插入。

（2）上肢静脉　分深浅两组。

1）上肢浅静脉：包括头静脉、贵要静脉、肘正中静脉及其属支（图 10-39）。临床上常经手背静脉网、前臂和肘部前面的浅静脉取血、输液和注射药物。① 头静脉（cephalic vein）：起自手背静脉网的桡侧，沿前臂下部的桡侧、前臂上部和肘部的前面以及肱二头肌外侧沟上行，再经三角肌与胸大肌之间的沟内穿深筋膜注入腋静脉或锁骨下静脉。② 贵要静脉（basilic vein）：起自手背静脉网的尺侧，沿前臂尺侧上行，至肘部转至前面，在肘窝处接受肘正中静脉，再经肱二头肌内侧沟行至臂中点平面，穿深筋膜注入肱静脉，或伴肱静脉上行注入腋静脉。③ 肘正中静脉（median cubital vein）：变异较多，通常在肘窝处连接头静脉和贵要静脉。

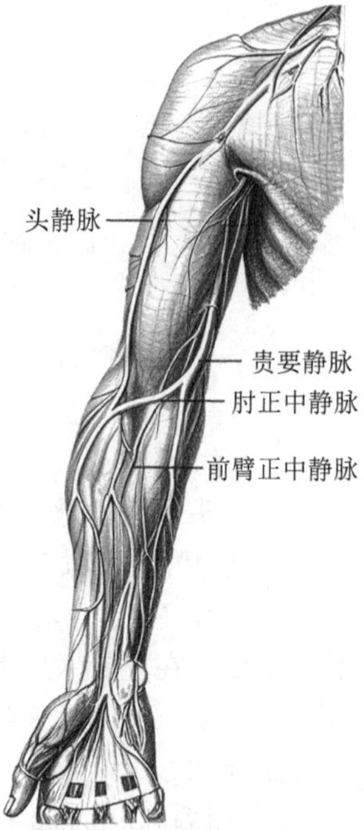

图 10-39　上肢的浅静脉

2）上肢深静脉：与同名动脉伴行，且多为 2 条，最后经腋静脉续为锁骨下静脉。腋静脉收集上肢浅、深静脉的全部血液。

链接

经外周静脉置入中心静脉导管（PICC）

随着疾病谱的复杂化及给药方式的多样化，静脉滴注也出现了多途径和长时间留置的趋势。经外周静脉置入中心静脉导管（PICC）技术应运而生。

PICC 是指由外周静脉（贵要静脉、肘正中静脉、头静脉）穿刺插管，置入中心静脉导管，使其尖端定位于上腔静脉下 1/3 处。该技术具有操作简便、危险性低、并发症少、留置时间长等优点，临床应用于需要长期静脉滴注、肿瘤化疗、肠外营养等治疗中。

（3）胸部静脉　主要有头臂静脉、上腔静脉、奇静脉及其属支（图 10-36）。

1）头臂静脉（brachiocephalic vein）：由颈内静脉和锁骨下静脉在胸锁关节后方汇合而成（图 10-7）。头臂静脉还接受椎静脉、胸廓内静脉等注入。

2）上腔静脉（superior vena cava）：为上腔静脉系的主干（图 10-7），是一条短而粗的静脉干，由左、右头臂静脉在右侧第 1 胸肋关节后方汇合而成，沿升主动脉右侧下行，至右侧第 2 胸肋关节后方穿纤维心包，平第 3 胸肋关节下缘注入右心房。在穿纤维心包之前，有奇静脉注入。

链接

手臂输液港植入术

手臂输液港植入术是近年来在临床上应用的新型输液技术，多以手臂贵要静脉、肱静脉等作为入路植入中心静脉导管，其由供穿刺的注射座及静脉导管两部分组成，注射座完全埋入手臂皮下，通过配套的一次性无损伤针穿刺注射座来建立输液通道。注射座连接插入上腔静脉的导管形成长期血管通路，发挥类似港口的作用，故称输液港。该植入术常用于长期静脉输注化学治疗（化疗）药物、完全肠外营养液等。

手臂输液港留置时间长，体表没有外露导管，避免了导管脱出和误拔的风险，注射座切口愈合后患者洗浴不受限制，能提高患者的生活质量。与胸壁输液港相比，手臂输液港创伤小，操作难度低，并发症发生率低。

3）奇静脉（azygos vein）：起自右腰升静脉，穿膈肌后沿脊柱的右前方上行至第 4 胸椎体平面，向前绕右肺根上方注入上腔静脉（图 10-36）。奇静脉沿途收集右侧肋间静脉、食管静脉、支气管静脉和半奇静脉等处的血液。奇静脉上连上腔静脉，下借右腰升静脉连于下腔静脉，是沟通上腔静脉系和下腔静脉系的重要通道之一。

2. 下腔静脉系　由下腔静脉及其属支组成（图 10-40），主要收集腹部、盆部和下肢的静脉血。

（1）下肢静脉　下肢静脉比上肢静脉瓣膜多，浅静脉与深静脉之间的交通也较丰富。

1）下肢浅静脉：包括大隐静脉和小隐静脉及其属支。① 大隐静脉（great saphenous vein）：起自足背静脉弓的内侧端，经内踝的前

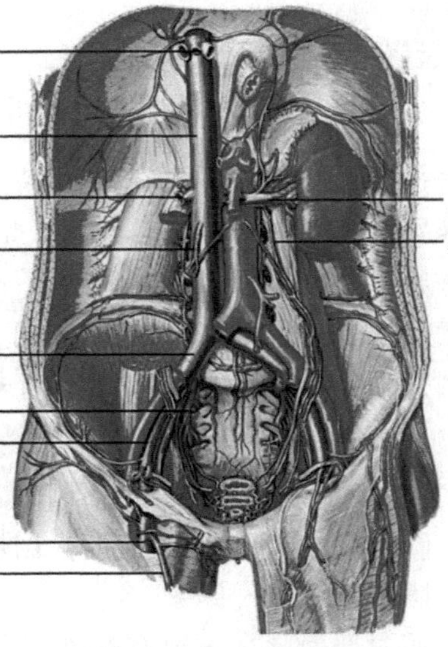

图 10-40　下腔静脉及其属支

方，沿小腿内侧面、膝关节内后方、大腿内侧面上行，在腹股沟韧带下方注入股静脉（图 10-41）。大隐静脉在内踝前方的位置表浅而恒定，是临床上输液和注射的常取部位。② 小隐静脉（small saphenous vein）：在足外侧缘起自足背静脉弓，经外踝的后方，沿小腿的后面上行至腘窝下角处穿过深筋膜，经腓肠肌内、外侧头之间注入腘静脉（图 10-41）。

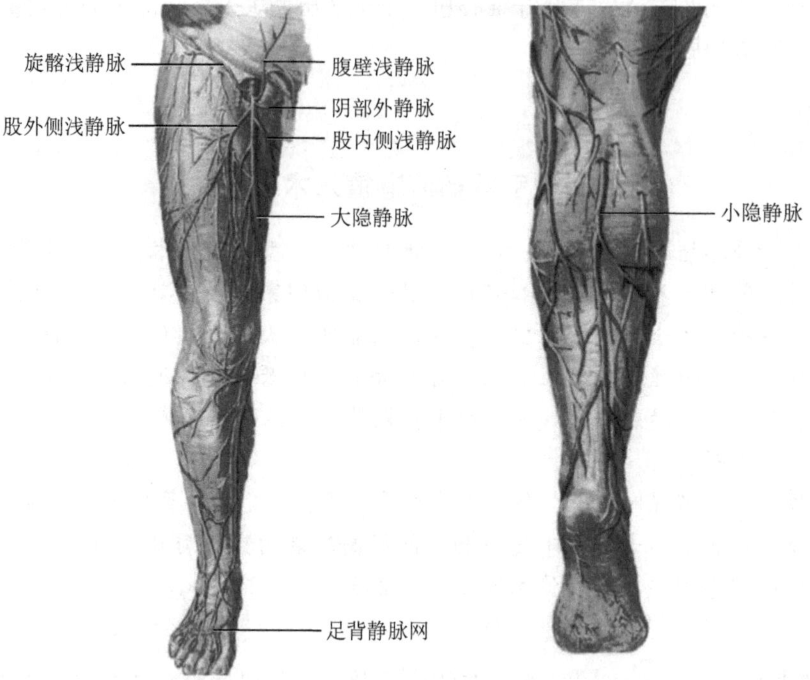

图 10-41　下肢的浅静脉

链 接

浅静脉穿刺术

行浅静脉穿刺术的目的主要有采血、输液、输血、注射药物等。临床工作中，浅静脉穿刺术选择的血管主要有手背静脉网、贵要静脉、头静脉、肘正中静脉、颈外静脉、足背静脉弓、小隐静脉、大隐静脉、小儿头皮静脉等。由于年龄不同，静脉壁的厚度、弹性及硬度有所不同，因此可根据年龄及病情选择不同部位的静脉穿刺，婴幼儿常选头皮静脉和颈外静脉，成人常选手背静脉网和足背静脉弓。

2）下肢深静脉：与同名动脉伴行，收集同名动脉分布区域的静脉血，最后经股静脉延续为髂外静脉。股静脉在腹股沟韧带的稍下方位于股动脉内侧，临床上常在此处行静脉穿刺插管。

（2）腹盆部静脉　主要有髂外静脉、髂内静脉、下腔静脉和肝门静脉及其属支（图 10-36、图 10-40）。

1）髂外静脉（external iliac vein）：股静脉的直接延续，与同名动脉伴行，收集同名动脉分布区域的血液。

2）髂内静脉（internal iliac vein）：与髂内动脉伴行，其属支收集各同名动脉分布区域回流的血液。来自于盆腔器官的静脉都起于相应器官周围或壁内的静脉丛，如直肠静脉丛、阴道静脉丛、子宫静脉丛等。

3）髂总静脉（common iliac vein）：是盆部的静脉主干，由髂内静脉和髂外静脉在骶髂关节的前方汇合而成。

4）下腔静脉（inferior vena cava）：由左、右髂总静脉在第4或第5腰椎体右前方汇合而成（图10-40），沿腹主动脉右侧和脊柱右前方上行，经肝的腔静脉沟，穿膈的腔静脉孔入胸腔，再穿纤维心包注入右心房。

下腔静脉的属支分壁支和脏支两类，多数与同名动脉伴行。壁支包括4对腰静脉等。脏支有睾丸（卵巢）静脉、肾静脉、肾上腺静脉、肝静脉等。① 睾丸静脉起自蔓状静脉丛。由睾丸和附睾的小静脉所吻合形成的蔓状静脉丛参与构成精索，经腹股沟管进入盆腔，汇成睾丸静脉。右睾丸静脉以锐角汇入下腔静脉，左睾丸静脉以直角注入左肾静脉。这是精索静脉曲张多发生于左侧的原因之一。因静脉血回流受阻，精索静脉曲张严重者可导致不育。卵巢静脉起自卵巢静脉丛，在卵巢悬韧带内上行，注入部位同睾丸静脉。② 肾静脉直接注入下腔静脉。左肾静脉比右肾静脉长，跨越腹主动脉的前面。左肾静脉接受左肾上腺静脉和左睾丸（卵巢）静脉。③ 肾上腺静脉，左侧注入左肾静脉，右侧直接注入下腔静脉。④ 肝静脉由小叶下静脉汇合而成。肝左静脉、肝中静脉和肝右静脉在腔静脉沟处注入下腔静脉。肝静脉收集肝固有动脉和肝门静脉进入肝内的血液。

5）肝门静脉系：由肝门静脉（hepatic portal vein）及其属支所组成（图10-36、图10-42），收集腹腔内除肝以外不成对脏器的静脉血，即食管腹段、胃、小肠、大肠（齿状线以下的肛管除外）、胰、胆囊和脾的静脉血。肝门静脉系的起始端和末端分别与毛细血管相连，一般无静脉瓣，当肝门静脉压力升高时，血液可以发生逆流。

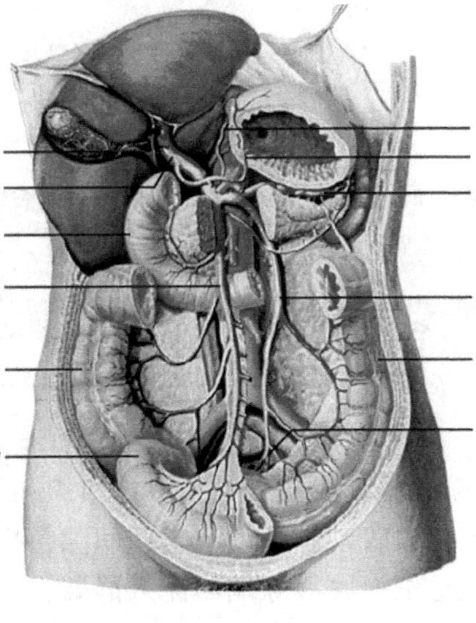

图10-42 肝门静脉及其属支

肝门静脉是一条粗短的静脉干，多由肠系膜上静脉和脾静脉在胰颈后方汇合而成（图 10-42），向右上方注入肝。肝门静脉的属支主要有肠系膜上静脉、脾静脉、肠系膜下静脉、胃左静脉、胃右静脉、胆囊静脉和附脐静脉等，多与同名动脉伴行。附脐静脉分为左右两支，起自脐周静脉网，沿肝圆韧带侧缘上行注入肝门静脉。

肝门静脉系与上、下腔静脉系之间的吻合部位，主要有食管静脉丛、直肠静脉丛、脐周静脉网等（图 10-43）。正常情况下，肝门静脉系与上、下腔静脉系之间交通支细小，血流量少，各属支分别将血液按正常方向引流至所属静脉。当肝硬化等原因引起肝门静脉高压，肝门静脉回流受阻时，部分血液可通过上述吻合部位建立侧支循环，经上、下腔静脉回流入右心房。由于血流量增大，交通支变得粗大弯曲，出现静脉曲张，甚至破裂出血。如食管静脉丛曲张、破裂，可引起呕血；如直肠静脉丛曲张、破裂，可引起便血；当脐周静脉网曲张时，可出现腹壁静脉怒张。

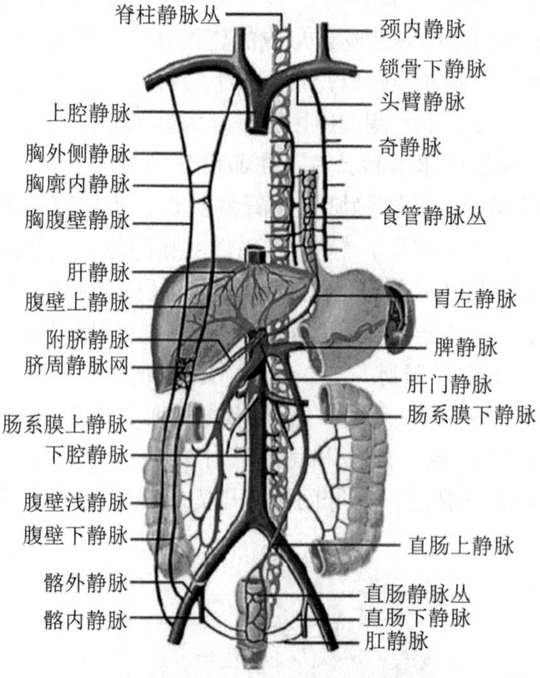

图 10-43　肝门静脉系与上、下腔静脉系吻合示意图

第二节　淋巴系统

淋巴系统（lymphatic system）由淋巴管道、淋巴组织和淋巴器官组成（图 10-44）。血液中小分子血浆成分从毛细血管动脉端渗入组织间隙，生成组织液。组织液与细胞进行物质交换后，大部分在毛细血管静脉端回流入静脉，小部分进入毛细淋巴管成为淋巴。淋巴沿着各级淋巴管道向心流动，途中经过若干淋巴结的过滤，最后注入静脉。淋巴系统是心血管系统的辅助系统，协助静脉引流组织液。此外，淋巴组织和淋巴器官参与免疫应答，能识别和清除外来入侵抗原及体内突变或衰老的细胞，从而维持内环境稳定。

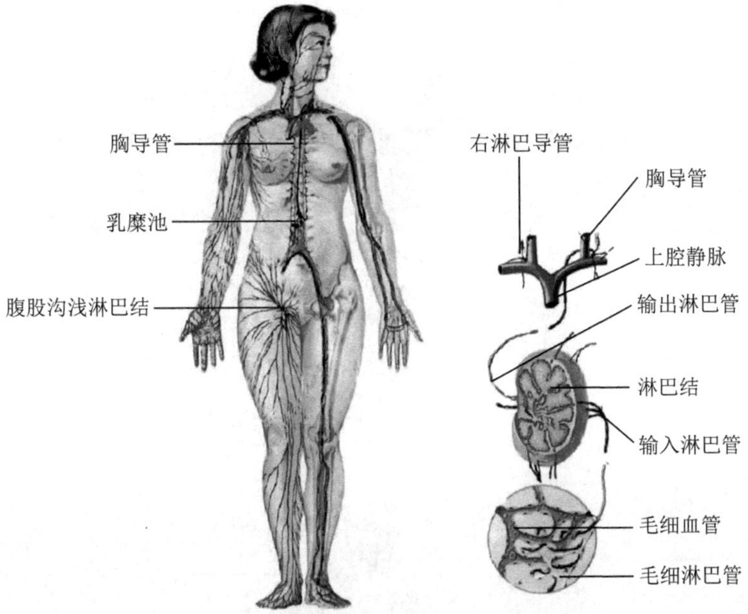

图 10-44 淋巴系统模式图

一、淋巴管道

淋巴管道可分为毛细淋巴管、淋巴管、淋巴干和淋巴导管。

（一）毛细淋巴管

毛细淋巴管（lymphatic capillary）是淋巴管道的起始部分（图 10-44），以膨大的盲端起始，互相吻合成毛细淋巴管网，然后汇入淋巴管。毛细淋巴管由内皮细胞构成，其基膜不完整，内皮细胞之间有较大的间隙。毛细淋巴管的通透性较大，蛋白质、细菌和肿瘤细胞等容易进入毛细淋巴管。在人体中，上皮、软骨、角膜、晶状体、脊髓、胎盘等处无毛细淋巴管。

（二）淋巴管

淋巴管（lymphatic vessel）由毛细淋巴管汇合而成。其结构与静脉相似，有丰富的瓣膜。淋巴管在向心走行的行程中，一般都经过一个或多个淋巴结。淋巴管分浅淋巴管和深淋巴管，二者之间交通丰富。浅淋巴管行于皮下，深淋巴管与深部的血管伴行。

（三）淋巴干

人体全身各部的浅、深淋巴管经过一系列的淋巴结中继后，最后汇合成较大的淋巴干（lymphatic trunk）。全身共有 9 条淋巴干（图 10-45）：头颈部的淋巴管汇合成左、右颈干；上肢及部分胸壁的淋巴管汇合成左、右锁骨下干；胸腔脏器及部分胸、腹壁的淋巴管汇合成左、右支气管纵隔干；下肢、盆部和腹腔成对器官及部分腹壁的淋巴管汇合成左、右腰干；腹腔内不成对器官的淋巴管则汇合成一条肠干。

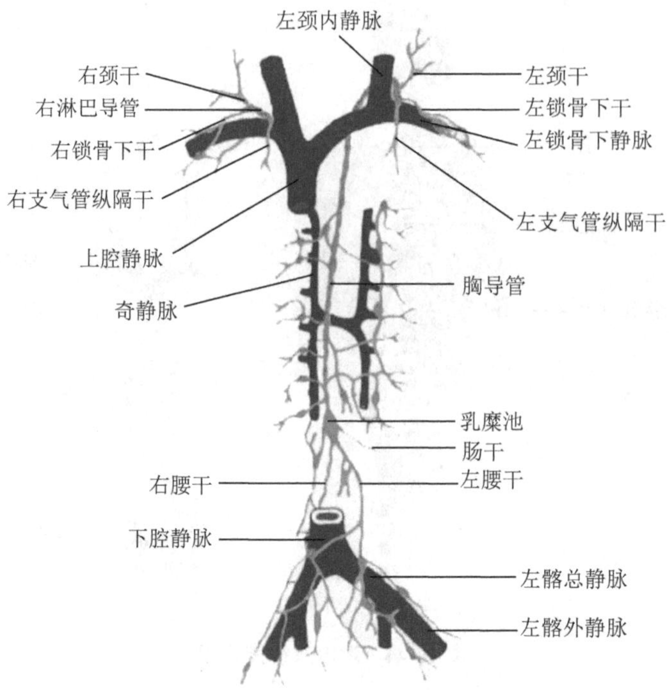

图 10-45　淋巴干和淋巴导管示意图

（四）淋巴导管

全身 9 条淋巴干最后汇合成 2 条淋巴导管，即胸导管和右淋巴导管（图 10-45）。

1. 胸导管（thoracic duct）　全身最大的淋巴导管，通常起于第 1 腰椎体前方的乳糜池。乳糜池为胸导管起始部的膨大处，由左、右腰干和肠干汇合而成。胸导管经膈的主动脉裂孔入胸腔，上行到左颈根部，在此接纳左颈干、左锁骨下干和左支气管纵隔干，最终注入左静脉角。胸导管收集下半身及左侧上半身的淋巴，即全身 3/4 区域的淋巴。

2. 右淋巴导管（right lymphatic duct）　为一短干，由右颈干、右锁骨下干和右支气管纵隔干汇合而成，注入右静脉角。右淋巴导管收集右侧上半身的淋巴，即全身右上 1/4 区域的淋巴。

二、淋巴组织和淋巴器官

淋巴组织以网状细胞和网状纤维为支架，网孔内充满巨噬细胞、淋巴细胞等免疫细胞，是免疫应答的场所。淋巴组织分为弥散淋巴组织和淋巴小结两类。除淋巴器官外，消化、呼吸、泌尿和生殖管道以及皮肤等处含有丰富的淋巴组织，具有防御屏障的作用。

淋巴器官主要由淋巴组织构成，分中枢淋巴器官和外周淋巴器官。中枢淋巴器官是免疫细胞发生、分化、发育和成熟的场所，包括胸腺和骨髓。外周淋巴器官是成熟淋巴细胞（T 淋巴细胞、B 淋巴细胞）定居的场所，也是淋巴细胞对外来抗原产生免疫应答的主要部位，包括淋巴结和脾等。

（一）淋巴结

1. 淋巴结的形态　淋巴结（lymph node）一般为灰红色的圆形或椭圆形小体，大小不等，质地较软。淋巴结的一侧隆凸，有数根输入淋巴管进入；另一侧向内凹陷为淋巴结门，有输出淋巴管和血管、神经等出入。

2. 淋巴结的微细结构　淋巴结的表面为结缔组织被膜，被膜向实质内伸入，形成许多小梁。淋巴结的实质由淋巴组织构成，分为皮质和髓质两部分，二者无截然界限（图 10-46）。

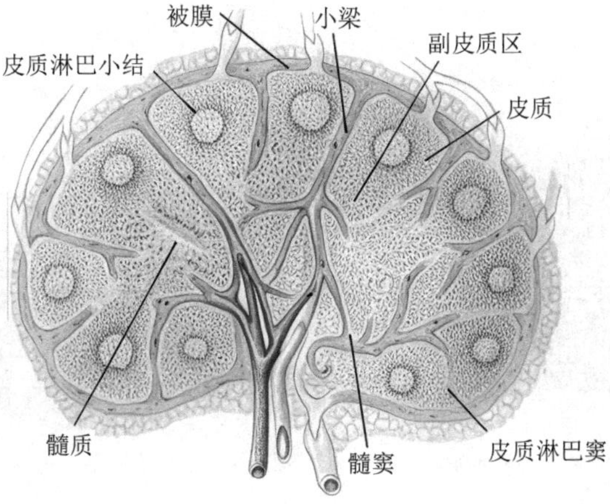

图 10-46　淋巴结微细结构示意图

（1）皮质　位于被膜下方，由浅层皮质、副皮质区和皮质淋巴窦构成。

1）浅层皮质：主要含淋巴小结及小结之间的弥散淋巴组织。淋巴小结是以 B 淋巴细胞为主聚集而成的圆形或椭圆形小体，边界清楚。淋巴小结受抗原刺激后增大、增多，是体液免疫应答的重要标志。

2）副皮质区：位于皮质的深层，为较大片的弥散淋巴组织，主要由 T 淋巴细胞聚集而成。

3）皮质淋巴窦：又称皮窦，包括被膜下淋巴窦和小梁周窦，窦壁由扁平的内皮细胞围成，窦腔内有许多巨噬细胞等。皮质淋巴窦是淋巴结内淋巴流经的通路。

（2）髓质　由髓索和其间的髓质淋巴窦组成。髓索是互相连接的条索状淋巴组织，主要由 T 淋巴细胞、B 淋巴细胞、巨噬细胞和大量的浆细胞等构成。髓质淋巴窦又称髓窦，腔内有较多的巨噬细胞，也是淋巴结内淋巴流经的通路。

3. 淋巴结的功能

（1）滤过淋巴　当淋巴缓慢地流经淋巴结时，若淋巴内含有细菌、病毒、毒素等抗原，这些抗原可被淋巴窦内的巨噬细胞吞噬清除。

（2）参与免疫应答　淋巴结内的 T 淋巴细胞和 B 淋巴细胞受抗原的刺激后，分别参与细胞免疫应答和体液免疫应答。

4. 全身主要的淋巴结群　人体内淋巴结数目较多，有浅、深之分，它们常成群分布于身体的一定部位，并接受来自一定器官或一定部位的淋巴。当细菌、癌细胞、毒素、寄生虫等随淋巴到达相应部位的淋巴结群时，可引起有关淋巴结群的肿大或疼痛，所以熟悉淋巴结群的位置及其引流范围，具有一定的临床意义。

（1）头颈部淋巴结　多位于头颈交界处和颈内、外静脉的周围，主要包括下颌下淋巴结、颈外侧浅淋巴结、锁骨上淋巴结和颈外侧深淋巴结等（图 10-47、图 10-48）。胃癌或食管癌患者，癌细胞可通过胸导管经左颈干逆流转移到左锁骨上淋巴结，临床上检查患者时，常可在胸锁乳突肌后缘与锁骨上缘所形成的夹角处触摸到肿大的左锁骨上淋巴结。颈外侧深淋巴结主要沿颈内静脉排列，引流头颈部的淋巴，其输出管汇成颈干。

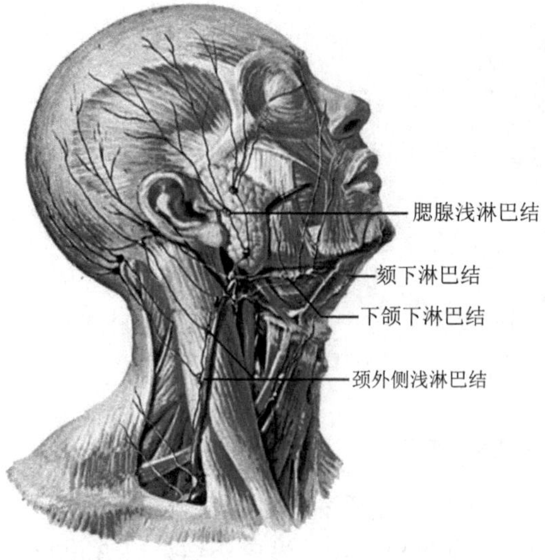

图 10-47　头颈部的淋巴结（浅层）

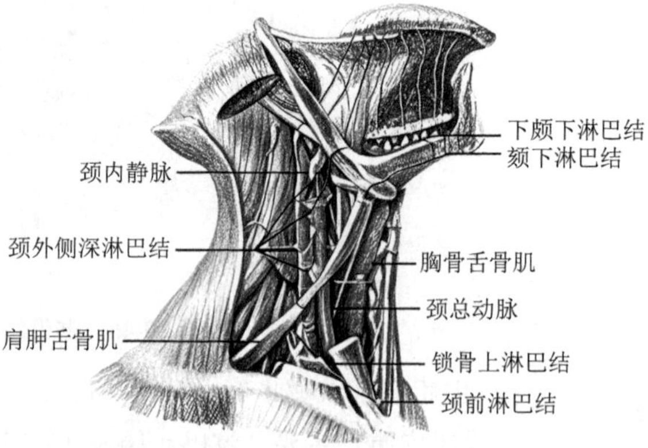

图 10-48　头颈部的淋巴结（深层）

（2）上肢淋巴结　上肢的浅、深淋巴管直接或间接地注入腋淋巴结。腋淋巴结位于腋窝内，包括胸肌淋巴结、外侧淋巴结、肩胛下淋巴结、中央淋巴结和尖淋巴结五群（图 10-49），引流上肢、乳房、胸前外侧壁和腹壁上部等处的淋巴，其输出管汇合成锁骨下干。乳腺癌常转移至腋淋巴结，引起腋淋巴结肿大。

（3）胸部淋巴结　位于胸腔脏器周围和胸壁内，主要包括支气管肺门淋巴结（又称肺门淋巴结）、气管旁淋巴结、纵隔前淋巴结、胸骨旁淋巴结等（图 10-49、图 10-50），主要引流胸腔脏器和脐平面以上胸腹壁深层的淋巴。气管旁淋巴结、纵隔前淋巴结和胸骨旁淋巴结的输出淋巴管汇合成支气管纵隔干。

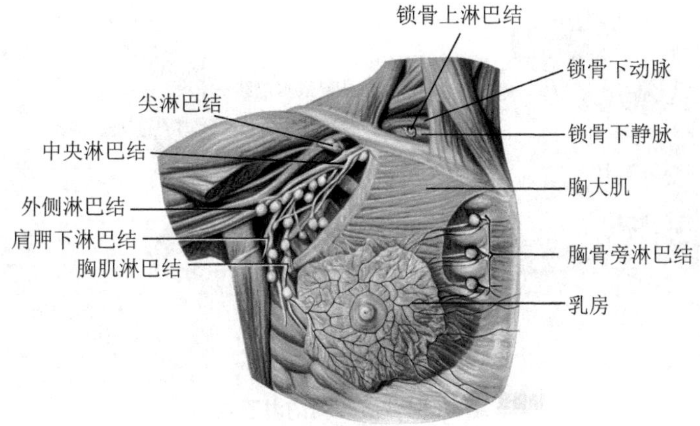

图 10-49　腋淋巴结

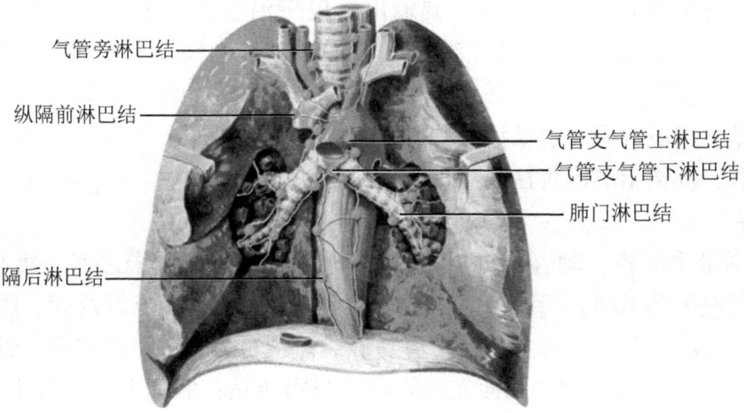

图 10-50　胸腔器官的淋巴结

(4) 腹部淋巴结　位于腹后壁和腹腔脏器周围，主要有腰淋巴结、腹腔淋巴结、肠系膜上淋巴结和肠系膜下淋巴结等（图 10-51）。腰淋巴结沿腹主动脉和下腔静脉排列，引流腹后壁深层结构和腹腔成对器官的淋巴，并接收髂总淋巴结的输出淋巴管。其输出淋巴管汇合成腰干。腹腔淋巴结、肠系膜上淋巴结和肠系膜下淋巴结分别位于腹腔干、肠系膜上动脉根部和肠系膜下动脉根部周围，引流同名动脉分布范围的淋巴。它们的输出淋巴管汇合成肠干。

(5) 盆部淋巴结　主要有髂内淋巴结、髂外淋巴结和髂总淋巴结等，分别沿同名动脉排列。髂内淋巴结与髂外淋巴结引流同名动脉分布范围的淋巴。髂总淋巴结收纳髂内淋巴结和髂外淋巴结的输出淋巴管，引流下肢、盆壁、盆腔脏器及腹壁下部等处的淋巴。髂总淋巴结的输出淋巴管注入腰淋巴结。

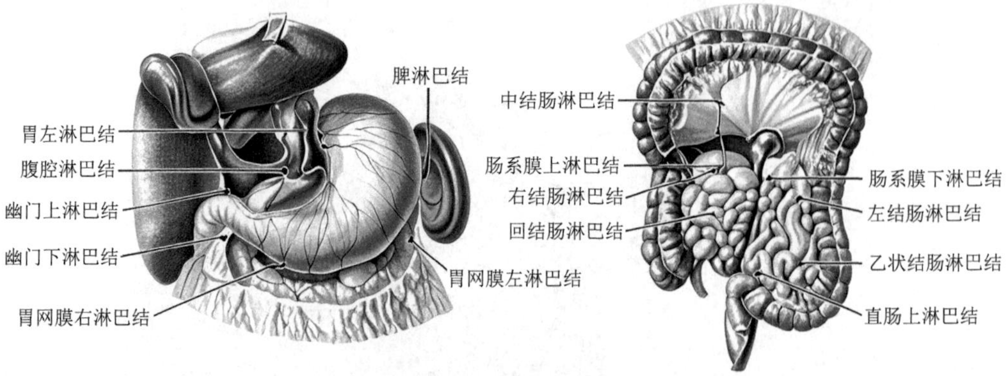

图 10-51 腹腔内的淋巴结

（6）下肢淋巴结　主要有腘淋巴结、腹股沟浅淋巴结、腹股沟深淋巴结等。腘淋巴结沿小隐静脉末端和腘血管排列，其输出淋巴管沿股血管上行，注入腹股沟深淋巴结。腹股沟浅淋巴结位于腹股沟韧带下方，部分与腹股沟韧带平行排列，部分沿大隐静脉末端排列，引流腹前外侧壁下部、外生殖器和下肢等处的淋巴，其输出管主要注入腹股沟深淋巴结。腹股沟深淋巴结沿股静脉根部排列，收纳腹股沟浅淋巴结的输出管及下肢的深淋巴管，其输出淋巴管注入髂外淋巴结。

（二）脾

1. 脾的位置和形态　脾（spleen）位于左季肋区，胃底与膈之间，第 9~11 肋的深面，其长轴与左侧第 10 肋一致。正常情况下，在左肋弓下不能触及脾。脾略呈扁椭圆形，色暗红，质软而脆，受暴力打击时容易破裂。脾可分为膈、脏两面，前、后两端和上、下两缘（图 10-52）。脾的膈面光滑隆凸，与膈相贴；脏面凹陷，近中央处为脾门，是脾的血管、神经出入处。脾的上缘较锐，朝向前上方，前部有 2~3 个脾切迹。脾肿大时，脾切迹是触诊脾的标志。

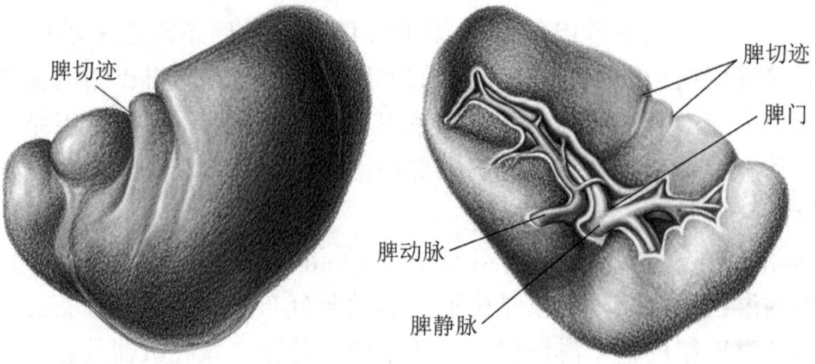

图 10-52 脾的形态

2. 脾的微细结构　脾的被膜较厚，由间皮和富含弹性纤维及平滑肌纤维的致密结缔组织构成。被膜结缔组织伸入脾实质内形成小梁，构成脾的支架。脾的实质分为白髓和红髓两部分。

（1）白髓　主要是密集的淋巴细胞，由动脉周围淋巴鞘、淋巴小结和边缘区构成。

① 动脉周围淋巴鞘：围绕在中央动脉周围的、以T淋巴细胞为主的厚层弥散淋巴组织。② 淋巴小结：又称脾小体，位于动脉周围淋巴鞘的一侧，主要由大量B淋巴细胞构成。③ 边缘区：位于白髓与红髓交界处，是血液内抗原及淋巴细胞进入白髓的重要通道，具有很强的吞噬滤过作用。

（2）红髓　由脾索和脾血窦构成。① 脾索：是由富含血细胞的淋巴组织构成的索条状结构，并相互交织成网，脾索内含有较多的网状细胞、淋巴细胞、巨噬细胞和树突状细胞。② 脾血窦：是位于脾索之间的腔大而不规则的腔隙，窦内充满血液。窦壁由长杆状内皮细胞沿其长轴排列而成，呈栅形多孔状。脾血窦外侧有较多巨噬细胞。

3. 脾的功能

（1）滤过血液　血液流经脾时，脾内的巨噬细胞可吞噬和清除血液中的异物、病菌以及衰老、死亡的红细胞和血小板。当脾功能亢进时可引起红细胞和血小板减少。

（2）参与免疫应答　脾内的T淋巴细胞、B淋巴细胞和巨噬细胞等都参与机体的免疫应答。

（3）造血功能　胚胎早期的脾有造血功能。成年后，脾内仍有少量造血干细胞，当机体严重缺血或某些病理状态下，脾可以恢复造血功能。

链接

单核吞噬细胞系统

单核吞噬细胞系统是人体内除中性粒细胞外，所有具有吞噬功能的细胞的总称，包括结缔组织中的巨噬细胞、血液中的单核细胞、肝内的巨噬细胞、肺内的巨噬细胞及神经系统内的小胶质细胞和淋巴结、脾、骨髓中的巨噬细胞等。单核吞噬细胞系统均起源于血液中的单核细胞，都具有吞噬和清除侵入体内的病菌、异物和体内衰老死亡的细胞的功能，并参与免疫反应，对机体具有重要的防御作用。

（三）胸腺

1. 胸腺的位置和形态　胸腺（thymus）位于胸腔内上纵隔前部，在胸骨柄的后方。胸腺可分为左、右两叶，呈不对称的扁条状，质软（图10-53）。胸腺形态随年龄增长有明显变化，幼儿期较大，进入青春期后逐渐退化缩小，到老年时期胸腺明显缩小，胸腺实质被脂肪组织取代，T淋巴细胞发育成熟减少，导致老年人的免疫功能减退。

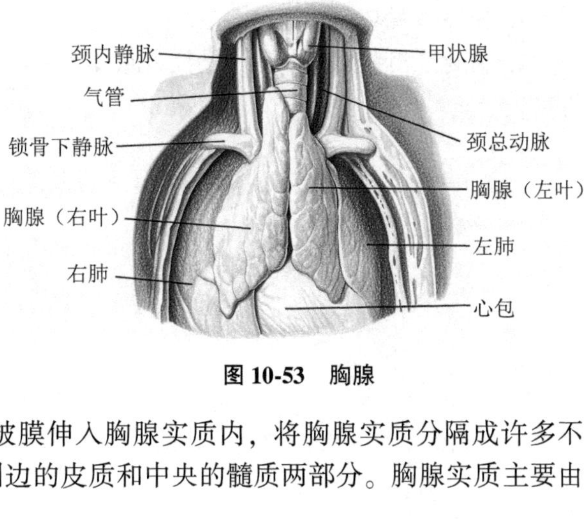

图10-53　胸腺

2. 胸腺的微细结构　胸腺表面的被膜伸入胸腺实质内，将胸腺实质分隔成许多不完全分离的小叶。每个小叶又可分为周边的皮质和中央的髓质两部分。胸腺实质主要由胸腺细胞和胸腺上皮细胞等构成。胸腺上皮细胞又称上皮性网状细胞，能分泌胸腺素和胸腺生成素等，从而促进胸腺细胞发育。胸腺细胞是胸腺内处于不同分化发育阶段的T淋巴细胞。绝大部分胸腺细胞最后发生凋亡，被巨噬细胞吞噬清除，小部分胸腺细胞发育成熟为初始T淋巴细胞。

3. 胸腺的功能　胸腺是中枢淋巴器官，兼具内分泌功能。胸腺既是T淋巴细胞分化、成熟的场所，也是形成初始T淋巴细胞的场所。初始T淋巴细胞具有正常的免疫应答潜能，离开胸腺后随血液循环至外周淋巴器官内。

链接

免疫系统

免疫系统由免疫器官、免疫组织（又称淋巴组织）、免疫细胞（如淋巴细胞、树突状细胞、NK细胞、单核-巨噬细胞、粒细胞、肥大细胞等）及免疫分子（如免疫球蛋白、补体、各种膜分子及细胞因子等）组成。以上成分通过血液循环及淋巴循环互相联系和流通，构成免疫系统的完整网络。免疫器官可分为中枢免疫器官（包括骨髓和胸腺）和外周免疫器官（包括淋巴结、脾等）。免疫系统主要有三大功能：① 免疫防御：识别和清除外源的病原微生物，包括细菌、病毒、真菌和寄生虫等。② 免疫监视：识别和清除体内突变的肿瘤细胞和病毒感染细胞。③ 免疫自稳：识别和清除体内衰老、坏死的细胞和免疫复合物，维持内环境的稳定。

检测题

一、名词解释

1. 二尖瓣复合体　2. 窦房结　3. 主动脉小球　4. 胸导管

二、简答题

1. 简述肺循环的循环路径。
2. 简述肝门静脉的位置、属支及收集范围。

（万爱军）

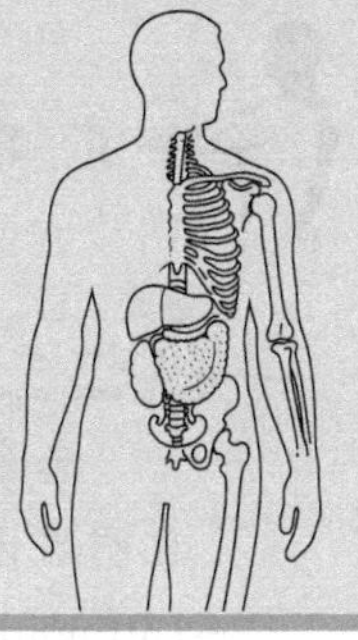

第十一章 感觉器

学习目标

1. 知识目标

（1）掌握：眼球壁的层次及主要形态结构；眼球内容物；房水的产生及循环途径；视神经盘、黄斑、听骨链、螺旋器等的概念。

（2）熟悉：眼睑、结膜的形态结构；泪器的组成；鼓膜的位置、形态；鼓室的结构；幼儿咽鼓管的特点；骨迷路的分部及膜迷路的组成；皮肤的结构。

（3）了解：感受器和感觉器的概念；眼球外肌的名称和作用；眼的动脉和静脉的走行；声波传入内耳的途径；皮肤的附属结构。

2. 能力目标

（1）能在标本、模型或3D解剖软件上辨认视器、前庭蜗器、皮肤的形态结构。

（2）能借助标本、模型或3D解剖软件演示外界光线到达视网膜的途径、演示声波通过气传导传入内耳的途径。

（3）能理解视器、前庭蜗器的结构以及青光眼、白内障、耳聋等常见疾病的解剖学基础，关注眼健康和耳健康，合理使用手机和耳机，能结合“全国爱眼日”“全国爱耳日”“世界青光眼日”等进行健康知识的宣传教育。

3. 素质目标

（1）参加标本、模型小组学习和临床案例小组讨论，培养良好的语言表达能力、沟通合作能力，增强集体意识和团队合作意识。

（2）欣赏视网膜、耳蜗的精妙构造，感悟生命的奥妙，培养探究生命科学的浓厚兴趣。

（3）学习“皮内注射”“皮下注射”等有关临床操作的解剖结构，培养关爱患者、恪尽职守、爱岗敬业等职业素养，树立遵守职业道德准则、遵守护理岗位技术规范、遵守《护士条例》等法律法规的意识。

（4）树立科学的健康观、疾病观和生命观，养成科学的生活方式和行为习惯；树立运用所学知识进行健康宣教的意识，助力健康中国建设。

案例11

患者，男，59岁。因“头痛1月、伴视物模糊2天”就医。患者近1个月来在无明显诱因下出现头痛、心悸、多汗等症状，2天前出现视物模糊。查体：血压230/130 mmHg，心率160次/分钟，心浊音界向左扩大。眼底镜检查：视网膜中央动脉狭窄、硬化，视网膜水肿、有棉絮状斑点。诊断：原发性高血压3级。

任务：1. 简述视网膜的分部及形态结构。

2. 简述眼球壁的结构。

感觉器是由感受器及其附属结构组成的，包括视器、前庭蜗器、嗅器、味器和皮肤等。本章主要介绍视器、前庭蜗器和皮肤。

感受器是由感觉神经末梢与其周围的其他组织共同构成的，能感受机体内、外环境的各种刺激，并将刺激转化为神经冲动，由感觉神经传入中枢，经大脑皮质产生相应的感觉。

链接

感受器的分类

机体内感受器种类多，形态和功能也各不相同。感受器根据所在部位和接受刺激的来源，可分三类。① 内感受器：分布于内脏和心血管等处，感受机体内在的物理和化学刺激，如压力、温度、离子和化合物浓度等刺激。② 外感受器：分布于视器、听器、皮肤、黏膜等处，感受外界环境的刺激，如光、声、触、压、痛、温度等刺激。③ 本体感受器：分布于肌、肌腱、关节和内耳平衡觉（位置觉及运动觉等）感受器等处，感受机体运动和位置变化时的刺激。

第一节 视 器

视器（visual organ），又称眼，由眼球和眼副器两部分组成。眼球接受光波的刺激，并将其转化为神经冲动，经视觉传导通路传至端脑视觉中枢产生视觉；眼副器对眼球起保护、运动和支持作用。

一、眼球

眼球（eyeball）是视器的主要部分，近似球形，位于眶内，由眼球壁和眼球内容物构成（图11-1）其后端借视神经连于间脑。

（一）眼球壁

眼球壁由外向内分为眼球纤维膜、眼球血管膜和视网膜3层。

1. 眼球纤维膜　由坚韧的致密结缔组织构成，位于眼球的最外面，分为角膜和巩膜两部分（图11-1）。

（1）角膜　为眼球纤维膜的前1/6，无色透明，富有弹性，有屈光作用。角膜无血管，有丰富的感觉神经末梢。

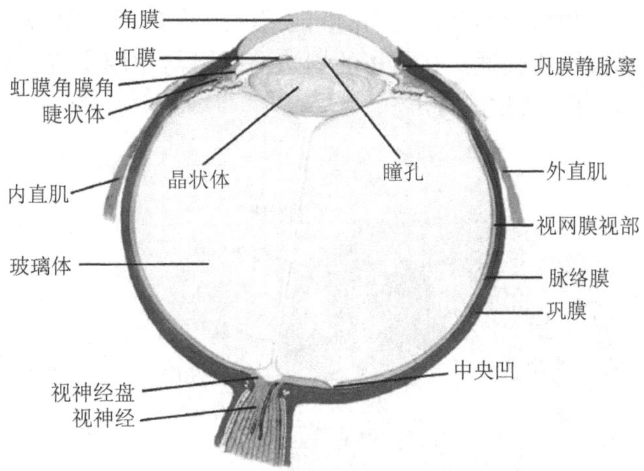

图11-1　眼球的水平切面

链接

留得光明在人间

潘作新是我国著名眼科学专家，一级教授，“潘氏手术”的创始人。为了帮助广大沙眼患者解除“眼睑内翻、睫毛倒置”的痛苦，他克服医疗设备匮乏等重重困难，加大眼科相关实验和研究，改良手术方式，首创眼睑板切断法，用于矫治沙眼并发症，后被载入眼科学教科书，给无数患者带来福音。

作为眼科医生，他深知眼角膜能让某些患者重见光明，重获新生。他率先在青岛倡议捐献眼角膜，并率先垂范立下遗嘱。1983年他去世后，遵照他的遗嘱，他的眼角膜被成功移植给了一位山东农民患者。他的生命虽然停止，但他“留得光明在人间”的愿望得以实现。他用自己的行动诠释了敬佑生命、救死扶伤、甘于奉献、大爱无疆的职业精神，值得大家学习。

（2）巩膜　为眼球纤维膜的后5/6，呈乳白色，不透明，厚而坚韧，具有保护眼球内容物和维持眼球形态的作用。在巩膜与角膜交界处的深部有一个环行小管，称为巩膜静脉窦，是房水流出的通道。老年人的巩膜因脂肪沉积而略呈黄色。

2. 眼球血管膜　位于眼球纤维膜的内面，富含血管和色素细胞，呈棕黑色，又称色素膜，具有营养眼球内组织及遮光等作用。眼球血管膜由前向后分为虹膜、睫状体和脉络膜3部分（图11-1）。

（1）虹膜　位于眼球血管膜最前部（图11-1、图11-2），呈冠状位，为圆盘形薄膜，其中央的圆孔称瞳孔，直径为2.5~4.0 mm。虹膜内有环绕瞳孔周缘排列的瞳孔括约肌和呈放射状排列的瞳孔开大肌，它们分别受副交感神经和交感神经支配，能分别缩小和开大瞳孔，从而调节进入眼球内的光量。在弱光下或视远物时，瞳孔开大；在强光下或视近物时，瞳孔缩小。在活体上，透过角膜可见虹膜及瞳孔。虹膜的颜色取决于色素的种类和多少，有种族差异。黄种人的虹膜多呈棕色。

角膜与晶状体之间的间隙称眼房。虹膜将眼房分为较大的前房和较小的后房，二者借瞳孔相交通。在前房的周边，虹膜与角膜交界处的环形区域，称为虹膜角膜角（图 11-3），又称前房角。

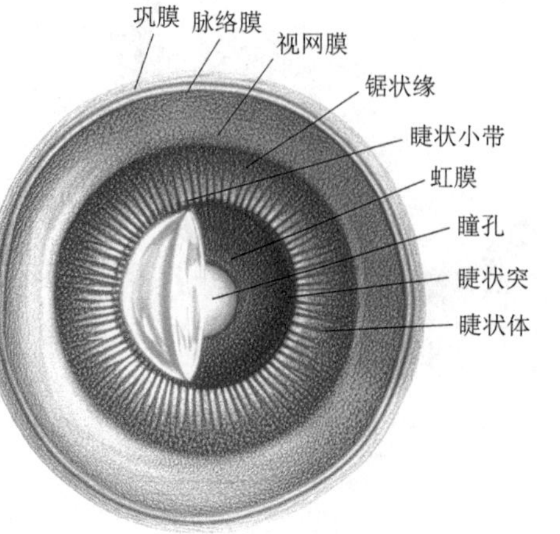

图 11-2　眼球前半部后面观

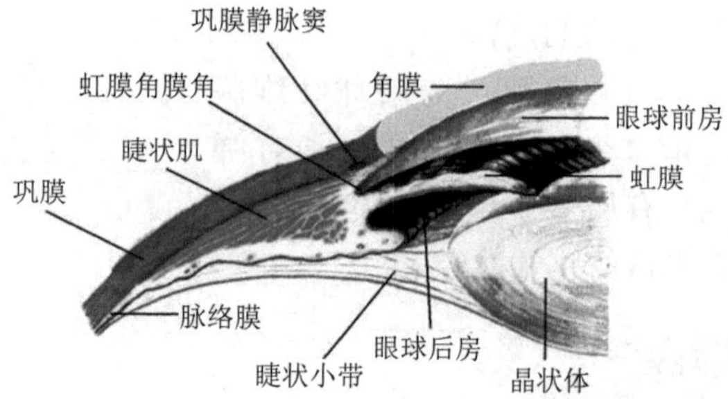

图 11-3　虹膜角膜角示意图

（2）睫状体　眼球血管膜中部最肥厚的部分（图 11-2、图 11-3）。睫状体前部有向内突出呈放射状排列的皱襞，称睫状突。由睫状突发出的睫状小带与晶状体相连。睫状体内的睫状肌，受副交感神经支配。睫状体有调节晶状体曲度和产生房水的作用。

（3）脉络膜　为眼球血管膜的后 2/3，富含血管和色素细胞。脉络膜可营养眼球内组织并吸收分散光线。

3. 视网膜　位于眼球血管膜的内面，由前向后分为视网膜虹膜部、视网膜睫状体部和视网膜视部（图 11-1）。前两部分别贴附于虹膜和睫状体的内面，无感光作用，称为视网膜盲部。视网膜视部紧贴在脉络膜内面，有感光作用。在视网膜后部中央偏鼻侧、视神经的起始处，有境界清楚呈椭圆形的盘状结构，称视神经盘（图 11-4），又称视神经乳头。视神经盘中央有视网膜中央动、静脉穿过，无感光作用，为生理盲点。在视神经盘颞侧约 3. 5 mm 处的稍偏下方，有一黄色小区，由密集的视锥细胞构成，称黄斑。黄斑中央凹陷称中央凹，对被视物体细微结构的分辨能力强。

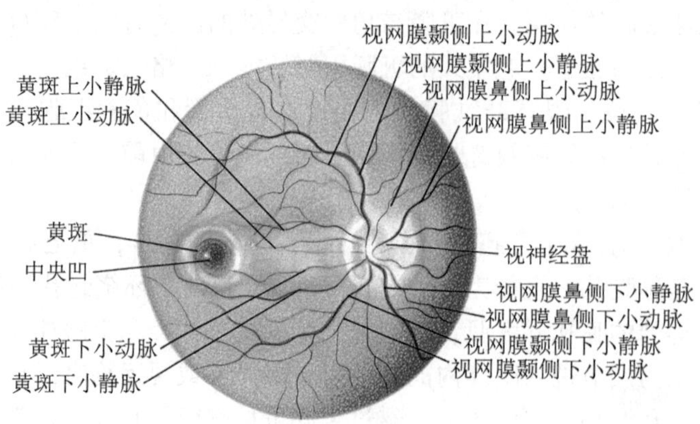

图 11-4　眼底

视网膜视部分两层（图 11-5），外层为色素上皮层，由单层色素上皮细胞构成，紧贴脉络膜内面；内层为神经层，由外向内主要为感光细胞、双极细胞和节细胞。感光细胞包括视锥细胞和视杆细胞。视锥细胞主要分布于视网膜的中央部，对光的敏感度较低，感受强光，对被视物体细微结构的分辨能力较高，能辨别颜色，在白天或明亮处视物时起主要作用；视杆细胞主要分布于视网膜的周边部，对光的敏感度较高，感受弱光，但对被视物体细微结构的分辨能力较低，不能辨别颜色，在夜间或暗处视物时起主要作用。双极细胞将来自感光细胞的神经冲动传导至节细胞。节细胞的轴突在视神经盘处汇集，穿脉络膜和巩膜后构成视神经。视网膜视部的内、外两层之间有一潜在性间隙，是造成视网膜脱离的解剖学基础。

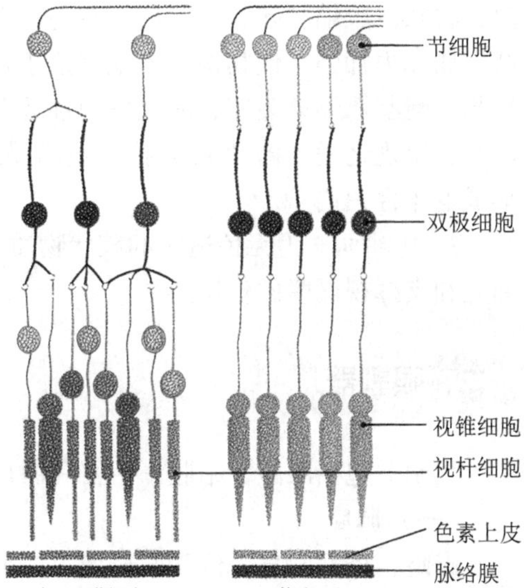

图 11-5 视网膜结构模式图

（二）眼球内容物

眼球内容物包括房水、晶状体和玻璃体（图 11-1）。它们与角膜共同组成眼的屈光系统。

1. 房水 充填于眼房内的无色透明的液体。房水具有屈光、维持眼内压、营养角膜和晶状体等作用。房水由睫状体产生，进入眼后房，经瞳孔至眼前房，然后经虹膜角膜角进入巩膜静脉窦（图 11-1、图 11-3），最后汇入眼静脉。病理情况下房水代谢紊乱或循环不畅可造成眼内压增高，临床上称为青光眼。

链 接

青光眼护理

若房水循环受阻，导致房水充滞于眼房中，使眼内压升高，压迫视网膜，导致视力减退甚至失明，临床上称青光眼。在护理青光眼患者时应注意下列问题：① 光线不足会刺激瞳孔扩大，虹膜增厚，虹膜角膜角变窄，影响房水流出，故患者不宜长时间在光线暗的环境下使用眼睛。② 阅读时睫状肌向前收缩，挤压虹膜角膜角，会影响房水回流，故患者阅读时间不宜过久。③ 嘱患者避免情绪激动；④ 嘱患者避免短时间内饮大量水，防止房水突然产生过多。

2. 晶状体 位于虹膜与玻璃体之间（图 11-1、图 11-3），借睫状小带与睫状体相连，为富有弹性的双凸透镜状无色透明体，没有血管和神经分布。晶状体可因疾病或创伤而变混浊，临床上称为白内障。

晶状体是眼屈光系统的主要装置，其曲度可随所视物体的远近不同而改变。视近物时，睫状肌收缩，睫状突向前内移行，睫状小带松弛，晶状体借助于自身的弹性而变凸，屈光力加强，使物像清晰地聚焦于视网膜上。视远物时，则与此相反。随着年龄的增长，睫状肌逐渐萎缩，晶状体弹性逐渐减退，晶状体调节能力逐渐减弱，近距离视物困难，出现老视，即“老花眼”。老年人晶状体弹性减退，透明度降低，甚至混浊，易形成老年性白内障。

3. 玻璃体　为无色透明的胶状物质（图 11-1），充填于晶状体与视网膜之间，具有屈光和支撑视网膜的作用。

二、眼副器

眼副器包括眼睑、结膜、泪器和眼球外肌等结构。

（一）眼睑

眼睑，俗称眼皮，位于眼球前方，分为上睑和下睑（图 11-6、图 11-7）。上、下眼睑之间的裂隙称睑裂，睑裂的内、外侧端分别称内眦和外眦。眼睑的游离缘称睑缘，长有睫毛。睫毛的根部有汗腺（Moll 腺）和皮脂腺（Zeis 腺，又称睑缘腺）。睫毛毛囊或其附属的皮脂腺、汗腺的急性炎症称睑腺炎。上、下睑缘近内眦处各有一小孔，称泪点。

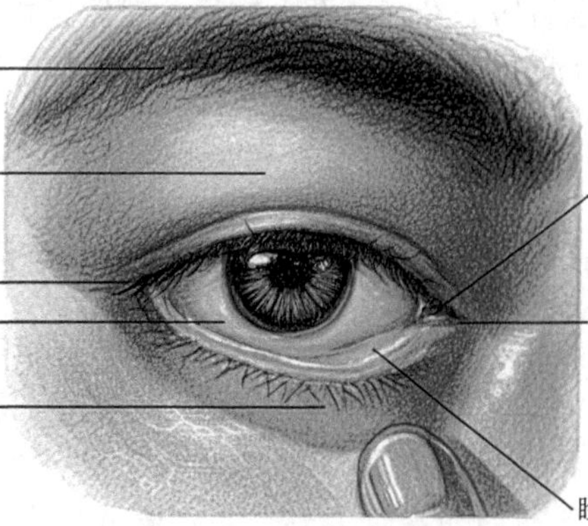

图 11-6　眼睑和结膜

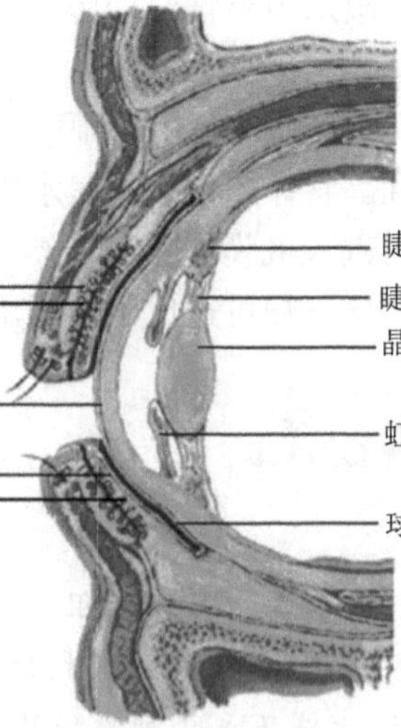

图 11-7　眼睑和结膜（矢状切面）

眼睑由浅至深分为皮肤、皮下组织、肌层、睑板和睑结膜 5 层，皮肤薄，皮下组织疏松，易发生水肿。睑板内有睑板腺。睑板腺感染导致的炎症为内睑腺炎。若睑板腺导管阻塞，形成睑板腺囊肿，亦称霰粒肿。

（二）结膜

结膜是一层薄而透明、富含血管的黏膜（图 11-7、图 11-8）。其按所在部位分为三部分：① 睑结膜：衬覆于上、下睑的内面。② 球结膜：覆盖于巩膜前部的表面，球结膜与巩膜连接多疏松易移动。③ 结膜穹窿：为睑结膜与球结膜的移行处，分为结膜上穹和结膜下穹。当上、下睑闭合时，整个结膜形成的囊状腔隙，称结膜囊，经睑裂与外界相通。

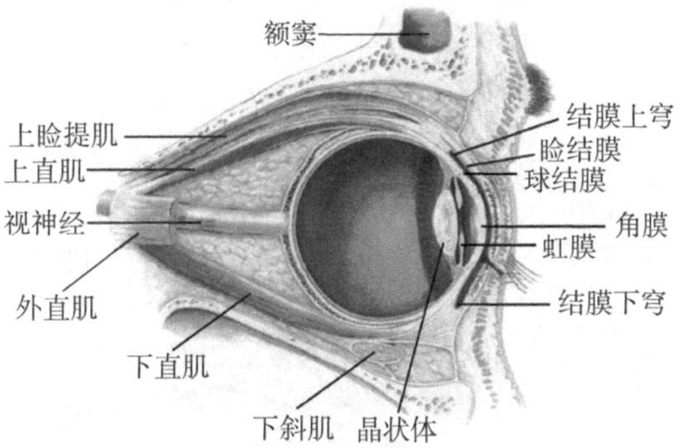

图 11-8 眼眶（矢状切面）

（三）泪器

泪器由分泌泪液的泪腺和排出泪液的泪道组成（图 11-9）。

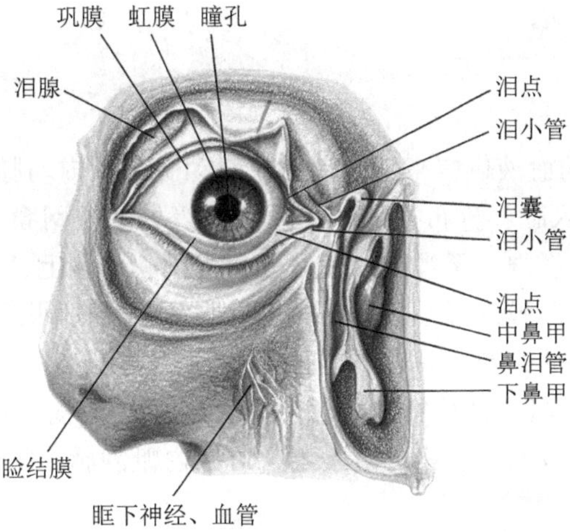

图 11-9 泪器

1. 泪腺 位于眼眶外上方的泪腺窝内，有 10~20 条排泄管开口于结膜上穹的外侧部。泪腺分泌的泪液借眨眼活动涂抹于眼球表面，多余的泪液经泪道流至鼻腔。泪液有湿润清洁角膜、冲洗结膜囊内异物以及抑制细菌生长等作用。

2. 泪道 包括泪点、泪小管、泪囊和鼻泪管。泪点是泪道的起始部，泪点异常可引起溢泪症。泪小管为连接泪点与泪囊的小管，分上泪小管和下泪小管。泪囊是位于眶内侧壁前下部泪囊窝内的膜性囊，上端为盲端，下端移行为鼻泪管。鼻泪管开口于下鼻道。

（四）眼球外肌

眼球外肌为骨骼肌，是视器的运动装置。一侧眼球外肌，有 7 块，包括运动眼球的 4 块直肌、2 块斜肌和 1 块运动眼睑的上睑提肌（图 11-10）。眼球外肌收缩时，上睑提肌负责提上睑，上直肌使瞳孔转向上内，下直肌使瞳孔转向下内，内直肌使瞳孔转向内侧，外直肌使瞳孔转向外侧，下斜肌使瞳孔转向上外，上斜肌使瞳孔转向下外。眼球的正常运动是由两眼数块眼球外肌协同作用的结果。当某一眼球外肌麻痹时，可出现斜视和复视等现象。

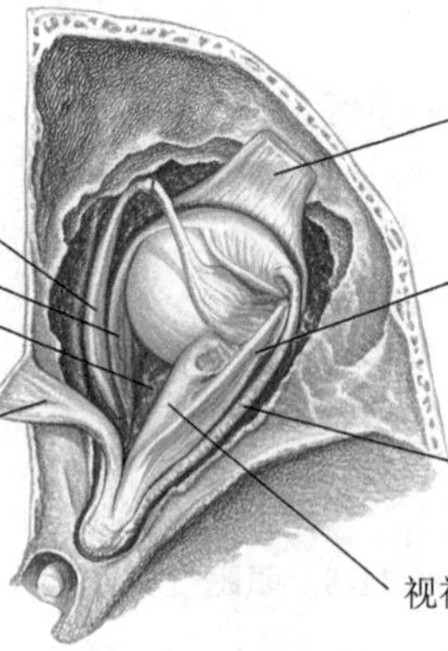

图 11-10　眼球外肌

三、眼的血管和神经

（一）眼的血管

1. 眼的动脉　眼的血液供应来自眼动脉。眼动脉是颈内动脉入颅后的分支（图 11-11），经视神经管出颅入眶，分布于眼球及眼副器等处。视网膜中央动脉是眼动脉的重要分支，它穿行于视神经内，至视神经盘处分为视网膜颞侧上、下小动脉和视网膜鼻侧上、下小动脉，营养视网膜内层。临床上常用检眼镜观察视网膜中央动脉的分支，这对某些疾病的诊断及预后的判断，具有重要意义。

2. 眼的静脉　与同名动脉伴行。眼静脉内无瓣膜，向前经内眦静脉与面静脉相吻合，向后注入海绵窦，故面部感染处理不当，可经内眦静脉、眼静脉侵入海绵窦引起颅内感染。

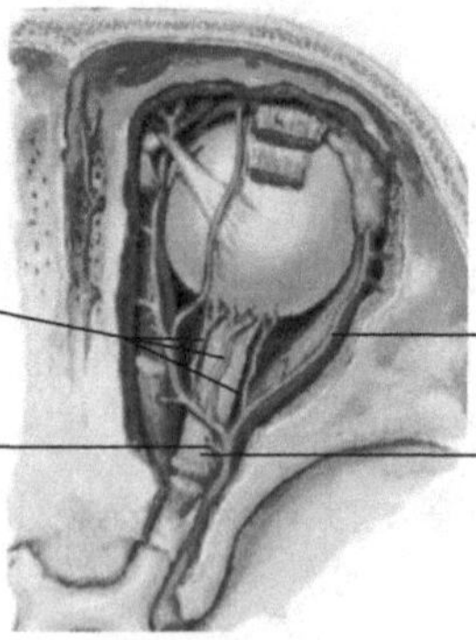

图 11-11　眼的动脉

（二）眼的神经

眼的神经配布来源较多。视神经起于视网膜，传导视觉冲动；视器的感觉神经由三叉神经的眼神经支配；眼球外肌由动眼神经、滑车神经和展神经支配；瞳孔括约肌和睫状肌由动眼神经内的副交感纤维支配；瞳孔开大肌由交感神经支配；眼睑内的眼轮匝肌受面神经支配；泪腺的分泌由面神经内的副交感神经纤维支配。

第二节　前庭蜗器

前庭蜗器（vestibulocochlear organ），又称耳，按部位分为外耳、中耳和内耳 3 个部分（图 11-12）。外耳和中耳是收集和传导声波的装置，内耳接受声波和平衡觉（位置觉及运动觉等）的刺激。听觉感受器和平衡觉感受器位于内耳。

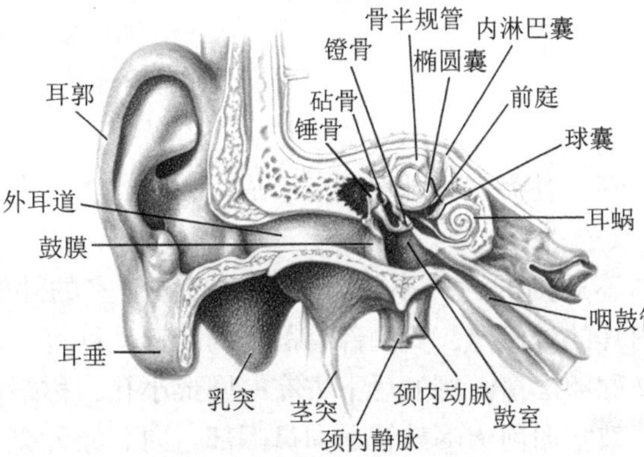

图 11-12　前庭蜗器示意图

一、外耳

外耳包括耳郭、外耳道和鼓膜 3 个部分。

（一）耳郭

耳郭位于头部的两侧，凸面向后，凹面朝向前外（图 11-13）。耳郭的凹面有外耳门与外耳道相连。耳郭的大部分以弹性软骨为支架，外覆皮肤，皮下组织少。耳郭的下部为耳垂，无软骨，仅含结缔组织和脂肪。外耳门前方的隆起为耳屏。

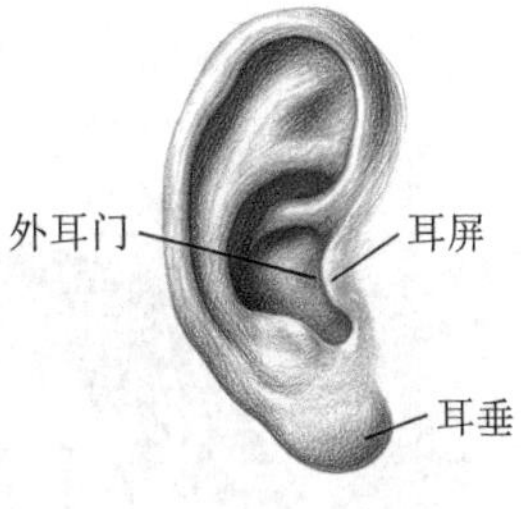

图 11-13　耳郭

（二）外耳道

外耳道是外耳门至鼓膜之间的管道（图 11-12），由外侧的软骨部和内侧的骨性部组成，成人长度为 2.0～2.5 cm。外耳道呈弯曲状，由外向内，先向前上，继而稍向后，最后弯向前下。检查成人鼓膜时，需将耳郭向后上方牵拉，使外耳道变直，以便观察鼓膜。而婴儿外耳道短而直，鼓膜近于水平位，故检查时需将耳郭拉向后下方。

外耳道的皮肤内含感觉神经末梢、毛囊、皮脂腺和耵聍腺。外耳道的皮下组织少，皮肤与软骨膜、骨膜结合紧密，不易移动，故外耳道皮肤疖肿时，疼痛剧烈。

（三）鼓膜

鼓膜是位于外耳道与鼓室之间的椭圆形半透明薄膜（图 11-12、图 11-14），构成鼓室外侧壁的大部分，其与外耳道底成 45°～50°的倾斜角。鼓膜中央部向内凹陷称为鼓膜脐，为锤骨柄的附着处。鼓膜上 1/4 的三角形区薄而松弛，称松弛部，在活体呈淡红色；下 3/4 坚实而紧张，称紧张部，在活体呈灰白色。紧张部的前下方有一三角形反光区称光锥，中耳的病变会导致光锥的改变或消失。

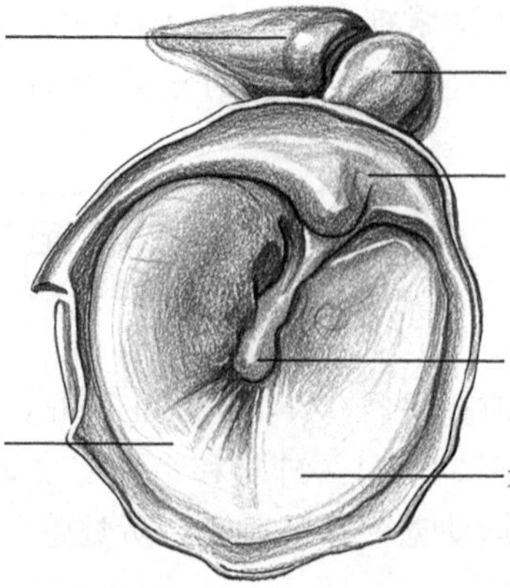

图 11-14　鼓膜

二、中耳

中耳由鼓室、咽鼓管、乳突窦和乳突小房组成（图 11-12、图 11-15）。

（一）鼓室

鼓室是颞骨岩部内不规则的含气小腔（图 11-12）。鼓室的外侧壁大部分由鼓膜构成。鼓室的内侧壁即内耳的外侧壁，其中部有圆形的隆起，称岬。岬的后上方有一卵圆形小孔，称前庭窗，又称卵圆窗。岬的后下方有一圆形小孔，称蜗窗，又称圆窗，在活体上被第二鼓膜封闭。鼓室向前借咽鼓管通向鼻咽部，向后经乳突窦通向乳突小房。鼓室的黏膜与咽鼓管、乳突窦和乳突小房的黏膜相延续。

鼓室内有听小骨、韧带、骨骼肌、血管和神经等。听小骨位于鼓室内，由外侧向内侧依次为锤骨、砧骨和镫骨（图 11-16）。它们在鼓膜与前庭窗之间以关节和韧带连结成听骨链。锤骨与鼓膜相连，镫骨与前庭窗相接。

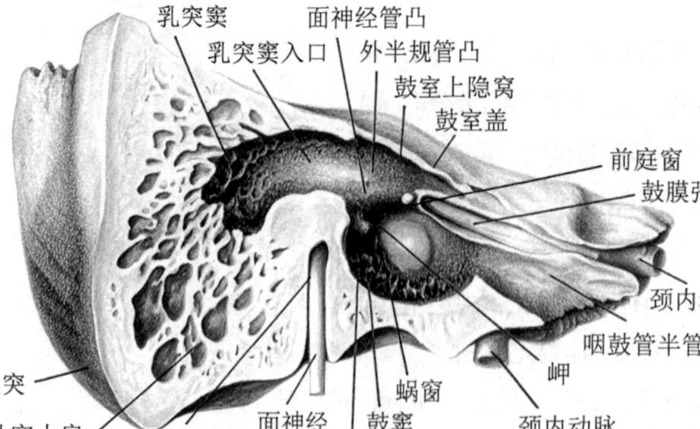

图 11-15　鼓室内侧壁

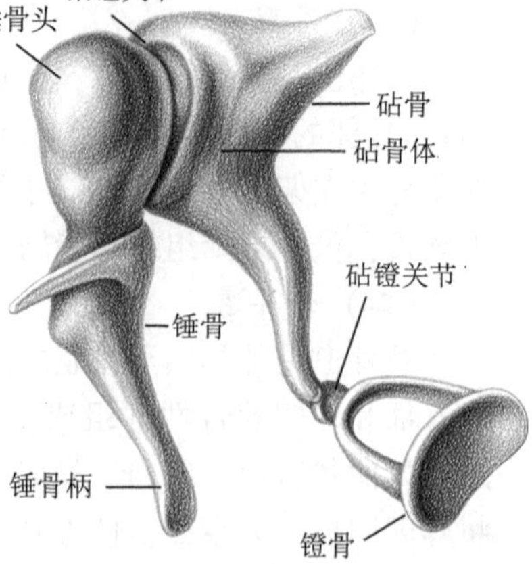

图 11-16　听小骨

（二）咽鼓管

咽鼓管为连通鼓室与鼻咽部的通道，成人长 3.5~4.0 cm。咽鼓管的黏膜与鼓室和鼻咽部的黏膜相延续。咽鼓管的外侧端开口于鼓室前壁，内侧端开口于鼻咽部侧壁的咽鼓管咽口。咽鼓管咽口平时关闭，当吞咽或打呵欠时，此口张开，空气进入鼓室，使鼓室与外界气压相等，鼓膜内、外压力平衡。与成人咽鼓管相比，幼儿咽鼓管短而平，管径较大，故咽部感染易经咽鼓管侵入鼓室。

（三）乳突窦和乳突小房

乳突窦位于鼓室与乳突小房之间，向前开口于鼓室后壁，向后与乳突小房相连通（图 11-15）。乳突小房为颞骨乳突内的许多不规则含气小腔，经乳突窦与鼓室相连通。中耳炎可经乳突窦侵入乳突小房而引起乳突炎。

三、内耳

内耳构造复杂，又称迷路，由骨迷路和膜迷路两部分组成（图 11-12）。骨迷路是颞骨岩部骨密质围成的不规则腔隙，膜迷路是套在骨迷路内的膜性管和囊，两者的形状基本相似。骨迷路与膜迷路之间充满外淋巴，膜迷路内充满内淋巴，内、外淋巴之间互不相通。

（一）骨迷路

骨迷路由后外向前内依次分为骨半规管、前庭和耳蜗 3 个部分（图 11-17），三者形态各异，彼此连通。

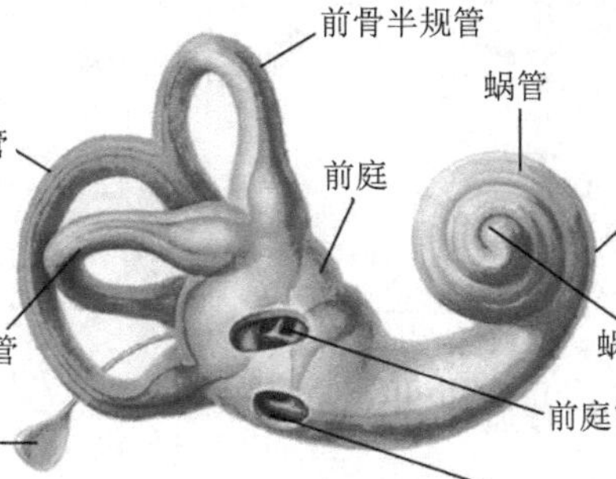

图 11-17　骨迷路

1. 骨半规管　为 3 个半环形的骨管，相互垂直排列，按其位置分别称前、后、外骨半规管。每个骨半规管都有 2 个骨脚连于前庭，其中一个骨脚膨大，膨大部称骨壶腹。

2. 前庭　位于骨迷路中部，略呈椭圆形，其内侧壁为内耳道底，外侧壁上有前庭窗和蜗窗，前庭窗与镫骨底相连，蜗窗上有第二鼓膜覆盖。前庭向前通耳蜗，向后通骨半规管。

3. 耳蜗　位于前庭的前方，形似蜗牛壳。蜗底朝向内耳道底，蜗顶朝向前外方。耳蜗由蜗螺旋管环绕蜗轴约两圈半构成。蜗螺旋管被蜗轴发出的骨螺旋板和膜迷路分隔成3条管道，即近蜗顶侧的前庭阶、近蜗底侧的鼓阶，以及中间的膜性蜗管（图11-18）。前庭阶和鼓阶在蜗顶处借蜗孔彼此相通。

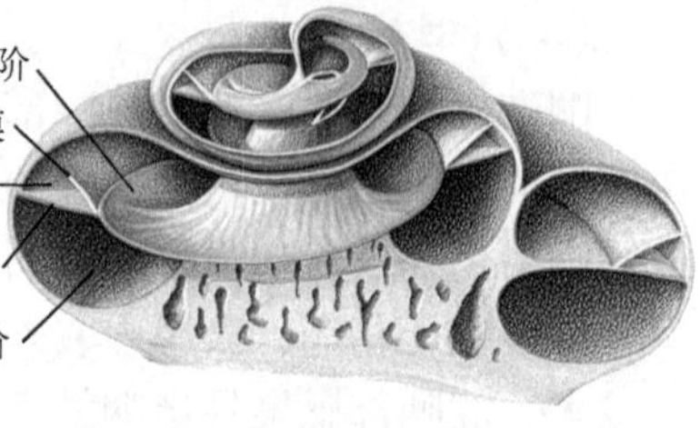

图11-18　耳蜗轴切面

（二）膜迷路

膜迷路由椭圆囊和球囊、膜半规管与蜗管等组成（图11-19）。

1. 膜半规管　位于同名骨半规管内，形态与骨半规管相似。在骨壶腹内，膜半规管有相应膨大的膜壶腹。膜壶腹壁上有隆起的壶腹嵴，是平衡觉感受器，能感受头部旋转变速运动引起的刺激。

2. 椭圆囊和球囊　位于前庭内，为相互连通的两个囊。椭圆囊与膜半规管相通，球囊与蜗管相连。囊内壁分别有椭圆囊斑和球囊斑，它们也是平衡觉感受器，能感受头部静止的位置和直线变速运动引起的刺激。

3. 蜗管　套在蜗螺旋管内，连于骨螺旋板的游离缘，断面呈三角形，上壁为前庭膜，下壁为基底膜。基底膜上有螺旋器（图11-20），又称Corti器，是听觉感受器。

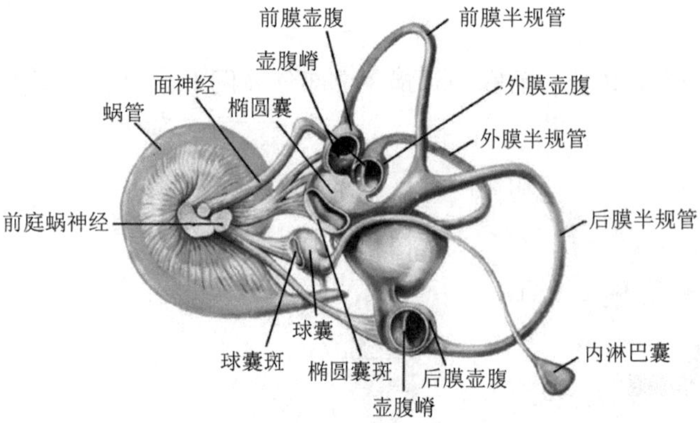

图11-19　膜迷路

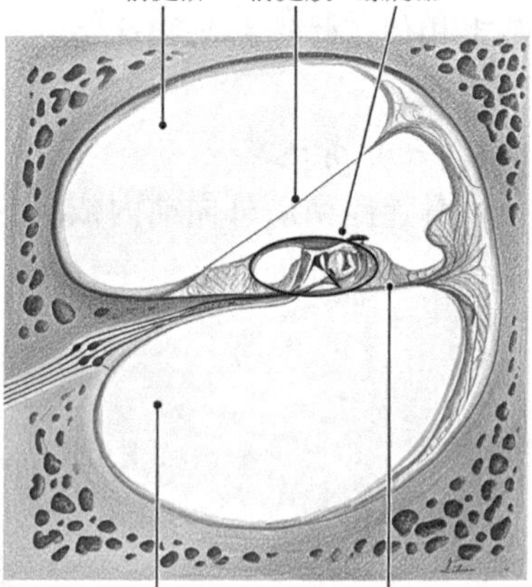

图11-20　螺旋器

四、声波的传导

声波可通过气传导和骨传导两条途径传入内耳。

（一）气传导

气传导主要是声波经外耳道引起鼓膜振动，再经听骨链和前庭窗传入耳蜗的过程，是声波传导的主要途径。耳郭收集声波，声波经外耳道传至鼓膜，引起鼓膜振动，继而使听骨链随之运动，经镫骨底传至前庭窗，引起前庭阶内的外淋巴波动。外淋巴的波动经前庭膜传至内淋巴，内淋巴的波动刺激基底膜螺旋器，产生神经冲动，经蜗神经传入中枢，产生听觉（图11-21）。前庭阶外淋巴的波动也可经蜗孔引起鼓阶外淋巴的波动，传至蜗窗时，第二鼓膜外凸而缓冲波动。

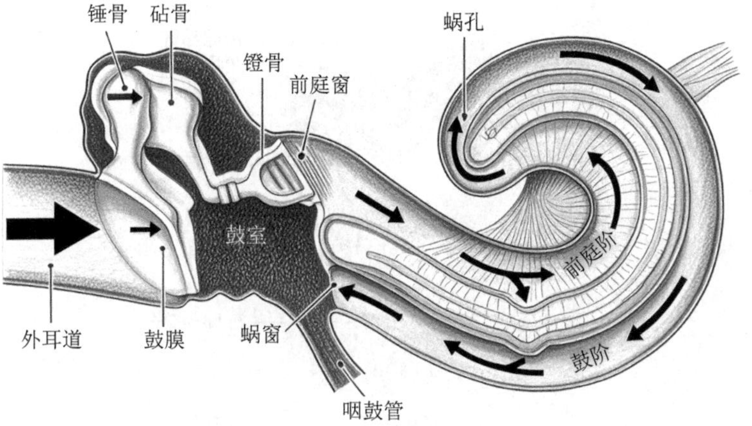

图 11-21　声波的传导

此外，声波使鼓膜振动，也可引起鼓室内的空气振动，经蜗窗和第二鼓膜传入耳蜗，这一途径也属气传导，能引起鼓阶内的外淋巴波动，使基底膜振动以兴奋螺旋器。但在正常情况下这一途径并不重要，仅在听骨链运动障碍时才可发挥一定作用，此时的听力较正常时明显下降。

（二）骨传导

骨传导是声波直接作用于颅骨，经颅骨和耳蜗骨壁传入耳蜗的过程。声波的冲击经颅骨和骨迷路传入，引发耳蜗内的外淋巴和蜗管内的内淋巴波动，刺激基底膜上的螺旋器产生神经兴奋，引起较弱的听觉。骨传导在引起正常听觉中的作用极小。

第三节　皮　肤

皮肤覆盖于身体表面，是人体面积最大的器官，由表皮和真皮构成，借皮下组织与深部组织相连。皮肤内有丰富的感觉神经末梢，能感受外界的多种刺激。皮肤具有保护深部组织、参与免疫应答、感受刺激、调节体温以及排泄和吸收等多种功能。

一、表皮

表皮（epidermis）是皮肤的浅层，由角化的复层扁平上皮构成，无血管分布。手指皮肤微细结构模式如图 11-22 所示。人体各部的表皮厚薄不一，薄者仅有 0.07 mm，厚者可达 0.8~1.5 mm，以手掌和足底表皮为最厚。表皮细胞分为角质形成细胞和非角质形成细胞两大类。前者为表皮的主要细胞，后者散在分布于角质形成细胞之间。

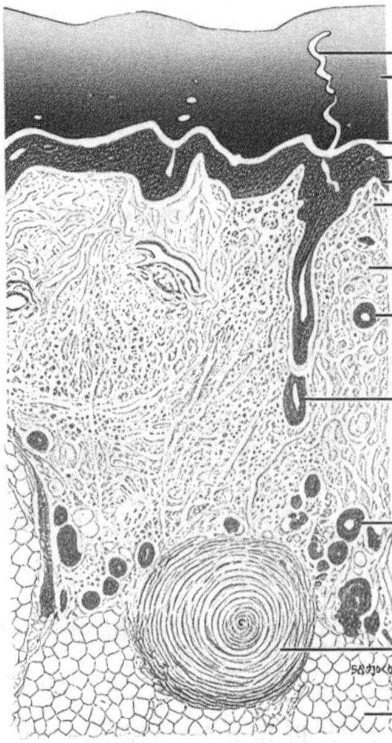

图 11-22　手指皮肤微细结构模式图

1. 角质形成细胞　手掌和足底的表皮结构，由基底至表面可以清楚地分为基底层、棘层、颗粒层、透明层和角质层 5 层结构。

（1）基底层　附着于基底膜上，由一层矮柱状基底细胞组成。基底细胞是表皮的干细胞，不断分裂、增殖形成的部分子细胞脱离基膜后向浅层迁移，逐渐分化成表皮的其余几层细胞。在皮肤的创伤愈合中，基底细胞具有重要的再生和修复作用。

（2）棘层　由 4~10 层体积较大的多边形细胞组成。细胞的主要特征是细胞核大而圆，胞质呈弱嗜碱性，游离核糖体多，具有旺盛的合成功能。

（3）颗粒层　由 3~5 层梭形细胞组成，细胞核和细胞器逐渐退化。细胞的主要特征是胞质内出现许多大小不等、形状不规则的强嗜碱性透明角质颗粒。

（4）透明层　由 2~3 层扁平细胞组成。细胞界限不清，细胞核和细胞器均已消失，胞质均质透明，呈嗜酸性。

（5）角质层　由多层扁平的角质细胞组成。细胞已完全角化，轮廓不清，无细胞核和细胞器，胞质均质状，呈嗜酸性。浅层细胞逐渐脱落形成皮屑。表皮细胞的更新周期为 3~4 周。

2. 非角质形成细胞　包括黑素细胞、梅克尔细胞和朗格汉斯细胞。

（1）黑素细胞　多散在分布于基底细胞之间，是生成黑色素的细胞。黑色素能吸收紫外线，可保护皮肤和深部组织免受损伤。

（2）梅克尔细胞　主要分布于基底细胞之间，可能是一种感受触觉刺激的感觉细胞。

（3）朗格汉斯细胞　散在分布于棘层浅部的棘细胞之间，能将皮肤中的抗原物质呈递给 T 淋巴细胞，是一种抗原呈递细胞，具有重要的皮肤免疫功能。

链接

挚爱祖国的皮肤科学领航人

陈洪铎是我国皮肤性病学界第一位中国工程院院士，也是我国皮肤科朗格汉斯细胞功能研究的主要奠基人。1982 年，在美国宾夕法尼亚大学完成了学业的他，归心似箭，学校及导师 Slivers 教授一再挽留他，并承诺给他丰厚的待遇（包括给他的妻子安排好工作），他都拒绝了。他说："我是为了振兴中国的医学事业出国学习的。我的事业在自己的祖国，虽然我们的设备暂时是比较落后的，但正因为落后，才需要我们去改变。"归国途中，陈洪铎顺路去了在日本东京召开的国际皮肤科大会，并作了报告。当时会议组织者介绍说下一个发言人是来自美国宾夕法尼亚的陈洪铎。他担心大家误认为自己是美国人，因此，走上台后，他第一句话就说："我是中国人，我是在回国的途中来参加会议的。"大家都深深被他的爱国精神所感动。回国后，他带领团队在朗格汉斯细胞生物学功能基础研究与临床转化、角质形成细胞免疫功能研究等方面取得丰硕成果。

二、真皮

真皮（dermis）位于表皮与皮下组织之间，分为乳头层和网状层，两者间无明确分界（图 11-22）。身体各部的真皮厚薄不一，一般为 1~2 mm。

1. 乳头层　为紧邻表皮的薄层疏松结缔组织，向表皮突起形成真皮乳头。乳头层内含有丰富的毛细血管和游离神经末梢，在手指掌侧的真皮乳头层内含有较多的触觉小体。

2. 网状层　为乳头层深面较厚的致密结缔组织，内有粗大的胶原纤维束交织成网，并有许多弹性纤维，赋予皮肤较大的韧性和弹性。网织层内还有较多血管、淋巴管、神经等，深部常见环层小体。

皮下组织位于真皮的下方，即解剖学所称的浅筋膜，由疏松结缔组织和脂肪组织构成，将皮肤与深部组织相连，使皮肤具有一定的移动性。皮下组织的厚度因个体、年龄、性别和部位而有较大的差异。一般腹部、臀部较厚，可达 3 cm 以上；眼睑、阴茎和阴囊等部位较薄。临床上将药液注射入皮下组织的给药方法称皮下注射。

链接

皮内注射和皮下注射

皮内注射，是将少量药液注射于表皮与真皮之间的方法，药液能缓慢吸收入血。此方法常用于预防接种（如卡介苗）、药物过敏试验（如青霉素类、头孢类）等。皮下注射是将少量药液注射于皮下组织的方法，可使药液较快速吸收入血。此方法常用于预防接种（如麻疹疫苗、乙脑疫苗）和一些疾病治疗不能或不宜经口服给药时（如胰岛素的脐周皮下注射）。

三、皮肤的附属器

皮肤有毛、皮脂腺、汗腺和指（趾）甲等由表皮衍生而来的附属器（图 11-23）。

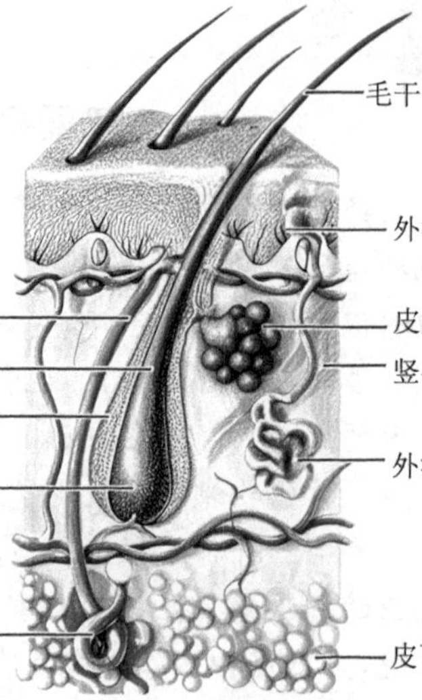

图 11-23　皮肤附属器模式图

1. 毛　人体皮肤除手掌、足底等处外，均有毛分布。尽管不同部位毛的粗细、长短和颜色有所差异，但基本结构相同。毛分为毛干、毛根和毛球 3 部分。露出皮肤的部分为毛干，埋在皮肤内的部分为毛根，包在毛根外面的由上皮和结缔组织构成的鞘称为毛囊，毛根和毛囊下端形成膨大的毛球。毛球底面有结缔组织突入其中形成毛乳头。毛球是毛和毛囊的生长点，毛乳头对毛的生长起诱导和营养作用。在毛与皮肤表面呈钝角的一侧，有一束平滑肌连接毛囊与真皮，收缩时能使毛竖立，故称竖毛肌。竖毛肌受交感神经支配，在寒冷、惊恐或愤怒时收缩，使毛竖立，从而出现“鸡皮疙瘩”的现象。

2. 皮脂腺　多位于毛囊与竖毛肌之间，为泡状腺，导管开口于毛囊或直接开口于皮肤表面。皮脂腺排出的皮脂有润滑皮肤和保护毛发的作用。皮脂腺的发育和分泌活动受性激素的调节，青春期分泌最为活跃。

3. 汗腺　遍布于全身大部分皮肤内，手掌和足底最多，分泌部位于真皮深层和皮下组织内，导管开口于皮肤表面。汗腺分泌汗液是机体散热的主要方式，具有调节体温、湿润皮肤和排泄废物等作用。除小汗腺外，在腋窝、乳晕、会阴部等处还有大汗腺，其分泌物被细菌分解后产生特殊的气味。分泌过盛而致气味过浓时，则形成腋臭。大汗腺的分泌受性激素的影响，青春期分泌活跃。

4. 指（趾）甲　位于手指和足趾的背面，主要由甲体和甲根构成。露出体表的部分为甲体，甲体下面的组织为甲床，甲的近端埋在皮肤内的部分为甲根。甲体周缘的皮肤皱襞为甲襞，甲襞与甲体之间的沟为甲沟。甲根附着处的上皮为甲母质，是甲体的生长区。指（趾）受损或拔除后，如甲母质仍保留，则甲仍能再生。

检测题

一、名词解释

1. 视神经盘　2. 听骨链　3. 壶腹嵴　4. 螺旋器

二、简答题

1. 简述房水的产生及其循环途径。

2. 简述小儿咽鼓管的特点。

（吕丁丁）

第十二章

神经系统

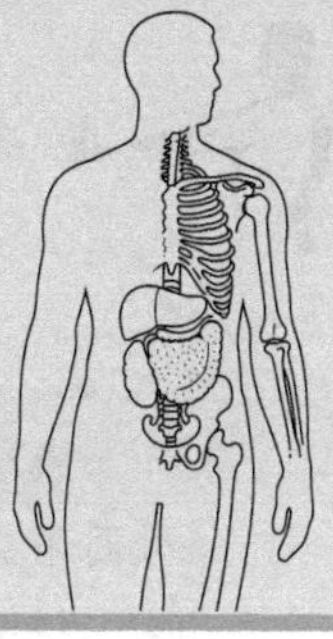

学习目标

1. 知识目标

（1）掌握：神经系统的组成；脊髓的位置、外形和内部结构；脑干的外形；大脑半球的分叶、主要沟回及大脑皮质的功能定位；内囊的位置、分部和临床意义。

（2）熟悉：神经系统的常用术语；小脑、间脑的位置和外形；脑和脊髓的被膜、主要血管及脑脊液的循环；颈丛、臂丛、腰丛、骶丛的位置和主要分支；胸神经皮支在胸、腹壁的分布规律；12 对脑神经的分布和主要功能；躯干与四肢深、浅感觉传导通路的组成和功能；锥体系的组成和功能。

（3）了解：脑干、小脑、间脑的内部结构和功能；内脏神经；头面部浅感觉传导通路；视觉传导通路。

2. 能力目标

（1）能借助标本、模型或 3D 解剖软件辨认神经系统的形态结构，能演示感觉传导通路、运动传导通路的传导路径。

（2）能理解神经系统的组成、形态结构以及“三偏”综合征、“马蹄内翻足”等常见疾病的解剖学基础，能进行健康知识的宣传教育。

3. 素质目标

（1）参加标本、模型小组学习和临床案例小组讨论，培养良好的语言表达能力、沟通合作能力，增强集体意识和团队合作意识。

（2）欣赏脑、坐骨神经等精妙构造，确立形态结构与功能相联系、局部与整体相统一等观点，感悟生命的奥妙，培养探究生命科学的浓厚兴趣。

（3）树立科学的健康观、疾病观和生命观，养成科学的生活方式和行为习惯；树立运用所学知识进行健康宣教的意识，助力健康中国建设。

案例12

患者，男，78岁。因“剧烈头痛伴喷射状呕吐1小时”就诊。患者1小时前不明原因下突然出现剧烈头痛，伴有喷射状呕吐，很快出现意识模糊。查体：脑膜刺激征阳性。经头颅CT平扫初步诊断：蛛网膜下腔出血。

任务：1. 简述脑的被膜。

2. 简述脑脊液的产生及循环途径。

第一节 概 述

一、神经系统的组成和功能

神经系统（nervous system）根据所在位置的不同，分为中枢神经系统和周围神经系统两部分。中枢神经系统（central nervous system）包括脑和脊髓，分别位于颅腔和椎管内。周围神经系统（peripheral nervous system）包括与脑相连的脑神经和与脊髓相连的脊神经。周围神经系统（图12-1）又可根据分布区域分为分布于体表、骨、骨连结、骨骼肌的躯体神经和分布于内脏、心血管、平滑肌、腺体的内脏神经，两者均包含感觉（传入）神经纤维和运动（传出）神经纤维，其中内脏运动神经又分为交感神经和副交感神经。

神经系统控制和调节人体内各器官、系统的活动，使人体成为一个有机的整体，在人体活动的调节中起主导作用。

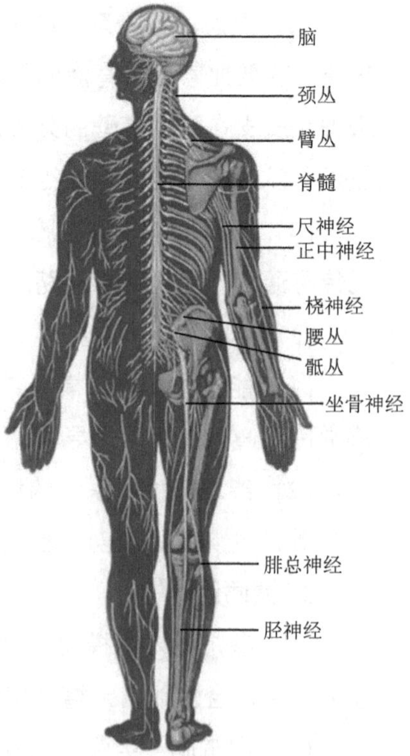

图12-1 神经系统概况

二、神经系统常用术语

（一）灰质和白质

在中枢神经系统中，神经元胞体和树突聚集的部位，色泽灰暗，称灰质（gray matter），端脑、小脑表面的灰质称皮质（cortex）；神经纤维聚集的部位，因纤维外包被亮白色的髓鞘，称白质（white matter），端脑、小脑深面的白质称髓质（medulla）。

（二）神经核和神经节

形态和功能相似的神经元胞体聚集成团，位于中枢神经系统内的称神经核（nucleus），位于周围神经系统内的称神经节（ganglion）。

（三）纤维束和神经

在中枢神经系统内，起止、行程和功能基本相同的神经纤维聚集成束，称纤维束（fasciculus）；在周围神经系统中，神经纤维聚集而成的粗细不等的索状结构，称神经（nerve）。

（四）网状结构

在中枢神经系统中，灰质、白质混杂交织的区域，神经纤维交织呈网状，其间有分散或成群的神经元胞体，该区域称网状结构（reticular formation）。

第二节　中枢神经系统

一、脊髓

（一）脊髓的位置和外形

脊髓（spinal cord）位于椎管内，上端在枕骨大孔处与延髓相连，下端在成人约平对第 1 腰椎体下缘，新生儿可达第 3 腰椎体下缘（图 12-2）。

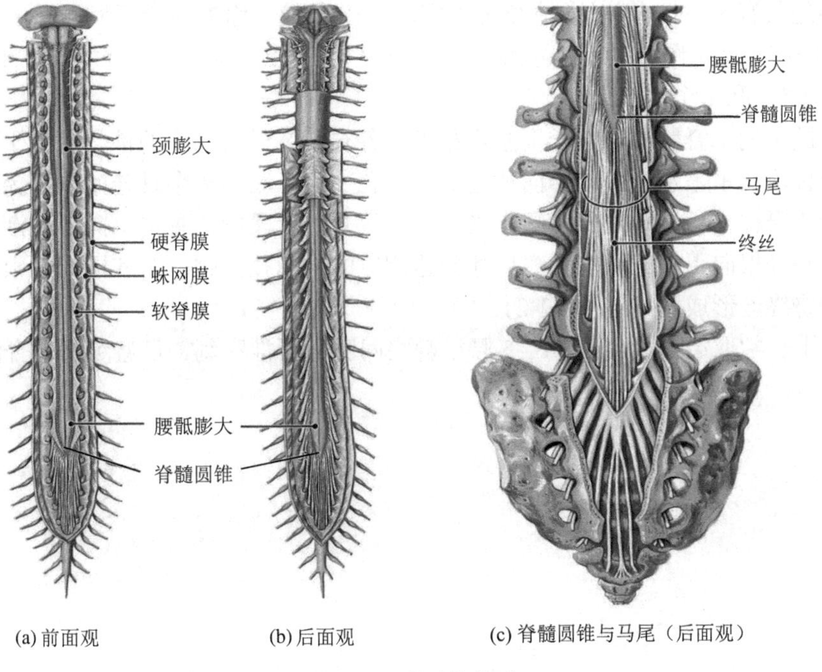

图 12-2　脊髓的外形

脊髓呈前后略扁的圆柱状，有上部的颈膨大和下部的腰骶膨大两处膨大，分别与上、下肢运动有关。脊髓的末端逐渐变细呈圆锥状，称脊髓圆锥。其下端续以无神经组织的细丝，末端附于尾骨的背面，起固定作用，称终丝。

脊髓表面有纵贯其全长的6条沟、裂：位于前面正中的称前正中裂，较深；位于后面正中的称后正中沟，较浅。前正中裂的两侧有前外侧沟；后正中沟的两侧有后外侧沟。前后外侧沟内分别连有脊神经的前根和后根（图12-3）。前、后根在椎间孔处合成脊神经，后根上有膨大的脊神经节。

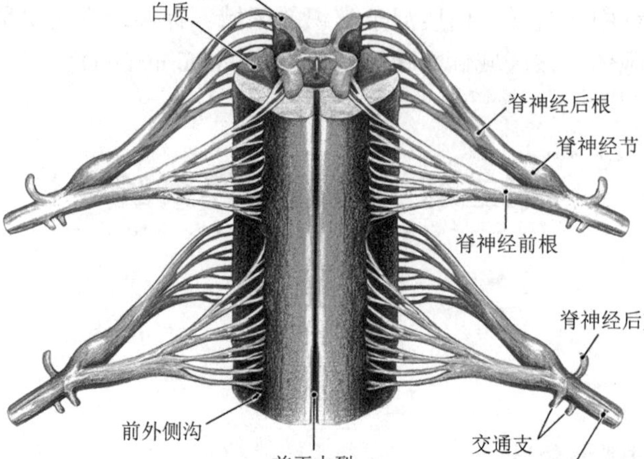

图12-3　脊髓结构示意图

脊神经共有31对，每对脊神经所对应的一段脊髓，称为一个脊髓节段。因此脊髓可分为31个节段（图12-4），包括8个颈节（C）、12个胸节（T）、5个腰节（L）、5个骶节（S）和1个尾节（Co）。

在胚胎早期，脊髓和椎管长度基本相等，各脊髓节段与相应的椎骨大致平齐，所有的脊神经根均几乎呈水平方向伸向相应的椎间孔。自胚胎第4个月开始，因为脊髓生长的速度慢于脊柱，所以脊髓长度短于椎管，导致脊髓节段的位置由上向下逐渐高于相应的椎骨，神经根向下斜行一段距离后才到达相应的椎间孔。腰、骶和尾神经根几乎垂直下行，围绕终丝形成马尾（图12-2）。

临床上，常取第3、4或第4、5腰椎棘突间隙行腰椎穿刺，可避免损伤脊髓。

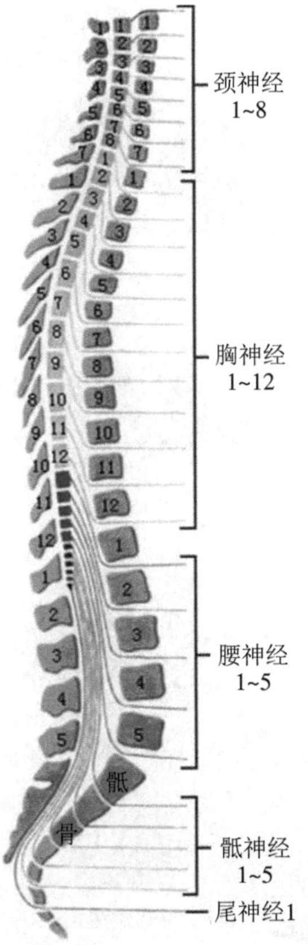

图 12-4　脊髓节段与椎骨的关系

（二）脊髓的内部结构

脊髓各节段内部结构大致相似，主要由中央的灰质和周围的白质构成，在灰质正中有一纵行小管称中央管。

1. *灰质*　横切面上近似呈"H"形，左、右对称（图 12-3、图 12-5）。灰质的前部宽短，称前角（前柱），含躯体运动神经元；灰质的后部狭长，称后角（后柱），主要含与感觉有关的联络神经元；在脊髓 $T_1 \sim L_3$ 节段的前、后角（柱）之间有向外突出的侧角（侧柱），含交感神经元，是交感神经的低级中枢；在脊髓 $S_2 \sim S_4$ 节段相当于侧角处，含骶副交感核，是副交感神经在脊髓的低级中枢。

2. *白质*　位于灰质的周围，借脊髓表面的沟裂分为左右对称的前索、外侧索和后索，由很多上、下行纤维束组成（图 12-6）。

（1）上行纤维束　主要有传导躯干、四肢的本体觉和精细触觉的薄束、楔束，位于后索；传导躯干、四肢的痛觉、温度觉、粗触觉、压觉的脊髓丘脑束，位于外侧索和前索。

（2）下行纤维束　主要有将大脑皮质的神经冲动传至脊髓前角运动神经元、管理骨骼肌随意运动的皮质脊髓侧束和皮质脊髓前束，分别位于外侧索和前索。

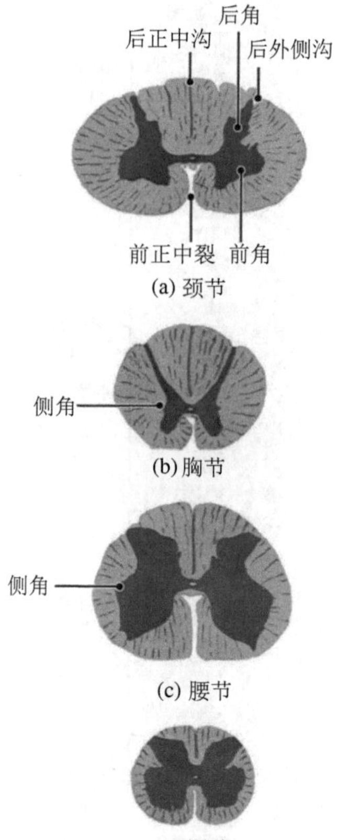

图 12-5　各脊髓节段横切面

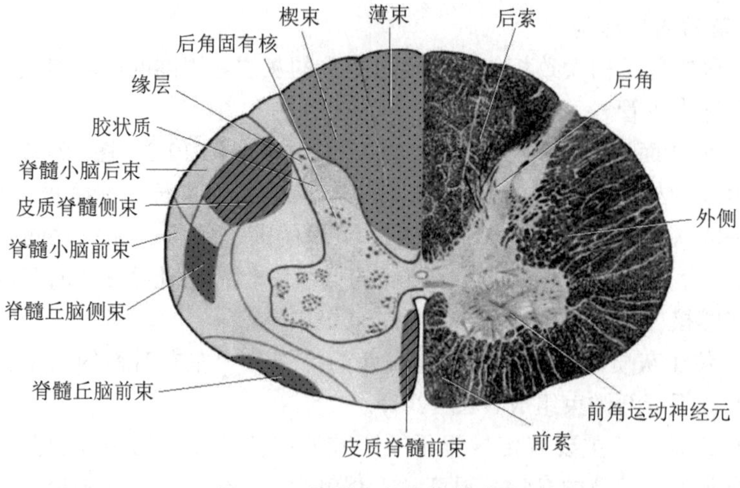

图 12-6　脊髓内部结构模式图

链接

脊髓灰质炎

脊髓灰质炎俗称小儿麻痹症，曾经是一种较常见的传染性疾病，由脊髓灰质炎病毒感染所致。该病毒主要侵犯中枢神经系统的运动神经细胞，以脊髓前角运动神经元损害为主。由于脊髓前角运动神经元受损，受其支配的肌肉出现弛缓性瘫痪并逐渐萎缩，同时皮下脂肪、肌腱及骨骼也开始萎缩，使整个机体变细，但感觉正常。口服脊髓灰质炎病毒减毒活疫苗推广后，全球消灭脊髓灰质炎行动取得了令人瞩目的成绩。

（三）脊髓的功能

1. 传导功能　脊髓内的上、下行纤维束是脑与躯干、四肢的感受器、效应器发生联系的重要枢纽。

2. 反射功能　脊髓内有膝反射、排尿反射、排便反射等多种躯体反射、内脏反射的低级中枢。

二、脑

脑位于颅腔内，包括端脑、间脑、中脑、脑桥、延髓和小脑等 6 个部分（图 12-7）。通常把中脑、脑桥和延髓合称为脑干。

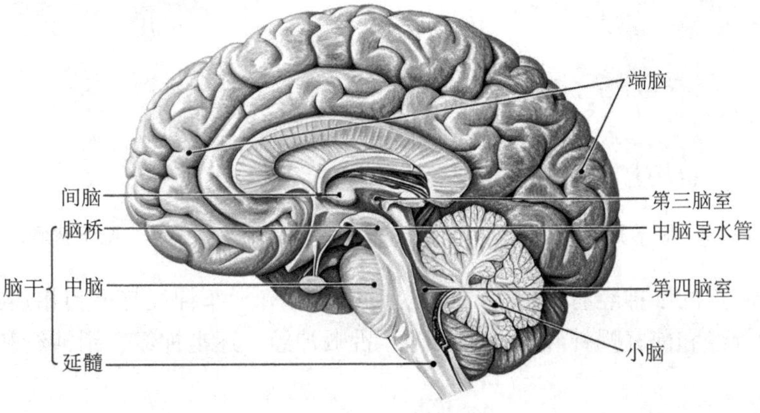

图 12-7　脑正中矢状面

（一）脑干

脑干（brain stem）位于枕骨大孔前上方，上接间脑，下续脊髓，背侧与小脑相连（图 12-7）。

1. 脑干的外形

(1) 腹侧面（图 12-8） 延髓（medulla oblongata）腹侧面上部、前正中裂的两侧各有一纵行隆起称锥体，由大脑皮质发出的下行锥体束（主要为皮质脊髓束）纤维构成。在锥体的下端，大部分皮质脊髓束纤维左、右交叉，形成锥体交叉。脑桥（pons）腹侧面宽阔膨隆，称基底部，正中线上有纵行浅沟，称基底沟。基底部的两侧逐渐缩窄，连接小脑。中脑（midbrain）腹侧面有一对柱状结构，称大脑脚，其间的凹窝称脚间窝。

(2) 背侧面（图 12-9） 延髓背侧面下部的后正中沟两侧各有两个纵行隆起，内侧的称薄束结节，内有薄束核；外侧的称楔束结节，内有楔束核。延髓背侧面上部和脑桥共同形成菱形的凹窝，称菱形窝，即第四脑室底部。中脑背侧面有两对隆起，上方的称上丘，是视觉反射中枢；下方的称下丘，是听觉反射中枢。

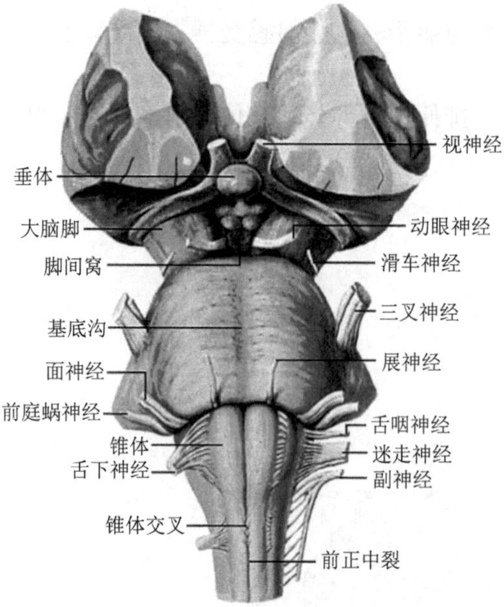

图 12-8 脑干腹侧面

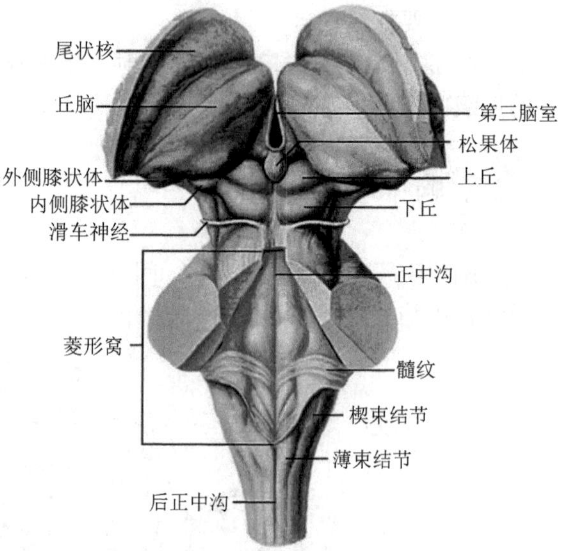

图 12-9 脑干背侧面

与脑干相连的脑神经有 10 对。其中，动眼神经和滑车神经与中脑相连；三叉神经、展神经、面神经和前庭蜗神经与脑桥相连；舌咽神经、迷走神经、副神经和舌下神经与延髓相连。

2. 脑干的内部结构

脑干由灰质、白质、网状结构等组成。

(1) 灰质 主要分布于背侧部，并被纵横走行的纤维所贯穿，分散成许多团状或柱状的神经核。神经核分 3 类。① 脑神经核：直接与第Ⅲ～Ⅻ对脑神经相连，包括脑神经感觉核和脑神经运动核（图 12-10）。② 中继核：经过脑干的上、下行纤维束在此进行中继换神经元，如延髓的薄束核、楔束核和中脑内的红核、黑质等。③ 网状核：位于脑干网状结构中。后两类可合称“非脑神经核”。

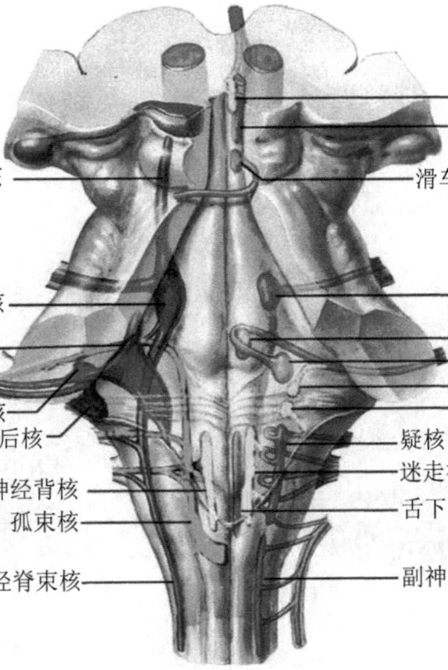

图 12-10　脑神经核在脑干背面的投影

链接

黑质与帕金森病

黑质是中脑内最大的神经核团，是端脑与间脑及脑干网状结构发生联系的中继站，含有多巴胺能神经元。帕金森病（Parkinson disease）主要表现为静止性震颤、运动迟缓、肌强直和姿势步态障碍，多见于老年人。其主要病理特征为黑质内多巴胺能神经元的变性坏死，使多巴胺含量显著性减少。目前尚无有效的预防措施，药物治疗是主要的治疗手段。

（2）白质　多位于腹侧部和外侧部，由功能各异的纤维束构成。一类为上行纤维束，包括内侧丘系、脊髓丘脑束（脊髓丘系）、三叉丘脑束（三叉丘系）等；另一类为下行纤维束，主要是锥体束（皮质脊髓束和皮质核束）等。

（3）脑干网状结构　脑干的中央区布满纵横交织的神经纤维，其间散布着大小不等的神经元胞体，形成脑干网状结构，其与中枢神经系统的各部有广泛联系，是非特异性投射系统的结构基础。

3. 脑干的功能

（1）传导功能　大脑皮质与脊髓、小脑相互联系的上行、下行纤维束都要经过脑干，脑干具有传导神经冲动的功能。

（2）反射功能　脑干内有多个反射中枢，如延髓有心血管中枢和呼吸中枢，合称生命中枢，脑桥有角膜反射中枢，中脑有瞳孔对光反射中枢。

（3）脑干网状结构功能　有维持大脑皮质觉醒、调控睡眠、调节骨骼肌张力和协调内脏活动等功能。

（二）小脑

1. 小脑的位置和外形　小脑（cerebellum）位于颅后窝内，在脑桥和延髓的后上方，由中部窄细的小脑蚓和两侧膨隆的小脑半球组成（图 12-11）。小脑半球下面近枕骨大孔处的椭圆形隆起，称小脑扁桃体。

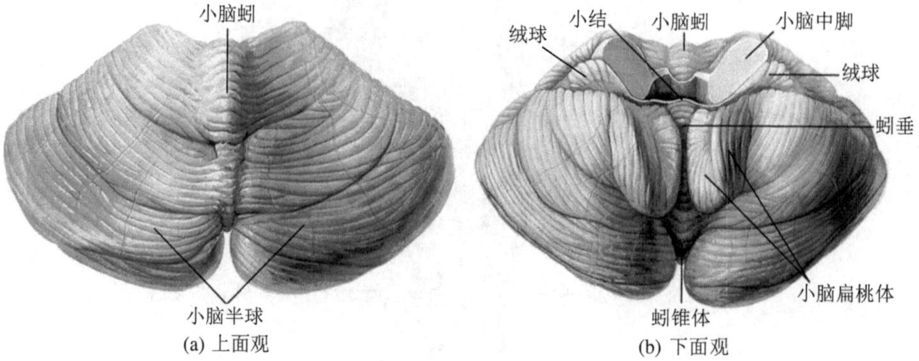

图 12-11　小脑外形

链接

小脑扁桃体疝

小脑扁桃体位于枕骨大孔的上方、延髓的后方。颅脑外伤、出血、炎症、肿瘤等可引起颅内压增高，使小脑扁桃体受压，向下嵌入枕骨大孔挤压延髓，形成小脑扁桃体疝（枕骨大孔疝）。延髓内有“生命中枢”，小脑扁桃体疝发生时，患者可出现剧烈头痛、反复呕吐、颈项强直、呼吸和循环障碍，甚至发生昏迷、呼吸和心跳停止。因此，临床上对颅内压增高的患者应及时采取减压措施。

小脑与延髓、脑桥之间的腔室，称第四脑室（图 12-12）。

2. 小脑的内部结构　小脑表面的薄层灰质称小脑皮质。皮质深面是白质，称小脑髓质（图 12-13）。在髓质深部藏有数对神经核，称小脑核，最大的是齿状核。

3. 小脑的功能　主要有维持躯体平衡、调节肌张力和协调肌群随意运动的功能。

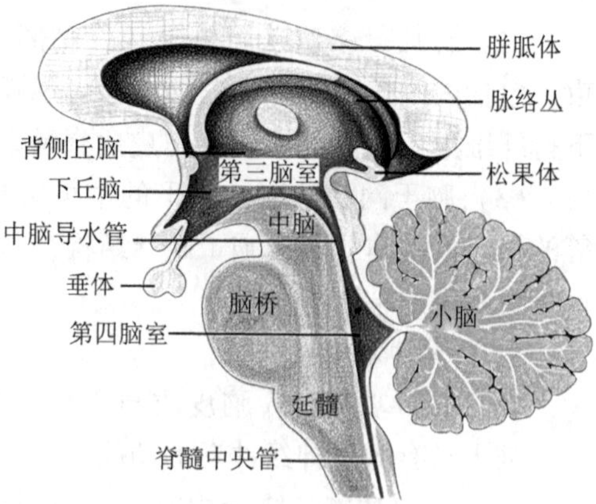

图 12-12　脑室

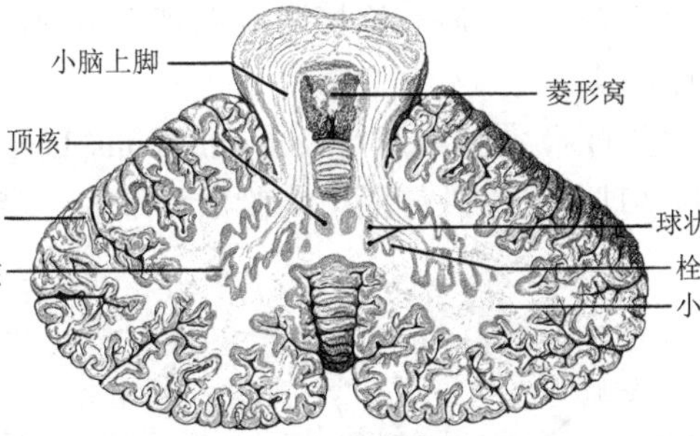

图 12-13　小脑内部结构示意图

（三）间脑

间脑（diencephalon）位于中脑与端脑之间（图 12-7），主要包括背侧丘脑、后丘脑和下丘脑等。间脑内的腔室称第三脑室。

1. 背侧丘脑（dorsal thalamus）　又称丘脑，是间脑背侧部的一对卵圆形的灰质核团（图 12-14）。丘脑内部被“Y”形的白质板分隔为 3 个部分：前核群、内侧核群和外侧核群。其中，外侧核群腹侧部的后部，称腹后核，为头面部浅感觉和躯干、四肢的深浅感觉等传导通路的中继核。

2. 后丘脑（metathalamus）　位于背侧丘脑的后下方，包括一对内侧膝状体和一对外侧膝状体（图 12-14）。内侧膝状体与听觉传导有关，外侧膝状体与视觉传导有关。

3. 下丘脑（hypothalamus）　位于背侧丘脑的前下方，构成第三脑室下壁和侧壁的下部，包括视交叉、灰结节、乳头体等。其中，灰结节向下移行为漏斗，其末端连有垂体（图 12-15）。

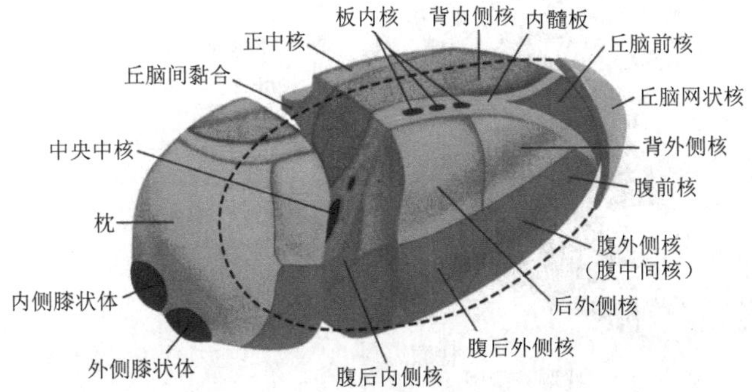

图 12-14　背侧丘脑核团模式图

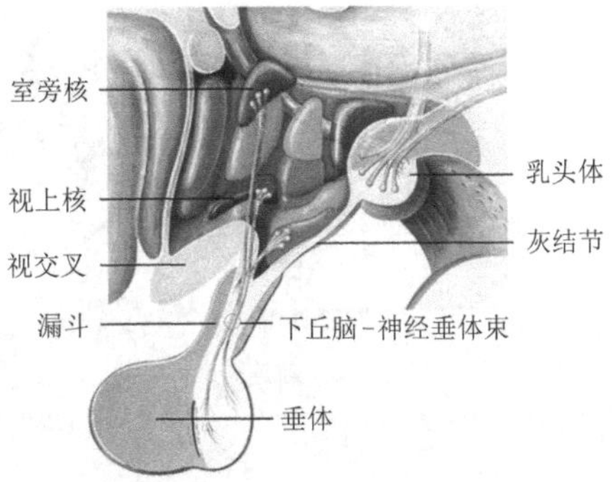

图 12-15　下丘脑主要核团

下丘脑内含多个核群，重要的有视上核和室旁核，两核均能分泌抗利尿激素和催产素，经漏斗输送至神经垂体贮存，需要时释放入血液。

下丘脑是调节内脏活动的较高级中枢，并对内分泌、体温、摄食、情绪、水及电解质平衡等起重要的调节作用。

（四）端脑

端脑（telencephalon）是脑的最高级部位，主要由左、右两大脑半球组成。两侧大脑半球之间的深裂，称大脑纵裂；裂底有连接两侧大脑半球的白质板，称胼胝体。端脑与小脑之间的裂隙称大脑横裂。

1. 大脑半球的外形和分叶　大脑半球（cerebral hemisphere）表面有凹陷的沟、裂和隆起的脑回。每侧大脑半球分为上外侧面、内侧面和下面，借助 3 条叶间沟分为五叶（图 12-16、图 12-17）。

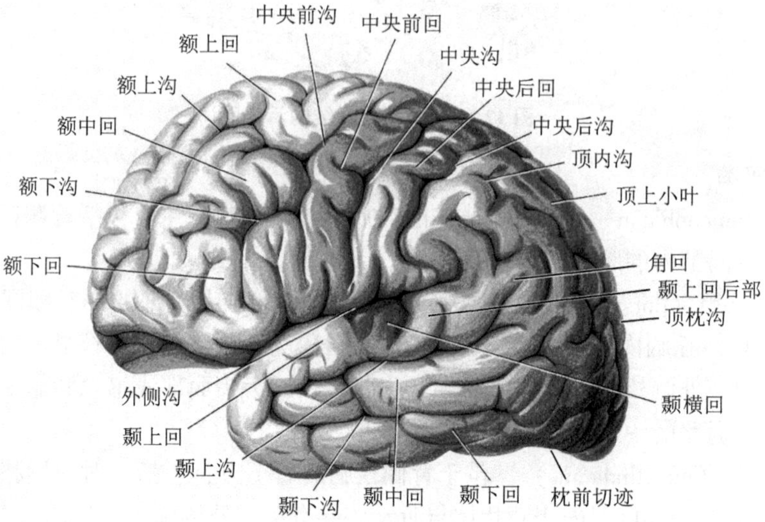

图 12-16　大脑半球上外侧面（左侧）

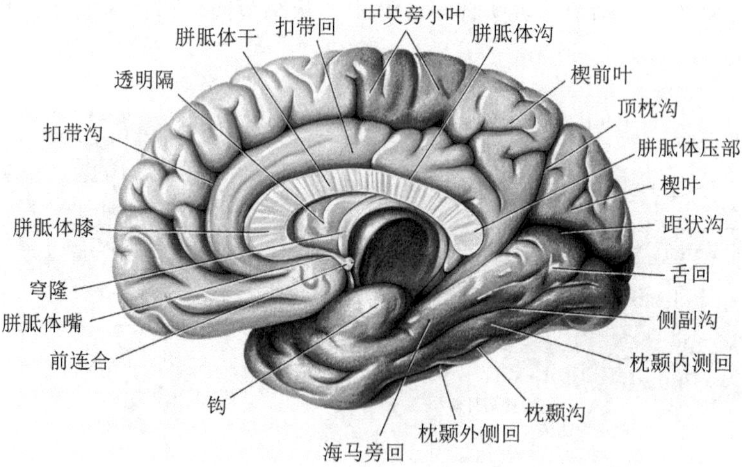

图 12-17　大脑半球内侧面

（1）大脑半球的叶间沟　在大脑半球的上外侧面，由前下走向后上的沟，称外侧沟；由大脑半球上缘中点行向前下的沟，称中央沟；在大脑半球的内侧面，由胼胝体末端稍后方斜向后上的沟，称顶枕沟。

（2）大脑半球的分叶　中央沟前面为额叶；中央沟后面为顶叶；外侧沟下面为颞叶；顶枕沟后面为枕叶；外侧沟深面为岛叶（图 12-18）。

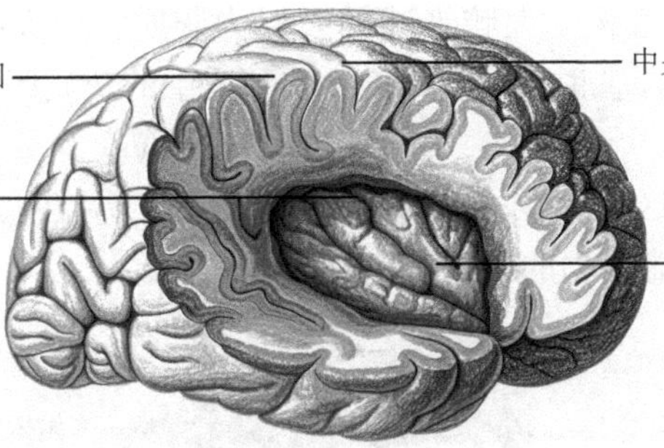

图 12-18　岛叶

2. 大脑半球主要的沟和回

（1）上外侧面（图 12-16）　在额叶，中央沟前方与之平行的沟，称中央前沟，两沟之间为中央前回。在中央前沟的前方有额上、下沟，将中央前回以外的额叶分为额上、中、下回。在顶叶，中央沟后方与之平行的沟，称中央后沟，两沟之间为中央后回。围绕颞叶颞上沟末端的脑回，称为角回，也属于顶叶。在颞叶，外侧沟的下方且大致与外侧沟平行的沟，称颞上沟，两沟之间为颞上回。在颞上回有伸入外侧沟的几条短而横行的脑回，称颞横回。

（2）内侧面（图 12-17）　胼胝体背面是扣带回，其中部上方是中央旁小叶，自扣带回后端向前下延伸为海马旁回，其前端称钩。枕叶内侧面胼胝体后下方有呈弓形的距状沟。

（3）下面（图 12-19）　有一对椭圆形的嗅球，向后延伸成嗅束，它们与嗅觉传导有关。

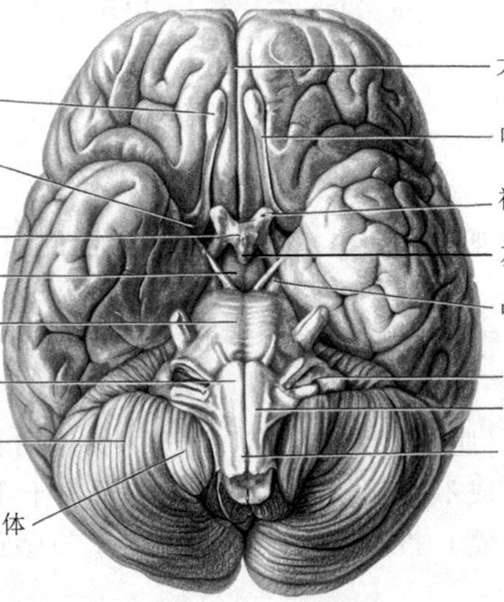

图 12-19　脑的底面

扣带回、海马旁回等结构，合称边缘叶。边缘叶是边缘系统的一部分。边缘系统由边缘叶及与其密切相联系的皮质下结构（含杏仁体、下丘脑、背侧丘脑的前核、中脑被盖等）共同组成，边缘系统功能复杂。

3. 大脑半球的内部结构　大脑半球的表层为灰质，称大脑皮质。深部为白质，称大脑髓质。在大脑半球的基底部，包埋于大脑髓质中的灰质团块，称基底核。大脑半球内的腔室称侧脑室。

（1）大脑皮质功能区　大脑皮质功能区是大脑皮质控制人体各种功能活动的相对定位区，是人体各种功能活动的最高中枢（图 12-20）。

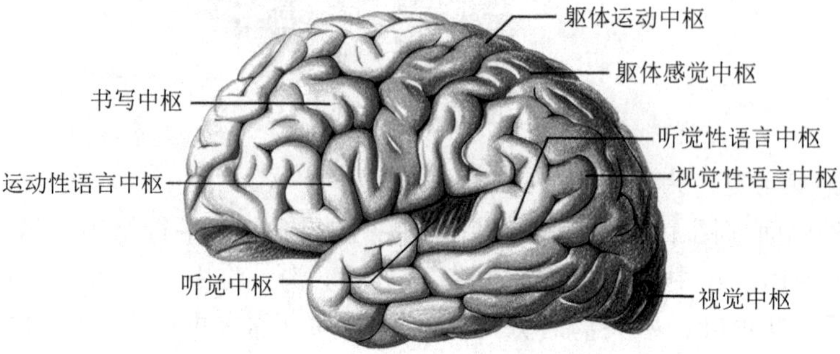

(a) 左大脑半球上外侧面

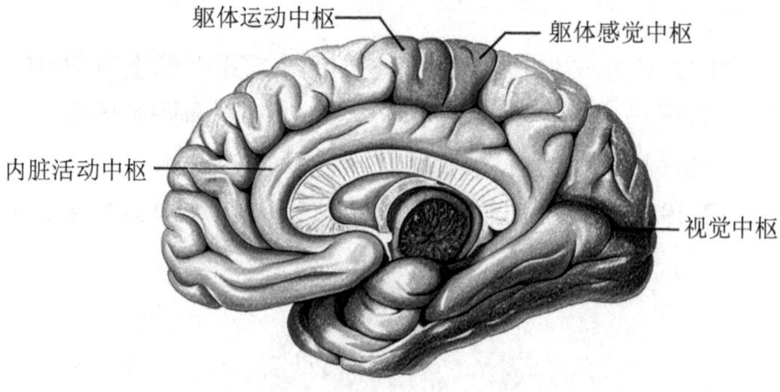

(b) 右大脑半球上内侧面

图 12-20　大脑皮质的功能区

1）第Ⅰ躯体运动区（躯体运动中枢）：位于中央前回和中央旁小叶前部，管理对侧半身骨骼肌的随意运动。具有上下倒置（头面部正立）分布、左右交叉管理（咀嚼肌、喉肌、上部面肌双侧管理）、代表区面积大小与运动精细程度呈正相关的特点（图 12-21）。

2）第Ⅰ躯体感觉区（躯体感觉中枢）：位于中央后回和中央旁小叶后部，接受对侧半身的感觉冲动，形成不同部位相应的感觉。具有上下倒置（头面部正立）分布、左右交叉（头面部双侧）投射、代表区面积大小与感觉灵敏度呈正相关的特点（图 12-22）。

3）视区（视觉中枢）：位于枕叶内侧面距状沟两侧，接受视网膜传来的视觉冲动。

4）听区（听觉中枢）：位于颞横回，接受双侧内耳传来的听觉冲动。

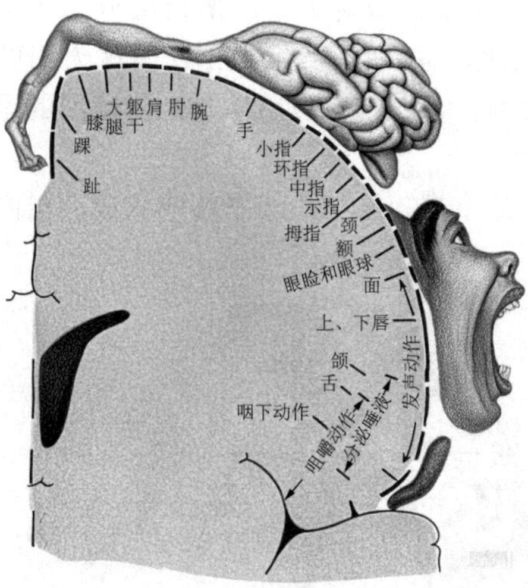

图 12-21　人体各部在第Ⅰ躯体运动区的定位示意图

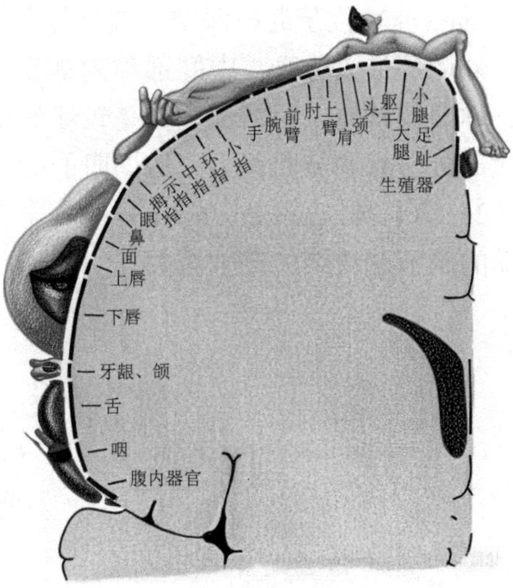

图 12-22　人体各部在第Ⅰ躯体感觉区的定位示意图

5）语言中枢：为人类所特有，主要位于左侧大脑半球，管理语言功能（图 12-20）。① 运动性语言中枢：又称说话中枢，位于额下回后部，紧靠中央前回的下部，若受损，患者与发音有关的肌肉并未瘫痪，能发音，但不能说出代表具体含义的话，称运动性失语症。② 书写中枢：位于额中回后部，若受损，患者的手能运动，但丧失了书写文字符号的能力，称失写症。③ 听觉性语言中枢：又称听话中枢，位于颞上回后部，若受损，患者没有听觉障碍，能听到别人的讲话，但自己讲话混乱而割裂，不能理解别人讲话的意思，称感觉性失语症。④ 视觉性语言中枢：又称阅读中枢，位于角回，若受损，患者没有视觉障碍，但不理解文字符号的含义，称失读症（视觉性失语症）。

链 接

优势半球

语言中枢在发育开始时，两侧大脑半球都有基础，以后侧重在一侧半球上逐渐发展起来，该侧半球称优势半球。一般认为，善用右手者（右利者）的语言中枢在左侧半球，善用左手者（左利者）的语言中枢也多在左侧半球。大脑左、右半球各有其优势，左侧半球在语言、意识、数学分析和逻辑思维等方面有优势；右侧大脑半球在非语言信息处理、音乐旋律感知、空间与视觉处理等感知方面具有优势。

（2）基底核（basal nuclei）　位于白质内，靠近脑底，包括纹状体和杏仁体等（图 12-23、图 12-24）。

1）纹状体（corpus striatum）：由尾状核和豆状核组成，其前端互相连接。尾状核（caudate nucleus）是由前向后弯曲的圆柱体，分为头、体、尾 3 个部分。豆状核（lentiform nucleus）位于岛叶深部，在水平切面上呈三角形，被两个白质薄板层分为 3 个部分，外侧部最大称壳，中间部和内侧部合称苍白球。在种系发生上，苍白球为旧的结构，称旧纹状体，尾状核和壳是较新的结构，合称新纹状体。纹状体是锥体外系的重要组成部分，有调节肌张力、协调肌群的运动等功能。

2）杏仁体（amygdaloid body）：连于尾状核的末端，参与边缘系统的构成，与内脏活动的调节和情绪的产生有关。

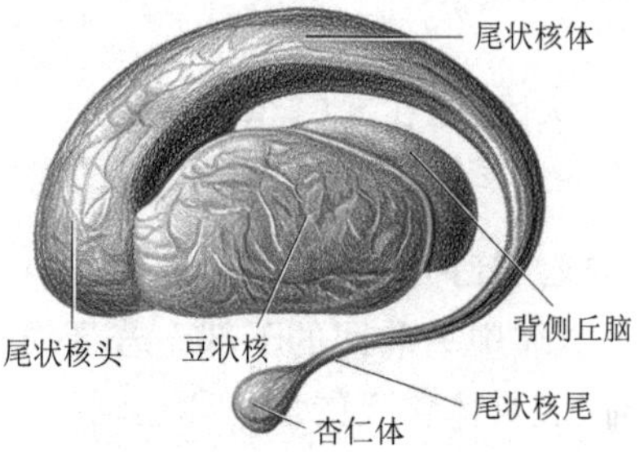

图 12-23　基底核与背侧丘脑的位置关系示意图

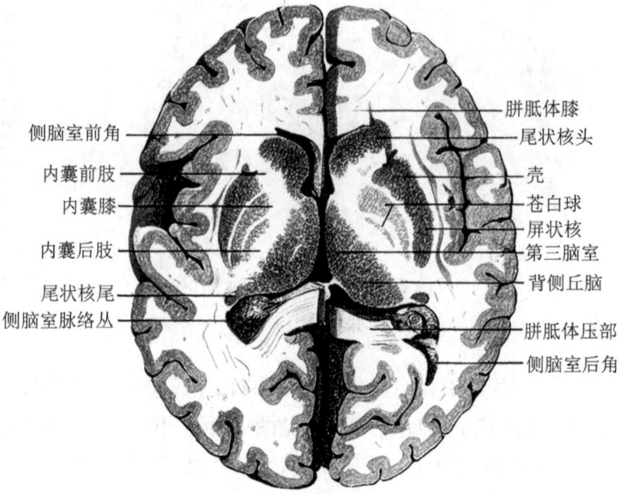

图 12-24　基底核、背侧丘脑和内囊

（3）大脑髓质　位于大脑皮质深面，由 3 种纤维组成。

1）联络纤维：是联系同侧大脑半球回与回、叶与叶之间的纤维，长短不一。

2）连合纤维：是连合左、右大脑半球的纤维，包括胼胝体等。

3）投射纤维：由大脑皮质与间脑、小脑、脑干、脊髓之间相互联系的上、下行纤维组成。它们大部分经过内囊（图 12-24、图 12-25）。

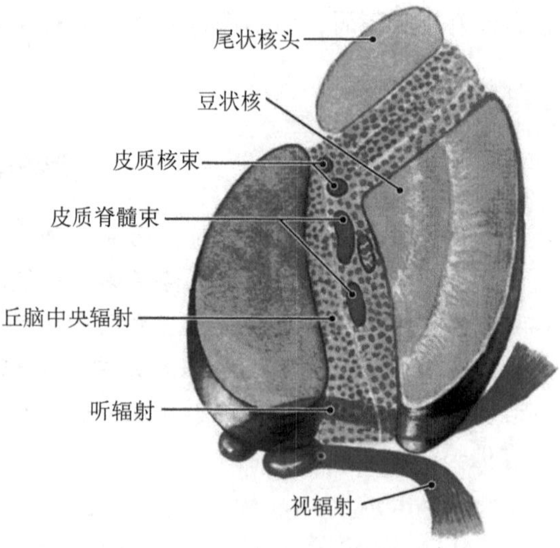

图 12-25　内囊

内囊（internal capsule）是位于背侧丘脑、尾状核与豆状核之间的白质板，大脑皮质与皮质下中枢相互联系的上、下行纤维束大多经过内囊。两侧内囊在水平切面上呈“><”形。每侧内囊分 3 个部分：尾状核头和豆状核之间的部分称内囊前肢，内有上行的丘脑前辐射和下行的额桥束通过；豆状核与背侧丘脑之间的部分称内囊后肢，内有皮质脊髓束、丘脑中

央辐射、视辐射和听辐射通过；前、后肢的交界处，称内囊膝，有皮质核束通过。一侧内囊损伤时，患者可出现对侧半躯体运动障碍（皮质脊髓束、皮质核束损伤）、对侧半躯体感觉障碍（丘脑中央辐射损伤）和两眼对侧半视野偏盲（视辐射损伤）的“三偏”综合征。

三、脑和脊髓的被膜、血管及脑脊液循环

（一）脑和脊髓的被膜

脑和脊髓的外面均包有3层被膜，由外向内依次为硬膜、蛛网膜和软膜，具有支持、保护脑和脊髓的作用。

1. 硬膜　硬膜（dura mater）由厚而坚韧的致密结缔组织构成。包被于脑的部分称硬脑膜（图12-26），包被于脊髓的部分称硬脊膜（图12-27）。

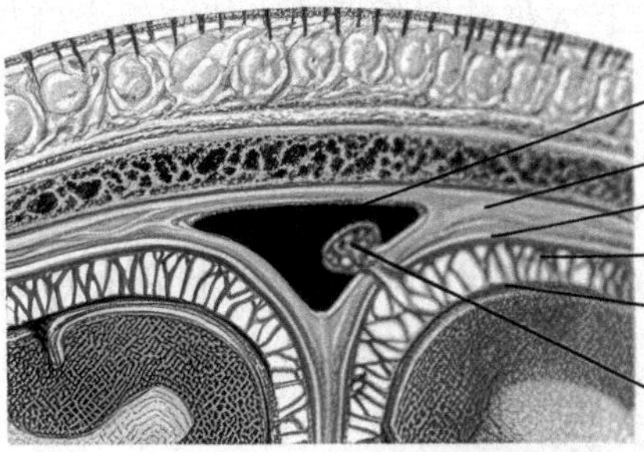

图12-26　脑的被膜和蛛网膜粒

（1）硬脑膜（cerebral dura mater）坚韧而有光泽，有如下特点。①硬脑膜由内、外两层构成，两层之间有血管和神经走行。硬脑膜与颅盖骨连结疏松，颅盖骨损伤出血时，易使硬脑膜与颅盖骨剥离而形成硬膜外血肿。硬脑膜与颅底结合较紧密，颅底骨折时，易将硬脑膜连同脑蛛网膜一起撕裂，导致脑脊液外漏。如颅前窝骨折时，脑脊液可流入鼻腔而形成脑脊液鼻漏。②硬脑膜内层在某些部位形成一些板状结构，对脑起固定和承托作用，主要有伸入大脑纵裂之内的大脑镰（图12-28）和伸入大脑横裂之内的小脑幕。小脑幕前缘游离，称幕切迹。当小脑幕上部因颅脑病变而引起颅内压增高时，易形成小脑幕切迹疝，压迫邻近的大脑脚和动眼神经。③硬脑膜在某些部位内、外两层彼此分开，衬以内皮细胞形成特殊的颅内静脉管道，称硬脑膜窦（sinus of dura mater）。主要的硬脑膜窦有上矢状窦、下矢状窦、直窦、窦汇、横窦、乙状窦和海绵窦等（图12-26、图12-28）。硬脑膜窦收集脑的静脉血经乙状窦入颈内

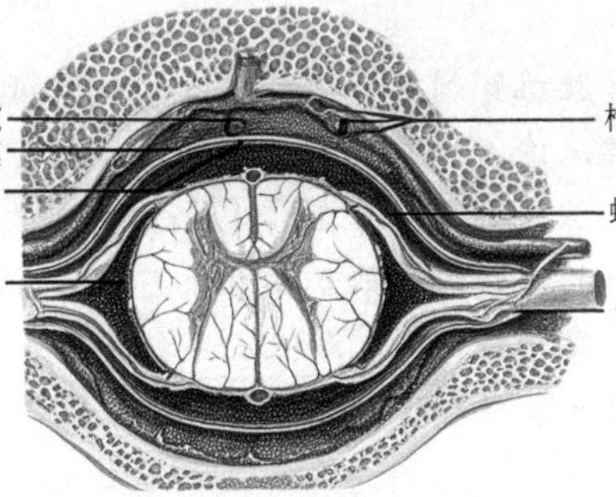

图12-27　脊髓的被膜（横切面）

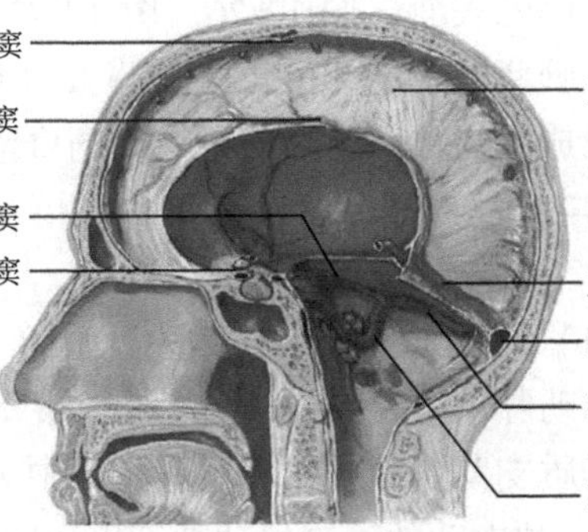

图12-28　硬脑膜和硬脑膜窦

静脉。

(2) 硬脊膜（spinal dura mater） 上端附于枕骨大孔边缘并与硬脑膜延续，下端止于尾骨。硬脊膜与椎管内面的骨膜之间的狭窄腔隙，称硬膜外隙（图 12-27），内有椎内静脉丛、淋巴管、脂肪及脊神经根等。临床上进行硬膜外麻醉，就是将麻醉药物注入此间隙，以阻滞脊神经的传导。

2. 蛛网膜 蛛网膜（arachnoid mater）位于硬膜与软膜之间，为一层缺乏血管和神经的半透明结缔组织薄膜。根据部位，蛛网膜可分为脑蛛网膜和脊髓蛛网膜。蛛网膜与软膜之间的腔隙，称蛛网膜下隙（图 12-26、图 12-27），其内充满脑脊液。蛛网膜下隙在某些部位扩大称蛛网膜下池，如位于小脑与延髓之间的小脑延髓池，位于脊髓末端与第 2 骶椎水平之间的终池。终池内无脊髓，只有马尾和终丝泡在脑脊液中。临床上常在终池或小脑延髓池进行穿刺，抽取脑脊液进行检查。

脑蛛网膜紧贴硬脑膜，在上矢状窦处形成许多绒毛状突起，突入上矢状窦内，称蛛网膜粒（arachnoid granulations）。脑脊液经蛛网膜粒（图 12-26）渗入硬脑膜窦内，回流入静脉。

链接

腰椎穿刺术

腰椎穿刺术是将穿刺针刺入蛛网膜下隙，抽取脑脊液进行检查或注射药物进行临床诊断（或治疗）的一项技术。根据脊髓的位置，成人选择在第 3、4 腰椎棘突间隙，小儿选择在第 4、5 腰椎棘突间隙进行穿刺可不伤及脊髓。左、右髂嵴最高点的连线经过第 4 腰椎棘突，在该标志线上方或下方的棘突间隙均可作为穿刺点。穿刺针由浅入深依次穿经皮肤、浅筋膜、棘上韧带、棘间韧带、黄韧带、硬膜外隙、硬脊膜、脊髓蛛网膜而达蛛网膜下隙。

3. 软膜 软膜（pia mater）为一层薄而透明、富有血管的结缔组织薄膜，紧贴在脑和脊髓的表面（图 12-26、图 12-27），并伸入它们的沟裂内，分别称软脑膜和软脊膜。在脑室的一定部位，软脑膜及其反复分支成丛的血管，与室管膜上皮一起突入脑室，形成脉络丛。脉络丛是产生脑脊液的主要结构。

（二）脑和脊髓的血管

1. 脑的血管

(1) 脑的动脉 来自颈内动脉和椎动脉。颈内动脉供应大脑半球前 2/3 和部分间脑；椎动脉供应大脑半球后 1/3、部分间脑、小脑和脑干。脑的动脉分为皮质支和中央支：皮质支营养皮质和浅层髓质；中央支营养间脑、基底核和内囊等。

1）颈内动脉：自颈动脉管入颅腔后，分支营养脑和视器等，主要分支如下。① 大脑前动脉：与对侧的同名动脉借前交通动脉相连，在大脑纵裂内沿胼胝体上方向后行（图 12-29）。皮质支主要分布于顶枕沟以前的大脑半球内侧面及上外侧面的上部；中央支主要供应尾状核、豆状核前部和内囊前肢。② 大脑中动脉：可视为颈内动脉的直接延续，向外入外侧沟内（图 12-30）。皮质支主要分布于大脑半球上外侧面大部分和岛叶；中央支主要供应尾状核、豆状核、内囊膝及内囊后肢的前部（图 12-31）。在高血压动脉硬化时，中央支易破裂而导致脑出血。③ 后交通动脉：在视束下面后行，与大脑后动脉吻合（图 12-32）。

2）椎动脉：起自锁骨下动脉，向上穿经第 6~1 颈椎的横突孔，经枕骨大孔入颅后窝，在脑桥与延髓交界处的腹侧面，左、右椎动脉汇合成一条基底动脉（图 12-32）。基底动脉沿脑桥腹侧面的基底沟上行至脑桥上缘，分为左、右大脑后动脉。椎动脉和基底动脉发出分支营养脑和脊髓的相应部位。

3）大脑动脉环　又称 Willis 环，环绕视交叉、灰结节和乳头体，由前交通动脉、两侧大脑前动脉、两侧颈内动脉、两侧后交通动脉和两侧大脑后动脉吻合而成（图 12-32）。当大脑动脉环的某一处发生阻塞时，可在一定程度上通过此环使血液重新分配而起代偿作用。

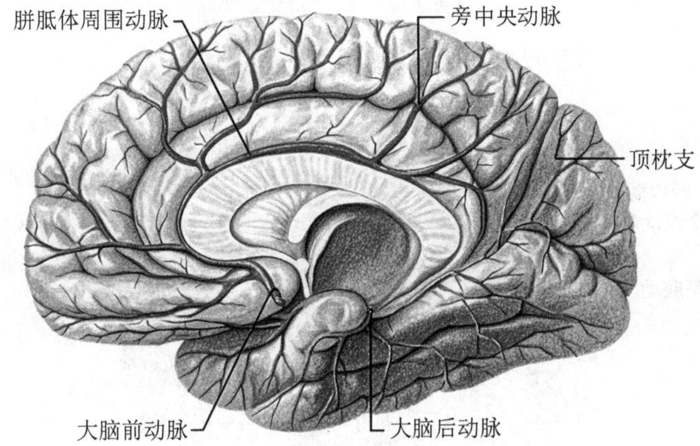

图 12-29　大脑半球内侧面的动脉

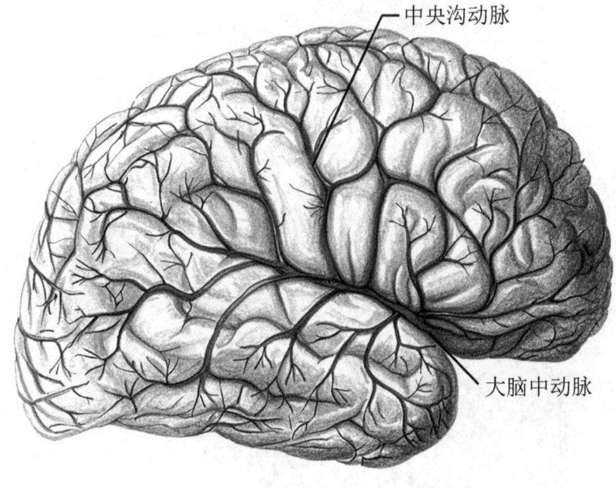

图 12-30　大脑半球外侧面的动脉

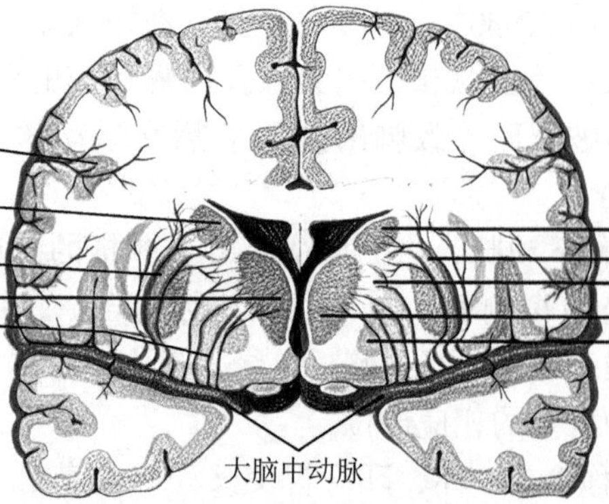

图 12-31　大脑中动脉的中央支和皮质支

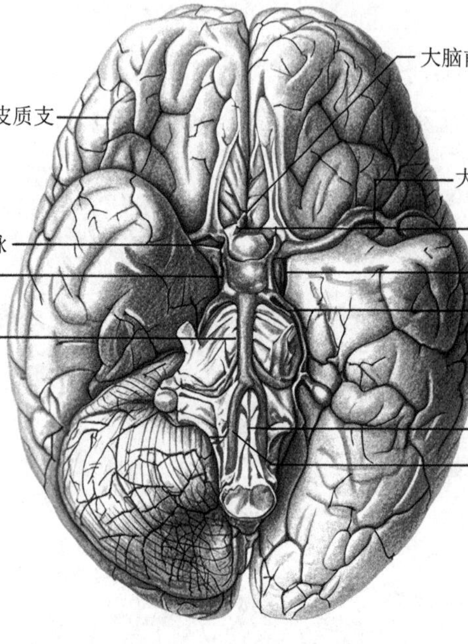

图 12-32　脑底面的动脉

（2）脑的静脉　不与动脉伴行，主要收集脑的静脉血，最后汇入颈内静脉（图 12-33）。

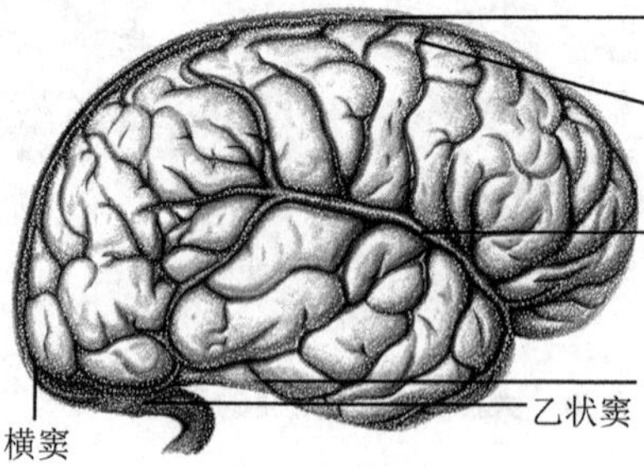

图 12-33　大脑浅静脉

2. 脊髓的血管

(1) 脊髓的动脉 包括从椎动脉分出的脊髓前、后动脉和一些节段性动脉（图 12-34）。

(2) 脊髓的静脉 静脉血先汇集于脊髓前、后静脉，再注入硬膜外隙内的椎内静脉丛。

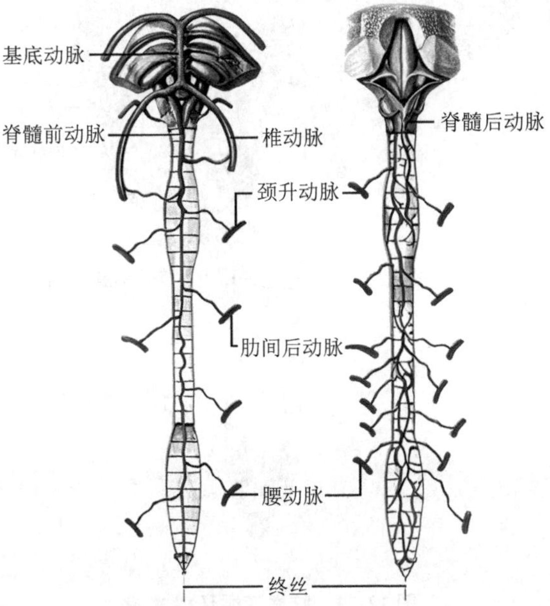

图 12-34 脊髓的动脉

(三) 脑脊液及其循环

1. 脑室 脑内的腔隙，称脑室，包括侧脑室、第三脑室和第四脑室（图 12-12）。

(1) 侧脑室 左右各一，分别位于左、右大脑半球内，经室间孔通第三脑室。

(2) 第三脑室 位于背侧丘脑、下丘脑之间的矢状位窄腔。第三脑室向前借左、右室间孔分别与左、右侧脑室相通，向后下借中脑导水管与第四脑室相通。

(3) 第四脑室 位于延髓、脑桥与小脑之间，向下通脊髓中央管；向背侧借第四脑室正中孔和外侧孔与蛛网膜下隙相通。

2. 脑脊液及其循环途径 脑脊液（cerebrospinal fluid）主要是由脑室脉络丛产生的无色透明的液体，充满于脑室、蛛网膜下隙和脊髓中央管内，对脑和脊髓有保护、营养、运输代谢产物以及调节颅内压等作用。成人脑脊液总量平均约 150 mL，处于不断产生、循环和回流的平衡状态中（图 12-35）。

由侧脑室脉络丛产生的脑脊液经室间孔流至第三脑室，与第三脑室脉络丛产生的脑脊液一起，经中脑导水管流入第四脑室，再汇合第四脑室脉络丛产生的脑脊液一起经第四脑室正中孔和外侧孔流入蛛网膜下隙，然后再经蛛网膜粒渗透入上矢状窦，回流入静脉。脑脊液循环发生障碍时，可导致脑积水和颅内压增高，甚至危及生命。

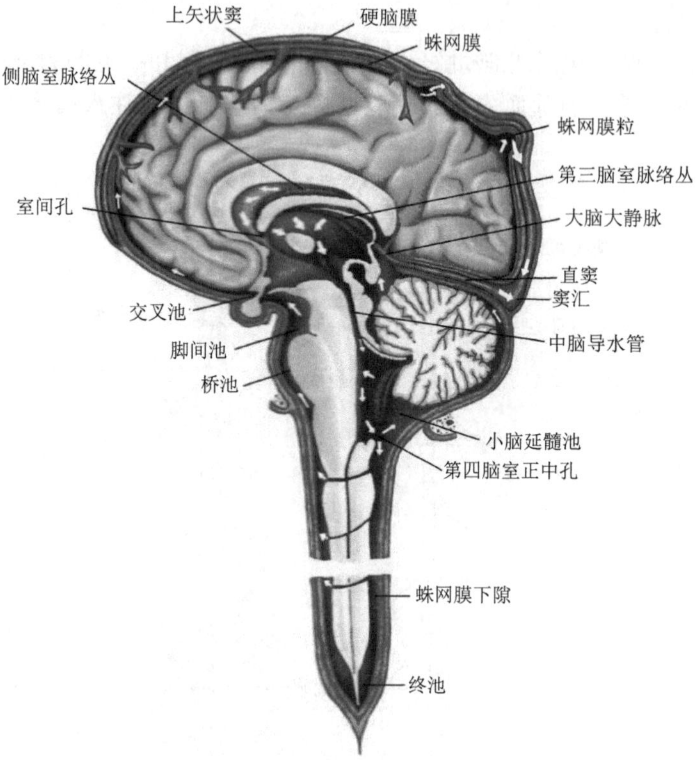

图 12-35　脑脊液循环模式图

（四）血-脑屏障

血-脑屏障（blood-brain barrier）位于血液与脑、脊髓的神经组织之间，由连续毛细血管的内皮细胞、基膜和神经胶质膜构成。星形胶质细胞的突起末端扩展形成脚板，贴附在毛细血管壁上，形成神经胶质膜。血-脑屏障可阻止血液中某些物质进入神经组织，以维持中枢神经系统内环境的相对稳定（图 12-36）。

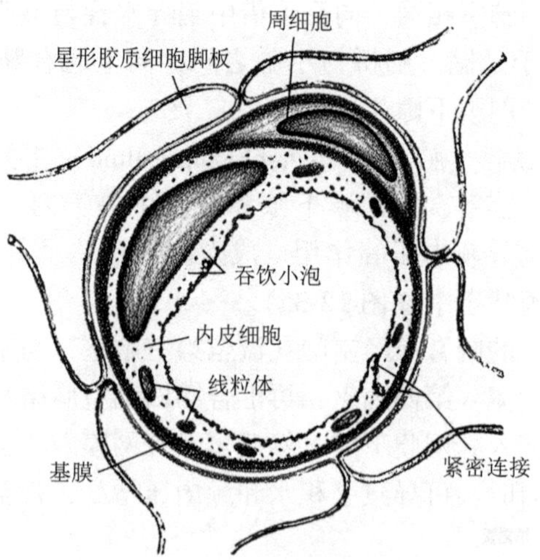

图 12-36　血-脑屏障超微结构模式图

第三节　周围神经系统

一、脊神经

（一）概述

脊神经（spinal nerves）共31对，包括颈神经8对、胸神经12对、腰神经5对、骶神经5对和尾神经1对。每条脊神经都含有躯体感觉纤维、躯体运动纤维、内脏感觉纤维和内脏运动纤维4种成分（图12-37）。每条脊神经都由运动性的前根和感觉性的后根在椎间孔处汇合而成，故每条脊神经都是混合性神经。脊神经出椎间孔后主要分为前支和后支。后支较细小，就近发出分支分布于项部、背部、腰骶部的肌肉和皮肤。前支较粗大，除胸神经前支外，其余脊神经前支先交织成4个神经丛，即颈丛、臂丛、腰丛和骶丛，再由这些神经丛发出分支分布于相应区域。

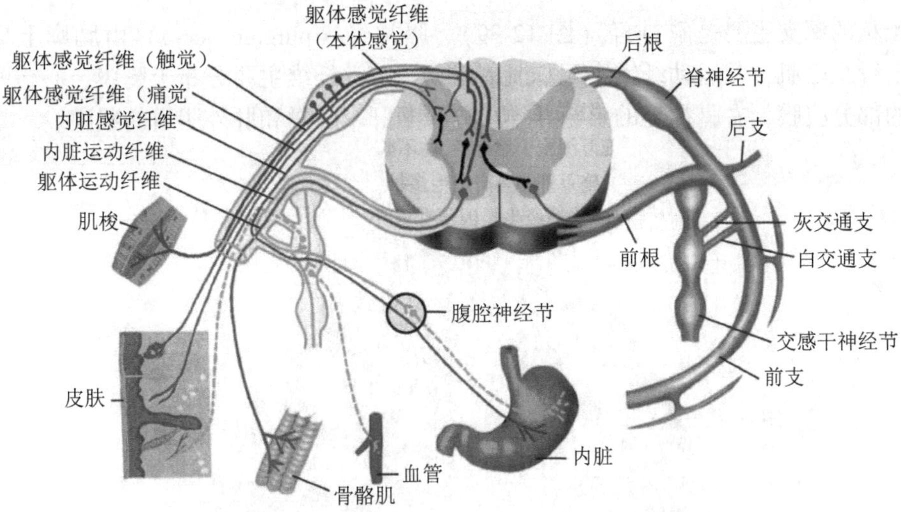

图12-37　脊神经的组成、分支和分布示意图

（二）脊神经的前支和神经丛

1. 颈丛（cervical plexus）　由第1~4颈神经的前支组成，位于胸锁乳突肌的深面，发出浅支和深支。

颈丛浅支位置表浅，自胸锁乳突肌后缘中点浅出，呈放射状分布于颈部、头后部、耳部及肩部的皮肤（图12-38）。颈部表浅手术时，可在胸锁乳突肌后缘中点麻醉颈丛浅支。

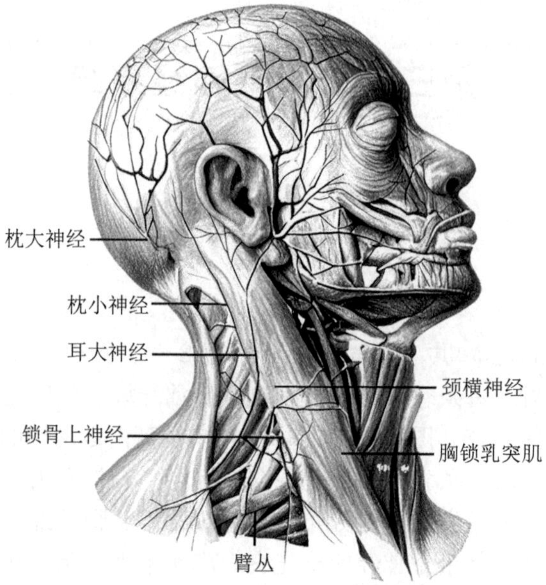

图 12-38　颈丛皮支的分布

颈丛的深支主要是膈神经（图 12-39）。膈神经（phrenic nerve）由胸廓上口入胸腔，下行至膈肌，其运动纤维支配膈肌的运动，感觉纤维主要分布于胸膜、心包及膈肌下面的部分腹膜，右膈神经的感觉纤维还分布于肝、胆囊和肝外胆道的浆膜。

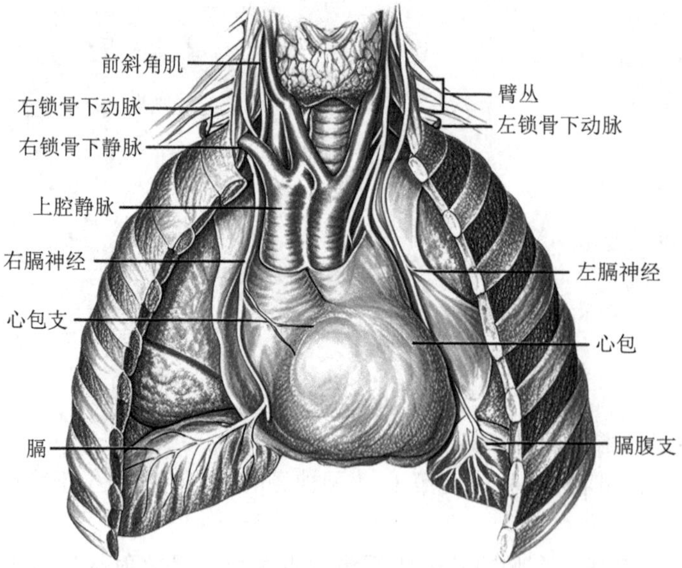

图 12-39　膈神经

2. 臂丛（brachial plexus）　由第 5~8 颈神经前支和第 1 胸神经前支的大部分纤维组成。臂丛在锁骨中点后方比较集中，位置表浅，常作为臂丛阻滞麻醉的部位。臂丛的主要分支如图 12-40、图 12-41 所示。

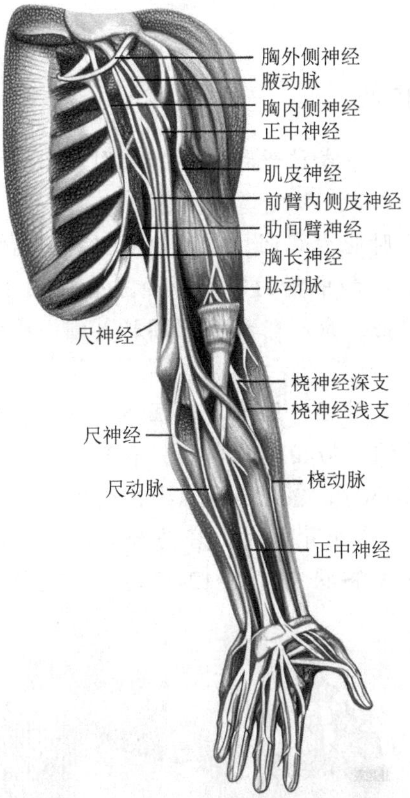

图 12-40　上肢的神经（左上肢前面观）

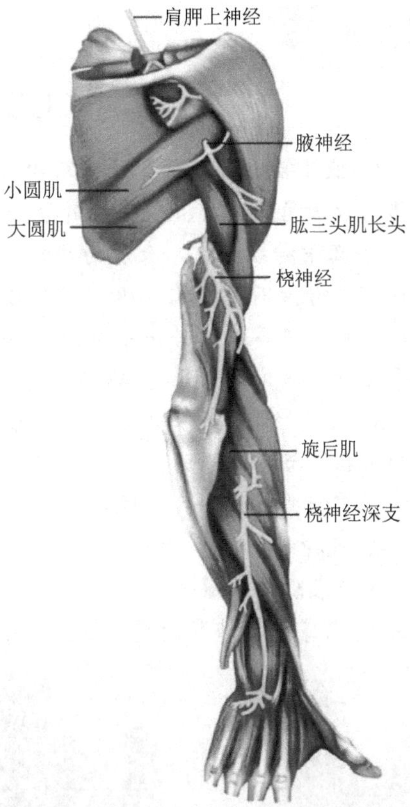

图 12-41　上肢的神经（右上肢后面观）

（1）腋神经（axillary nerve）　绕肱骨外科颈行向后外，分布于三角肌等处。肱骨外科颈骨折时，易伤及腋神经，致三角肌瘫痪，臂不能外展。

（2）肌皮神经（musculocutaneous nerve）　肌支支配肱二头肌等臂肌前群；皮支分布于前臂外侧部的皮肤。

（3）正中神经（median nerve）　肌支支配前臂肌前群桡侧大部分肌和部分手肌；皮支分布于掌心、鱼际、桡侧三个半指掌面皮肤等（图 12-42）。

（4）尺神经（ulnar nerve）　肌支支配前臂肌前群尺侧小部分肌、部分手肌。皮支分布于尺侧一个半指掌侧皮肤及相应的手掌皮肤、手背尺侧半皮肤及尺侧两个半指背部分皮肤（图 12-42）。

（5）桡神经（radial nerve）　肌支支配臂肌后群、前臂肌后群和肱桡肌；皮支分布于臂和前臂后面的皮肤、手背桡侧半及桡侧两个半指背部分皮肤（图 12-42）。

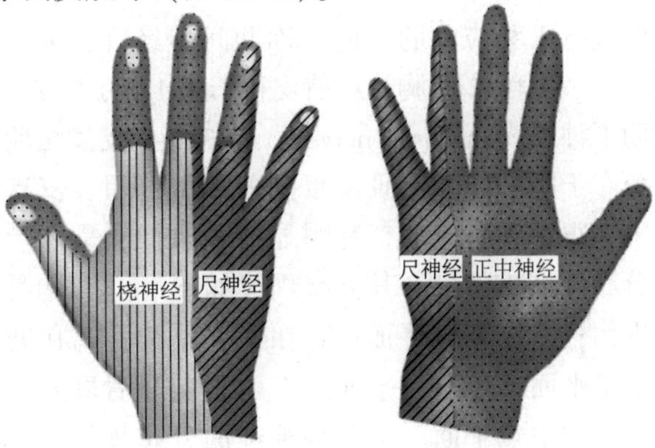

图 12-42　手部皮肤的神经分支示意图

链接

上肢神经的损伤

1. 腋神经损伤　肱骨外科颈骨折、肩关节脱位或被腋杖压迫，可引起腋神经损伤而致三角肌瘫痪，臂不能外展，肩部感觉障碍，形成“方形肩”。

2. 正中神经损伤　表现为屈指、屈腕和屈肘能力减弱，以桡侧明显；前臂不能旋前，拇指不能对掌；感觉障碍以拇指、示指和中指的掌面最为显著（图 12-43a）；鱼际肌萎缩。若正中神经合并尺神经损伤，鱼际肌和小鱼际肌萎缩，手掌变平坦称“猿掌”（图 12-43b）。

3. 尺神经损伤　若在肱骨内上髁后方损伤尺神经，则表现为屈腕力减弱，环指和小指远节不能屈曲，小鱼际肌和骨间肌萎缩，拇指不能内收，各指不能互相靠拢，掌指关节过伸，出现“爪形手”（图 12-43c）。感觉障碍以小指最为显著。

4. 桡神经损伤　肱骨中段或中、下 1/3 交界处骨折时，容易合并损伤桡神经，主要表现为前臂伸肌瘫痪，即抬前臂时呈垂腕状态（图 12-43d）。感觉障碍以第 1、2 掌骨间隙背面虎口区最为明显。

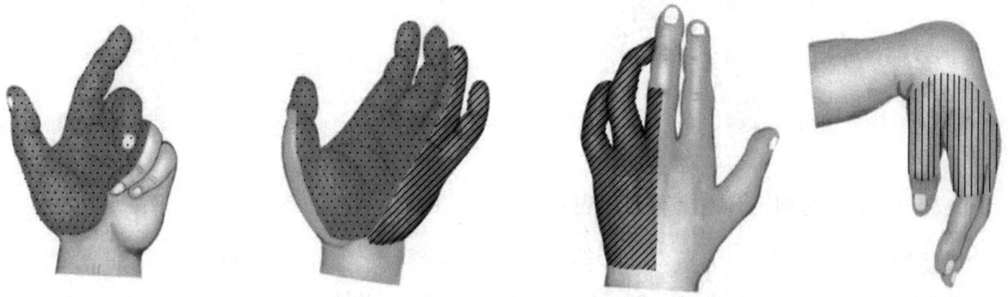

图 12-43　上肢神经损伤后的手形示意图

3. 胸神经前支　共 12 对。第 1～11 对胸神经前支行于相应的肋沟内，称肋间神经（intercostal nerve）；第 12 对胸神经前支行于第 12 肋下方，称肋下神经（subcostal nerve）。胸神经前支发出肌支分布于肋间内、外肌及腹壁前外侧群肌；皮支在胸、腹壁皮肤的分布有明显的节段性，呈环带状分布（图 12-44）。其分布规律如下：T_2 在胸骨角平面；T_4 在乳头平面；T_6 在剑突平面；T_8 在肋弓下缘平面；T_{10} 在脐平面；T_{12} 在脐与耻骨联合上缘连线的中点平面。了解胸神经的分布规律，在麻醉平面的判断、脊髓疾病的定位诊断等方面有重要的临床意义。

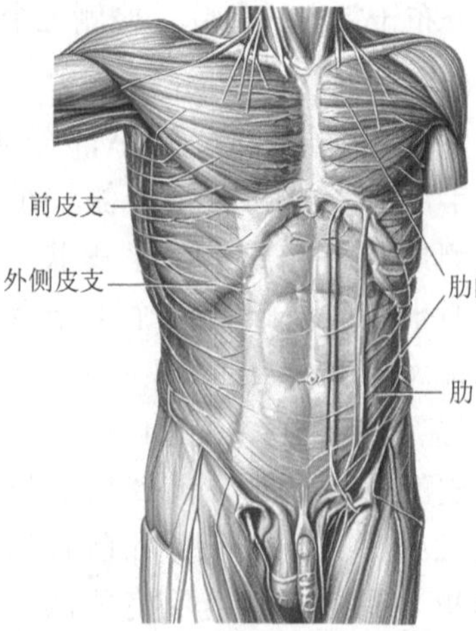

图 12-44　躯干皮神经的节段性分布

4. 腰丛（lumbar plexus）　由第 12 胸神经前支的一部分及第 1～3 腰神经前支和第 4 腰神经前支的一部分组成，位于腰大肌的深面。腰丛主要分支如下（图 12-45）。

（1）股神经（femoral nerve）　经腹股沟韧带深面进入股三角内，位于股动脉外侧。肌支支配股四头肌、缝匠肌等；皮支分布于大腿前面、小腿内侧面及足内侧缘皮肤。

（2）闭孔神经（obturator nerve）　穿闭孔到大腿内侧，分布于大腿内侧群肌及皮肤。

5. 骶丛（sacral plexus）　由第 4～5 腰神经前支组成的腰骶干和全部的骶、尾神经前支组成，位于骶骨和梨状肌前面。骶丛支分布于臀部、会阴、下肢相应部位的肌和皮肤，坐骨神经为其主要的分支（图 12-46）。

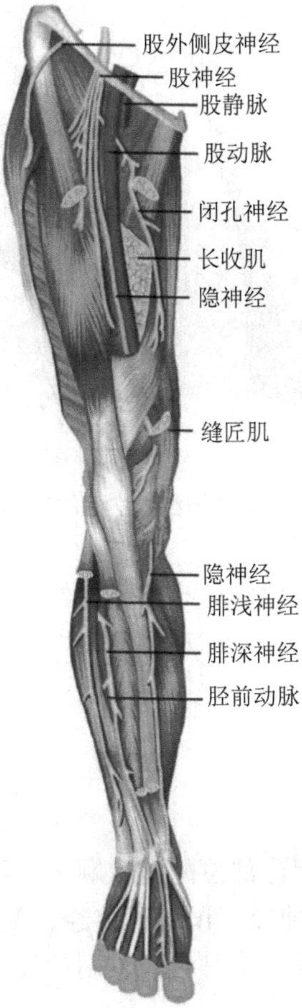

图 12-45　下肢的神经（前面）

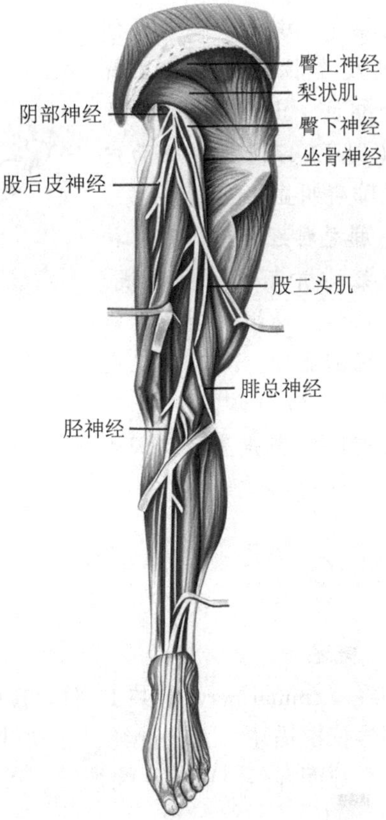

图 12-46　下肢的神经（后面）

坐骨神经（sciatic nerve）为全身最粗长的神经，经梨状肌下孔出骨盆，在臀大肌深面，经股骨大转子与坐骨结节连线的中点下行至股后部，于股二头肌深面达腘窝，在腘窝上角附近分为胫神经和腓总神经。坐骨神经在大腿后部发出肌支支配股二头肌、半腱肌和半膜肌。做臀部肌内注射时，应注意选择正确的部位，以免损伤坐骨神经。

（1）胫神经（tibial nerve）　沿腘窝的中线下行，经小腿三头肌深面至内踝的后方达足底，分为足底内侧神经和足底外侧神经。胫神经分布于小腿肌后群及小腿后面的皮肤。足底内、外侧神经分布于足底肌和皮肤。

（2）腓总神经（common peroneal nerve）　沿腘窝的外侧缘下行，绕至腓骨颈的外下方，分为腓浅神经和腓深神经。腓浅神经发出肌支支配小腿肌外侧群，皮支分布于小腿外侧、足背和部分足趾的皮肤。腓深神经发出肌支支配小腿肌前群，皮支分布于第1、2趾相对缘的皮肤。

链接

下肢神经的损伤

1. 胫神经损伤　表现为足不能跖屈，足内翻无力，不能以足尖站立。由于小腿前外侧群肌过度牵拉，致使足呈背屈、外翻位，出现“钩状足”畸形（图12-47a）。足底面皮肤感觉障碍明显。

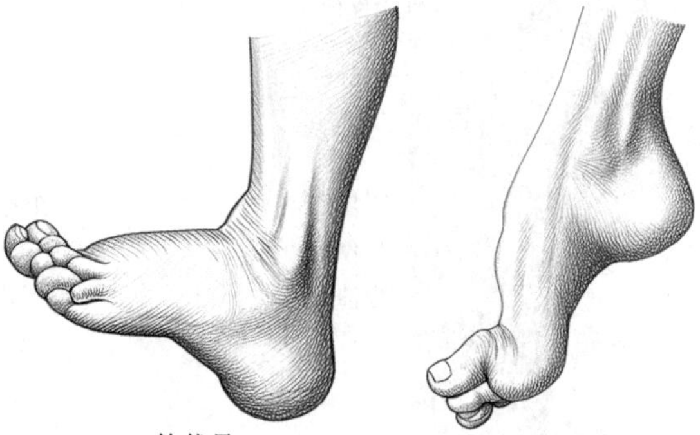

(a) 钩状足（胫神经损伤）　(b) 马蹄内翻足（腓总神经损伤）

图12-47　下肢神经损伤后的畸形

2. 腓总神经损伤　腓总神经在绕经腓骨颈处位置表浅，最易受损伤。受损伤后足不能背屈，趾不能伸，足下垂且内翻，呈“马蹄内翻足”畸形（图12-47b）。行走呈“跨阈步态”。小腿外侧面和足背皮肤感觉障碍较为明显。

二、脑神经

（一）概述

脑神经（cranial nerve）共12对。按脑神经与脑相连部位的先后顺序，用罗马数字作为其序号依次描述：Ⅰ嗅神经、Ⅱ视神经、Ⅲ动眼神经、Ⅳ滑车神经、Ⅴ三叉神经、Ⅵ展神经、Ⅶ面神经、Ⅷ前庭蜗神经、Ⅸ舌咽神经、Ⅹ迷走神经、Ⅺ副神经、Ⅻ舌下神经（图12-48）。

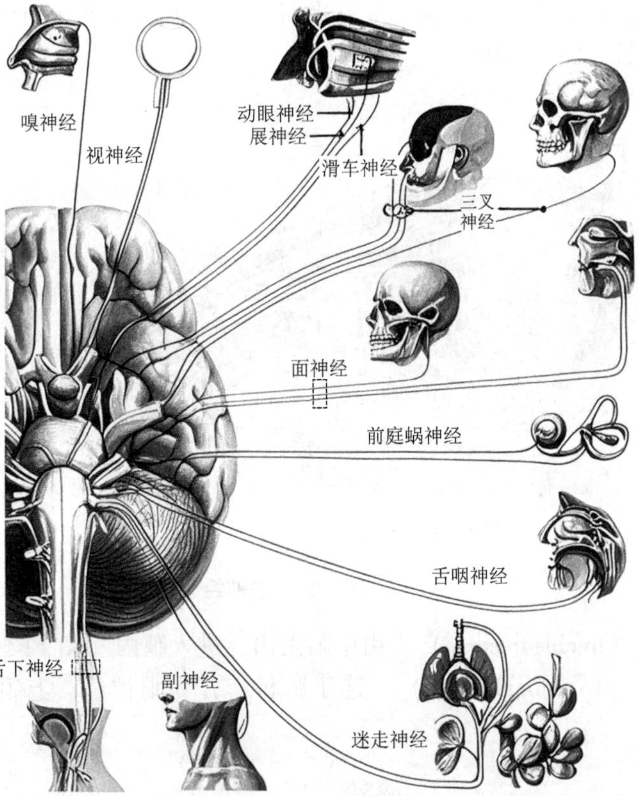

图 12-48　脑神经模式图

根据脑神经内所含纤维成分的不同，将其分为感觉性脑神经（Ⅰ、Ⅱ、Ⅷ）、运动性脑神经（Ⅲ、Ⅳ、Ⅵ、Ⅺ、Ⅻ）和混合性脑神经（Ⅴ、Ⅶ、Ⅸ、Ⅹ）。

（二）十二对脑神经

1. 嗅神经（olfactory nerve）　起于鼻腔内黏膜的嗅细胞，穿筛孔连于端脑嗅球，传导嗅觉冲动（图 12-49）。

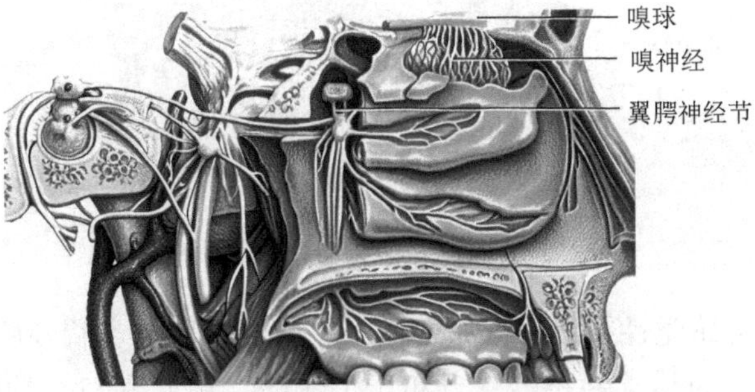

图 12-49　嗅神经示意图

2. 视神经（optic nerve）　起于视网膜，经视神经管入颅腔，经视交叉、视束连于间脑外侧膝状体，传导视觉冲动。

3. 动眼神经（oculomotor nerve）　由中脑发出，进入眼眶内。躯体运动纤维支配上直肌、下直肌、内直肌、下斜肌和上睑提肌；内脏运动纤维（副交感纤维）支配瞳孔括约肌和睫状肌（图 12-50）。

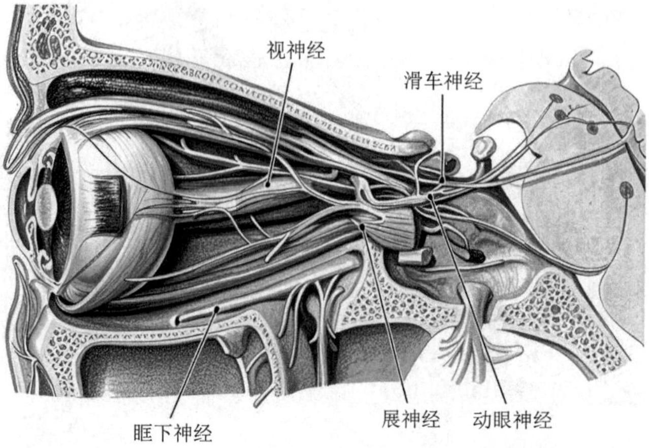

图 12-50　眶内的神经

4. 滑车神经（trochlear nerve）　由中脑发出，进入眶内（图 12-50），支配上斜肌。

5. 三叉神经（trigeminal nerve）　连于脑桥，分为眼神经、上颌神经和下颌神经 3 支（图 12-51）。

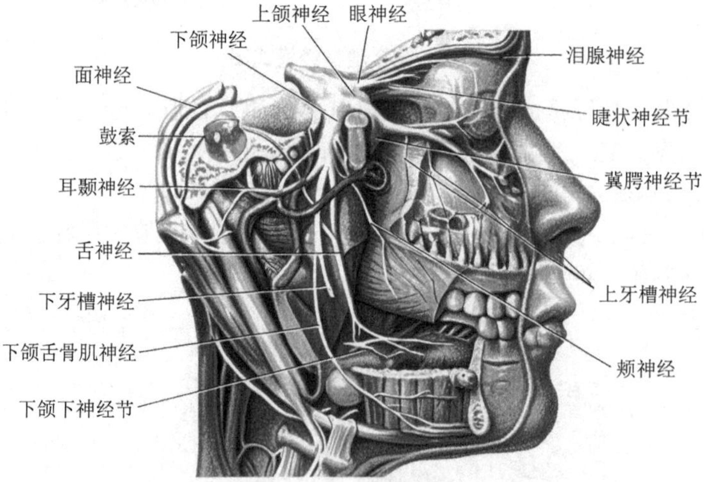

图 12-51　三叉神经

（1）眼神经　为感觉性神经，分布于泪腺、眼球结膜、鼻背及睑裂以上的皮肤。

（2）上颌神经　为感觉性神经，分布于上颌窦、鼻腔和口腔顶的黏膜、上颌牙和牙龈及睑裂与口裂间的皮肤。

（3）下颌神经　为混合性神经，其感觉纤维分布于下颌的牙、牙龈、口腔底、舌前 2/3 黏膜及口裂至下颌骨下缘的皮肤；其运动纤维支配咬肌等咀嚼肌。

6. 展神经（abducent nerve）　由脑桥发出，进入眶内，支配外直肌（图 12-50）。

7. 面神经（facial nerve）　连于脑桥。其中，躯体运动纤维出颅，支配面肌；躯体感觉纤维传导小部分耳部皮肤的浅感觉及面肌的本体觉冲动。内脏感觉纤维分布于舌前2/3味蕾；内脏运动纤维支配下颌下腺、舌下腺和泪腺的分泌。

8. 前庭蜗神经（vestibulocochlear nerve）　连于脑桥，由前庭神经和蜗神经组成，分布于内耳（图 12-52）。前庭神经传导平衡觉（位置觉及运动觉等），蜗神经传导听觉。

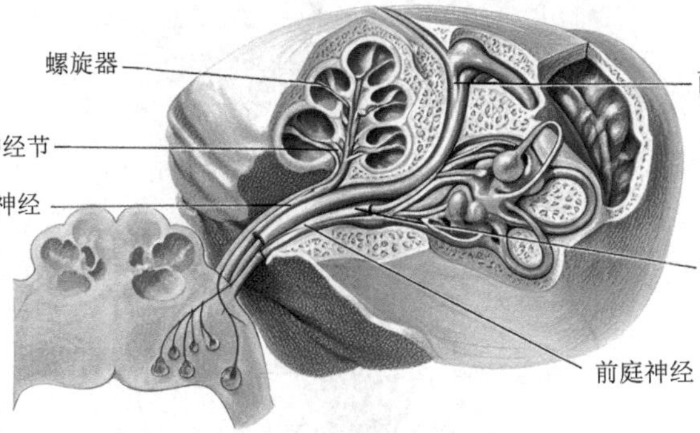

图 12-52　前庭蜗神经示意图

9. 舌咽神经（glossopharyngeal nerve）　连于延髓。内脏感觉纤维分布于舌后1/3的黏膜和味蕾、咽、颈动脉窦和颈动脉体；内脏运动纤维支配腮腺的分泌；躯体感觉纤维分布于耳后皮肤；躯体运动纤维支配咽肌（图 12-53）。

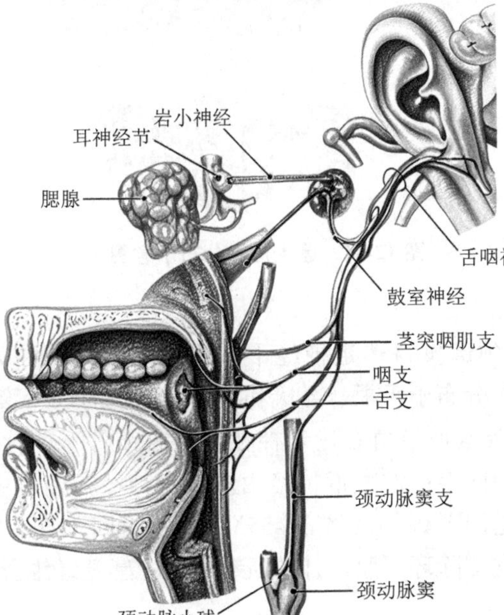

图 12-53　舌咽神经分布示意图

10. 迷走神经（vagus nerve） 连于延髓，伴行食管穿膈达腹腔（图 12-54）。迷走神经在颈、胸、腹部发出许多分支，分布于呼吸道、心、肺、肝、胆囊、脾、胰、肾、胃、结肠左曲以上肠管。

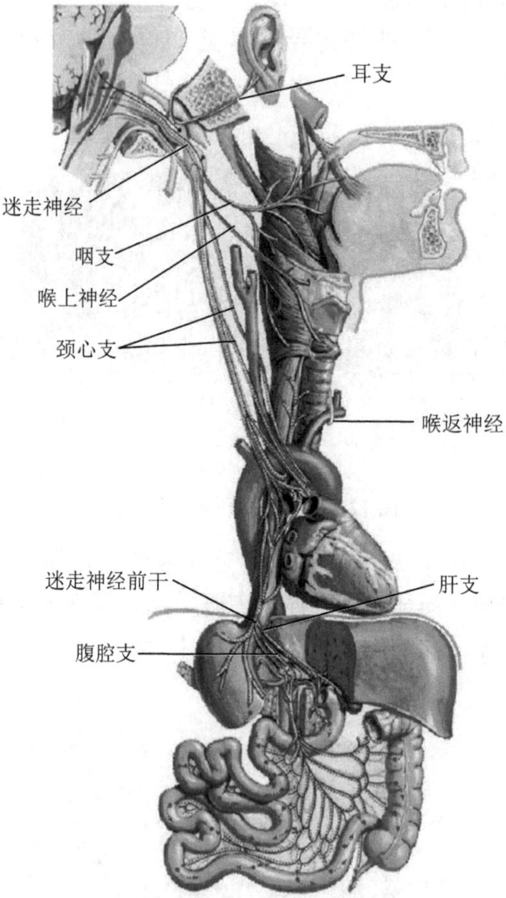

图 12-54 迷走神经分布示意图

迷走神经主要分支如下。

（1）喉上神经 在颈部发自迷走神经干，下行分内、外两支。外支支配环甲肌；内支穿甲状舌骨膜入喉，分布于舌根、会厌和声门裂以上的喉黏膜。

（2）喉返神经 右喉返神经由右迷走神在经过右锁骨下动脉前方处发出，自前向后绕过右锁骨下动脉返回向上；左喉返神经由左迷走神经在经过主动脉弓前方处发出，自前向后勾绕主动脉弓返回至颈部（图 12-55）。二者返回颈部，沿食管与气管之间的沟上行入喉，运动纤维支配除环甲肌以外的所有喉肌；感觉纤维分布于声门裂以下的喉黏膜。

11. 副神经（accessory nerve） 由延髓发出，支配胸锁乳突肌和斜方肌（图 12-56）。

12. 舌下神经（hypoglossal nerve） 自延髓出脑，支配舌肌（图 12-56）。一侧舌下神经完全损伤，同侧舌肌瘫痪，伸舌时，因患侧颏舌肌瘫痪，健侧颏舌肌的伸舌力量大于患侧，故舌尖偏向患侧。

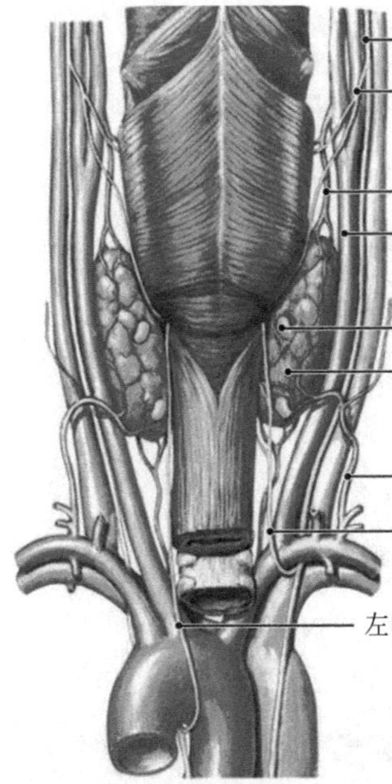

图 12-55　喉上神经和喉返神经

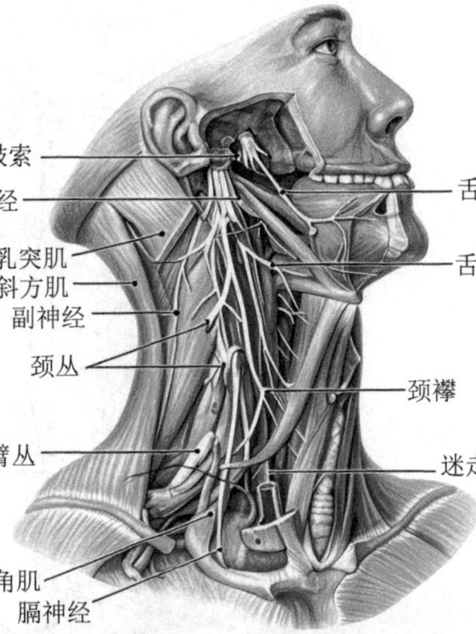

图 12-56　副神经和舌下神经分布示意图

三、内脏神经

内脏神经（visceral nerve）分布于内脏、心血管和腺体，可分为内脏运动神经和内脏感觉神经。

（一）内脏运动神经

内脏运动神经（visceral motor nerve）调节内脏、心血管的活动以及腺体的分泌，通常不受人的意识控制，故又称自主神经；又因其主要控制和调节动、植物共有的物质代谢活动，并且不支配动物所特有的骨骼肌运动，故也称植物神经。内脏运动神经分为交感神经（sympathetic nerve）和副交感神经（parasympathetic nerve）（表 12-1）。内脏运动神经自低级中枢至效应器的神经通路由两级神经元组成。第一级神经元称节前神经元，胞体位于脑或脊髓内，由它们发出的纤维称节前纤维；第二级神经元称节后神经元，由它们发出的纤维称节后纤维（图 12-57）。

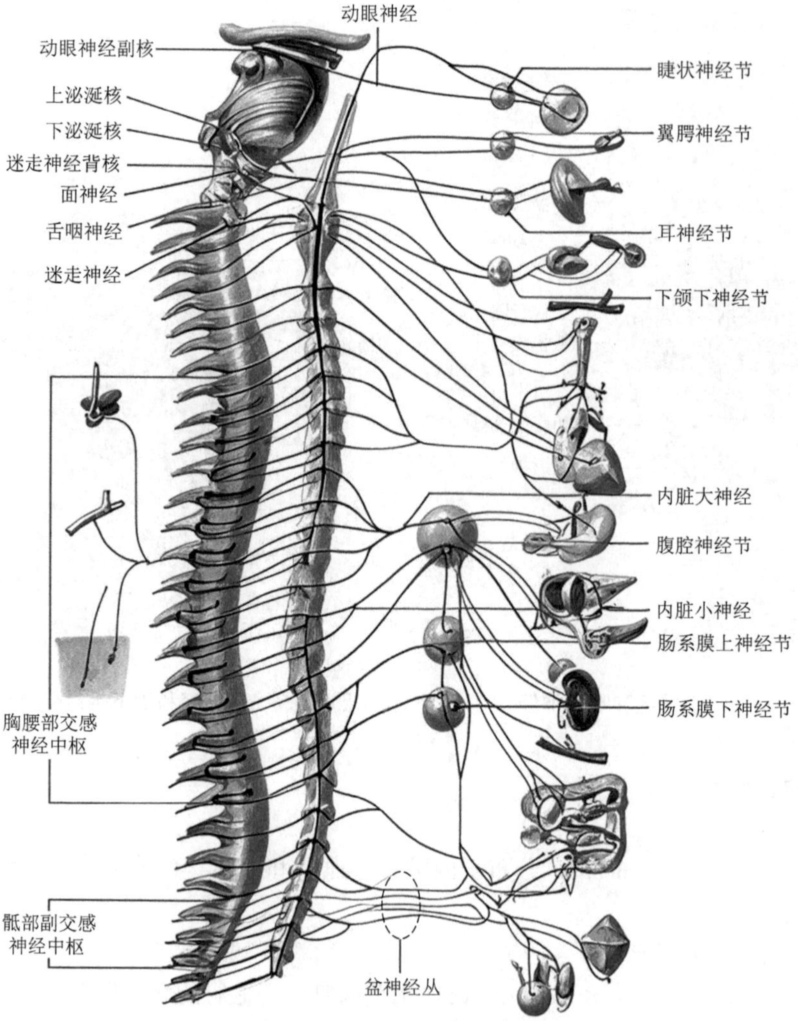

图 12-57　内脏运动神经概况

表 12-1　交感神经与副交感神经的比较

项目	交感神经	副交感神经
低级中枢位置	脊髓第 1 胸节～第 3 腰节的侧角	脑干内的副交感神经核、脊髓第2～4 骶节的骶副交感神经核
神经节	椎旁神经节和椎前神经节	器官旁节和器官内节
节前、节后纤维	节前纤维短，节后纤维长	节前纤维长，节后纤维短
分布范围	广泛，除分布于头颈、胸腔、腹腔、盆腔等器官外，还分布于全身的血管、汗腺和竖毛肌	较局限，汗腺、竖毛肌、大部分血管及肾上腺髓质无副交感神经分布

1. 交感神经

（1）低级中枢　为交感神经节前神经元胞体，位于脊髓 $T_1 \sim L_3$ 节段侧角内。

（2）交感神经节　位于脊柱两侧的椎旁神经节，共有 22～24 对和 1 个奇神经节；

位于脊柱前方的椎前神经节，包括腹腔神经节、肠系膜上神经节、肠系膜下神经节、主动脉肾神经节等。

（3）交感神经节前纤维 脊髓侧角交感神经节前神经元发出的纤维。它们随脊神经前根穿出椎间孔后，到达椎旁神经节或椎前神经节更换神经元。

（4）交感神经节后纤维 椎旁神经节或椎前神经节内的节后神经元发出的纤维，分布于相应的器官。

2. 副交感神经

（1）低级中枢 为副交感神经节前神经元胞体，包括位于脑干内的 4 对副交感神经核（动眼神经副核、上泌涎核、下泌涎核和迷走神经背核）和脊髓 $S_2 \sim S_4$ 节段的骶副交感核。

（2）副交感神经节 包括器官旁节和器官内节。器官旁节位于所支配器官的附近；器官内节位于所支配器官的壁内，数量较多。

（3）副交感神经节前纤维 脑干副交感核和脊髓骶副交感核内的节前神经元发出的纤维。脑干副交感核发出的神经纤维分别加入第Ⅲ、Ⅶ、Ⅸ、Ⅹ对脑神经，脊髓骶副交感核发出的纤维加入盆内脏神经，到达器官旁节或器官内节更换神经元。

（4）副交感神经节后纤维 器官旁节或器官内节的节后神经元发出的纤维，分布于相应的器官。

（二）内脏感觉神经

内脏感觉神经（visceral sensory nerve）将内脏、心血管等处的感觉传入相应的中枢，参与内脏活动的调节。

当内脏器官发生病变时，常在体表的一定区域产生感觉过敏或疼痛，这种现象称为牵涉痛。如心绞痛时，常在胸前区及左臂内侧皮肤感到疼痛；肝胆疾病时，常在右肩部感到疼痛。

第四节 神经系统传导通路

神经系统传导通路是大脑皮质与感受器、效应器之间的通路，包括感觉（上行）传导通路和运动（下行）传导通路两大类。感觉传导通路的作用是将感受器接受刺激而产生的神经冲动传至大脑皮质，产生感觉；运动传导通路的作用是将大脑皮质发出的冲动传至效应器，引起相应的生理效应。

一、感觉传导通路

感觉传导通路包括躯体感觉传导通路和内脏感觉传导通路。

（一）躯干和四肢的本体感觉及精细触觉传导通路

本体感觉指肌、肌腱和关节等在不同状态（运动或静止）时产生的感觉，包括位置觉、运动觉和振动觉，因其感受器位置较深，故又称深感觉。精细触觉是指辨别物体的纹理粗细和体表两点之间距离的感觉。

第一级神经元胞体位于脊神经节内，其周围突分布于躯干和四肢的肌、肌腱、关节等处的本体感觉感受器和皮肤的精细触觉感受器，中枢突经后根进入脊髓后索，其中来自 T_5以下的中枢突形成薄束，来自 T_4以上的形成楔束，两束上行至延髓；第二级神经元胞体在延髓的薄束核和楔束核内，其发出的纤维交叉至对侧，形成内侧丘系上行到达背侧丘脑；第三级神经元胞体在背侧丘脑腹后外侧核，其发出的纤维经内囊投射到大脑皮质中央后回上 2/3 部和中央旁小叶后部（图 12-58）。

（二）躯干和四肢的痛温觉、粗略触觉和压觉传导通路

第一级神经元胞体在脊神经节，其周围突分布于躯干和四肢皮肤内的感受器，中枢突经后根进入脊髓；第二级神经元胞体在脊髓后角内，其发出的纤维先上升 1~2 个脊髓节段后再交叉至对侧，经脑干形成脊髓丘脑束上行到达背侧丘脑；第三级神经元胞体在背侧丘脑腹后外侧核，其发出的纤维经内囊投射到大脑皮质中央后回上 2/3 部和中央旁小叶后部（图 12-59）。

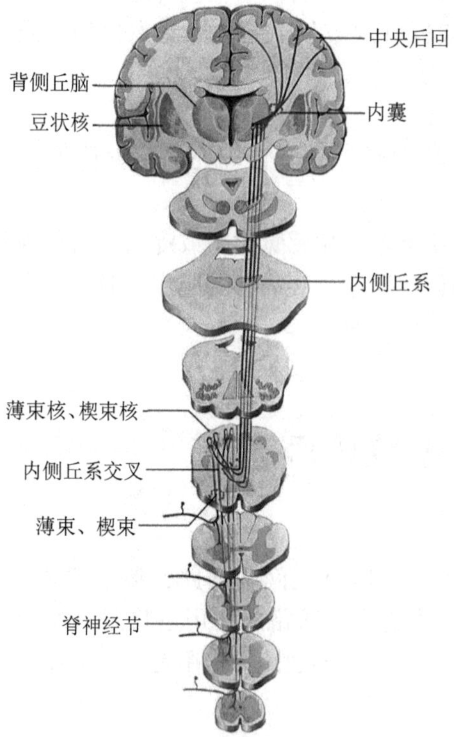

图 12-58 躯干和四肢的本体感觉和精细触觉传导通路

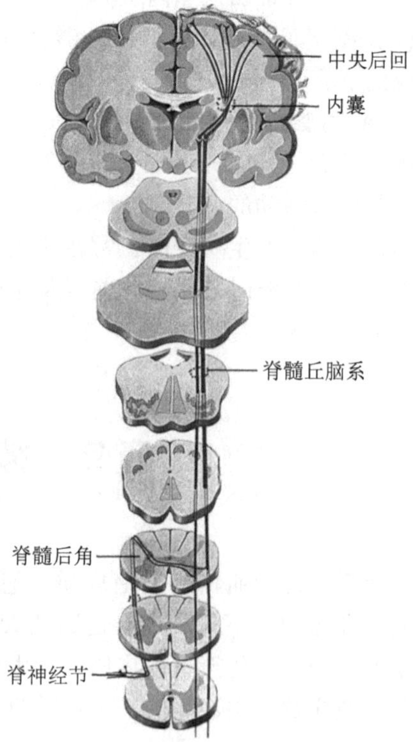

图 12-59 躯干和四肢的痛温觉、粗略触觉和压觉传导通路

（三）头面部的痛温觉和触压觉传导通路

第一级神经元胞体位于三叉神经节内，其周围突经三叉神经分布于头面部皮肤及口鼻黏膜的相关感受器，中枢突进入脑干；第二级神经元胞体在三叉神经感觉核群

内，发出的纤维交叉至对侧，形成三叉丘脑束（三叉丘系）上行到达背侧丘脑；第三级神经元胞体在背侧丘脑腹后内侧核，发出的纤维经内囊投射到中央后回下 1/3 部（图 12-60）。

（四）视觉传导通路

视网膜的感光细胞（视锥细胞、视杆细胞）感受光刺激后，将其转换为神经冲动，经第一级神经元双极细胞传给第二级神经元节细胞；节细胞发出的纤维组成视神经进入颅腔，来自视网膜鼻侧半的纤维左、右相互交叉，来自视网膜颞侧半的纤维不交叉，构成视交叉，来自对侧视网膜鼻侧半的纤维和来自同侧视网膜颞侧半的纤维组成一侧视束，到达外侧膝状体；第三节神经元胞体在外侧膝状体，发出的纤维组成视辐射，经内囊投射到枕叶距状沟两侧的皮质（图 12-61）。

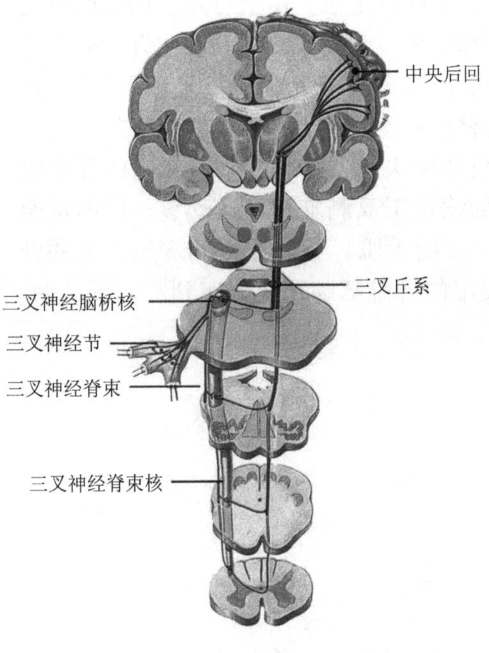

图 12-60 头面部的痛温觉和触压觉传导通路

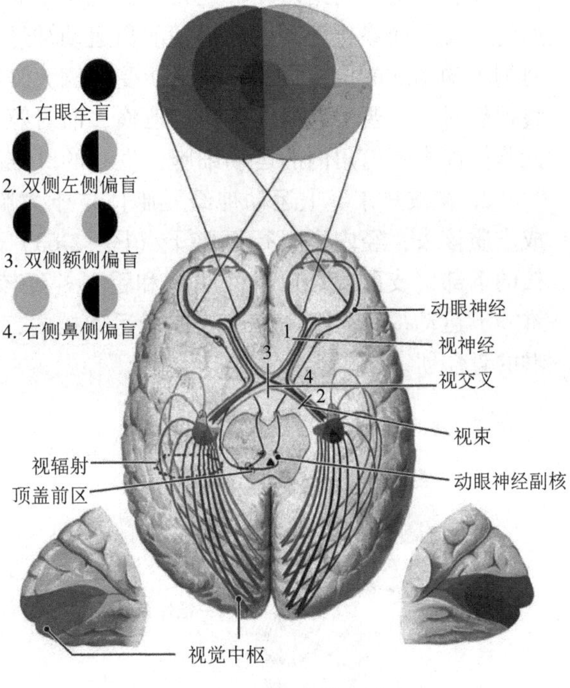

图 12-61 视觉传导通路

视束的一部分纤维进入中脑的上丘和顶盖前区，参与视觉反射和瞳孔对光反射。

二、运动传导通路

运动传导通路包括躯体运动传导通路和内脏运动传导通路。从大脑皮质至内脏活动效应器（心肌、平滑肌、腺体等）的神经通路，称内脏运动传导通路。从大脑皮质至躯体运动效应器（骨骼肌）的神经通路，称躯体运动传导通路，包括锥体系和锥体外系。

（一）锥体系

锥体系是大脑皮质控制骨骼肌随意运动的下行纤维束，主要管理骨骼肌的随意运动，由上运动神经元和下运动神经元组成。上运动神经元主要是位于中央前回和中央旁小叶前部大脑皮质中的锥体细胞，其轴突组成下行的锥体束。其中，终止于脑干内脑神经躯体运动核的下行纤维称皮质核束，终止于脊髓灰质前角运动神经元的下行纤维称皮质脊髓束。下运动神经元为脑干内脑神经躯体运动核和脊髓前角运动神经元，其轴突分别构成脑神经和脊神经的躯体运动纤维。

1. 皮质脊髓束　上运动神经元胞体位于中央前回上 2/3 部和中央旁小叶前部，发出的纤维组成皮质脊髓束，经内囊后肢、中脑的大脑脚和脑桥的基底部至延髓锥体（图 12-62）。在锥体下端，绝大部分纤维交叉（形成锥体交叉）至对侧，形成皮质脊髓侧束，在下行过程中逐节终止于同侧的脊髓前角运动神经元，支配四肢肌；小部分未交叉的纤维则形成皮质脊髓前束（该束仅达胸节），在下行过程中大部分纤维逐节交叉至对侧，终止于脊髓前角运动神经元，支配躯干肌和四肢肌；皮质脊髓前束中有一部分纤维始终不交叉而终止于同侧的脊髓前角运动神经元，支配躯干肌。由上可知，四肢肌仅受对侧大脑半球的皮质支配，躯干肌受两侧大脑半球的皮质支配。故一侧皮质脊髓束在内囊损伤时，主要引起对侧肢体的瘫痪，而对躯干肌的运动没有明显的影响。下运动神经元胞体即脊髓前角内的运动细胞，发出的纤维随脊神经支配躯干和四肢的骨骼肌。

2. 皮质核束　上运动神经元胞体位于大脑皮质中央前回下 1/3 部，发出的纤维组成皮质核束，经内囊下行至脑干（图 12-63），陆续止于双侧脑神经运动核，但面神经核的下部（支配睑裂以下面肌）和舌下神经核（支配舌肌）只接受对侧皮质核束的纤维。下运动神经元胞体位于脑神经运动核内，发出的纤维随脑神经分布到头、颈、咽、喉的骨骼肌。

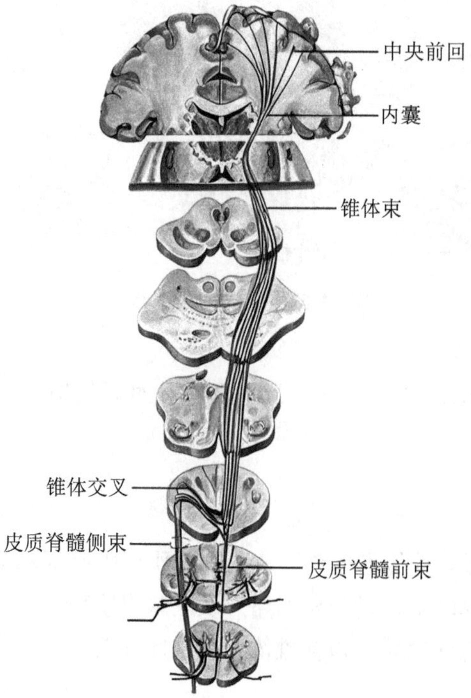

图 12-62　皮质脊髓束

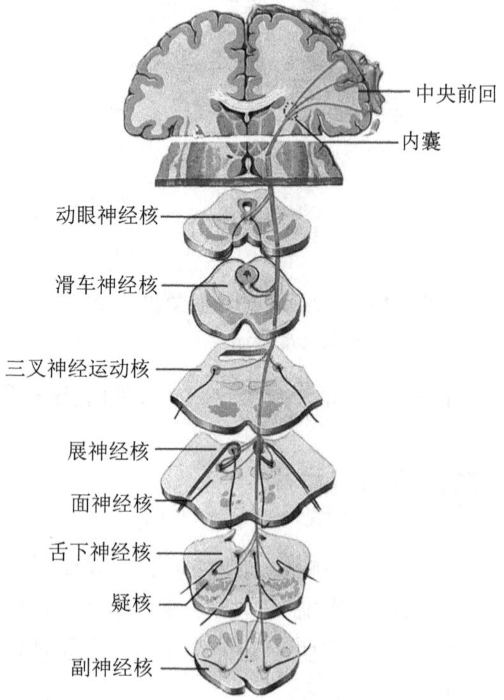

图 12-63　皮质核束

链接

核上瘫与核下瘫

一侧上运动神经元（皮质核束或其起始区锥体细胞）受损，引起对侧睑裂以下的面肌和对侧舌肌瘫痪，表现为对侧鼻唇沟变浅或消失、口角低垂并向病灶侧偏斜、流口水、不能鼓腮露齿，伸舌时舌尖偏向病灶对侧，临床上常称核上瘫（图12-64、图12-65）。核上瘫时受双侧皮质核束支配的肌不发生瘫痪。

核下瘫是指下运动神经元（脑神经躯体运动核及其发出的脑神经躯体运动纤维）受损引起的瘫痪。面神经核下瘫的特点是病灶侧所有面肌瘫痪，表现为除上述面神经核上瘫的症状外，还有额纹消失、不能皱眉、不能闭眼等。舌下神经核下瘫的特点是病灶侧舌肌瘫痪，表现为伸舌时舌尖偏向病灶侧（图12-64、图12-65）。

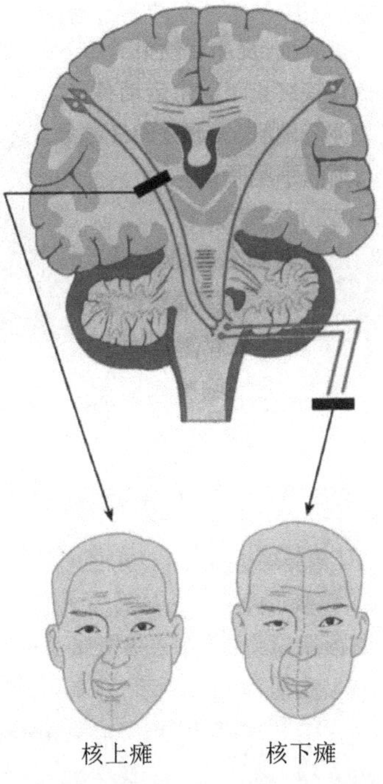

图12-64　面神经核上瘫与核下瘫示意图

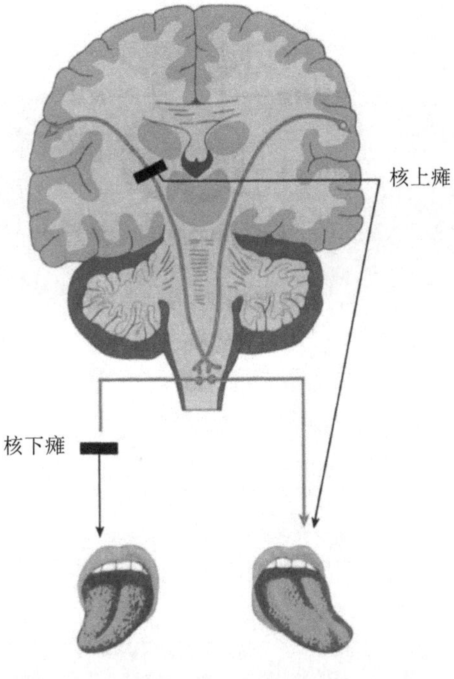

图12-65　舌下神经核上瘫与核下瘫示意图

（二）锥体外系

锥体外系是指锥体系以外的影响和控制躯体运动的所有传导通路。其结构复杂，联系广泛，主要包括大脑皮质、纹状体、背侧丘脑、小脑、脑干网状结构等及它们之间的纤维联系，主要有调节肌张力、协调肌群运动、维持体态姿势、完成习惯性和节律性动作（如在走路时双臂自然协调地摆动）等功能。

检测题

一、名词解释

1. 网状结构　2. 马尾　3. 小脑扁桃体　4. 硬膜外隙

二、简答题

1. 简述内囊的位置及“三偏”综合征发生的原因。

2. 简述坐骨神经的行程和分布。

（万爱军）

第十三章

人体胚胎学概要

学习目标

1. 知识目标

（1）掌握：受精的概念及意义；植入的概念；蜕膜的概念及分部；胎盘的结构、功能及胎盘屏障的概念。

（2）熟悉：胚泡的结构；二胚层胚盘和三胚层胚盘的形成；胎膜的构成和功能；致畸敏感期的概念。

（3）了解：三胚层的分化；双胎的形成；先天畸形的发生原因。

2. 能力目标

（1）能借助标本、模型或图片辨认胚泡、蜕膜、二胚层胚盘、三胚层胚盘、胎盘等结构。

（2）能借助模型或图片演示受精的过程、植入的过程，能解释前置胎盘、异位妊娠等发生原因。

（3）能运用受精、植入、先天畸形等知识，并结合“预防出生缺陷日”“世界人口日”等进行预防非意愿妊娠、优生优育等健康知识的宣传教育。

3. 素质目标

（1）参加标本、模型小组学习和临床案例小组讨论，培养良好的语言表达能力、沟通合作能力，增强集体意识和团队合作意识。

（2）欣赏受精、三胚层形成与分化等生命的美丽与精彩，感悟生命的神奇，培养热爱生命、尊重生命的情怀和探究生命科学的浓厚兴趣。

（3）树立科学的生命观、健康的婚恋观、理性的生育观；树立人口质量意识和优生优育理念，践行预防先天畸形的三级预防机制；树立运用所学知识进行健康宣教的意识，助力健康中国建设。

案例13

孕妇，31岁，孕2产1，现停经36周。查体：血压135/90 mmHg，心肺未见异常，双下肢Ⅱ度水肿。辅助检查：B超示胎儿双顶径8.5 cm，羊水指数5；宫高26 cm，腹围88 cm，胎心145次/分钟，胎心监护结果阴性。初步诊断：羊水过少。

任务：1. 简述羊水的产生及作用。

2. 简述胎盘的结构和功能。

人体胚胎发育从受精卵开始到胎儿发育成熟并出生，历时38周（约266天），分为胚前期、胚期和胎期3个阶段。① 从受精至第2周末二胚层胚盘出现为胚前期（preembryonic period）。② 从第3周至第8周末为胚期（embryonic period）。此期末，胚的外形发育已初具人形，各器官的雏形已经形成。③ 从第9周至出生为胎期（fetal period）。胎儿逐渐长大，各器官继续发育成形，部分器官出现一定的功能活动。

第一节 生殖细胞与受精

一、生殖细胞

生殖细胞（germ cell）又称配子（gamete），包括精子和卵子，均为单倍体细胞，即仅有23条染色体，其中一条是性染色体。

（一）精子的成熟与获能

精子由睾丸生精小管产生。从青春期开始，在促性腺激素的作用下，生精小管内的精原细胞不断分裂增殖，其中一部分变成初级精母细胞。1个初级精母细胞经过两次减数分裂和复杂的形态结构变化，可形成4个精子（图13-1）。精子生成后被运送至附睾内并进一步成熟，获得定向运动的能力。在附睾内发育成熟的精子只有获能后才具有受精能力。精子获能是精子在女性生殖管道内，尤其是在输卵管中运行时，覆盖精子头部外表面的、能阻止顶体酶释放的糖蛋白被去除，从而具有穿过卵子周围放射冠、透明带的能力，获得受精能力的过程。精子在女性生殖管道内的受精能力一般可维持24小时。

（二）卵子的成熟

卵子始于卵巢的卵原细胞。在胚胎时期，卵原细胞发育分化为初级卵母细胞，后者随即进入第一次减数分裂并长期停滞在分裂前期。从青春期至更年期，在促性腺激素的作用下，卵巢内的初级卵母细胞分批发育（图13-1）。在排卵前36~48小时，初级卵母细胞完成第一次减数分裂。排卵时，处于第二次减数分裂中期的次级卵母细胞从卵巢排出。次级卵母细胞被输卵管伞“拾取”并被运送至输卵管壶腹部。次级卵母细胞若遇到精子，并受到精子穿入其内的激发完成第二次减数分裂，则形成成熟的卵子。若未遇到精子，则在排卵后 12~24 小时退化。

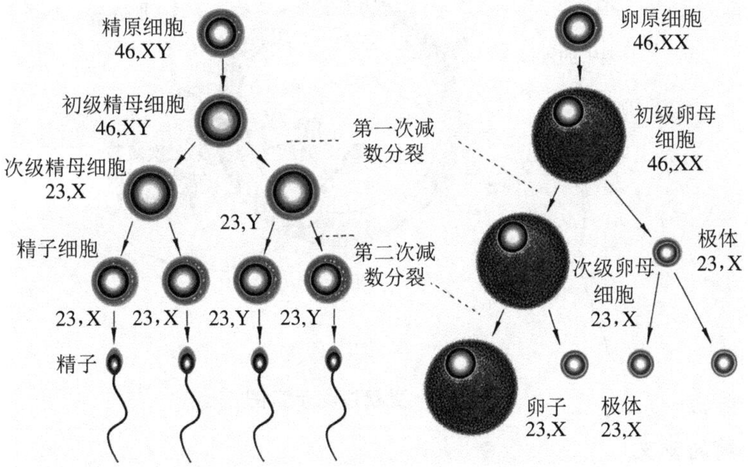

图 13-1　精子和卵子发生过程示意图

二、受精

受精（fertilization）是指精子与卵子结合形成受精卵的过程。受精一般发生在输卵管壶腹部，通常在排卵后的 12 小时之内。

（一）受精的过程

正常成年男性一次射精可射出上亿个精子，但经阴道穿过子宫颈管、子宫腔、输卵管子宫口抵达输卵管壶腹部的只有 300~500 个精子，而最终只有一个精子能与卵子结合。当然其他精子的作用也必不可少。众多的获能精子接触到放射冠时，共同释放顶体酶，开始溶蚀放射冠和透明带，其中一个精子首先在透明带中溶蚀出一条孔道，该精子头部与次级卵母细胞接触，两者的细胞膜融合，随即精子的细胞质及细胞核进入次级卵母细胞内（图 13-2）。精卵结合后，透明带结构立即发生变化，从而阻止其他精子穿越透明带，保证人类正常的单精受精。同时，次级卵母细胞迅速完成第二次减数分裂，形成成熟的卵子。此时精子和卵子的细胞核膨大，分别称为雄原核和雌原核。雄原核和雌原核逐渐在细胞中部靠拢，核膜消失，染色体混合，形成受精卵。

应用避孕套、输卵管或输精管结扎等措施，可阻止精子与卵子相遇，从而阻止受精，达到避孕目的。

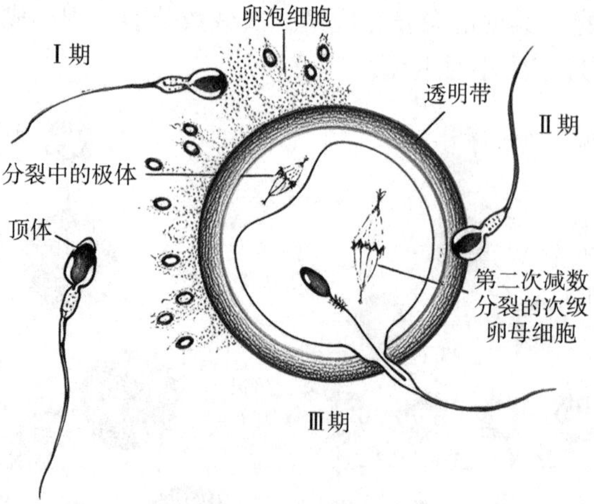

图 13-2　受精过程示意图

（二）受精的意义

1. 恢复了细胞的二倍体核型，达到了遗传与变异的统一　受精卵内染色体数目恢复成 23 对，保持人类染色体数目的恒定；来自双亲的遗传物质的重新组合，使新个体既具有双亲的遗传特点，又具有与亲代不完全相同的性状。

2. 受精决定新个体的性别　带有 Y 染色体的精子与卵子结合，受精卵核型为 46，XY，发育为男性；带有 X 染色体的精子与卵子结合，受精卵核型为 46，XX，发育为女性。

3. 受精标志着新生命的开始　精子与卵子结合形成受精卵后开始快速进行细胞分裂，推动胚胎发育的进程，使其逐步发育成为一个新个体。

链接

用试管缔造生命奇迹

1982 年，针对不孕不育症，已经 61 岁的妇产科医生张丽珠毅然投入试管婴儿技术的自主研究中。她说，“当时真是一穷二白，我们对人卵的认识也少得可怜！”“下决心搞这个技术是因为接到很多患者的来信，诉说没有孩子的痛苦。”她把患者当作亲人，为了帮助他们，她带领同事们攻克了一道道技术难关，从采集卵子、体外受精、胚胎培养到胚胎移植……经过不懈的努力，终于在 1988 年 3 月 10 日迎来了中国大陆第一例试管婴儿的诞生！这是我国生殖医学发展的一座里程碑，也为无数家庭带来了福音！

第二节　胚胎早期发育

一、卵裂、胚泡的形成与植入

（一）卵裂

受精卵一旦形成，便开始进行细胞分裂，同时缓慢地向子宫方向运行。受精卵早期的细胞分裂，称卵裂（图 13-3）。卵裂形成的细胞，称卵裂球。卵裂是在透明带内进行的，随着卵裂球的体积越来越小，至受精后的第 3 天，形成了由 12～16 个卵裂球构成的实心胚，形似桑椹，称桑椹胚（morula）。

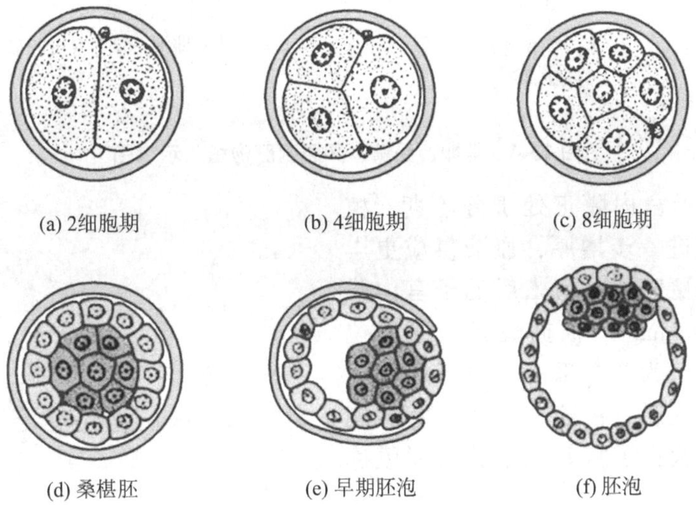

图 13-3　卵裂和胚泡形成示意图

（二）胚泡的形成

约在受精后的第 4 天，桑椹胚进入子宫腔，其细胞继续分裂，当卵裂球数目达到 100 个左右时，其间出现若干小腔隙，它们逐渐汇合成一个腔，此时透明带溶解，胚呈囊泡状，称为胚泡（blastocyst）。胚泡（图 13-3）中心为胚泡腔。胚泡壁由单层细胞构成，称滋养层，将来主要发育成胎儿的附属结构。位于胚泡腔内一侧的一群细胞，称内细胞群，将来主要发育成胎儿。随着胚泡的形成，透明带最后溶解消失，胚泡与子宫内膜接触，开始植入。

（三）植入

胚泡逐渐进入子宫内膜的过程称植入（implantation），又称着床（imbed）。植入于受精后第 5～6 天开始，于第 11～12 天完成。

1. 植入过程　胚泡植入时，内细胞群一侧的滋养层先与子宫内膜接触，分泌蛋白水解酶，在子宫内膜溶蚀出一个缺口，胚泡沿此缺口逐渐埋入子宫内膜的功能层。当胚泡全部埋入子宫内膜后，子宫内膜表面缺口修复，植入完成（图 13-4）。在植入过程中，与子宫内膜接触的滋养层细胞迅速增殖，分化为外层的合体滋养层和内层的细胞滋养层。

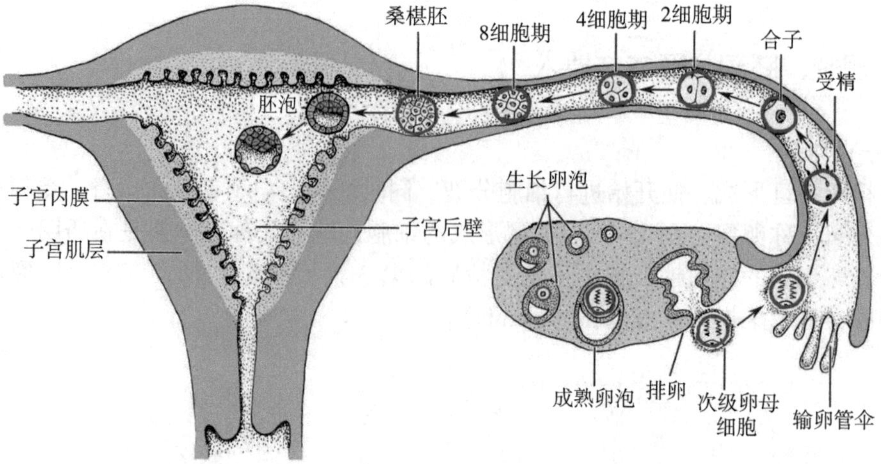

图 13-4 排卵、受精、卵裂到胚泡植入示意图

植入时的子宫内膜正处于分泌期，植入后子宫内膜进一步增厚，血液供应更丰富，腺体分泌更旺盛。植入后的子宫内膜改称蜕膜（decidua）。根据蜕膜与胚的位置关系，将其分为 3 个部分：位于胚的深面的蜕膜称底蜕膜；覆盖在胚的子宫腔侧的蜕膜称包蜕膜；子宫其余部分的蜕膜称壁蜕膜（图 13-5）。

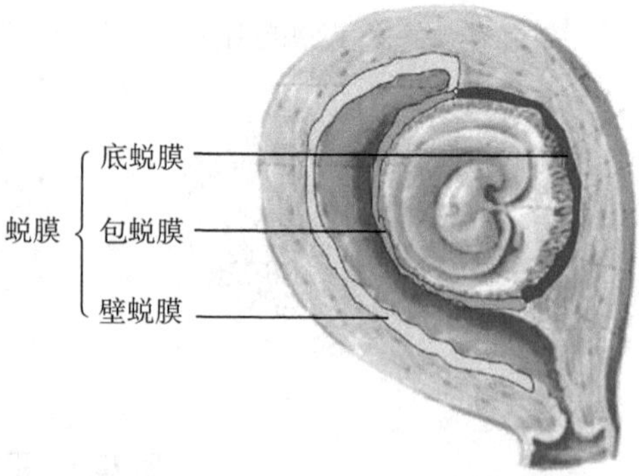

图 13-5 胚胎与子宫蜕膜的关系示意图

若胚泡不能适时到达子宫腔，或子宫腔内有异物干扰，或子宫有炎症或母体发生内分泌紊乱等情况，均会影响植入的完成。口服避孕药，在子宫腔放置节育环等常用的避孕方法就是通过人为地干扰植入而达到避孕目的的。

2. 植入部位　通常胚泡植入的部位在子宫体或子宫底，多见于子宫体后壁。若胚泡的植入部位为近子宫颈处，则将来在此处形成的胎盘称前置胎盘，前置胎盘在自然分娩时易堵塞产道，导致胎儿娩出困难，多需行剖宫产。

胚泡异位植入的妊娠，称异位妊娠，又称宫外孕，多发生于输卵管。

链 接

输卵管妊娠

宫外孕是妇产科常见的急腹症，根据胚泡异位植入的部位不同分为输卵管妊娠、卵巢妊娠、腹腔妊娠、子宫阔韧带妊娠等。输卵管妊娠是最常见的一种宫外孕，多发生于输卵管的壶腹部，多数在2个月左右破裂，胚胎死亡，可引发严重内出血。激素调节紊乱和输卵管慢性炎症是引起输卵管妊娠的常见原因。

二、胚层的形成

（一）二胚层胚盘及其结构的形成

第2周初，在植入过程中，内细胞群增殖分化，逐渐形成由背侧的上胚层和腹侧的下胚层组成的二胚层胚盘（bilaminar germ disc）。邻近滋养层的一层柱状细胞称上胚层，靠近胚泡腔一侧的一层立方细胞称下胚层。

随后，由于上胚层细胞增殖，其内出现一个小腔隙，其中贴靠细胞滋养层的一层扁平形的上胚层细胞，称羊膜细胞，它们形成最早的羊膜，与上胚层其余部分围成一个充满羊水的羊膜腔（amniotic cavity）。下胚层的腹侧形成一个卵黄囊（yolk sac）。

在细胞滋养层与卵黄囊、羊膜腔之间出现松散分布的细胞和细胞外基质，形成胚外中胚层。继而胚外中胚层细胞间出现腔隙，随后腔隙逐渐汇合增大，在胚外中胚层内形成一个大腔，称胚外体腔。随着胚外体腔的扩大，胚盘与滋养层之间仅有少量的胚外中胚层相连，这部分胚外中胚层称体蒂。体蒂将发育为脐带的主要部分。

（二）三胚层胚盘及其结构的形成

第3周初，上胚层的部分细胞增殖较快，在二胚层胚盘一端的中轴线上聚集形成一条纵行细胞柱，称原条。原条的出现决定了胚盘的中轴及其头尾方向，原条所在的一端为尾端。原条的头端略膨大，称原结。原结的中心出现浅凹，称原凹。原条的中线出现浅沟，称原沟（图13-6a）。

原沟深部的细胞不断增殖，并在上、下胚层之间向周边扩展迁移，一部分细胞在上、下胚层之间形成一层新的细胞层，称中胚层（mesoderm），另一部分细胞进入下胚层，并逐渐全部置换了下胚层的细胞，形成一层新的细胞层，称内胚层（图13-6b）。在内胚层和中胚层出现之后，原上胚层改称外胚层（图13-7）。3个胚层均起源于上胚层。

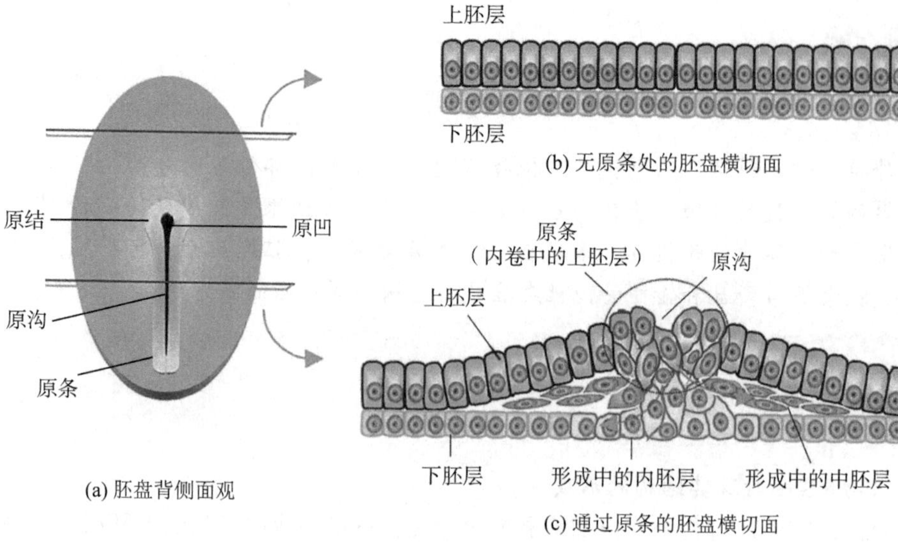

图 13-6　三胚层胚盘形成示意图

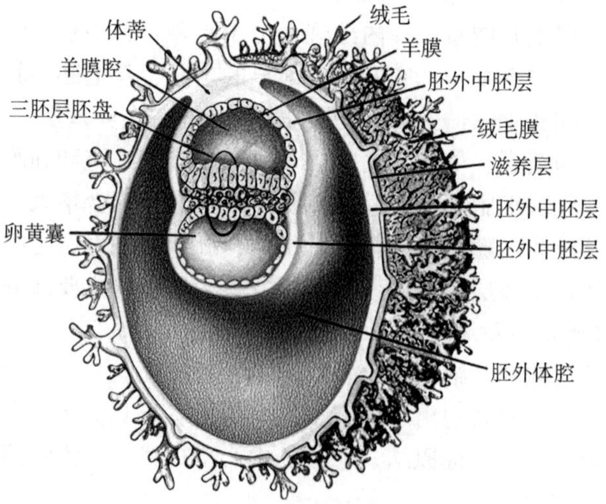

图 13-7　第 3 周初胚的剖面示意图

从原凹沿中轴线向胚盘头端增殖迁移的细胞在内、外胚层之间形成一条单独的中胚层细胞索，称脊索。在脊索的头侧和原条的尾侧各有一个无中胚层的小区，此处内、外胚层相贴，分别称口咽膜和泄殖腔膜。随着胚体发育，原条完全消失，脊索大部分退化消失，脊索仅残留为椎间盘中央部的髓核。若原条细胞残留，胎儿出生后在骶尾部可形成由多种组织构成的畸胎瘤。

在第 3 周末，三胚层胚盘形成，人体的各种组织器官均来自三胚层胚盘（trilaminar germ disc）。

三、三胚层的分化和胚体的形成

(一) 三胚层的分化

在第4~8周，内、中、外3个胚层逐渐分化形成各种组织和器官的原基，从而奠定人体各器官、系统发生的基础。

1. 外胚层的分化　在脊索诱导下，与脊索相对的外胚层细胞分裂增生呈板状，称神经板。神经板中央沿长轴向脊索方向凹陷形成神经沟，沟两侧边缘隆起称神经褶。两侧神经褶在神经沟中段靠拢融合，并向头尾方向延续，在头尾两端分别形成前神经孔和后神经孔。在第4周，前、后神经孔闭合，神经沟完全闭合为神经管（图13-8）。神经管将分化为脑、脊髓等。外胚层的其余部分，将分化为周围神经系统、皮肤的表皮及其附属器等。如果前、后神经孔未闭合，将会分别导致无脑畸形和脊髓裂。

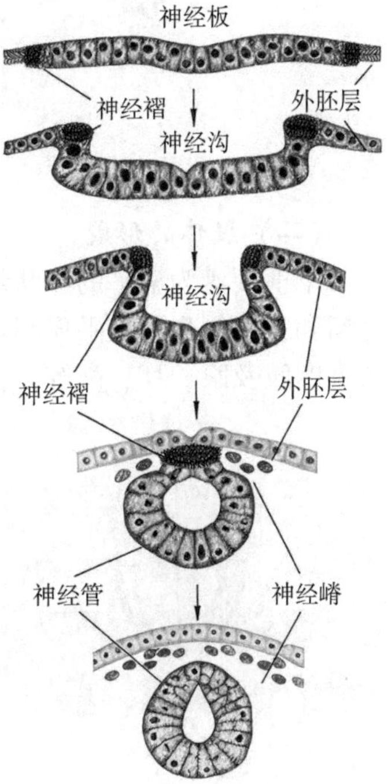

图13-8　外胚层分化示意图

2. 中胚层的分化　位于脊索两侧的中胚层，由内向外依次分化为轴旁中胚层、间介中胚层和侧中胚层（图13-9）。轴旁中胚层细胞增殖形成节段状的体节，将分化为背侧的皮肤真皮、骨骼肌和中轴骨骼（如脊柱）等。间介中胚层将分化为泌尿生殖系统的主要器官。侧中胚层又分为体壁中胚层和脏壁中胚层，侧中胚层内部所形成的胚内体腔，将分化为心包腔、胸膜腔和腹膜腔。

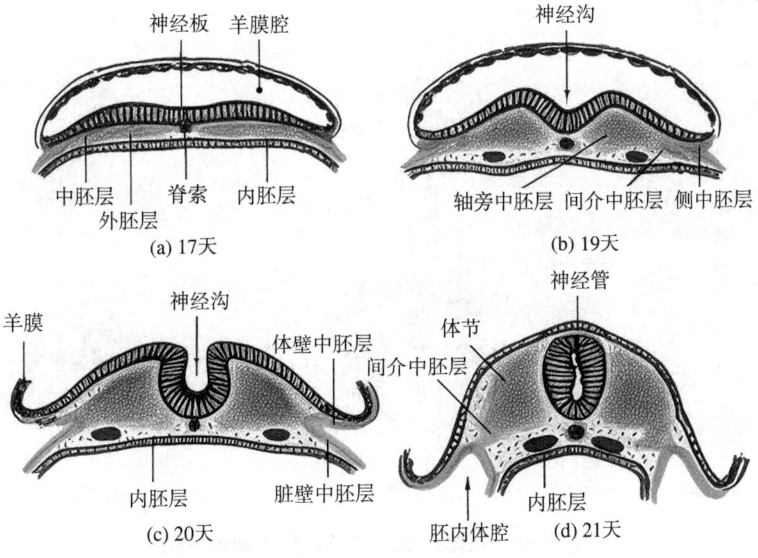

图13-9　中胚层分化与神经管形成示意图

3. 内胚层的分化　内胚层被包入胚体形成原肠。原肠可分为前肠、中肠、后肠 3 个部分（图 13-10）。原肠将分化为消化管、消化腺、呼吸道和肺等处的上皮组织。

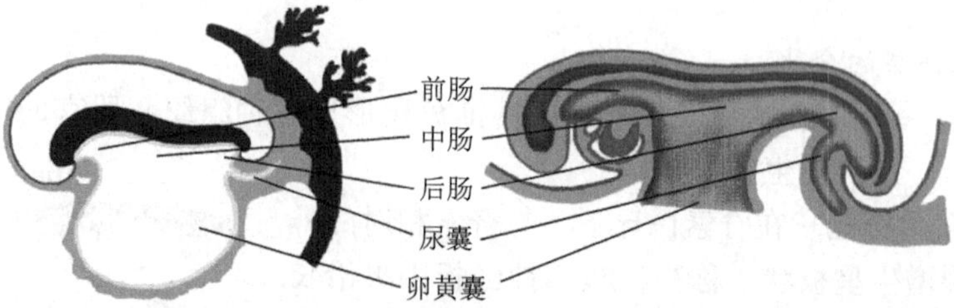

图 13-10　内胚层分化示意图

（二）胚体的形成

早期胚盘为扁平的盘状结构。伴随三胚层的分化，胚盘边缘向腹侧卷折形成头褶、尾褶和左右侧褶，扁平形胚盘逐渐变为圆柱形胚体（图 13-11）。至第 8 周末，胚体外表可见四肢及眼、耳、鼻等，初具人形。

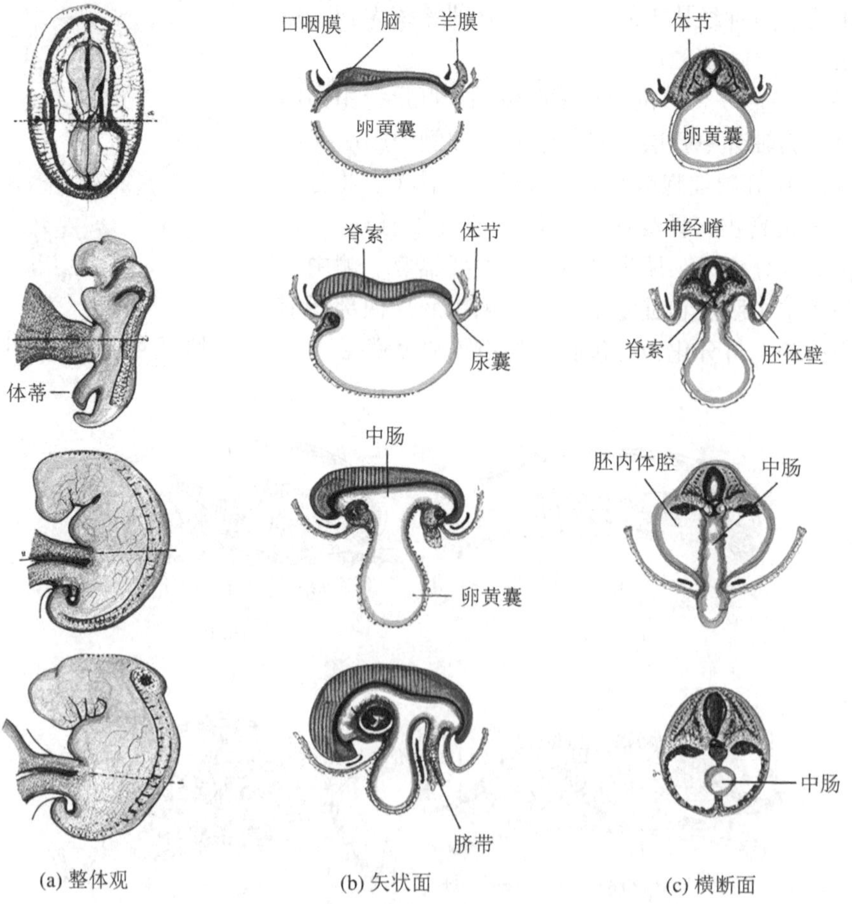

图 13-11　胚体外形及内部结构演变示意图

链 接

胚胎龄与预产期推算

胚胎龄通常有月经龄和受精龄两种计算方法。① 受精龄从受精卵形成算起，至胎儿发育成熟并出生经历38周（约266天）。受精龄反映了胚胎发育的确切时间，多用于胚胎学研究。② 月经龄从孕妇末次月经的第1天算起，至胎儿发育成熟并出生，经历40周（约280天）。由于排卵通常在月经周期的第14天，266天（受精龄）+14天=280天（月经龄），以28天为1个妊娠月，则为10个月，故有“十月怀胎”之说。月经龄多用于妇产科临床研究，包括预产期的推算。

预产期推算公式为“年+1（或+0），月-3（或+9），日+7”。如某孕妇末次月经来临日期是2026年1月15日，则1+9=10，15+7=22，预产期即为2026年10月22日。又如某孕妇末次月经来临日期是2026年9月28日，则9-3=6，28+7=35，预产期为6月35日，但6月只有30天，所以预产期应为2027年7月5日。这种推算法以28天的月经周期为计算基础，因此必须根据孕妇个人月经周期长短加以修正。

第三节　胎膜和胎盘

胎膜和胎盘不参与胚胎本体的形成，是对胚胎起保护、营养、呼吸、排泄等作用的附属结构。胎儿娩出后，胎膜、胎盘即与子宫壁分离，并被排出体外，总称胞衣。

一、胎膜

胎膜（fetal membrane）包括绒毛膜、羊膜、卵黄囊、尿囊和脐带（图13-12）。其中，卵黄囊和尿囊都是早期胚的一过性结构，在胚胎发育过程中先后退化。

（一）绒毛膜

绒毛膜由滋养层等发育而成。胚胎第2周时，滋养层的细胞迅速增生形成一些细小的突起，称绒毛，此时滋养层改称绒毛膜。随着胚胎的发育，绒毛的中轴部出现血管，血管内含有胎儿的血液。起初整个绒毛膜表面的绒毛均匀分布。之后，底蜕膜侧的绒毛因血供充足而反复发分支，生长茂密，形成丛密绒毛膜。包蜕膜侧的绒毛因血供不足而逐渐退化、消失，形成表面无绒毛的平滑绒毛膜（图13-12）。

绒毛膜的主要功能是从母体的子宫吸收营养物质，供给胚胎生长发育，并排出胚胎的代谢产物。

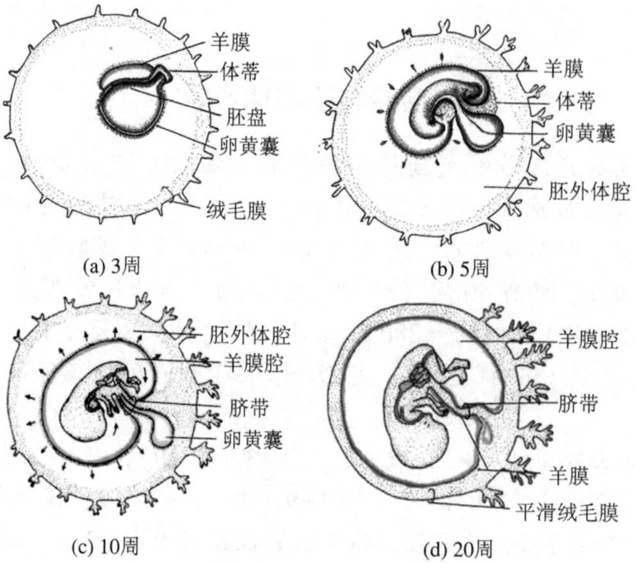

图 13-12　胎膜演变示意图

链接

葡萄胎

妊娠时，若绒毛膜滋养层细胞过度增生，绒毛内结缔组织变性水肿，血管消失，胚胎发育受阻，绒毛呈葡萄或水泡状，称葡萄胎或水泡状胎块。葡萄胎可分为完全性葡萄胎和部分性葡萄胎。完全性葡萄胎，整个宫腔充满水泡，未见胎儿及胚胎组织；部分性葡萄胎，局部滋养层细胞增生，可见胚胎及胎儿组织，但胎儿多死亡。

（二）羊膜

羊膜是一层无血管的半透明的薄膜（图 13-12）。羊膜腔内充满羊水，胚胎浸泡在羊水中生长发育。

妊娠早期的羊水无色透明，由羊膜不断分泌和吸收。妊娠中期以后，胎儿开始吞咽羊水，其消化、泌尿系统的排泄物及脱落的上皮细胞也进入羊水，羊水变得浑浊。随着胎儿长大，羊水也相应增多，足月分娩时有 1000～1500 mL。羊水过少（500 mL 以下）常见于胎儿无肾或尿道闭锁等；羊水过多（2000 mL 以上）常见于无脑畸形或消化管闭锁等。穿刺抽取羊水，进行细胞染色体等检查可早期诊断某些先天性异常。

羊膜和羊水对胎儿的发育起着重要的保护作用。胎儿在羊水中较自由地活动，有利于骨骼和肌肉的发育。羊水具有保护胎儿免受外力损伤、防止与周围组织粘连的作用。分娩时，羊水还有扩张子宫颈、冲洗和润滑产道的作用。

（三）脐带

脐带是连于胎儿脐部与胎盘之间的一条索状结构（图 13-12、图 13-13）。脐带外覆羊膜，内含两条脐动脉、一条脐静脉及结缔组织等结构。

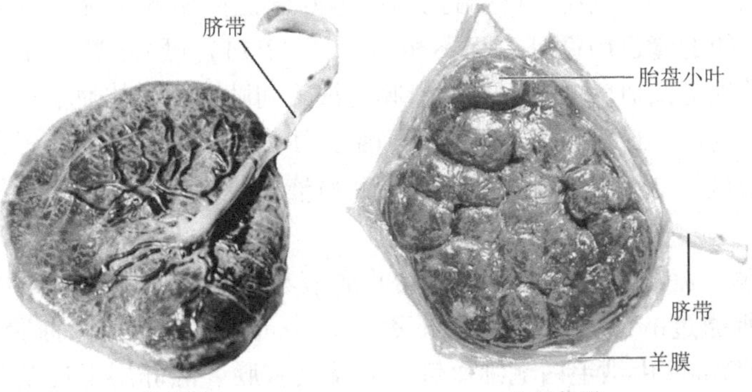

图 13-13　胎盘的形态

胎儿出生时，脐带长 40~60 cm。脐带过短，胎儿娩出时易引起胎盘过早剥离；脐带过长，易缠绕胎儿颈部或四肢，可致局部发育不良。

二、胎盘

（一）胎盘的结构

胎盘（placenta）是由胎儿的丛密绒毛膜和母体子宫的底蜕膜共同组成的圆盘状结构（图 13-13、图 13-14）。足月胎儿的胎盘重约 500 g，直径为 15~20 cm。胎盘的胎儿面光滑，覆有羊膜，脐带附于中央或近中央处。胎盘的母体面粗糙，为剥离后的底蜕膜，可见 15~30 个由浅沟分隔的胎盘小叶。胎盘小叶之间有底蜕膜所形成的胎盘隔。绒毛之间的间隙为绒毛间隙，其内充满母体的血液，绒毛浸于母体血液中，便于物质交换。

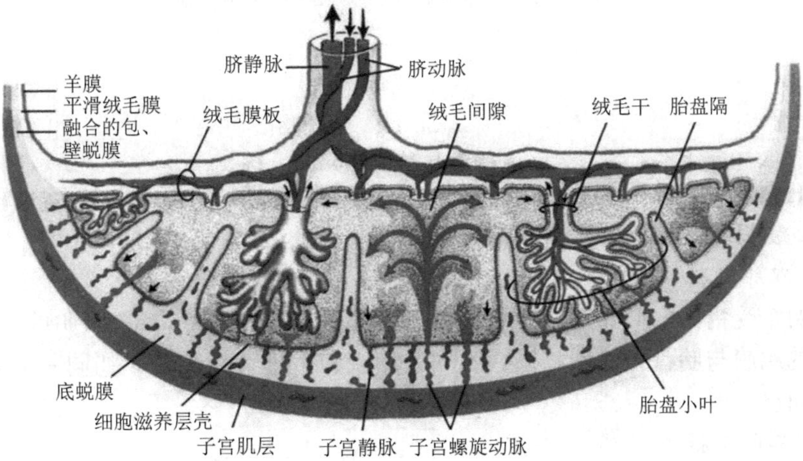

图 13-14　胎盘结构与血液循环模式图

（二）胎盘的血液循环和胎盘膜

1. 胎盘的血液循环　胎盘内有胎儿和母体两套血液循环系统。胎儿的血液和母体的血液在各自封闭的管道内循环，互不相混（图 13-14）。胎儿静脉性质的血经脐动脉及其分支流入绒毛毛细血管，继而经胎盘膜与绒毛间隙内的母体血液进行物质交换，从而成为动脉性质的血，最后经脐静脉流回到胎儿体内。母体动脉血从子宫螺旋动脉流入绒毛间隙，经胎盘膜与绒毛毛细血管内的胎儿血液进行物质交换，最后经子宫静脉流回母体。

2. 胎盘屏障　流经绒毛毛细血管的胎儿血液与流经绒毛间隙的母体血液在胎盘内进行物质交换所通过的结构，称胎盘屏障（placental barrier），又称胎盘膜（placental membrane）。胎盘屏障由绒毛内毛细血管内皮及其基膜、滋养层上皮及其基膜，以及两基膜之间的少量结缔组织等构成。胎盘膜可以阻挡母体血液中某些有害物质进入胎儿血液循环，对胎儿有一定保护作用。但某些药物、病毒、激素等仍可以通过胎盘膜，从而影响胎儿发育。

（三）胎盘的功能

1. 物质交换　胎儿与母体之间的物质交换是通过胎盘膜完成的。胎儿通过胎盘从母体血液中获得营养物质和 O_2，排出代谢产物和 CO_2。

2. 内分泌功能　胎盘能分泌人绒毛膜促性腺激素、人胎盘催乳素、雌激素和孕激素等多种激素，对维持妊娠、保证胎儿正常发育等起着重要的作用。其中，人绒毛膜促性腺激素（human chorionic gonadotropin，hCG）在胚泡植入 1 天后可自母体血清中测出，妊娠 8~10 周达高峰，以后迅速下降，产后 2 周内消失。人绒毛膜促性腺激素具有维持妊娠黄体的存在，避免胚胎滋养层被母体淋巴细胞攻击等作用。人绒毛膜促性腺激素可经孕妇尿液检出，因此可用来检测早孕。

第四节　双胎与多胎

一、双胎

一次妊娠分娩出的两个胎儿，称双胎，又称孪生，包括单卵双胎和双卵双胎。双胎的发生率约占妊娠总数的 1%。

（一）双卵双胎

来自两个受精卵的两个孪生胎儿，称双卵双胎（图 13-15），占双胎的大多数。他们有各自的胎膜与胎盘，性别相同或不同，相貌和生理特性的差异如同一般兄弟姐妹，仅是同龄而已。

（二）单卵双胎

由一个受精卵发育成两个胎儿，称单卵双胎，又称真孪生（图 13-15）。这种孪生儿的遗传基因完全一样，性别一致，相貌等也极相似。单卵双胎可以是：① 从受精卵发育出两个胚泡，它们分别植入，两个胎儿有各自的羊膜腔和胎盘；② 一个胚泡内出现两个内细胞群，各发育成一个胚胎，他们有各自的羊膜腔，共享一个胎盘；③ 一个胚盘上出现两个原条，发育为两个胚胎，他们位于同一个羊膜腔内，共享一个胎盘。

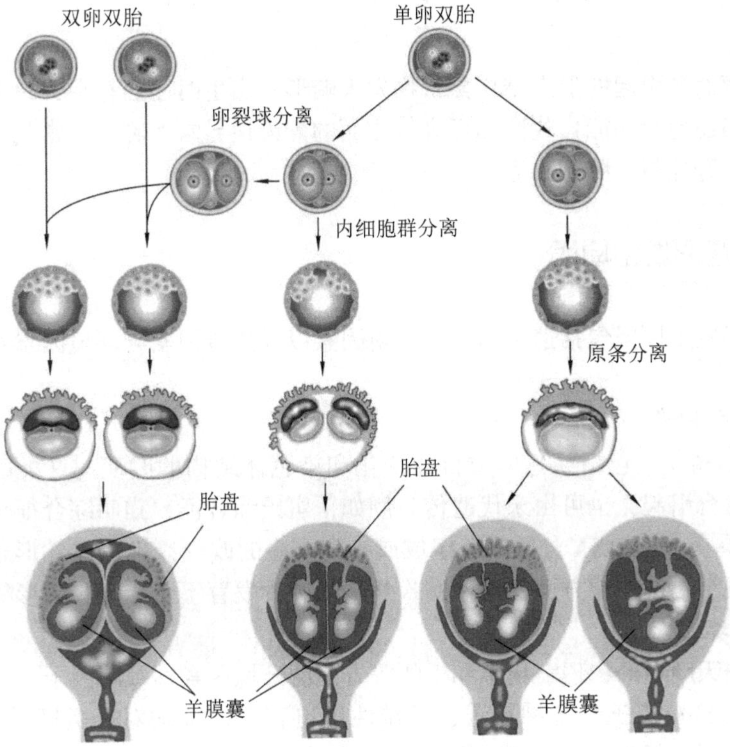

图 13-15　双胎形成机制示意图

两个单卵双胎在发育过程中未能完全分离，躯体的某一部分仍然连在一起的双胎，称连体双胎（图 13-16）。

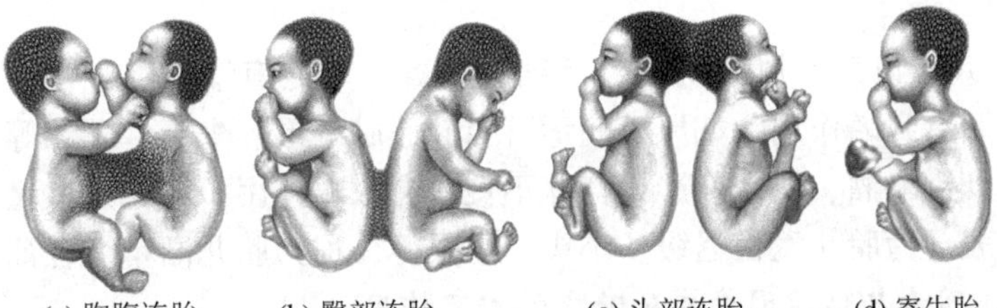

(a) 胸腹连胎　(b) 臀部连胎　(c) 头部连胎　(d) 寄生胎

图 13-16　连体双胎示意图

二、多胎

一次妊娠分娩出 3 个及 3 个以上的胎儿，称多胎。多胎的发生率极低，死亡率较高。多胎形成原因可能是单卵多胎、多卵多胎或混合性多胎。

第五节 先天畸形

胚胎发育紊乱引起的形态结构异常称先天畸形，出生时已经存在，是出生缺陷的一种。出生缺陷还包括功能、代谢和行为等方面的先天性异常。临床上常见的严重胎儿畸形有无脑儿、脊柱裂、脑积水等。

一、先天畸形发生原因

先天畸形发生原因包括遗传因素、环境因素以及遗传因素与环境因素在致畸中的相互作用等。

（一）遗传因素

1. 染色体畸变　包括染色体数目的变化和染色体结构的改变。这类改变可由生殖细胞的异常发育引起，也可由亲代遗传。例如，唐氏综合征、猫叫综合征等。

2. 基因突变　指 DNA 分子碱基组成或排列顺序的改变，染色体外形未见异常。其主要引起微观结构或功能方面的遗传性疾病，如软骨发育不全、小头畸形等。

（二）环境因素

能诱发先天畸形的物理、化学和生物等方面的环境因素称致畸因子。

1. 物理性致畸因子　各种射线、机械性压迫和损伤等均对人类胚胎有致畸作用。如大剂量射线可引起腭裂、脊柱裂等。

2. 化学性致畸因子　抗肿瘤、抗惊厥、抗凝血类及抗生素、激素等致畸化学药物以及工业“三废”（废水、废渣和废气）、农药、食品添加剂和防腐剂等致畸化学物质对人类胚胎都有致畸作用。如抗肿瘤药甲氨蝶呤可引起无脑畸形、小头畸形及四肢畸形等。

3. 生物性致畸因子　风疹病毒、巨细胞病毒、单纯疱疹病毒、弓形体、梅毒螺旋体等对人类胚胎有致畸作用。如风疹病毒可引起心脏畸形、先天性耳聋等。

另外，吸烟、酗酒、缺氧、严重营养不良均有致畸作用。如孕妇过量饮酒可引起胎儿多种畸形，表现为胎儿发育迟缓、小头、小眼等，称为胎儿酒精综合征。

（三）遗传因素与环境因素在致畸中的相互作用

一方面，环境因素可通过引起胎儿染色体畸变、基因突变而导致先天畸形；另一方面，胚胎的遗传特性影响着胚胎对致畸因子的易感程度。如同样被风疹病毒感染的不同孕妇，其新生儿有的出现畸形，有的完全正常，这是由于胚胎对于风疹病毒的易感程度不同。

二、致畸敏感期

胚胎在发育过程中，受到致畸因子的作用最易发生畸形的发育时期称致畸敏感期（susceptible period to teratogenic agent），这一时期的孕期保健尤为重要。在胚前期若受到强致畸因子作用，则胚死亡；若致畸作用弱，少数受损细胞可被代偿，则很少发生畸形。胚期第 3~8 周，为致畸敏感期，胚体内细胞增殖分化活跃，多数器官原基在此期内形成，最易受致畸因子的干扰而发生畸形。各器官的致畸敏感期不尽相同，延续的时间也不一致（图 13-17）。在胎期，胎儿生长发育快，各器官进行组织分化和功能分化，受致畸因子作用后，可发生畸形，但一般不出现器官形态畸形。

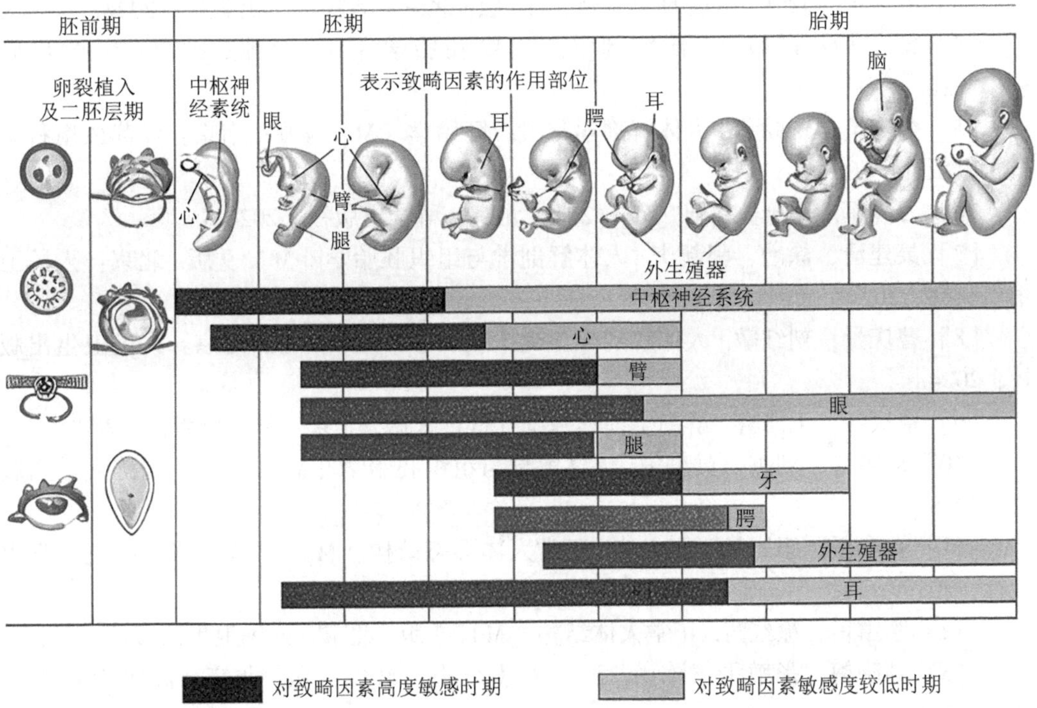

图 13-17　人体主要器官的致畸敏感期

检测题

一、名词解释

1. 受精　2. 蜕膜　3. 脐带　4. 胎盘屏障

二、简答题

1. 简述胚泡植入的时间及部位。

2. 简述胎盘的结构和功能。

（于婷）

参考文献

［1］崔慧先，刘学政. 系统解剖学［M］. 10 版. 北京：人民卫生出版社，2024.

［2］李继承，邵淑娟. 组织学与胚胎学［M］. 10 版. 北京：人民卫生出版社，2024.

［3］罗自强，管又飞. 生理学［M］. 10 版. 北京：人民卫生出版社，2024.

［4］傅玉峰，谭毅. 人体解剖学与组织胚胎学［M］. 4 版. 北京：科学出版社，2024.

［5］吴金英，朱劲华. 人体解剖学与组织胚胎学［M］. 4 版. 南京：江苏凤凰科学技术出版社，2024.

［6］万爱军. 解剖学基础［M］. 2 版. 北京：科学出版社，2024.

［7］吴建清，徐冶，郭新庆. 人体解剖学与组织胚胎学［M］. 9 版. 北京：人民卫生出版社，2024.

［8］曹庆景，刘红敏. 人体解剖学与组织胚胎学［M］. 2 版. 北京：人民卫生出版社，2024.

［9］覃庆河，王海鑫. 解剖生理学基础［M］. 3 版. 北京：科学出版社，2021.

［10］刘洪喜，刘杰，黄惠华. 人体解剖与组织胚胎学［M］. 上海：同济大学出版社，2018.

［11］孔令平，康照昌，张义伟. 正常人体形态结构［M］. 武汉：华中科技大学出版社，2019.

［12］李雪甫，徐红涛. 正常人体结构［M］. 3 版. 北京：人民卫生出版社，2024.

［13］刘晓梅，张敏平，陈尚. 正常人体结构［M］. 2 版. 北京：高等教育出版社，2021.

［14］王之一. 解剖学基础［M］. 3 版. 北京：科学出版社，2021.

［15］代世嗣，崔波，邓同兴. 正常人体结构［M］. 天津：天津科学技术出版社，2022.

［16］许利琼，邓侃. 人体解剖学［M］. 上海：上海科学技术文献出版社，2023.

［17］傅松滨. 医学生物学［M］. 10 版. 北京：人民卫生出版社，2024.

［18］徐巍，范恒. 中医学［M］. 10 版. 北京：人民卫生出版社，2024.

［19］郭宏伟，徐江雁. 中国医学史［M］. 5 版. 北京：中国中医药出版社，2021.

［20］陈誉华，朱海英. 医学细胞生物学［M］. 7 版. 北京：人民卫生出版社，2024.

［21］卞修武，李一雷. 病理学［M］. 10 版. 北京：人民卫生出版社，2024.